Tiberius Cavallo

Vollständige Abhandlung der theoretischen und praktischen Lehre von der Elektrizität

Tiberius Cavallo

Vollständige Abhandlung der theoretischen und praktischen Lehre von der Elektrizität

ISBN/EAN: 9783743622432

Hergestellt in Europa, USA, Kanada, Australien, Japan

Cover: Foto ©berggeist007 / pixelio.de

Weitere Bücher finden Sie auf **www.hansebooks.com**

Vollständige Abhandlung

der

theoretischen und praktischen Lehre

von der

Elektricität

nebst eignen Versuchen

von

Tiberius Cavallo,

Mitgliede der königlichen Societät.

Aus dem Englischen übersetzt
und mit einigen Anmerkungen und Zusätzen begleitet.

Vierte, sehr vermehrte und verbesserte Auflage
in zwey Bänden.

Erster Band
mit fünf Kupfertafeln.

Leipzig,
in der Weidmannischen Buchhandlung. 1797.

Vorrede des Verfassers
zur dritten Ausgabe.

Die Absicht gegenwärtiger Schrift ist, dem Publikum einen vollständigen Abriß von dem gegenwärtigen Zustande der Lehre von der Elektricität zu geben, und diesen in einen so kleinen Raum, als es nur immer die Natur der Sache zuläßt, zusammenzufassen. Ich habe diese Lehre in fünf Theile abgetheilt, und in jedem solche Materien zusammengestellt, welche unter einander selbst mehr, als mit den Materien der übrigen Theile, zusammenhängen, so daß die abgesonderte Betrachtung eines jeden Theils die Verwirrung der Begriffe bey solchen Lesern verhüten kann, bey welchen ich noch keine Bekanntschaft mit der Sache selbst voraussetzen darf.

Der erste Theil handelt blos von den Gesetzen der Elektricität, d. i. von solchen die Elektricität betreffenden Naturgesetzen, welche durch unzählbare Versuche allgemein wahr befunden, und daher von allen Hypothesen unabhängig sind. Ich habe mich zwar in diesem Theile auf keine unbedeutenden oder ungewissen Umstände eingelassen; aber auch die größte Sorgfalt angewendet, nichts Wesentliches oder auf neue Entdeckungen Führendes zu übergehen.

Der zweyte Theil enthält blos Hypothesen; und trägt nicht Thatsachen, sondern Meynungen vor.

vor. Die große Unwahrscheinlichkeit der meisten von diesen Hypothesen hat mich bewogen, diesen Theil meines Werks so kurz als möglich zu machen.

Der dritte Theil enthält die praktischen Lehren der Elektricität. Hier habe ich mich bemüht, alle neuen Verbesserungen des elektrischen Apparatus anzuführen, welche zu Ersparung des Aufwands, und zu leichterer Anstellung der Versuche dienen können. Was die Versuche selbst betrifft, habe ich mich hauptsächlich nur bey einigen der vornehmsten verweilet, welche nöthig sind, um die Gesetze der Elektricität zu erläutern und zu bestätigen. Eine große Anzahl anderer, welche nur Abänderungen der vorigen sind, habe ich gänzlich übergangen; dagegen aber auch von einigen andern Nachricht gegeben, welche zwar nicht unumgänglich nothwendig sind, dennoch aber bekannt zu seyn verdienen.

Der vierte Theil enthält eine kurze Nachricht von den vornehmsten Versuchen, die ich selbst bey meinen Untersuchungen über dasjenige, was mir in diesem Theile der Naturlehre Merkwürdiges vorkam, angestellt habe. Ich habe dabey nicht allein die fruchtlosen und ohne Erfolg gebliebenen Proben, sondern auch die zahlreichen Muthmaßungen, die ich noch nicht durch wirkliche Beobachtung habe prüfen können, gänzlich übergangen.

Der fünfte Theil enthält die Anwendung der medicinischen Elektricität. Dieser war zuvor besonders gedruckt.

Ich ergreife diese Gelegenheit, um die Verbindlichkeit zu bekennen, die ich einigen meiner gelehrten Freunde schuldig bin, welche mir verschiedne Versuche und Bemerkungen mitgetheilt haben; besonders dem Hrn. William Henly, der, so viel ihm möglich war, gethan hat, um mir alles dasjenige

Vorrede.

nige mitzutheilen, was seiner Meynung nach zur Bereicherung und Verschönerung dieses Werks gereichen konnte.

Ich habe es für unnöthig gehalten, bey denen in dieser Schrift vorgetragenen Versuchen und Beobachtungen die Gelehrten zu nennen, welche als Erfinder derselben ohnehin schon der Welt bekannt sind, und mich daher blos auf die Namen dererjenigen eingeschränkt, deren Versuche neu sind, oder bey den Schriftstellern über diese Materie nicht unter den Namen ihrer wahren Erfinder angeführt werden.

Gegenwärtige dritte Ausgabe ist an mehrern Stellen mit einigen interessanten Zusätzen vermehret, hauptsächlich im Anhange. Dieser enthält mehrere ganz neue Abhandlungen.

Endlich habe ich, um diese Schrift verständlicher und brauchbarer zu machen, derselben einige Kupferplatten, nebst einem vollständigen Register über alle die Umstände beygefügt, welche die meiste Aufmerksamkeit verdienen.

Vorerinnerung des Uebersetzers zur zweyten Auflage.

Der gänzliche Mangel einer Schrift, in welcher sich alle über die Elektricität gemachten Entdeckungen kurz und vollständig übersehen ließen *), bewog mich im Jahre 1779, das damals erschienene Werk des Cavallo: A Compleat Treatise on Electricity in theory and praxis, London 1778. 8. in unsere Sprache zu übersetzen. Da dieses Unternehmen nicht ohne Beyfall geblieben und die erste Auflage der Uebersetzung vergriffen ist, so ward mir die Veranstaltung dieser zweyten übertragen. Ich fand es schicklich, sie mit einigen Zusätzen zu vermehren, von welchen ich in dieser Vorerinnerung Rechenschaft abzulegen habe.

Die Anwendungen der Elektricität auf das Wohl der Menschen, theils zum Schutz vor Wetterschlägen, theils zu Heilung verschiedener Krankheiten, scheinen mir wichtig genug, um einige Zusätze zu veranlassen. In dieser Rücksicht habe ich im neunten Capitel des ersten Theils S. 74. die Beschrei-

---

*) Priestleys Geschichte der Elektricität ist weitläufig, und chronologisch geordnet: Socins sonst vortreffliche Anfangsgründe der Elektricität sind bey weitem nicht vollendet.

Beschreibung eines nach meiner Einsicht gut angelegten Ableiters, ingleichen weiter unten etwas von den medicinischen Wirkungen der Elektricität aus einer später erschienenen Schrift des Verfassers hinzugesetzt *), auch dem neunten Capitel des dritten Theils S. 255. die neuern ziemlich entscheidenden Versuche des Nairne über die Vorzüge spitziger Wetterableiter vor den stumpfen, und dem zehnten Capitel einige zur medicinischen Elektricität gehörige Werkzeuge und Verfahrungsregeln beygefügt **).

Die elektrische Geräthschaft betreffend, habe ich theils hin und wieder in zerstreuten Anmerkungen einige Verbesserungen und Vorschläge angegeben, theils im zweyten Capitel des dritten Theils S. 150. die wohlfeile, bequeme und wirksame Elektrisirmaschine des Herrn Legationsraths Lichtenberg in Gotha mit dessen eignen Worten beschrieben, und beym vierten Capitel des vierten Theils S. 355. u. f. von dem so merkwürdigen Elektrophor, ingleichen S. 384. u. f. von dem sogenannten Luftelektrophor des Hrn. Weber umständliche Nachricht gegeben. Beym Elektrophor besonders bin ich bemüht gewesen, die hauptsächlichsten Phänomene desselben nach dem Beyspiele der Herren Socin und Ingenhouß auf einige ganz einfache und schon vorher erwiesene Grundgesetze zurückzuführen.

Unter den Versuchen des dritten Theils, deren Absicht doch nicht blos diese ist, zu belustigen, sondern

---

*) Dieß ist weggeblieben, da der Verfasser jene Schrift größtentheils in dieses Werk aufgenommen hat. A. d. U. d. n. A.

**) Der Verfasser hat dieß ganze Capitel weggelassen, mithin haben auch diese Zusätze nicht aufgenommen werden können. A. d. U. d. n. A.

dern auch, die allgemeinen Grundgesetze der Elektricität zu erweisen, waren von dem Verfasser einige von Wichtigkeit übergangen worden. So fand sich bey ihm kein Versuch über die Wirkungen der sogenannten elektrischen Atmosphären, von denen doch so viel sonst unerklärbare Phänomene abhangen, und über die merkwürdigen Erscheinungen der in seidnen Bändern, Strümpfen u. dgl. erregten Elektricität. Ich habe daher dem dritten Theile S. 299. einen Zusatz von den elektrischen Wirkungskreisen (wobey ich mir zugleich eine Ausschweifung in den hypothetischen Theil dieses Gegenstands erlaubt habe) und S. 308. einen andern von den Versuchen des Symmer, Cigna und Beccaria über die Elektricität geriebner dünner elektrischer Körper beygefügt.

Endlich, ob ich gleich physikalische Spielwerke nicht sehr schätze, habe ich dennoch S. 236. das von Franklin sogenannte magische Gemälde des Kinnersley beschrieben, weil sein Name oft von Schriftstellern als ein Kunstwort angeführt und die Einrichtung desselben als bekannt vorausgesetzt wird, da sie doch von Franklin und Priestley nur sehr undeutlich beschrieben worden. Auch finden sich am Ende dieses Bandes einige Worte von den elektrischen Pistolen, die doch zeither einen guten Theil des Publikums belustiget haben.

In zerstreuten Anmerkungen habe ich bisweilen Namen der Erfinder hinzugesetzt oder berichtigt, bisweilen Erklärungen der Sache beygefügt oder angezeigt, was, seitdem der Verfasser schrieb, weiter sey gethan oder entdeckt worden.

Diese Zusätze und Anmerkungen, welche entweder durch die eigne Ueberschrift: Zusatz des Uebersetzers, oder durch Einschluß in Parenthesen,

Bey-

Beyfügung der Buchstaben A. b. U. ꝛc. von dem Texte des Verfassers kenntlich genug unterschieden sind, haben das Werk um wenige Bogen vergrößert, und eine neue Kupfertafel nöthig gemacht, auf welcher man die Vorstellung des S. 74. beschriebenen Ableiters, der Lichtenbergischen Elektrisirmaschine, des bey uns gewöhnlichen Elektrophors, des doppelten Elektrophors, und (weil es der Platz erlaubte) des Weberischen Luftelektrophors findet. Ich hoffe, man werde das Nützliche, welches ich beyzufügen mich bestrebt habe, der dadurch entstandenen geringen Erhöhung des Preißes nicht ganz unwerth achten. Leipzig, in der Jubilatemesse 1783.

D. Johann Samuel Traugott Gehler.

Zur dritten Auflage.

Auch die zweyte Auflage ist so günstig aufgenommen worden, daß bereits eine dritte nothwendig wird. Bey dieser habe ich vorzüglich das viele Gute und Neue, was Herr Prof. Lichtenberg seiner Ausgabe der Erxlebenschen Anfangsgründe der Naturlehre (Göttingen 1784. 8.) in Absicht auf die Elektricität beygefügt hat, genützt; auch zu dem vierten Capitel des vierten Theils eine umständliche Nachricht von des Herrn Volta Condensator der Elektricität, oder Mikro-elektrometer hinzugesetzt, welche aus dem von mir selbst herrührenden Aufsatze über den Condensator in den Leipziger Sammlungen zur Physik und Naturgeschichte (III. Bandes 2tes Stück) ein Auszug ist. Leipzig, in der Michaelismesse 1785.

D. Gehler.

Vorerinnerung des Uebersetzers zur vierten Auflage.

Da die gegenwärtige neue Auflage der deutschen Uebersetzung von des Cavallo Abhandlung der theoretischen und praktischen Lehre von der Elektricität sowohl der äußern Gestalt nach, als in Rücksicht ihres Inhalts von den vorhergehenden wesentlich verschieden ist, so halte ich es für nothwendig, in Ansehung dieser Verschiedenheit hier einige Erinnerungen voraus zu schicken.

Bey der ehemaligen Bearbeitung dieser Uebersetzung lag, bey allen drey Auflagen, die erste Ausgabe des Originals zum Grunde; diese vierte Auflage hingegen enthält eine Uebersetzung der dritten Ausgabe desselben, welche im Jahre 1786., mit vielen neuen Abhandlungen vermehrt, erschien, und der im Jahre 1795. noch ein Supplementband folgte. Man kann also, auch ohne sich durch den Augenschein zu überzeugen, leicht denken, wie viel diese neue Auflage mehr, als die vorhergehenden, enthalten müsse.

Es

Es war die Absicht meines mir unvergeßlichen Freundes und Lehrers, des zu früh verstorbenen Herrn D. Gehlers, der bekanntlich die vorhergehenden Ausgaben dieses Buches besorgt hatte, auch von dieser neuen Auflage die Besorgung über sich zu nehmen, und ihr, wie er sich darüber ausdrücklich erklärt hat *), die neuesten Entdeckungen und Meynungen in Ansehung der Elektricität beyzufügen. Allein er starb, ehe er noch mit dieser Arbeit einen Anfang gemacht hatte. Nach seinem Tode wurde sie mir übertragen, und ich halte mich daher für verbunden, hier etwas umständlich anzugeben, was von mir dabey eigentlich gethan worden sey, besonders da ich, der Absicht des verstorbenen Uebersetzers gemäß, einige Anmerkungen und Zusätze beyzufügen für gut gefunden habe, worüber ich hier allerdings einige Rechenschaft zu geben schuldig bin.

Der erste Band dieser neuen Ausgabe enthält die Gehlerische Uebersetzung; jedoch nicht ganz in ihrer vorigen Gestalt. Es hat nämlich dem Verfasser gefallen, in der dritten Ausgabe seines Buches nicht nur mehrere zerstreute Anmerkungen beyzufügen; sondern auch im Texte selbst hie und da Veränderungen vorzunehmen, einige Stellen wegzulassen, andere einzuschieben, u. s. f. Nach diesen Veränderungen hat folglich der Text überall berichtiget und ergänzt werden müssen. So findet man, um nur einige Beyspiele anzuführen, im zwey-

*) S. physikal. Wörterbuch. V. B. S. 253.

zweyten Capitel des dritten Theils, S. 149. eine Beschreibung einer von Herrn Nairne erfundenen, hauptsächlich für den medicinischen Gebrauch eingerichteten Elektrisirmaschine; desgleichen im dritten Capitel S. 160. eine Beschreibung des Ausladeelektrometers, das man gewöhnlich bey der medicinischen Elektricität zu gebrauchen pflegt; im siebenden Capitel ist S. 232. der achtzehnte, und im zehnten, S. 280. u. f. der eilfte, zwölfte und dreyzehnte, S. 285. u. f. der achtzehnte, neunzehnte und zwanzigste, endlich S. 288. u. f. der zwey drey= vier= und fünfundzwanzigste Versuch neu. Dagegen ist das zehnte Capitel, welches von der medicinischen Elektricität handelte, ganz weggeblieben, weil der Verfasser seine Abhandlung über die medicinische Elektricität, welche ehedem besonders erschienen war, fast ganz mit aufgenommen hat; aus welchem Grunde ich mich auch genöthiget gesehen habe, die ehemaligen Zusätze zu diesem Capitel, welche einen kurzen Auszug aus jener Abhandlung enthielten, wegzulassen.

In Absicht auf die Zusätze, mit denen diese neue Ausgabe vermehrt worden ist, bin ich bemühet gewesen, dem Plane des sel. Herrn D. Gehlers zu folgen. In dieser Hinsicht habe ich im neunten Capitel des ersten Theils, S. 77. angegeben, wie man nach unsern gegenwärtigen Begriffen einen Gewitterableiter am zweckmäßigsten und vortheilhaftesten anlegen könne. Die Begriffe hiervon haben sich nämlich so sehr geändert, daß die vor mehrern Jah-

Jahren gegebenen Vorschriften zur schicklichsten Einrichtung eines Ableiters gegenwärtig keinesweges hinreichen konnten, mithin mir hier ein Zusatz nothwendig zu seyn schien.

Ferner habe ich es nicht für unzweckmäßig gehalten, im zweyten Capitel des zweyten Theils, wo von der Natur der elektrischen Materie die Rede ist, S. 110. die über diesen Gegenstand geäußerten Muthmaßungen einiger neuern Naturforscher beyzufügen, da es doch gewiß für jeden, der sich einige Kenntnisse der Elektricität, als Wissenschaft betrachtet, zu erwerben wünscht, interessant ist, zu wissen, welche Hypothese sich hierüber dieser oder jener Gelehrte gebildet habe. Man könnte mir hier vielleicht vorwerfen, daß dabey nicht die gehörige Gleichförmigkeit beobachtet worden wäre, indem ich die Hypothese des D. Peart augenscheinlich weitläufiger und vollständiger, als die übrigen, vorgetragen hätte. Diesem Vorwurfe glaube ich dadurch zu begegnen, wenn ich sage, daß ich dieß absichtlich that, um eine Hypothese, die zwar freylich nichts weniger als erwiesen, doch immer sinnreich genug ausgedacht ist, und deshalb einer weitern Bekanntmachung nicht ganz unwerth zu seyn scheint, unter uns bekannter zu machen.

Am Ende des zweyten Capitels des dritten Theils, wo der Verfasser mehrere Elektrisirmaschinen beschrieben hat, habe ich S. 152. eine Beschreibung der von Herrn Mundt erfundenen Zeugmaschine angehängt, womit ich manchem Freunde
der

der Elektricität keinen unangenehmen Dienst erwiesen zu haben meyne, weil er sich diese Maschine, welche einen sehr geringen Raum einnimmt, wenig kostet, und dabey immer beträchtlich genug wirkt, sehr leicht anschaffen, oder auch selbst verfertigen kann.

Endlich findet man S. 294. und S. 372. noch zwey Versuche beschrieben, welche zwar nicht gerade unter die belehrenden, doch gewiß unter die unterhaltenden gehören, und deshalb einer Stelle in diesem Buche nicht ganz unwerth zu seyn scheinen.

Die übrigen Anmerkungen, deren man mehrere hier und da zerstreut finden wird, enthalten Berichtigungen, Erläuterungen, neuere Entdeckungen, Muthmaßungen über diesen oder jenen Gegenstand, neuere Litteratur, u. s. f.; und ich darf mir wohl ohne Eitelkeit schmeicheln, daß dieß Buch durch deren Beyfügung an Brauchbarkeit wenigstens nichts verloren habe, zumal da die mehresten dem Gehlerischen Wörterbuche, dem Voigtischen und dem Grenischen Journale und andern Schriften von anerkanntem Werthe ihr Daseyn verdanken. Sie unterscheiden sich von den Anmerkungen des Verfassers und ersten Uebersetzers dadurch, daß sie mit einem B. unterzeichnet sind, woran man auch die übrigen von mir herrührenden Zusätze erkennen kann; doch sind diese zum Theil mit der Ueberschrift, **Zusatz des Uebersetzers der neuen Ausgabe,** versehen.

Borerinnerung des Ueberſetzers

So viel von dem erſten Bande dieſes Werkes. Jetzt noch ein Paar Worte über den zweyten Band. Dieſer iſt durchaus neu, und enthält von dem Originale den größten Theil des zweyten Bandes, und den neuerlich erſchienenen Supplementband. Er fängt ſich mit dem ſiebenden Capitel des vierten Theils an, worinnen der Verfaſſer von den ſogenannten Lichtenbergiſchen Figuren handelt, und in dieſes Capitel habe ich nicht nur einen in dem genannten Supplementbande befindlichen Aufſatz des Verfaſſers über den nämlichen Gegenſtand, S. 6. eingeſchaltet; ſondern dieſem letzteren auch S. 17. einen Auszug aus einer Abhandlung des Herrn Kortum angehängt, welcher die Elektricität verſchiedener Pulvergemiſche unterſucht, und ſo, wie mich dünkt, zu der Lehre von der Erregung der Elektricität durch Reiben verſchiedener Körper, keinen unwichtigen Beytrag geliefert hat.

Der fünfte Theil, der die Lehre von der mediciniſchen Elektricität enthält, war, wie ich bereits bemerkt habe, ehedem beſonders gedruckt; doch erſcheint er hier weſentlich verändert. Aus dem theoretiſchen Theile nämlich iſt manches weggeblieben; der praktiſche hingegen mit der Erzählung von zwey Fällen, in welchen die Elektricität gute Dienſte that, vermehret worden, anderer gemachten Veränderungen nicht zu gedenken.

Auf dieſen folgt der erſte Anhang, in welchem ſich alle die einzelnen Aufſätze des Verfaſſers über verſchiedene Gegenſtände der Elektricitätslehre befinben, die er theils im zweyten, theils im dritten Bande bekannt gemacht hat. Da dieses alles für sich bestehende Abhandlungen sind, welche unter einander in keiner genauen Verbindung stehen, so bedarf es, dünkt mich, keiner Rechtfertigung, daß ich der von dem Verfasser beobachteten Ordnung, in welcher er sie auf einander folgen ließ, nicht genau gefolgt bin, zumal da ich insgemein die, welche mir, dem Inhalte nach, in einiger Verbindung zu stehen schienen, zusammengestellet habe, welches der Verfasser nicht thun konnte, weil er den zweyten Band bey Herausgabe des Supplementbandes nicht wieder abdrucken ließ. Damit man aber doch die neuern Aufsätze des Verfassers von den ältern desto leichter unterscheiden könne, will ich nur noch bemerken, daß die mit II. III. V. VI. VII. VIII. XI. XIV. XV. XVI. XVII. XVIII. bezeichneten aus dem neuern dritten, die übrigen hingegen aus dem früher erschienenen zweyten Bande entlehnt sind.

Zwey von diesen Abhandlungen haben Zusätze erhalten. Der Verfasser liefert nämlich in dem Aufsatze No. XII. S. 216. einen kurzen Auszug aus des Herrn van Marum Beschreibung der großen Elektrisirmaschine des Teylerischen Museums und der damit angestellten Versuche. Da wir nun späterhin eine Fortsetzung von dieser Schrift erhalten haben, so hielt ich es nicht für zweckwidrig, aus dieser S. 225. das Merkwürdigste gleichfalls auszugsweise mitzutheilen. Sodann findet man auch S. 300. einen Zusatz zu der Abhandlung über thierische Elektricität. Dieser enthält einen kurzen Auszug aus dem wichtigen Buche, welches wir von einem unserer thätigsten und scharfsinnigsten Naturforscher, dem Herrn Oberbergrath von Humboldt, über diesen Gegenstand nächstens erhalten werden, und hat einen Freund desselben, Herrn Fischer, zum Verfasser, der die Handschrift von jenem Buche zu benutzen Gelegenheit hatte. Da ich nicht voraussehen darf, daß alle Leser dieses Buches jenes interessante Werk zu Gesicht bekommen werden, so dürfte ihnen dieser Aufsatz hier gewiß nicht unwillkommen seyn, zumal da darinnen die Hauptmomente der Theorie, welche der Herr von Humboldt in dieser schwierigen Materie aufzustellen versucht hat, mit angegeben sind. Den Aufsatz des Verfassers über die thierische Elektricität, hätte ich leicht mit Zusätzen und Anmerkungen vermehren können, deren die mannichfaltigen Versuche, welche neuerlich von mehreren Gelehrten über diesen Gegenstand angestellet worden sind, eine hinlängliche Menge an die Hand geben. Allein ich habe dieß absichtlich unterlassen, und nur einige wenige Anmerkungen beygefügt, theils weil ich befürchten mußte, die mir vorgeschriebenen engen Grenzen der Kürze zu sehr zu überschreiten, theils weil man jetzt immer mehr davon überzeugt zu werden anfängt, daß die sogenannte thierische Elektricität eigentlich nicht elektrischen Ursprungs sey, in welchem Falle denn eine Abhandlung über diesen Gegenstand in einem Werke über die Elektricität überhaupt nicht am rechten

Orte

zur vierten Auflage.

Orte stehen würde. Die übrigen kurzen Anmerkungen, welche ich hin und wieder diesen Abhandlungen beygefügt habe, unterscheiden sich, wie im ersten Bande, von den Anmerkungen des Verfassers ebenfalls durch den darunter gesetzten Buchstaben B.

Gegen das Ende des dritten Bandes des Originals finden sich einige Anmerkungen und Zusätze, welche der Verfasser zum Theil erst nach dem Abdruck des vorhergehenden Theils desselben niederschrieb. Von diesen habe ich einige an ihre gehörigen Stellen eingeschoben; die übrigen aber, mit Hinweisung auf die Stelle, wo sie hingehören, als einen zweyten Anhang beygefügt. Auch diese hätte ich bereits in den ersten Band aufnehmen können, da sie Zusätze zu demselben enthalten; allein ich würde dadurch offenbar der billigen Absicht der Verlagshandlung entgegen gehandelt haben, welche die Veranstaltung getroffen hat, daß der zweyte Band dieses Werks auch von den Besitzern der erstern Ausgaben besonders gekauft werden kann. Dieß hat mich auch bestimmt, diesen zweyten Band mitten im vierten Theile anfangen zu lassen, welches ich sonst nicht gethan, sondern eine schicklichere Abtheilung des ganzen Werks gewählt haben würde.

Wenn es etwa befremden sollte, in dem ersten Bande einen Aufsatz des ersten Uebersetzers über den Voltaischen Condensator zu finden, da doch der Verfasser im zweyten Bande diesem Gegenstande

eine

eine eigne Abhandlung gewidmet hat, den bitte ich, zu bedenken, daß es mir wirklich nicht zukam, in dieser Rückficht eine Veränderung vorzunehmen. Ganze Abhandlungen des Originals wegzulassen, heißt nach meiner Meynung die Pflichten eines Uebersetzers übertreten, die ich bey dieser Arbeit immer vor Augen gehabt habe. In Ansehung des Gehlerischen Aufsatzes aber verbot mir die Hochachtung, welche mir das Andenken an den verehrungswürdigen Verfasser desselben einflößet, eine solche eigenmächtige Veränderung vorzunehmen; auch wenn ich vermuthen konnte, daß er sie selbst vorgenommen haben würde; aus welchem Grunde ich auch alle Anmerkungen desselben, einige wenige ausgenommen, welche wegen der von dem Verfasser selbst vorgenommenen Veränderungen schlechterdings nicht stehen bleiben konnten, unverändert wieder habe abdrucken lassen. Zudem ist dieser Aufsatz, wie alles, was jener vortreffliche Mann schrieb, mit solcher Deutlichkeit, Gedrängtheit und Bestimmtheit im Ausdrucke verfasset, und in dieser Rücksicht jener Abhandlung des Verfassers so sehr vorzuziehen, daß ich mich wirklich einer Ungerechtigkeit gegen das Publikum schuldig zu machen glaubte, wenn ich ihm diesen Aufsatz in dieser Ausgabe vorenthalten wollte, um so mehr, da jede von diesen Abhandlungen, wenn sie auch beyde gleich einen und denselben Gegenstand betreffen, immer noch manches enthält, was man in der andern vergeblich suchet. Aus ähnlichen Gründen sind auch die beyden Aufsätze im ersten Ban-

de

de S. 255. und im zweyten Bande S. 99. ohne einige Veränderung aufgenommen worden.

Dieß ist etwa das Vorzüglichste, was ich als Vorerinnerung hier voraus zu schicken für nöthig fand. Ich füge jetzt nichts, als die Bitte hinzu, meine Arbeit mit der Schonung zu beurtheilen, welche gewiß jedem zukommt, der die angefangene Arbeit eines Schriftstellers von anerkannten Verdiensten fortzusetzen unternimmt.

Leipzig, in der Jubilatemesse 1797.

D. Joachim Moritz Wilhelm Baumann.

Inhalt
des ersten Bandes.

Einleitung. .... Seite 1

Erster Theil.
Grundgesetze der Elektricität.

Erstes Capitel.
Erklärung einiger Kunstwörter, welche bey der Lehre von der Elektricität vorzüglich gebraucht werden 7

Zweytes Capitel.
Elektrische Körper und Leiter 9

Drittes Capitel.
Von den entgegengesetzten Elektricitäten 17

Viertes Capitel.
Von den verschiednen Arten, die ursprüngliche Elektricität zu erregen 25

Fünftes Capitel.
Von der mitgetheilten Elektricität 34

Sechstes Capitel.
Von der den elektrischen Körpern mitgetheilten Elektricität 45

Siebentes Capitel.
Von den geladenen elektrischen Körpern oder der Leibner Flasche 50

Achtes Capitel.
Von der Elektricität der Atmosphäre 64

Neuntes Capitel.
Vortheile, die man aus der Elektricität gezogen hat ... 68

Zehntes Capitel.
Kurzer Inbegriff der vornehmsten Eigenschaften der Elektricität 88

Zweyter Theil.
Theorie der Elektricität.

Erstes Capitel.
Hypothese der positiven und negativen Elektricität 93

Zweytes

Inhalt.

Zweytes Capitel.
Von der Natur der elektrischen Materie — Seite 103

Drittes Capitel.
Von der Natur der elektrischen Körper und Leiter — 116

Viertes Capitel.
Von der Stelle, welche die elektrische Materie in den Körpern einnimmt — 118

Dritter Theil.
Praktische Elektricität.

Erstes Capitel.
Von dem elektrischen Apparatus überhaupt — 133

Zweytes Capitel.
Beschreibung einiger Elektrisirmaschinen insbesondere — 141

Drittes Capitel.
Umständlichere Beschreibung einiger andern nothwendigen Theile des elektrischen Apparatus — 157

Viertes Capitel.
Praktische Regeln, den Gebrauch der elektrischen Instrumente, und die Anstellung der Versuche betreffend — 165

Fünftes Capitel.
Versuche, das elektrische Anziehen und Zurückstoßen betreffend — 173

Sechstes Capitel.
Versuche über das elektrische Licht — 191

Siebentes Capitel.
Versuche mit der Leidner Flasche — 209

Achtes Capitel.
Versuche mit andern geladenen elektrischen Körpern — 238

Neuntes Capitel.
Versuche über den Einfluß der Spitzen, und die Vorzüge zugespitzter metallener Gewitterableiter — 245
Zusatz des Uebers. Neuere Versuche über die zugespitzten Blitzableiter — 213

Zehntes Capitel.
Versuche mit der elektrischen Batterie — 262

Eilftes Capitel.
Vermischte Versuche — 271

Zwölf-

Inhalt.

Zwölftes Capitel.
Fernere Eigenschaften der Leidner Flasche, oder geladener elektrischer Körper .... Seite 294

Zusätze des Uebersetzers.
I. Von den elektrischen Wirkungskreisen 299
II. Versuche über die Erregung der Elektricität durchs Reiben dünner Körper 308

Vierter Theil.
Neue elektrische Versuche. 317

Erstes Capitel.
Zubereitung des elektrischen Drachens, und anderer dazu gehörigen Werkzeuge 319

Zweytes Capitel.
Angestellte Versuche mit dem elektrischen Drachen 327

Drittes Capitel.
Versuche mit dem atmosphärischen und dem Regenelektrometer 343

Viertes Capitel.
Versuche mit dem Elektrophor, oder der Maschine zu Erhaltung einer beständigen Elektricität 348

Zusätze des Uebersetzers.
I. Vom Elektrophor 355
II. Von des Hrn. Volta Condensator der Elektricität 373
III. Vom Luftelektrophor des Hrn. Weber 384

Fünftes Capitel.
Versuche über die Farben 386

Sechstes Capitel.
Vermischte Versuche 389
Zusatz des Uebers. Von den elektrischen Pistolen 394

Einleitung.

Die Künste und Wissenschaften haben, gleich den Staaten und Nationen, eine nach der andern, ihre glänzenden und ruhmvollen Perioden, in welchen sie mehr als jemals die Aufmerksamkeit der Menschen auf sich ziehen, in einem glänzendern Lichte als sonst erscheinen, und das Lieblingsstudium des Zeitalters werden; aber bald sind diese Perioden vorüber, und die wenigen Jahre des Glanzes und Ruhms verlieren sich oft in Jahrhunderte der Vergessenheit. Dennoch giebt es einige Wissenschaften, welche über diesen Wechsel des Schicksals erhaben sind, und wegen ihres ausgebreiteten Nutzens, und der Unentbehrlichkeit und Brauchbarkeit der durch sie gemachten Erfindungen, beständig in blühendem Zustande verbleiben; die, ob sie gleich ehemals unbekannt waren, dennoch nun nie wieder fallen, da sich einmal der Ruf von ihrer Entstehung oder Vervollkommnung verbreitet hat; die zwar alt, aber nie vernachläßiget werden. Von dieser Art ist die Wissenschaft der Elektricität, der angenehmste und bewundernswürdigste unter allen Theilen der Naturlehre, welche jemals von Menschen bearbeitet worden sind. Nachdem sich einmal der Umfang und die Allgemeinheit dieser Wissenschaft gezeigt, nachdem man ihren Gegenstand einmal für eine der wirksamsten Triebfedern der Natur erkannt hatte, blieb sie

sie immer in Aufnahme, ward mit Vortheil bearbeitet, ununterbrochen erweitert, und befindet sich nunmehr in einem Zustande, worinnen sie, anstatt unfruchtbar geworden zu seyn, vielmehr die allgemeine Aufmerksamkeit noch stärker zu erregen, und ihren Freunden noch freygebigere Belohnungen ihrer Mühe zu versprechen scheint. Die Optik enthält viele bewundernswürdige und nützliche Dinge, die aber doch bloß das Geschäft des Sehens betreffen; die Lehre vom Magnet zeigt die anziehende und zurückstoßende Kraft und die Richtung nach den Polen, aber doch bloß an den Magneten; die Chymie behandelt die verschiedenen Zusammensetzungen und Auflösungen der Körper: aber die Elektricität vereiniget in ihrem Umfange, wenn ich so sagen darf, alle diese Wissenschaften, verbindet verschiedne Kräfte mit einander, setzt unsere Sinnen auf eine besondere und überraschende Weise in Erstaunen, erregt dadurch Vergnügen, und ist dem Unwissenden sowohl als dem Gelehrten, dem Reichen sowohl als dem Armen, nützlich. Bey der Elektricität vergnügen wir uns an dem lebhaften und durchdringenden Lichte, welches sie unter unzählig verschiedenen Gestalten hervorbringt; wir bewundern ihre anziehende und zurückstoßende Kraft, die auf alle Arten der Körper wirkt; wir gerathen in Erstaunen über ihren Schlag, in Schrecken über die Explosion und Gewalt ihrer geladenen Flaschen: wenn wir sie aber als die Ursache des Donners und Blitzes, des Nordlichts und anderer Naturbegebenheiten betrachten, deren fürchterliche Wirkungen wir durch sie zum Theil nachahmen, erklären, ja sogar von uns abwenden können, so werden wir in ein Erstaunen gesetzt, das unsere ganze Seele mit einer unbeschreiblichen und bleibenden Empfindung der Bewunderung erfüllet.

Die älteste Nachricht von einer beobachteten elektrischen Wirkung findet sich bey dem bekannten alten
Natur-

Einleitung.

Naturforscher Theophrast, welcher 300 Jahre vor dem Anfange der christlichen Zeitrechnung lebte. Er erzählt uns, daß sowohl der Bernstein, (der bey den Griechen ἤλεκτρον heißt, wovon sich auch der Name der Elektricität herschreibt,) als das Lynkurium *) die Eigenschaft haben, daß sie leichte Körper anziehen. Dieß einzige war noch beynahe funfzehnhundert Jahre nach dem Theophrast fast alles, was man von dieser Sache wußte: denn wir finden in der Geschichte dieses so langen Zeitraums keine Nachricht von irgend einer Person, die in diesem Theile der Naturlehre einige Entdeckungen gemacht, oder auch nur einige Versuche angestellt hätte. So lag diese Wissenschaft gänzlich im Dunkeln bis auf die Zeit des Wilhelm Gilbert, eines englischen Naturforschers, dessen Abhandlung, *de magnete*, worinnen mehrere elektrische Versuche enthalten sind, im Jahre 1600 erschien, und den man wegen seiner Entdeckungen in diesem neuen und unbearbeiteten Felde mit Recht den Vater der jetzigen Wissenschaft von der Elektricität nennen kann. Er bemerkte, daß nicht allein der Bernstein und das Lynkurium, wenn sie gerieben werden, leichte Körper anziehen; sondern daß diese Eigenschaft noch vielen andern Körpern außer dem Bernsteine zukomme. Er führt eine große Menge von solchen Körpern mit vielen besondern Umständen an, die, in Betrachtung des damaligen Zustandes dieser Wissenschaft, in der That für merkwürdig und wichtig zu halten sind.

Nach Gilbert nahm diese Wissenschaft, obgleich mit langsamen Schritten, zu, und gieng gleichsam aus

*) Man hat es wahrscheinlich gemacht, daß das Lynkurium des Theophrast eben derjenige Körper sey, den wir unter dem Namen des Turmalins kennen, und von welchem wir weiter unten zu reden Gelegenheit haben werden.

der Kindheit in ihr jugendliches Alter über. Viele vortreffliche Naturforscher unternahmen es, die Natur von dieser Seite zu untersuchen. Dahin gehören Franz Bacon, Boyle, Otto Guericke, Newton und vorzüglich Hawksbee, ein Mann, dem wir viele wichtige Entdeckungen, und eine beträchtliche Erweiterung der Lehre von der Elektricität zu danken haben. Hawksbee bemerkte zuerst die große elektrische Kraft des Glases, einer Materie, welcher von dieser Zeit an alle Kenner der Elektricität den allgemeinen Vorzug vor allen andern zum Gebrauch dienenden elektrischen Körpern gegeben haben. Auch beobachtete er zuerst die verschiednen Erscheinungen des elektrischen Lichts, und das Geräusch, welches man dabey verspüret, nebst einer zahlreichen Menge von Phänomenen, welche das elektrische Anziehen und Zurückstoßen betreffen.

Nach Hawksbee findet sich in der Geschichte der Elektricität, so sehr dieselbe auch bisher erweitert worden war, ein Stillstand von ohngefär zwanzig Jahren. In diesem Zeitraume war die Aufmerksamkeit der Naturforscher auf andere Gegenstände der Naturlehre gerichtet, welche damals durch die neuen Entdeckungen des großen Newtons sehr in Ansehen gekommen waren. Nach dieser Periode der Vergessenheit war Hr. Grey der erste, der unsere Lehre wieder ans Licht hervorzog. Durch seine großen Entdeckungen brachte er die Naturforscher aufs neue mit ihr in Bekanntschaft, und man kann sagen, daß mit ihm die wahre Epoche ihres blühenden Zustandes den Anfang nimmt.

Seit den Zeiten des Hrn. Grey hat sich die Anzahl der Liebhaber der Elektricität täglich vervielfältiget; die seitdem bis auf unsere Zeiten gemachten Entdeckungen und Anwendungen derselben sind in der That merkwürdig, und verdienen die Bewunderung eines jeden Liebhabers der Wissenschaften, und jedes Menschenfreundes.

Wer

Einleitung.

Wer sich mit der besondern Geschichte dieser Erfindungen bekannt zu machen wünscht, kann darüber die so fleißig ausgearbeitete Geschichte der Elektricität des gelehrten Dr. Priestley *) nachlesen, ein Werk, das ihn von allem unterrichten wird, was man in dieser Materie bis auf die Zeit, da es erschienen ist, gethan hat. Ich für mein Theil kann mich hier nicht in die Umstände dieser Geschichte einlassen, da meine Schrift die Absicht hat, nur den gegenwärtigen Zustand der Lehre von der Elektricität zu erklären, nicht aber, eine Geschichte derselben zu entwerfen. Nur eine einzige allgemeine Bemerkung kann ich nicht übergehen. Obgleich die Lehre von der Elektricität durch die unermüdeten Bemühungen so vieler scharfsinnigen Gelehrten, und durch die täglich in ihr gemachten Entdeckungen, die Wißbegierde der Naturforscher reizte, und ihre Aufmerksamkeit auf sich zog: so fand doch auch bey ihr statt, was man gemeiniglich bemerkt, daß man auf die Ursachen der Dinge, sie mögen nun wichtig oder unwichtig, bekannt oder unbekannt seyn, selten eher aufmerksam wird, als bis man von ihnen erstaunenswürdige und sonderbare Wirkungen gewahr wird. So wurde auch die Elektricität bis auf das Jahr 1745 von niemand, außer von den Naturforschern bearbeitet; weil niemand an ihr etwas seltsames fand. Ihre Anziehung ließ sich zum Theil durch den Magnet, ihr Leuchten durch den Phosphorus nachahmen; kurz, es fand sich nichts, was die Elektricität zu einem Gegenstande

---

*) Die deutsche Uebersetzung dieses sehr zu empfehlenden Werks unter dem Titel: Geschichte und gegenwärtiger Zustand der Elektricität, aus dem Englischen übersetzt von D. Joh. Georg Krünitz, Berlin und Stralsund, 1772. 4. ist bekannt, und ich werde die Seitenzahl derselben, so oft der Verfasser das Original anführt, beyfügen. Anmerk. d. Uebers.

stande der Aufmerksamkeit des Publikums machen, und die allgemeine Neugier erregen konnte, bis endlich in dem so merkwürdigen Jahre 1745 zufälliger Weise die große Entdeckung ihrer verstärkten Gewalt in der sogenannten Leidner Flasche gemacht wurde. *) Dann erst, und nicht eher, ward das Studium der Elektricität allgemein, setzte jeden Beobachter in Erstaunen, und führte zu den Wohnungen der Naturlehrer weit größere Mengen von Zuschauern, als sich vorher jemals zur Betrachtung irgend eines physikalischen Versuchs versammlet hatten.

Seit dieser Entdeckung ist die Anzahl der Liebhaber der Elektricität, der Versuche und der neuen Beobachtungen, die man täglich in allen Winkeln von Europa und den andern Welttheilen gemacht hat, bis zu einer fast unglaublichen Menge aufgewachsen. Entdeckungen sind über Entdeckungen, Erweiterungen über Erweiterungen gehäuft, und die Wissenschaft ist seit dieser Zeit immer mit so schnellem Laufe fortgegangen, und hat sich mit einer so erstaunlichen Geschwindigkeit ausgebreitet, daß es scheinen sollte, als würde der Gegenstand bald erschöpft, und der Liebhaber der Elektricität an das Ende seiner Untersuchungen gekommen seyn: aber aller Wahrscheinlichkeit nach sind wir leider noch weit vom letzten Ziele entfernt, und noch findet der junge Naturforscher ein weites Feld vor sich, das seine ganze Aufmerksamkeit verdient, und der Zukunft Entdeckungen verspricht, die vielleicht eben so wichtig, oder noch wichtiger, als die bereits gemachten, seyn werden.

*) Diese große Entdeckung verdankt man dem Herrn von Kleist, Prälaten und Domdechanten zu Kamin in Pommern. Man s. Dr. Priestley's Gesch. der Elektric. Par. 8. Sect. I. der dritten Ausgabe der deutschen Uebers. S. 53.

Vollständiger Lehrbegriff
der Elektricität.

Erster Theil.
Grundgesetze der Elektricität.

Erstes Capitel.
Erklärung einiger Kunstwörter, welche in der Lehre von der Elektricität vorzüglich gebraucht werden.

Wenn man mit der einen Hand eine reine und trockne Glasröhre hält, und dieselbe mit der andern ebenfalls reinen und trocknen Hand durch abwechselndes Auf- und Niederwärtsstreichen reibet, nach einigen wenigen Strichen aber dieselbe einem kleinen leichten Stückgen Papier, Faden, Metallblättgen, oder irgend einem andern leichten Körper nähert, so wird die geriebene Röhre diesen Körper zuerst anziehen, nach einer kleinen Zeit wieder zurückstoßen — dann aufs neue anziehen, und eine beträchtliche Zeit lang mit diesem abwechselnden Anziehen und Zurückstoßen fortfahren. Reibt man die Röhre im Finstern, und nähert sich nach dem Reiben mit dem Finger ohngefähr bis auf einen halben Zoll weit an dieselbe, so wird man zwischen ihr und dem Finger einen leuchtenden

Funken sehen, der mit einem knisternden Schalle hervorbricht; der Finger aber wird zu gleicher Zeit etwas empfinden, das dem Stoße einer mit Gewalt aus einem sehr engen Röhrgen hervorbrechenden Luft ähnlich ist.

Das bey diesem Versuche entstehende Anziehen, Zurückstoßen, Hervorbrechen des Funkens u. s. w. sind Wirkungen einer unbekannten Ursache, welche man die **Elektricität** nennt, und heissen daher **elektrische Erscheinungen**. Die Glasröhre selbst wird ein **elektrischer Körper** genannt; alle Körper, die man durch irgend ein Mittel in Stand setzen kann, dergleichen Wirkungen hervorzubringen, heissen **elektrische Körper** (corpora idioelectrica); und da das Reiben in ihnen gleichsam das Vermögen, elektrische Erscheinungen hervorzubringen, rege macht, und in Wirksamkeit setzt, so sagt man deswegen, daß sie durch das Reiben elektrisch gemacht, oder in ihnen die ursprüngliche Elektricität erregt werde. Die Hand, oder jeder andere Körper, der den elektrischen reibt, heißt das **Reibzeug**, oder der reibende Körper (the rubber); und wenn, statt der Person, welche die Glasröhre reibet, eine Maschine so eingerichtet wird, daß sie durch irgend ein Mittel in einem Körper die ursprüngliche Elektricität erregen kann, so heißt dieselbe eine **Elektrisir-Maschine**.

Wenn an dem andern Ende der Röhre, das dem mit der Hand gehaltenen entgegengesetzt ist, ein Drath von beliebiger Länge befestiget, und an demselben eine metallene Kugel aufgehangen, die Röhre aber, wie vorhin, elektrisch gemacht wird, so wird in diesem Falle die metallene Kugel alle Eigenschaften der elektrisch gemachten Röhre erhalten, d. i. sie wird eben sowohl, als die Röhre selbst, leichte Körper anziehen, Funken geben, u. s. w. Es geht nämlich die elektrische Kraft durch den Drath in die Kugel über: daher nennt man den

den Drath einen Leiter der Elektricität, und alle solche Körper, welche fähig sind, die elektrische Kraft gleich dem erwähnten Drathe in andere überzutragen, heißen Leiter (conductors, corpora anelectrica).

Wenn man aber bey dem angegebnen Versuche anstatt des Drathes eine seidene Schnur gebraucht, und dann die Röhre, wie zuvor, elektrisch macht, so wird in diesem Falle die Kugel kein Zeichen der Elektricität von sich geben, indem die seidene Schnur es nicht zuläßt, daß die elektrische Kraft aus der Röhre in die Kugel übergehe. Daher nennet man die seidene Schnur in diesem Falle, und überhaupt alle Körper, durch welche die elektrische Kraft nicht in andere übergehen kann, Nicht-leiter (non-conductors, corpora idioelectrica).

Ein Körper, der gänzlich mit Nicht-leitern umgeben ist, heißt in diesem Zustande isolirt (corpus symperielectricum). So war bey dem letzten Versuche die metallene Kugel isolirt, weil sie bloß an der seidnen Schnur, als einem Nicht-leiter, aufgehangen war.

Welche Körper nun Leiter, und welche elektrisch sind, das wird, in so fern es bekannt ist, nebst den besondern Eigenschaften derselben in den folgenden Capiteln gehörig angegeben werden.

Zweytes Capitel.

Elektrische Körper und Leiter.

Es ist der erste und vornehmste Grundsatz der Elektricität, daß sich alle bekannte natürliche Körper in zwey Classen, d. i. in elektrische Körper und Leiter *),

*) Besser: in Nicht-leiter und Leiter. Denn neuere Versuche haben gezeigt, daß die ursprüngliche Elektricität

abtheilen laſſen. Die Verſuche zeigen, daß in keinem Körper, der zum Leiter dienen kann, die urſprüngliche Elektricität erregt werden könne, (daher man die Leiter auch unelektriſche Körper (corpora anelectrica) nennet); daß hingegen auch kein elektriſcher Körper zum Leiter dienen könne (daher auch elektriſche Körper und Nicht-Leiter gleichbedeutende Ausdrücke werden) *). Inzwiſchen muß man dieſen Grundſatz nicht in aller Strenge für wahr und allgemein annehmen; denn in der That kennen wir weder einen Körper, den man einen vollkommnen Leiter, noch auch einen, den man vollkommen elektriſch nennen könnte. Die elektriſche Kraft findet bey dem Durchgange auch durch den beſten Leiter noch einigen Widerſtand: dagegen laſſen die meiſten, und vielleicht alle elektriſchen Körper einen Theil von ihr hindurch, oder über ihre Oberfläche gehen. Jeder Körper iſt ein deſto unvollkommnerer Leiter, je näher er der Natur des elektriſchen kömmt; von der andern Seite iſt der unvollkommenſte elektriſche derjenige, der der Natur des Leiters am nächſten kömmt. Die Grenzen beyder Claſſen laufen ſo ſehr in einander, daß es viele Körper giebt, in denen ſich in der That eine urſprüngliche Elektricität erregen läßt, und die doch zu gleicher Zeit ganz gute Leiter ſind. Will man dieſe Körper von ſo zweydeutiger Beſchaffenheit

kennen

---

tricität allerdings auch in Leitern erregt werden könne. Nur vertheilt ſie ſich augenblicklich durch die ganze Subſtanz der Leiter, und wird daher ſehr gering; da hingegen in den Nicht-Leitern ein Theil den andern iſolirt, daher ſich die erregte Elektricität nicht verbreiten kann und merklicher bleibt. Der weſentliche Unterſchied beyder Claſſen iſt alſo nicht in der Fähigkeit einer Erregung urſprünglicher Elektricität, ſondern in dem Leiten oder Nicht-leiten zu ſuchen. A. d. Ueb.

*) Elektriſche Körper nennet man auch *Electrica per ſe*.

kennen lernen, so muß man die schlechtesten elektrischen aus der Classe der elektrischen, und die schlechtesten Leiter aus der Classe der Leiter aussuchen *), solche Körper ausgenommen, mit denen sich der Versuch nicht anstellen läßt, z. E. flüßige, Pulver u. dergl.

Folgende zwey Verzeichnisse enthalten überhaupt alle elektrischen Körper und Leiter, nach dem Grade ihrer Vollkommenheit geordnet, so daß jedes Verzeichniß mit dem vollkommensten seiner Classe anfängt. Von dieser Ordnung muß man jedoch keine allzugroße Genauigkeit erwarten; dieß würde, da die Materien unter allgemeinen Artikeln angegeben werden, unmöglich, und zugleich von geringem, oder vielleicht von gar keinem Nutzen seyn.

Elektrische Körper.

Glas, und alle Verglasungen, auch die metallischen.
Alle Edelgesteine, worunter die durchsichtigsten die besten sind.
Alle Harze **), und resinöse Mischungen.
Bernstein.
Schwefel.
Im Ofen gedörrtes (oder sonst sehr trocknes) Holz.
Alle Erdharze.
           Wachs.

---

*) Halbleiter, z. B. trocknes (nicht gedörrtes) Holz, trockne Marmorplatten. Diese unvollkommenen Leiter sind durch Volta's Erfindung des Condensators der Elektricität sehr merkwürdig geworden. A. d. U.

**) Unter dem Namen der Harze will ich hier alle solche feste, ölichte Produkte aus dem Pflanzenreiche verstanden wissen, welche sich entzünden, und nicht im Wasser auflösen lassen; daher werden Gummilak (nebst dem daraus verfertigten Siegellak) und alle solche Substanzen, welche uneigentlich Gummi genannt werden, unter diesem Artikel mit verstanden. S. Macquer's Chymie, Vol. I. cap. XI.

Wachs.
Seide.
Baumwolle.
Alle trockne Substanzen aus dem Thierreiche, als: Federn, Wolle, Haare, u. dergl.
Papier.
Weißer Zucker und Candiszucker.
Luft.
Oele. *)
Metallische und halbmetallische Kalke.
Asche von animalischen und vegetabilischen Substanzen.
Rost der Metalle.
Alle trockne vegetabilische Substanzen.
Alle harte Steine, worunter die härtesten die besten sind.
(Hartgefrornes Eis in einer Kälte von 13 Grad unter o nach Fahrenheit, wie dieß Herr Achard entdeckt hat. S. unten S. 14. ***)

Viele von den oben benannten Substanzen, und vielleicht alle, mit denen sich der Versuch anstellen läßt, verlieren, wenn sie sehr heiß sind, die Eigenschaft elektrischer Körper, und werden dadurch wirkliche, wenn auch nicht völlig gute Leiter. So werden glühendes Glas, geschmolzenes Harz, heiße Luft, sehr erhitztes gedörrtes Holz u. s. w. Leiter der Elektricität. Merkwürdig ist es jedoch, daß der Brennpunkt eines Brennglases kein Leiter der Elektricität ist.

Man hat bemerkt, daß das Glas, besonders das härteste und am besten verglaste, oft ein sehr schlechtes Elektricum, bisweilen sogar völlig ein Leiter sey. Der Abt Nollet und andere haben über diese Eigenschaft

---

*) Herr Cigna bemerkte elektrisches Anziehen und Zurückstoßen zwischen Körpern, die er in Oel getaucht hatte. Man s. Nollet's Briefe, B. 3. S. 168.

schaft des Glases verschiedene Versuche angestellet, ohne jedoch die Ursachen von jener Verschiedenheit ergründen zu können. Gläserne Gefäße, die man sich zu elektrischen Absichten angeschafft hat, sind oft durch öftern Gebrauch und Zeit gute Elektrica geworden, ob sie gleich, da sie noch neu waren, sehr schlechte Dienste thaten. Dann haben wieder andere, deren man sich lange zum Elektrisiren bedient hatte, fast ganz ihre Kraft verloren. Ich selbst erinnere mich, zwey unwiderlegliche Fälle dieser Art gehabt zu haben.

Eine gläserne Glocke, aus welcher man die Luft gezogen hat, giebt, wenn sie gerieben wird, keine Anzeige der Elektricität auf ihrer äußern Oberfläche, sondern alle ihre elektrische Kraft zeigt sich innerhalb der Glocke *); auch kann in einer Glasröhre oder Kugel, in welcher die Luft verdichtet, oder die sonst mit einer leitenden Materie angefüllt ist, keine ursprüngliche Elektricität erregt werden.

Leiter.

Gold.
Silber.
Kupfer.
Messing.
Eisen.
Zinn.
Quecksilber.
Bley.
Halbmetalle.

Erze,

---

*) Obgleich ein ganz luftleeres Glas von außen kein Zeichen der Elektricität von sich giebt, so hat man dennoch bemerkt, daß die elektrische Kraft eines Glascylinders am stärksten sey, wenn die Luft in ihm ein wenig verdünnt ist, d. i. etwas weniger Dichtigkeit hat, als die äußere Luft. Man s. l'Elettricismo artificiale di G. B. Beccaria, §. 411.

Erze, worunter diejenigen die besten sind, in welchen das metallische den größten Theil ausmacht, und die den Metallen selbst am nächsten kommen.
Kohlen von animalischen oder vegetabilischen Substanzen.
Die flüßigen Theile thierischer Körper.
Alle flüßige Körper, *) Luft und Oele ausgenommen **).
Die Ausflüsse brennender Körper.
Eis (aber nur in einer Kälte, welche noch nicht den 13ten Grad unter 0 nach Fahrenheit erreicht). ***)
Schnee.

Die

---

*) Salzwasser ist ein besserer Leiter, als reines.

**) Daher verwandeln sich alle Nicht-Leiter in Leiter, wenn sie naß werden, oder von Feuchtigkeit durchbrungen sind, und der feuchte Erdboden ist ein guter Leiter. A. d. Ueb.

***) Herr Achard hat im Monat Januar, 1776 zu Berlin wahrgenommen, daß das Eis bey einer Kälte von 20 Graden unter dem Reaumürischen Eispunkte, (welches nach Fahrenheit der 13te Grad unter 0 ist,) ein elektrischer Körper sey. Er machte seine Versuche in freyer Luft, wo er fand, daß eine Stange von Eis, die zwey Schuh lang, und zwey Zoll stark war, einen sehr schlechten Leiter abgab, wenn das Reaumürische Thermometer 6 Grad unter 0 stand, und daß sie nicht im geringsten mehr leitete, wenn das Thermometer auf 20 Grad kam. Er drehete ein Sphäroid von Eis, auf einer dazu eingerichteten Maschine, und elektrisirte dadurch einen ersten Leiter, daß er anzog, zurückstieß, Funken gab, u. s. w. Das Eis, das dieser Gelehrte gebrauchte, war frey von Luftblasen und ganz durchsichtig. Um solches Eis zu erhalten, setzte er ein Gefäß mit destillirtem Wasser an das Fenster eines Zimmers, das ein wenig wärmer war, als die äußere

Luft,

und Leiter.

Die meisten salzigen Substanzen, worunter die metallischen Salze die besten sind.

Steinartige Substanzen, worunter die härtesten die schlechtesten sind.

Rauch.

Dünste, die aus heissem Wasser aufsteigen.

Auch bringt die Elektricität durch den luftleeren Raum, der mit Hülfe der Luftpumpe gemacht wird, fast eben so frey, als durch die Materie eines guten Leiters*).

Ueberdieß sind alle Körper, in welchen von den oben benannten Leitern etwas in größerer oder geringerer Menge enthalten ist, in eben diesem Verhältniß auch Leiter; so sind grüne Pflanzen, rohes Fleisch u. s. w. Leiter in Betracht der flüßigen Theile, die sie enthalten.

Aus diesem Grundsatze folgt, daß alle elektrische Körper, ehe man die ursprüngliche Elektricität in ihnen erreget, wohl gereiniget, getrocknet, und einige sogar stark erwär-

Luft, wo also das Wasser an einer Seite des Gefäßes zu gefrieren anfieng, während es an der andern noch immer flüßig blieb. Hier, sagt er, hätten sich die Luftblasen von dem Theile des Wassers, der zuerst zu frieren angefangen hätte, getrennt, und wären allmählig in den flüßigen Theil übergegangen, und auf diese Weise hätte er ein beträchtliches Stück ganz durchsichtiges Eis erhalten.

*) „Man erlaube mir hier eine besondere Entdeckung „anzuführen, welche erst neuerlich von Herrn Walsh „gemacht worden ist. Dieser fand, da er mit Hülfe „des Herrn de Luc in einem doppelten oder Heberba„rometer durch Kochen des Quecksilbers in der Röhre „ein vollkommenes Vacuum hervorbringen wollte, „daß der elektrische Funke oder Schlag eben so wenig „durchgieng, als durch einen dichten Glasstab." — Dr. Priestley's Exp. and obs. on different kinds of air, Vol. I. p. 284. Mehrere Versuche und Beobachtungen des Verfassers und anderer über die leitende oder nicht leitende Eigenschaft des luftleeren Raums findet man unten, im zweyten Bande, im 8ten Capitel des IV. Theils. S. 97. u. f.

erwärmet werden müssen, um alle Feuchtigkeit herauszutreiben. Sonst werden sie so wenig die Natur elektrischer Körper haben, daß sie vielmehr wegen der Feuchtigkeit, die sie in ihren Zwischenräumen, oder auf ihrer Oberfläche enthalten, wirkliche Leiter seyn werden.

In Absicht auf die leitende Kraft der Holzkohlen muß man bemerken, daß nicht alle Kohlen gleich gut leiten. Einige leiten überhaupt fast gar nicht, und bisweilen sind sie so beschaffen, daß sie den Fortgang einer großen Menge elektrischer Materie längst ihrer Oberfläche befördern, wenn sie sie auf keinem andern Wege leiten. Inzwischen rührt dieser Unterschied nicht von der Verschiedenheit des Holzes, woraus die Kohlen gebrannt worden sind, sondern von dem Grade der Hitze her, den man bey dem Brennen gegeben hat; die besten Leiter sind diejenigen, die man der größten Hitze ausgesetzt hat*).

Ob man das Holz, beym Brennen, der Flamme ausgesetzt hat, oder nicht, ist eine ganz gleichgültige Sache; auch hat die Unterhaltung eines stets gleichen Grades der Hitze keinen merklichen Einfluß auf die leitende Kraft der Kohlen.

Es wird hier nicht unschicklich seyn, zu bemerken, daß sich oft einerley Materien, wenn sie auf verschiedene Art zubereitet werden, aus Leitern in Nicht-Leiter, und umgekehrt, verwandeln. Ein frisch vom Stamme abgehauenes Stück Holz ist ein guter Leiter; man dörre es durch die Hitze, so wird es ein elektrischer Körper; man brenne es zu Kohle, so wird es aufs neue ein guter Leiter; man verbrenne endlich die Kohle zu Asche, so läßt sich diese nicht mehr von der Elektricität durchdringen. Eben solche Verwandlungen nimmt man bey noch vielen andern Körpern wahr;

und

*) Man sehe Dr. Priestley's Observations on different kinds of air, Vol. II. Sect. XIV.

und wahrscheinlicher Weise giebt es bey allen Materien einen solchen Uebergang von den besten Leitern zu den besten Nicht-Leitern der Elektricität.

Drittes Capitel.
Von den entgegengesetzten Elektricitäten.

Wenn bey dem im ersten Capitel angeführten Versuche die Person, welche die Röhre reibet, isolirt ist, d. h. mit den Füßen auf einem Pechkuchen, einem Stuhle mit gläsernen Füßen, oder einem andern guten elektrischen Körper steht, so daß die Verbindung zwischen ihrem Körper und der Erde durch diesen elektrischen Körper abgeschnitten ist; und sie in dieser Stellung die Röhre, wie zuvor, mit der Hand reibet: so wird man in diesem Falle diese Person eben sowohl, als die Röhre selbst elektrisirt finden. Wenn man irgend einem Theile des Körpers dieser Person leichte Körper nähert, so werden sie angezogen und zurückgestoßen. Wenn sie eine andere Person mit dem Finger berührt, so wird ein leuchtender Funken mit einem Knistern entstehen; kurz, die isolirte Person wird alle die Zeichen der Elektricität von sich geben, welche die Röhre angiebt. Jedoch sind beyde Elektricitäten nicht eine und eben dieselbe; die Elektricität der Röhre ist gerade die entgegengesetzte von der Elektricität der Person, und die besondern Phänomene einer jeden sind folgende.

1.) Wenn ein isolirter leichter Körper, z. B. ein kleines Stück Kork, das an einem seidnen Faden hängt, von der Röhre angezogen und wieder zurückgestoßen worden ist, so wird dieser Körper, wofern ihn bey dem Zurückstoßen keine leitende Substanz berührt, nicht wieder von der Röhre angezogen. Eben dieß geschieht in Absicht auf die isolirte Person: denn wenn dieser leichte Körper einmal von einem Theile ihres Körpers ist angezogen und wieder zurückgestoßen worden, so wird er nicht wieder angezogen; wird ihm aber bey dem Zurückstoßen von der Person die Röhre entgegengestellt, so wird er von dieser sehr heftig angezogen; und wenn ihn die Röhre zurückstößt, so wird er wiederum von der isolirten Person angezogen. Ferner, wenn zwey oder mehrere leichte isolirte Körper, als etwa mehrere Stückgen Kork, wie das obige, einer nach dem andern von der Röhre sind angezogen, und dann wieder zurückgestoßen worden, und sie dann in eine kleine Entfernung von einander gesetzt werden, so werden sie einander selbst zurückstoßen, und wenn sie wohl isolirt sind, in diesem elektrischen Zustande eine lange Zeit beharren. Eben dieß wird erfolgen, wenn man sie nicht der Röhre, sondern der isolirten Person nähert: auch wenn sie von dieser einmal sind zurückgestoßen worden, werden sie einander selbst zurückstoßen. Wenn aber einer oder mehrere von diesen isolirten leichten Körpern von der Röhre, und ebenfalls einer oder mehrere von der Person sind angezogen und zurückgestoßen worden, und alsdann beyde oder alle (b. h. die, welche man an die Röhre, gegen die, welche man an die Person gehalten hat,) in eine gehörige Entfernung von einander gesetzt werden, so werden sie dann, anstatt sich zurückzustoßen, einander anziehen; und, anstatt im elektrischen Zustande zu verbleiben, werden sie ihre Elektricität, auch bis auf das geringste Merkmal, verlieren. Unter diesen beyden Elektricitäten ist folglich (wie ich schon im vorigen gesagt habe,) die eine der andern gerade entgegengesetzt, indem die eine anzieht, was die andere zurückstößt, und beyde, gleich einer positiven und negativen Kraft, wenn gleiche Größen

von

von ihnen zusammenkommen, einander aufheben, und alle ihre Eigenschaften verlieren.

2) Ein anderes Kennzeichen einer jeden von diesen beyden Elektricitäten besteht in den verschiednen Phänomenen ihres Lichts. Wenn man im Dunkeln einen spitzigen Körper, z. B. eine Nadel, einen Drath, u. dergl. gegen die geriebene Röhre hält, so wird man an der Spitze ein leuchtendes Kügelchen, gleich einem Sterne, sehen; hält man aber diesen spitzigen Körper gegen die isolirte Person, so erscheint anstatt des Sterns ein leuchtender Büschel von Strahlen, welche von der Spitze auszugehen scheinen, und nach der Person zu divergiren *).

3) Endlich zeigt bey einigen Versuchen (welche in der Folge nebst einer genauern Erklärung der Sache umständlich angeführt werden sollen) die Elektricität der Röhre, wenn sie aus einem mit ihr überladenen Körper in einen andern übergeht, der entweder gar nicht, oder auf die entgegengesetzte Art elektrisirt ist, augenscheinlich einen Strom aus dem erstern in den letztern; hingegen zeigt die Elektricität der isolirten Person, wenn sie aus einem mit ihr überladenen Körper in einen andern übergeht, der entweder gar nicht, oder auf die entgegengesetzte Art elektrisirt ist, sehr deutlich einen Strom aus dem letztern in den erstern.

Beyde Elektricitäten bemerkt man nicht allein in dem oben angeführten Versuche, sondern auch noch in verschiedenen andern Fällen; und sie begleiten einander allezeit: denn wenn verschiedene elektrische Körper gerieben werden, so erhalten einige die eine, andere aber

---

*) Dieser Strahlenkegel wird sich noch deutlicher zeigen, wenn man selbst während der Zeit, da eine isolirte Person die Röhre im Dunkeln reibt, irgend einem Theile ihres Körpers eine spitzige Nadel etwa bis auf einen Zoll nähert.

aber die entgegengesetzte Elektricität; wofern der reibende Körper isolirt ist, so zeigt er die entgegengesetzte Elektricität von derjenigen, welche der geriebene elektrische Körper erhält. Ueberdieß kann man fast allen elektrischen Körpern nach Gefallen die eine oder die andere Elektricität geben, je nachdem man verschiedene Materien braucht, um sie mit denselben zu reiben. Hieraus kann man folgende Sätze herleiten: 1) Wenn zwey verschiedene Substanzen (entweder beyde isolirt, oder nur diejenige, welche unter die Leiter gehört,) an einander gerieben werden, so werden sie, wofern sie nicht beyde starke Leiter sind, beyde elektrisirt werden, aber entgegengesetzte Elektricitäten erhalten. 2) Fast allen elektrischen Körpern kann man nach Gefallen die eine oder die andere Elektricität geben, je nachdem man den reibenden Körper wählt.

Man nannte anfänglich die erste von diesen beyden Elektricitäten, d. i. diejenige, welche bey dem obigen Versuche die Glasröhre erhält, die Glaselektricität, weil man glaubte, sie werde beständig durch das Reiben des Glases hervorgebracht. Die andere aber, weil man ihre Entstehung zuerst bey harzigen Substanzen bemerkte, ward die Harzelektricität genannt. Die Glaselektricität wird auch die positive oder Pluselektricität genannt, aus einem Grunde, den wir im Folgenden betrachten werden; und die Harzelektricität heißt auch die negative oder Minuselektricität *). Ein Körper also, in welchem sich die Glas-

oder

---

*) Die Namen Glas- und Harzelektricität (*electricité vitrée, et resineuse*) rühren von du Fay, einem französischen Naturforscher, her, der schon im Jahre 1733 die Verschiedenheit derselben bekannt machte

(s.

oder positive Elektricität befindet, ist ein solcher, der die von der Röhre im obigen Versuch erzählten Merkmale von sich giebt: ein Körper aber, in dem sich die Harz- oder negative Elektricität befindet, ist derjenige, welcher solche Merkmale angiebt, als die isolirte Person im obigen Versuche zeigte.

Die folgende Tafel zeigt, was für eine Elektricität in verschiedenen Körpern erregt werde, wenn sie mit verschiedenen Substanzen gerieben werden. Man sieht z. B. in derselben, daß glattes Glas allemal die positive Elektricität erhalte, wenn es mit irgend einer von denen Substanzen gerieben wird, mit welchen man es bisher versucht hat, das Katzenhaar (das Fell einer lebendigen Katze nämlich,) ausgenommen.

Mattgeschliffenes Glas hingegen erhält, wie man daselbst findet, die positive Elektricität, wenn es mit trocknem Wachstaffet, Schwefel u. s. w. die negative aber, wenn es mit einem wollenen Lappen, der Hand, u. s. w. gerieben wird; und so die übrigen.

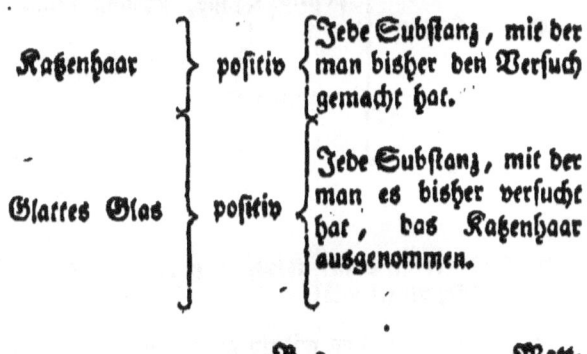

Katzenhaar } positiv { Jede Substanz, mit der man bisher den Versuch gemacht hat.

Glattes Glas } positiv { Jede Substanz, mit der man es bisher versucht hat, das Katzenhaar ausgenommen.

(s. Mém. de l'Acad. des sc. ann. 1733); die Namen der positiven und negativen sind ihnen erst später von Franklin beygelegt worden. A. d. Ueb.

Entgegengesetzte Elektricitäten.

Mattgeschliffenes Glas *)
- positiv: Trockner Wachstaffet, Schwefel, Metalle.
- negativ: Wollenzeug, Federkiel, Holz, Papier, Siegellack, weiß Wachs, die Hand.

Turmalin
- positiv: Bernstein, Luft **).
- negativ: Demant, die Hand.

Hasenfell
- positiv: Metalle, Seide, Magnetstein, Leder, die Hand, Papier, gedörrtes Holz.
- negativ: Andere feinere Felle.

Weiße Seide
- positiv: Schwarze Seide, Metalle, schwarz Tuch.
- negativ: Papier, die Hand, Haare, Wieselfell.

*) Dieß erhält man, wenn man es mit Sande oder mit Schmirgel reibt.

**) D. h. wenn man mit ein paar Blasebälgen darauf bläset. Durch dieses Mittel läßt sich in vielen Körpern die Elektricität erregen; bey einigen noch besser, wenn die darauf geblasene Luft warm ist, ob man gleich in beyden Fällen nur eine sehr schwache Elektricität erhält.

Entgegengesetzte Elektricitäten.

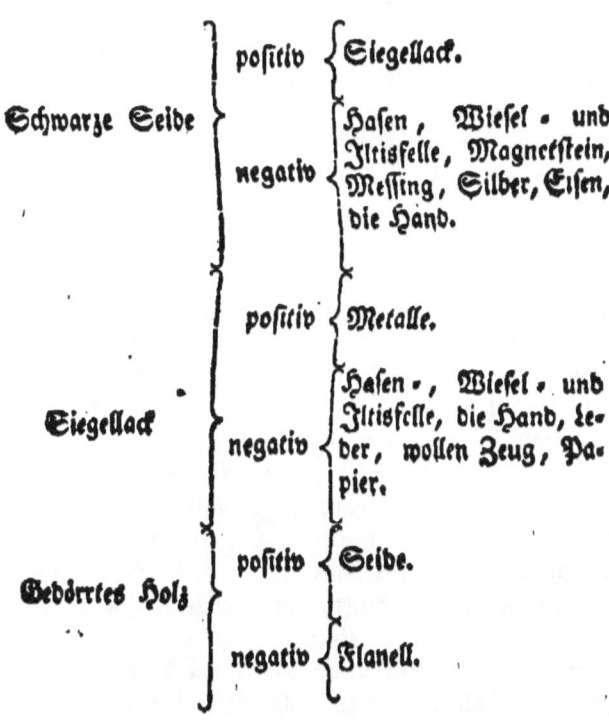

Ich hätte diese Tafel beträchtlich vergrößern können, wenn ich alle Kleinigkeiten hätte hineinbringen wollen, die diese Materie, in so fern sie bekannt ist, betreffen; allein ich habe dieß weder für nöthig, noch für möglich gehalten, weil die hieher gehörigen Versuche von so großer Feinheit sind, daß sie den sorgfältigsten Beobachter erfordern; und ihr Erfolg von so kleinen und veränderlichen Umständen abhängt, daß oft eben derselbe elektrische Körper, mit eben derselben Substanz gerieben, einmal Zeichen der einen, das anderemal der entgegengesetzten Elektricität angiebt. Oft bringe eine kleine Veränderung auf der Oberfläche, ein verschiedener Grad der Trockenheit, oder eine verschiedene Anwendung einer und eben derselben Materie, eine verschiedene Elektricität hervor *). Ich will nur überhaupt bemerken, daß, so viel man aus dem größten Theile der Versuche schließen kann, wenn zwey verschiedene Materien an einander gerieben werden, der Regel nach diejenige, deren elektrische Kraft die stärkste ist, die positive, die andere aber die negative Elektricität zu erhalten scheine; und daß, wenn zwey Körper an einander gerieben werden, die in Absicht auf die Glätte oder Rauhigkeit der Oberflächen verschieden sind, der glätteste die positive, der rauheste hingegen die negative Elektricität erhalte. Oft kommen beyde Eigenschaften zugleich in Betrachtung; denn wofern nicht die Materie beyder Körper einerley ist, wie z. B. bey glattem und mattgeschliffenem Glase, der schwarzen und weißen Seide u. s. f., so sind sie gemeiniglich in beyden unterschieden, d. h. sie haben nicht einerley elektrische Kraft, und zugleich haben auch ihre Oberflächen nicht einerley Grad der Glätte. Inzwischen ist die Regel nicht für unveränderlich und allgemein zu halten; ihr zu Folge sollte das Siegellack, mit der Hand oder mit Papier gerieben, die positive Elektricität erhalten, wovon doch die Erfahrung das Gegentheil lehret.

Im Fall, daß zwey elektrische Körper, die sich in beyderley Absicht völlig gleich sind, an einander gerieben werden, so ist zu bemerken, daß derjenige, welcher das stärkste Reiben erleidet, die negative, der andere aber

*) Beyspiele und überhaupt eine umständlichere Erläuterung dessen, was der Verfasser hier sehr richtig bemerkt, wird man unten in dem Zusatze finden, den ich dem dritten Theile dieses Werks unter der Aufschrift: Versuche über die Erregung der Elektricität durchs Reiben dünner Körper beygefügt habe. A. d. Ueb.

aber die positive Elektricität erhält. Wenn z. B. ein Stück Seidenzeug A über ein anderes B, das dem vorigen in jeder Absicht gleich ist, so hinweggezogen wird, daß die Oberfläche des ganzen Stücks A nach und nach bloß über einen einzelnen Theil der Oberfläche von B gehen muß, so wird A die positive, und B die negative Elektricität erhalten. Die Ursache davon mag wohl diese seyn, daß der Theil des Stücks B, über welchen das ganze Stück A gezogen wird, einen größern Grad der Wärme erhält; denn man hat bemerkt, daß die Wärme die Körper geneigt mache, die negative Elektricität anzunehmen.

Viertes Capitel.
Von den verschiedenen Arten, die ursprüngliche Elektricität zu erregen.

Das Reiben ist, wie wir schon im Vorigen bemerkt haben, das allgemeine Mittel, die ursprüngliche Elektricität in allen elektrischen Körpern, in welchen sich dieß überhaupt thun läßt, zu erregen. Sie mögen nun mit elektrischen Körpern von einer andern Classe, oder mit Leitern gerieben werden, so geben sie allezeit Merkmale der Elektricität, und diese der Regel nach stärker, wenn sie mit Leitern, hingegen schwächer, wenn sie mit elektrischen Körpern gerieben werden. Außer dem Reiben aber giebt es auch noch andere Mittel, einige elektrische Körper dahin zu bringen, daß sie elektrische Erscheinungen zeigen. Diese bestehen darinn, daß man elektrische Körper schmelzt, oder sie geschmolzen in eine andere Materie schüttet *);

*) Vielleicht läßt sich nach Herrn Lichtenberg (Ausgabe der Erxlebenschen Anfangsgr. der Naturlehre, Göt-

zweytens, daß man sie erwärmet oder erkältet; und drittens, daß man sie verdampfen, oder aufbrausen läßt. Die besondern Umstände, welche man beym Gebrauch der ersten unter diesen beyden Methoden beobachtet hat, sind folgende.

Wenn man Schwefel in einem irdenen Gefäße schmelzet, auf einem Leiter abkühlen läßt, und ihn dann kalt aus dem Gefäße nimmt, so wird man ihn stark elektrisch finden; nicht so stark hingegen, wenn man ihn auf einem elektrischen Körper hat abkühlen lassen.

Schmelzt man Schwefel in einem gläsernen Gefäße, und läßt ihn dann abkühlen, so werden beyde eine starke Elektricität, der Schwefel eine negative, das Glas eine positive erhalten, man mag sie auf elektrischen Körpern oder auf Leitern haben abkühlen lassen; inzwischen ist die Kraft im erstern Falle allezeit stärker, als im letztern, und noch stärker, wenn das gläserne Gefäß mit Metall belegt ist. Merkwürdig ist es, daß der Schwefel nicht eher seine Elektricität erhält, als bis er anfängt abzukühlen; seine Kraft nimmt in dem Verhältniß zu, in welchem er sich verdichtet, und ist am stärksten, wenn er am stärksten verdichtet

Göttingen 1784. §. 507.) die Erregung der Elektricität durch Schmelzung auf das Reiben zurückführen. Ein geschmolzener Körper kann nie ohne Reiben erhärten, oder von dem Gefäße getrennt werden. A. d. Ueb. (Daß sich dieß wirklich so verhalte, haben die Herren von Marum und Paets van Troostwyck (Experiences sur la cause de l'Electricité des substances fondues et refroidies, im Journ. de phyf. Octobr. 1788 p. 148.) hinlänglich durch Versuche gezeigt. Nach ihnen zeigten geschmolzene Massen, so lange sie in den Gefäßen ruhig stehen blieben, nicht die mindeste Spur von Elektricität. Erst das Ausschütten oder Auseinanderfließen derselben brachte Elektricität hervor. B.)

dichtet ist: zu eben dieser Zeit aber ist die Elektricität des gläsernen Gefäßes am schwächsten.

Wird geschmolzener Schwefel in ein Gefäß von gedörrtem Holze gegossen, so bekömmt er eine negative, und das Holz eine positive Elektricität; wird er aber auf Schwefel oder mattgeschliffenes Glas gegossen, so erhält er keine merkliche Elektricität.

Geschmolzener Schwefel, den man in eine metallene Schale gießt, und darinnen abkühlen läßt, zeigt keine Elektricität, so lange er in der Schale ist; wenn man ihn aber heraus nimmt, so werden beyde, der Schwefel positiv, und die Schale negativ elektrisch. Setzt man den Schwefel von neuem in die Schale, so verschwinden alle Merkmale der Elektricität: hat man aber während der Zeit, in welcher beyde Körper getrennt waren, die Elektricität des einen aufgehoben, so werden sie, wenn man sie wieder zusammenbringt, beyde diejenige Elektricität erhalten, welche man nicht aufgehoben hat.

Geschmolzenes Wachs, das in Glas oder Holz gegossen wird, erhält eine negative, das Glas oder Holz selbst aber eine positive Elektricität. Aber Siegellack, auf Schwefel gegossen, erhält die positive, und läßt dem Schwefel die negative Elektricität.

Chokolade, wenn sie erst von der Mühle kömmt, und in den zinnernen Pfannen, in welchen sie enthalten ist, abkühlet, wird stark elektrisch; wenn man sie von den Pfannen abnimmt, so behält sie diese Eigenschaft eine Zeit lang, verliert sie aber bald, wenn sie oft durch die Hände geht. Zerläßt man sie darauf wieder in einem eisernen Löffel, und gießt sie, wie das erstemal, in zinnerne Pfannen, so wird sie dadurch ein- oder zweymal die Kraft wieder erhalten; wenn aber die Masse sehr trocken wird, so daß sie im Löffel in Pulver zerfällt, so kann man die Elektricität nicht mehr

durch

durch das bloße Zerlaſſen erregen; thut man aber ein wenig Baumöl hinzu, und rührt es wohl mit der Chokolade im Löffel um, ſo wird man beym Ausgießen derſelben auf die zinnerne Pfanne finden, daß ſie ihre elektriſche Kraft vollkommen wieder erhalten habe *).

Da wir eben von geſchmolzenen elektriſchen Körpern reden, ſo wird es nicht überflüßig ſeyn, zu bemerken, daß bisweilen einige elektriſche Subſtanzen, wenn man ſie ſchmelzt, und wieder abkühlen läßt, eine elektriſche Kraft erhalten, die ſie eine beträchtliche Zeit, oft einige Monate lang behalten, beſonders wenn man ſie vor Feuchtigkeit und Staub in Acht nimmt. Dieſe Erſcheinung hat oft die Beobachter verleitet zu glauben, als ob es in einigen Körpern eine beſtändige und immer fortdauernde Elektricität gäbe, die von der Subſtanz dieſer Körper eben ſo unzertrennlich, als die magnetiſche Kraft von dem Magnetſtein wäre: in der That aber hat man noch keinen ſolchen Körper gefunden; und obgleich Harz, Schwefel, Bernſtein, und einige andere elektriſche Materien eine beträchtliche Zeit lang Merkmale der Elektricität von ſich geben, wenn dieſelbe einmal in ihnen erregt worden iſt, ſo nimmt doch ihre Kraft beſtändig ab, bis ſie ſich endlich ganz verliert. Inzwiſchen iſt es merkwürdig, daß Schwefel, harzigte, bituminöſe Subſtanzen und Seide die elektriſche Kraft gemeiniglich länger behalten, als Glas und alle andere elektriſche Körper; etwa darum, weil ſie die Feuchtigkeit nicht an ſich ziehen, wie dieß Glas und andere Subſtanzen thun; oder auch vielleicht, weil ſie poröſer ſind. Bricht man eine Stange Siegellack in zwey Stücke, ſo findet man die beyden

Enden,

---

*) Dieſe Bemerkung über die Chokolade, nebſt der Methode, ihre elektriſche Kraft durch das Baumöl wieder herzuſtellen, iſt eine Entdeckung des verſtorbnen Hrn. W. Henly, Mitglieds der Königl. Societät.

der Elektricität.

Enden, die zuvor zusammen hiengen, das eine positiv und das andere negativ elektrisch.

Die Erregung der Elektricität durch Erwärmung und Abkühlung nahm man zuerst an dem harten halbdurchsichtigen Fossile wahr, das unter dem Namen des Turmalins *) bekannt ist. Dieser Stein, der gemeiniglich eine dunkelrothe oder Purpurfarbe hat, und selten die Größe einer kleinen Haselnuß übersteigt, wird häufig in verschiednen Theilen von Ostindien, und besonders auf der Insel Ceylon **) gefunden. Seine Eigenschaften in Absicht auf die Elektricität sind folgende.

1) So lang der Turmalin in einerley Grade der Wärme erhalten wird, zeigt er keine Merkmale der Elektricität. Er wird aber elektrisch, wenn man ihn erwärmt oder erkältet, und zwar in dem letztern Falle noch stärker als im erstern. Eine ganz geringe Veränderung der Temperatur ist oft hinreichend, den Turmalin merklich elektrisch zu machen.

2) Die Elektricität zeigt sich nicht auf seiner ganzen Oberfläche, sondern nur in der Gegend zweyer entge-

*) Die Holländer nennen diesen Stein *Aschentreker*, weil er die Asche anziehet, wenn er ans Feuer gelegt wird. Beym *Linné* heißt er *lapis electricus*. S. dessen Flora Zeylonica. Stockholm 1747. S. 8. der Vorrede. (Nach Beckmann (Gesch. der Erfindungen 1. B. 2te Aufl. Leipzig, 1782. 8. S. 225.) ist Linné der erste, der bey ihm Elektricität vermuthet hat. B.)

**) Man findet sie auch in Tyrol. S. Jos. Müllers Nachricht von den in Tyrol entdeckten Turmalinen oder Aschenziehern (eigentlich elektrischen Schörlen). Wien, 1779. gr. 4. Vor einigen Jahren hat man auch im sächsischen Erzgebirge, in der Nähe von Freyberg, recht gute elektrische Schörle gefunden; s. Werners Ueberf. von Cronstedts Mineralogie, 1. B. S. 170. A. d. Ueb.

entgegengesetzten Punkte, die man seine Pole nennen kann, welche allezeit in gerader Linie mit dem Mittelpunkte des Steines und nach der Richtung seiner Blätter liegen, nach welcher Richtung er vollkommen undurchsichtig ist, ob er gleich nach der andern Richtung halbdurchsichtig erscheint.

3) Während der Zeit, da der Turmalin erwärmt wird, ist die eine Seite von ihm, die ich A nennen will, positiv, die andere B negativ elektrisch. Wird er aber erkältet, so ist während der Zeit des Erkältens A negativ und B positiv elektrisch *).

4) Wird er erwärmt und nachher wieder abgekühlt, ohne daß eine von seinen Seiten berührt wird, so ist A positiv, B negativ, die ganze Zeit der Erwärmung und Abkühlung hindurch.

5) Wird dieser Stein wie ein anderer elektrischer Körper gerieben, so kann man eine jede von seinen Seiten, oder auch beyde zugleich, positiv elektrisch machen.

6) Wenn der Turmalin auf einem isolirten Körper erwärmt oder erkältet wird, so wird dieser Körper eben sowohl als der Stein elektrisch, und erhält die entgegengesetzte Elektricität von derjenigen, die sich in der darauf ruhenden Seite des Steins befindet.

7) Die Elektricität einer jeden oder beyder Seiten kann sich in die entgegengesetzte verwandeln, wenn der Turmalin beym Erwärmen oder Erkälten verschiedene Sub-

---

*) Aus dieser Regel kann man leicht die Folge ableiten, daß, wenn eine Seite des Steins, in einem oder dem andern Falle, immer mehr erwärmt wird, indem die andere immer mehr erkältet wird, alsdann beyde Seiten zugleich einerley Elektricität zeigen; und wenn nur eine Seite allein den Grad ihrer Wärme verändert, indem die andere den nämlichen behält, alsdann die Elektricität sich nur an der erstern Seite zeiget.

der Elektricität.

Substanzen berührt. Wird er z. E. beym Erwärmen oder Erkälten mit dem innern Theile der Hand berührt, so wird nun diejenige Seite negativ, welche in der freyen Luft würde positiv geworden seyn; diejenige aber wird nun positiv, welche an der Luft negativ geworden wäre.

8) Wird der Turmalin in verschiedne Stücken zerschnitten, so hat jedes Stück seinen positiven und negativen Pol, einen jeden nach der positiven oder negativen Seite des Steins zu, aus welchem man das Stück geschnitten hat.

9) Diese Eigenschaften des Turmalins zeigen sich auch im luftleeren Raume, aber nicht so stark als an der Luft.

10) Wird der Stein ganz und gar mit einem elektrischen Körper, als Siegellack, Oel und dergl. überzogen, so wird er gemeiniglich auch unter dieser Bekleidung noch die vorigen Erscheinungen zeigen.

11) Hr. William Canton hat kürzlich an einem im Dunkeln erwärmten Turmalin während der Erwärmung ein sehr lebhaftes Licht wahrgenommen, wodurch er bestimmen kann, welche Seite des Steins positiv oder negativ sey. Auch wenn der Stein stark gerieben wird, zeigt er im Dunkeln sehr starke Strahlen, die von der positiven Seite gegen die negative schießen *).

12) End-

*) Diese Eigenschaft, bey der Erwärmung im Dunkeln zu leuchten, hat Hr. Canton auch an dem Brasilianischen Smaragd bemerkt. Ich glaube, daß jeder andere Edelstein diese Eigenschaft zeigen muß, wenn seine elektrische Kraft hinlänglich stark ist. Denn das Licht ist eine Folge des Weges, den eine hinlängliche Menge elektrischer Materie durch die Luft oder einen andern, ihr zum Theil widerstehenden, Körper genommen hat. (Wilke hat beym Turmalin, außer

12) Endlich ist es merkwürdig, daß die Kraft des Turmalins durch die Wirkung eines heftigen Feuers zuweilen geschwächt, zuweilen verstärkt, oft aber auch gar nicht verändert wird. Man hat aber die Gesetze dieser so ungewissen Wirkungen noch nicht bestimmen können.

Die meisten dieser angeführten Eigenschaften, die man zuerst an dem Turmalin beobachtete, und für etwas ihm allein eignes hielt, hat man nachher fast an allen harten Edelgesteinen wahrgenommen. Sie zeigen beym Erwärmen und Erkälten elektrische Erscheinungen, haben ihre positiven und negativen Seiten nach den Lagen ihrer Theile oder ihrer Crystallisationen; kurz, sie zeigen, so viel man wahrgenommen hat, völlig einerley Erscheinungen mit dem Turmalin *); doch besitzen einige jene Eigenschaften in einem höhern Grade, als andere **).

Eine außer dem Lichte, auch knisternde Funken hervorgebracht. S. Schwed. Abhandl. 30. B. S. 127. — Ueber seine chemische Beschaffenheit sehe man: Bergmann, de terra turmalini, in Opusc. phyf. chem. II. p. 118. Schweb. Abhandl. B. 27. S. 45 u. 109. und Nouv. mem. de Berlin. 1777. n. 2. B.)

*) Dieß hat Canton zuerst am Brasilianischen Topas 1760. Wilson nachher an vielen andern Edelgesteinen entdeckt. Man f. Priestley Geschichte der Elektricität, der beutsch. Ueberf. S. 204. und Philof. Transact. Vol. LII. P. 2. p. 443. Besonders zeigt der mit dem Turmalin verwandte Schörl diese Erscheinungen sehr deutlich. A. d. Ueb.

**) Mit völliger Gewißheit läßt sich dieß nur von folgenden behaupten, nämlich von dem Brasilianischen und Sibirischen hochgelben Topas, dem krystallisirten Galmey und dem Boracit, oder Boraxspath. Bey letzterem äußert sich die Elektricität nach vier verschiedenen Axen, wovon jede von einer Ecke des würflichten Kryftalls bis zur gegenüberstehenden

der Elektricität.

Eine dritte Art, Elektricität zu erregen, nämlich durch Ausdünstung, u. s. f. ist erst neuerlich vom Herrn Volta entdecket worden; eine Entdeckung, welche für weitere Untersuchungen ein weites Feld eröffnet zu haben scheint. Dieser scharfsinnige Naturforscher fand, daß die Dämpfe des Wassers und anderer Flüßigkeiten, auch das Aufbrausen mehrerer Körper, Elektricität hervorbrächten. Aus seinen Versuchen ergeben sich folgende allgemeine Regeln: Flüßigkeiten, oder überhaupt Körper, werden, wenn man sie in Dunst verwandelt, positiv elektrisch, und lassen die Körper, mit denen sie zuvor in Berührung waren, in einem negativ elektrischen Zustande: verdichtet man hingegen Dämpfe, und bringt sie wieder in ihre vorige flüßige Gestalt, dann werden sie negativ elektrisch, und lassen die Körper, mit denen sie zuletzt in Berührung waren, in einem positiven Zustande der Elektricität. — Eine weitere Erklärung und Beyspiele von diesem Grundsatze findet man in dem praktischen Theile dieses Werks.

Zuletzt müssen wir in diesem Capitel von der Erregung der Elektricität bemerken, daß ein elektrischer Körper, wenn er mit einer isolirten Substanz gerieben wird, zwar eine elektrische Kraft erhalte und elektrische Erscheinungen zeige, daß aber alsdann diese Kraft sehr gering sey. Will man einen beträchtlichern

Grad

henden geht, so daß in jeder Axe das eine Ende positive, das andere negative Elektricität zeigt. Diese vierfache Verbindung der beyden Elektricitäten scheint von der symmetrischen Gestalt der Krystallen des Boracits abzuhängen. Man s. des Abbe' Haüy Abhandl. über die Elektric. des Boracits, aus dem Journal de phys. 1791. p. 323. übers. in Grens Journal der Phys. B. VII. S. 87. D.

Grad der Elektricität erhalten, so muß nothwendig der reibende Körper durch gute Leiter in eine gehörige Verbindung mit dem Erdboden gebracht werden.

Fünftes Capitel.
Von der mitgetheilten Elektricität.

In den vorhergehenden Capiteln haben wir die Elektricität bloß in Absicht auf ihre Natur betrachtet, den Unterschied zwischen der positiven und negativen bemerket, und angegeben, welche Körper diese Eigenschaft, und durch was für Mittel sie dieselbe erhalten. — Nun aber eröffnet sich uns ein weiteres Feld, voll von den außerordentlichsten Erscheinungen; wir haben nicht mehr bloß Gattungen der Elektricität, sondern zahlreiche Wirkungen derselben zu betrachten. Fast alles, was von dieser Materie bekannt ist, gehört unter den Abschnitt von der mitgetheilten Elektricität: der Uebergang dieser Kraft von einem Körper zum andern ist dasjenige, was ihr Licht verursacht; wenn sie sich andern Körpern mittheilet, nehmen wir das Anziehen wahr; durch ihren plötzlichen Uebergang schmelzt sie Metalle, tödtet die Thiere und das Leben der Pflanzen; und nur der Mittheilung der Elektricität haben wir es zu danken, daß die Lehre von ihr allgemein bekannt und bearbeitet worden ist. Ich will daher, um die Deutlichkeit und die genaue Unterscheidung so vieler zu beschreibenden Phänomene zu befördern, dieser Materie mehrere Capitel widmen, und in ein jedes diejenigen Umstände zusammenordnen, welche am schicklichsten beysammen stehen können, und die ich zu gleicher Zeit so wählen werde, daß sich dadurch das Ganze in so wenig Abschnitte eintheilet, als es nur, ohne Verwirrung zu verursachen, möglich ist.

Wenn

Wenn die Elektricität durch irgend ein Mittel in einen Körper übergeführt worden ist, so kann sie nur durch elektrische Körper in demselben erhalten werden, und bleibt in ihm eine längere oder kürzere Zeit, nachdem die elektrischen Körper, welche ihn umgeben, mehr oder weniger vollkommen sind. Eine geriebene Glasröhre z. B. erhält eine gewisse Menge von der Kraft, die wir, sie sey nun was sie wolle, Elektricität nennen. Diese Elektricität bleibt nun in dem Glase, und giebt sich an demselben zu erkennen, insofern dasselbe rings umher mit Luft, als einer elektrischen Materie, umgeben ist; nachdem die Luft in einem mehr oder weniger vollkommenen elektrischen Zustande ist, nachdem bleibt auch diese Kraft längere oder kürzere Zeit in dem Glase *). Weil nun aber die Luft nie ein vollkommen elektrischer Körper ist, so kann auch die Röhre die in ihr erregte Elektricität niemals beständig behalten, sondern sie theilt der anstoßenden Luft, oder den darinnen schwebenden leitenden Theilchen, unaufhörlich etwas davon mit, bis sie zuletzt die Kraft gänzlich verliert. Wird an einen erregten elektrischen Körper der Finger oder ein anderer Leiter gebracht, so bricht ein Funken hervor, durch welchen ein Theil der Elektricität aus dem elektrischen Körper herausgeht. Daß aber nur ein Theil und nicht alle Elektricität auf einmal herausgeht, kömmt daher, weil der elektrische Körper als ein Nicht-Leiter die Elektricität nicht ganz auf denjenigen Theil seiner Oberfläche leiten kann, an welchen der Leiter gebracht wird. Wenn daher eine leitende Substanz verschiedenemal nach einander an verschiedene Theile eines erregten elektrischen Körpers gebracht

*) Eine geriebene Glasröhre, die man an eine trockne, oder vielmehr warme Stelle, z. B. nahe bey Feuer, gebracht hat, wird über zwanzig Stunden elektrisch bleiben.

bracht wird, so wird man bey jeder Annäherung einen Funken erhalten, ohne daß man die Elektricität aufs neue erregen darf, bis endlich die Kraft des elektrischen Körpers gänzlich erschöpft, und eine neue Erregung nöthig ist, um sie wieder zu beleben.

Wenn in gehöriger Entfernung von einem elektrischen Körper, in dem die Elektricität erregt ist, ihm ein Leiter dargestellt wird, welcher mit der Erde in Verbindung steht, so erhält der Leiter auf der gegen den elektrischen Körper gerichteten Seite die entgegengesetzte Elektricität von derjenigen, die sich in dem elektrischen Körper befindet; diese Elektricität nimmt zu, je näher beyde einander kommen; zuletzt, wenn die Anziehung zwischen der positiven und negativen Elektricität sehr heftig wird, erhält der Leiter einen Funken aus dem elektrischen Körper, und so ist das Gleichgewicht wieder hergestellt. Steht der Leiter nicht mit der Erde in Verbindung, sondern ist isolirt, und wird so, wie vorher, dem elektrischen Körper genähert, so wird nicht allein die gegen den elektrischen Körper gekehrte Seite des Leiters, sondern auch die entgegengesetzte elektrisirt; doch mit diesem Unterschiede, daß die dem Einflusse des elektrischen Körpers ausgesetzte Seite die entgegengesetzte, die andere Seite aber einerley Elektricität mit derjenigen erhält, welche sich in dem elektrischen Körper befindet *). Beyde verschiedene Elektricitäten des Leiters wachsen, je näher er dem elektrischen Körper kömmt, und zuletzt, wenn er einen Funken von dem letztern erhält, bekömmt er durchgehends einerley Elektricität mit dem elektrischen Körper, von welchem er den Funken erhalten hat. Alles dieß erfolgt

*) Dieß ist der Satz, auf welchem sich die Theorie des so bekannt gewordenen Elektrophors gründet, auf welchen ich daher die Leser im voraus aufmerksam zu machen, nicht für überflüssig halte. A. d. Ueb.

erfolgt auf eben dieselbe Art, wenn sich zwischen dem elektrischen Körper und dem Leiter noch eine andere elektrische Substanz außer der Luft befindet, z. B. eine dünne Platte von Glas, Harz, Siegellack u. s. w. nur kann alsdann kein Funken aus dem elektrischen Körper in den Leiter schlagen, er müßte sich denn mit Gewalt einen Weg durch den dazwischen stehenden elektrischen Körper bahnen, wie er dieß durch die Luft allezeit thut. Dieses Hinwegstoßen der Luft ist die Ursache des Geräusches, oder Schalles, womit das Ausbrechen des Funkens begleitet ist. Dieser Schall ist desto lauter, je stärker die Elektricität, und je größer der Widerstand ist, den sie bey ihrem Uebergange antrifft.

Wenn ein isolirter Leiter die Elektricität von einem elektrischen Körper, in dem sie erregt worden ist, erhalten hat, (in welchem Zustande man von ihm sagt, er sey durch die Mittheilung elektrisch gemacht, oder elektrisirt worden,) so wird er in jeder Absicht eben so, wie der elektrische Körper selbst, wirken, dieß einzige ausgenommen, daß, wenn man ihm einen andern mit der Erde verbundenen Leiter nähert, er diesem letztern einen Funken giebt, und dadurch alle seine Elektricität auf einmal auslader. Die Ursache, warum ein elektrisirter Leiter in diesem Falle alle seine Elektricität auf einmal, und nicht, wie der elektrische Körper, nur einen Theil davon, verliert, ist diese, daß die Elektricität des ganzen Körpers gar leicht durch seine eigne Materie an den Ort geleitet wird, an welchem man ihm den andern Leiter darstellt *). Hieraus erhellet, daß

---

*) Dieß muß man mit gewissen Einschränkungen verstehn, die von den verschiedenen dabey vorkommenden Umständen abhängen. Z. B. wenn der elektrisirte Leiter sehr groß ist, und mit einem unvollkommnen Leiter, oder nur kurze Zeit berühret wird, so bleibt vielleicht, auch nach dem Funken, in ihm noch einige Elektricität zurück.

daß überhaupt die von einem elektrisirten Leiter ausgeladene Elektricität weit stärker und heftiger seyn müsse, als die, welche ein elektrischer Körper ausladet. Denn ein Leiter kann, wenn er Funken auf Funken bekömmt, eine große Menge Elektricität von einem elektrischen Körper erhalten, die er hernach, wenn er berührt wird, alle auf einmal, und nicht Theil für Theil, wie er sie empfangen hat, ausladet.

Wenn ein isolirter Leiter einen andern elektrisirten Leiter berührt, so wird er einen Theil seiner Elektricität erhalten, und es werden hernach beyde Leiter Merkmale der Elektricität von sich geben. Aber die Elektricität wird sich in diesem Falle nicht allezeit unter beyde Leiter gleichförmig, noch auch nach dem Verhältnisse ihrer Massen vertheilen, sondern sich vielmehr nach folgenden Gesetzen richten.

1) Berühren einander zwey isolirte Leiter, deren Oberflächen gleich und ähnlich sind, und die entweder beyde, oder nur einer davon, elektrisirt werden, so vertheilt sich die Elektricität unter beyde gleichförmig.

2) Sind ihre Oberflächen gleich, aber unähnlich, wie z. E. ein Quadratfuß Stanniol in regulärer Gestalt, und ein Quadratfuß davon in Form eines langen Streifs geschnitten, so wird derjenige, dessen Oberfläche am längsten ausgedehnt ist, mehr Elektricität als der andere erhalten *).

3) Wenn ihre Oberflächen ungleich und unähnlich sind, so sieht man durch die Versuche mit ziemlicher Deut-

*) Daher ziehet man auch bey Elektrisirmaschinen mehrere über einander aufgehängte lange dünne Leiter den sonst gewöhnlichen dicken vor. — Nach Herrn Cuthbertson (Abhandlung von der Elektricität ɾc. Uebers. Leipzig, 1786. 8. S. 203.) äußert ein dünner Kupferdrath, acht hundert Fuß lang, geladen, beynahe die nämliche Wirkung, als eine geladene Flasche, die einen Quadratfuß belegter Fläche enthält. B.

Deutlichkeit, und kann es auch aus den beyden vorigen Gesetzen schließen, daß sich die Elektricitäten, welche ein jeder erhält, in zusammengesetzter Verhältniß der Größe ihrer Oberflächen und ihrer Ausdehnungen in die Länge, befinden.

4) Endlich, wenn einer von zwey gleichen und ähnlichen Leitern mit seiner Fläche mit einem unvollkommnen Leiter, und der andere bloß mit der Luft in Berührung kömmt, so wird der erstere eine größere Menge Elektricität erhalten, als der letztere. Diese Eigenschaft ist jedoch gewissen Einschränkungen unterworfen, von denen ich, um Verwirrung zu vermeiden, in dem praktischen Theile reden werde.

Der elektrische Funken (d. i. eine abgesonderte Menge von Elektricität) wird, um den Leiter zu erreichen, bis auf eine weitere oder kürzere Entfernung durch die Luft gehen, nachdem die Menge der Elektricität größer oder geringer ist; nachdem die Theile, aus welchen er ausgeht, und auf welche er schlägt, spitziger oder stumpfer sind, und nachdem der Leiter mehr oder weniger vollkommen ist. Der Schall nebst dem Lichte des Funkens ist stärker oder schwächer, nachdem die Elektricität stärker oder schwächer, die Theile, aus welchen er kömmt, und die, auf welche er schlägt, stumpfer oder spitziger sind, und der Leiter mehr oder weniger vollkommen ist. So wird z. B. ein spitziger Körper die Elektricität auf eine größere Entfernung ausladen und annehmen, als ein Körper von einer andern Gestalt; aber der Uebergang wird alsdann keinen Schall und nur wenig Licht hervorbringen: denn in diesem Falle geht die Elektricität nicht als ein plötzlich abgesonderter Körper von merklicher Breite, sondern nach und nach, oder vielmehr in einem anhaltenden Strome über. Stecket man aber einen spitzigen Drath in eine Glasröhre, die nur etwas vorstehet, oder über-

C 4

überziehet ihn mit Talg, Wachs, Schwefel, u. s. f. so wird aus einem elektrisirten Leiter ein starker Funken auf ihn schlagen.

Bey Spitzen, welche die Elektricität ausladen oder annehmen, ist es merkwürdig, daß man an der elektrisirten Spitze eine gelinde Bewegung der Luft bemerkt, welche allezeit der Richtung der Spitze folget, die Elektricität mag nun positiv oder negativ seyn.

Wenn der elektrische Funken auf einen Theil eines lebendigen thierischen Körpers schlägt, so verursacht er eine unangenehme Empfindung, welche mehr oder weniger beschwerlich fällt, nachdem der Funken stärker oder schwächer, und der geschlagene Theil mehr oder weniger empfindlich ist. Diese Verschiedenheit der Empfindung richtet sich auch nach der besondern körperlichen Beschaffenheit der Individuen.

Eine große Menge von Elektricität bringt durch die Materie eines Leiters von beträchtlicher Länge mit einer bewundernswürdigen und unbegreiflichen Geschwindigkeit; von einer geringen Menge aber hat man gefunden, daß sie einige Zeit nöthig hat, um durch einen langen und weniger vollkommenen Leiter zu gehen.

Körper, in welchen sich einerley Elektricität, entweder positive oder negative, befindet, stoßen einander zurück. Aber Körper, in welchen sich verschiedene Elektricitäten befinden, ziehen einander an. Auch giebt es kein elektrisches Zurückstoßen, außer nur zwischen Körpern, in welchen sich einerley; und kein elektrisches Anziehen, außer nur zwischen Körpern, in welchen sich verschiedene Elektricitäten befinden, d. i. zwischen positiv und negativ elektrischen Körpern *).

Wenn

*) Dieß Gesetz, nämlich daß es keine elektrische Anziehung giebt, außer nur zwischen Körpern, in welchen

Mitgetheilte Elektricität.

Wenn isolirten thierischen Körpern ein höher Grad der Elektricität mitgetheilet wird, so geht ihr Puls geschwinder, und es wird ihre Ausdünstung befördert *). Theilt man die Elektricität isolirten Früchten,

chen sich verschiedne Elektricitäten befinden, wird vielleicht paradox scheinen, wenn man bedenkt, daß ein elektrischer Körper, in welchem die Elektricität erregt ist, kleine Körper anzieht, die auf keine Weise vorher elektrisirt worden sind; aber dieser Widerspruch wird bald verschwinden, wenn man überlegt, was wir oben gesagt haben, daß, wenn Leiter oder auch elektrische Körper einem elektrisirten genähert werden, dieselben bey der Annäherung die entgegengesetzte Elektricität erhalten. Dieß wird noch deutlicher aus den Versuchen erhellen, die wir in der Folge anführen werden.

*) Daß die Elektricität den Umlauf des Bluts im menschlichen Körper beschleunige, wovon man vormals so fest überzeugt zu seyn glaubte, wird jetzt von mehrern wieder sehr bezweifelt. Die mehrmals hierüber angestellten Versuche mit der großen Elektrisirmaschine in dem Taylerischen Museum haben in dem Pulse der Beobachter keine Veränderung bewirkt. Man s. Beschryving eener ongemeen groote Electrizeermachine etc. door *Martinus van Marum*. Haarlem, 1785. übers. Leipzig, 1786. 4. Abschn. I. Cap. 1. Jene Veränderung, die man an mehreren Personen bemerkt hat, dürfte man daher wohl eher der Furcht oder andern körperlichen Dispositionen, als der Elektricität, zuschreiben. Doch sind die bisher angestellten Versuche immer noch nicht entscheidend genug gewesen, um diese Wirkung der Elektricität auf thierische Körper mit völliger Gewißheit leugnen zu können. Man sehe noch unten, im zweyten Bande, eine Note des Verfassers, wo er ebenfalls eine solche durch Elektrisiren bewirkte Beschleunigung des Pulses leugnet, zugleich aber doch erinnert, daß sie nach Herrn *Partingtons* Beobachtung wenigstens im ungesunden Zustande des Körpers statt fände. B.

ten, flüßigen Materien, und überhaupt jeder Art von Körpern mit, welche ausdünsten, so wird ebenfalls ihre Ausdünstung verstärkt, und dieß in einem höhern oder geringern Grade, nachdem diese Körper an sich der Ausdünstung mehr oder weniger unterworfen, nachdem die Gefäße, worinnen sie sich befinden, Leiter oder elektrische Körper sind, und nachdem ein größerer oder geringerer Theil ihrer Oberfläche der freyen Luft ausgesetzt ist *).

Durch diese Vermehrung der Ausdünstung befördert die Elektricität das Wachsthum der Pflanzen. Man hat durch verschiedne Versuche gefunden, daß Pflanzen, die oft und anhaltend elektrisirt werden, ein weit lebhafteres und besseres Ansehen gewinnen, als andere von eben der Art, welche man nicht elektrisiret **).

Wenn

*) Obgleich einige vorgegeben haben, daß durch Hülfe der Elektricität verschiedne Substanzen auch durch die Zwischenräume des Glases ausdünsteten, so hat man doch dieß niemals wahrnehmen können, obgleich in dieser Absicht sehr genaue Versuche sind angestellet worden; überdieß ist auch diese vorgegebene Evaporation in aller Absicht ausnehmend unwahrscheinlich. (Pivati in Venedig elektrisirte mit Glasröhren, in die er Arzneyen einschloß (tubi medicati), und gab vor, Krankheiten dadurch geheilt zu haben. Auch Winkler in Leipzig glaubte zu finden, daß Schwefel, Zimmet, peruvianischer Balsam u. dergl. durch elektrisirte Glaskugeln ausdufteten. Man hat aber beydes für einen Irrthum erkannt. S. Priestley Gesch. der Elektricität. Th. I. Period. 8. Sect. 5. Anmerk. d. Ueberſ.)

**) Herr Köstlin will gefunden haben, daß das negative Elektrisiren dem Leben der Thiere und Pflanzen hinderlich sey. — S. seine lateinische Abhandlung über die Wirkung der Elektricität auf einige organische Körper. (Daß die Elektricität auf das Wachsthum

Wenn man isolirte Gefäße mit Waſſer elektriſirt, aus welchen das Waſſer beſtändig durch eine Röhre ausläuft, so richten sich die Wirkungen, insofern man sie überhaupt aus Versuchen herleiten kann, nach folgenden Gesetzen.

1) Der elektriſirte Strom, ob er sich gleich theilt, und das Waſſer weiter fortführet, wird doch weder beſchleuniget, noch zurückgehalten, wenn die Röhre, durch welche er ausgehet, nur nicht weniger als eine Linie im Durchmeſſer hat.

2) Iſt die Röhre enger, jedoch noch weit genug, um das Waſſer in einem ununterbrochenen Strome fortrinnen zu laſſen, so beschleuniget die Elektricität dieſen Strom ein wenig, jedoch weniger, als man nach der Anzahl der Waſſerſtrahlen, welche dabey entstehen, und nach der Weite, bis auf welche sich dieselben ausbreiten, vermuthen sollte.

3) Iſt die Röhre ein Haarröhrchen, durch welches das Waſſer im natürlichen Zuſtande nur tröpfelt, ſo wird durch die Elektricität nicht nur ein ununterbrochener Strom hervorgebracht, der sich auch in viele andere Ströme zertheilet, ſondern die Bewegung auch beträchtlich beschleuniget; und je enger die Haar-

---

thum der Pflanzen keinen Einfluß habe, iſt von mehrern Naturforschern, besonders dem D. Ingenhouß und Herrn Rouland hinlänglich erwiesen worden. Man ſ. Ingenhouß Verſ. mit Pflanzen. 3ter Bd. Wien, 1790. 8. 7ter und 8ter Abſchn. S. 65. und 83. Gren, Journ. der Phyſ. B. II. S. 114. Gothaiſch. Mag. für das Neueſte aus der Phyſ. u. ſ. f. V. B. 1ſtes St. S. 161. Dem Hedyſarum gyrans ſind die Wirkungen der Elektricität vielmehr sehr nachtheilig. S. Gothaiſch. Mag. V. B. 3tes St. S. 13. Der Verfaſſer hat dieſem Gegenstande weiter unten eine eigne Abhandlung gewidmet. H.)

Haarröhre ist, besto größer ist verhältnißweise die Beschleunigung *).

4) Die Wirkung der elektrischen Kraft ist so groß, daß sie das Wasser in einem ununterbrochenen Strome aus einem sehr engen Haarröhrchen treibt, durch welches es vorher nicht einmal durchzutröpfeln im Stande war.

Die elektrische Kraft hat auf die magnetische, und die letztere auf die erstere keinen merklichen Einfluß; auch wird sie durch Hitze und Kälte nicht geändert. Eine glühende eiserne Stange, und eine hart gefrorne leitende Substanz, zeigen beyde, wenn sie elektrisirt werden, alle elektrische Erscheinungen, das Anziehen, Zurückstoßen, den Funken u. s. w. eben so, wie bey ihrer natürlichen Temperatur. Das elektrische Anziehen läßt sich auch im luftleeren Raume beobachten, und wirkt daselbst beynahe in eben der Entfernung, wie in voller Luft; auch kann man in elektrischen Körpern die Elektricität im luftleeren Raume erregen; allein beydes nimmt ab, nach Verhältniß der Verdünnung **).

Ich will zu Ende dieses Capitels noch folgendes bemerken. Wenn man gegen einen elektrischen Körper, in welchem die Elektricität erregt worden ist, oder einen

---

*) Nach des Herrn D. Carmoy mit dergleichen Haarröhrchen angestelleten Versuchen, (S. Journ. de Phys. Novemb. 1788. und Gothaisch. Mag. für das Neueste ꝛc. VII. B. 1tes St. S. 63. u. f.) lief, ungeachtet des durch Elektrisiren des Wassers bewirkten Stroms, in einer bestimmten Zeit eher weniger Wasser aus dem Gefäß, als, wenn das Wasser nur heraus tröpfelte. Mithin scheint jene vorgeblich durch Elektrisiren bewirkte Beschleunigung der Bewegung nicht gegründet zu seyn. B.

**) Dieß hat man erst neuerlich durch verschiedene neue Versuche gefunden, von denen weiter unten gehandelt werden wird.

einen stark elektrisirten Leiter, das Gesicht oder einen andern Theil des Körpers hält, so fühlt man etwas, das dem Wehen eines Windes, oder vielmehr der Empfindung ähnlich ist, als ob Spinnweben über das Gesicht gezogen würden; nähert man sich aber mit der Nase einem elektrischen Körper, in welchem die Elektricität erregt worden ist, so bemerkt man einen Geruch, der dem Geruche des Phosphorus ähnlich ist. Mitgetheilte Elektricität bewirkt keine solche Empfindung, außer wenn eine große Menge plötzlich aus einem Körper in den andern übergehet. Hält man Körper einige Zeit in einem starken elektrischen Strom, so werden sie den Geruch, den sie annehmen, noch eine beträchtliche Weile nachher behalten.

Sechstes Capitel.
Von der den elektrischen Körpern mitgetheilten Elektricität.

So wie die elektrische Kraft durch die Mittheilung in Leiter übergebracht werden kann, so kann sie auch elektrischen Körpern mitgetheilet werden; inzwischen äußert sich dabey, wie man schon erwarten wird, ein merklicher Unterschied: denn wenn man einem elektrisirten Körper nur eine Seite des Leiters darstellt, so geht die Elektricität wegen seiner leitenden Natur sogleich in seine ganze Substanz über; hingegen wenn man einem elektrischen Körper, in dem die Elektricität erregt ist, oder einem elektrisirten Leiter, einen elektrischen Körper nähert, so wird dieser die Elektricität nicht ohne einige Schwierigkeit annehmen, weil seine Substanz sich von dieser Kraft nicht durchbringen läßt. Wenn man ihm also einige Elektricität mittheilen will, so muß er verschiedenemal, und an verschiedenen Stellen,

len, wie dem elektrisirten Körper berühret werden. Man kann sich leicht vorstellen, daß es eben so schwer ist, einem elektrischen Körper seine angenommene Elektricität wieder zu nehmen, als es schwer ist, sie auf seine Oberfläche zu bringen. Denn eben diejenige Eigenschaft, welche verursacht, daß er diese Kraft langsam annimmt, (weil er nämlich ein Nicht-leiter ist,) macht auch, daß sie langsam aus ihm herausgeht; und um ihn von der ganzen Elektricität, welche er angenommen hat, zu befreyen, muß man ihn verschiedenemal, und fast an jeder Stelle seiner Oberfläche, mit irgend einer leitenden Substanz berühren.

Wir haben im vorigen Capitel beobachtet, daß, wenn ein isolirter Leiter an einen elektrisirten Körper genähert wird, er an der gegen den elektrisirten Körper gekehrten Seite die entgegengesetzte, und an der andern eben diejenige Elektricität erhält, welche der elektrisirte Körper selbst hat; ferner, daß beyde Elektricitäten wachsen, je näher der Leiter dem elektrisirten Körper kömmt; daß endlich, wenn der Leiter in die gehörige Entfernung von diesem Körper gekommen ist, eine gewisse Menge von Elektricität aus dem letztern ausbricht, sich einen Weg durch die dazwischen liegende Luft öffnet, auf den Leiter schlägt, und dadurch auf einmal seiner ganzen Substanz durchgehends eben dieselbe Elektricität mittheilet. Diese Wirkungen zeigen sich in einem gewissen Grade auch alsdann, wenn an den elektrisirten Körper anstatt des Leiters ein elektrischer gebracht wird; denn auch der elektrische wird an verschiedenen Seiten entgegengesetzte Elektricitäten erhalten; diese werden bey stärkerer Annäherung zunehmen: wenn aber zuletzt einem Theile des elektrischen Körpers einige Elektricität mitgetheilet wird, so wird er nicht durchgehends einerley Art von Elektricität erhalten, sondern er wird in einigen Fällen auf verschiedenen Seiten

entge-

entgegengesetzte Elektricitäten zeigen; bisweilen aber wird man an ihm mancherley wiederholte Abwechselungen von positiver und negativer Elektricität wahrnehmen, wie aus folgendem Versuche mit mehrerem erhellet; welchen Versuch zwar mehrere achtungswürdige Gelehrte und Elektriker angeführt haben; allein, ich muß gestehen, daß er selten ganz gelinge, wenn er je gelingen sollte.

Wenn man das Ende einer ziemlich langen Glasröhre gegen einen z. B. positiv elektrisirten Körper hält, so wird man auch die Röhre an diesem Ende einen oder zwey Zoll weit positiv elektrisirt finden; über diesen Raum hinaus wird sie zwey bis drey Zoll weit negativ, hierauf wieder einige Zoll weit positiv elektrisirt seyn; und so werden immer positive und negative Zonen mit einander abwechseln, die aber immer schwächer an Kraft werden, bis sich endlich dieselbe ganz verlieret *). Die Ursache dieser Wirkungen nun muß sich allezeit aus den zwey oben angeführten Grundsätzen herleiten lassen, d. i. aus der nicht-leitenden Eigenschaft der elektrischen Körper, und aus der Eigenschaft aller Körper überhaupt, vermöge welcher sie die entgegengesetzte Elektricität von dem sie berührenden elektrisirten Körper annehmen. So findet man im obigen Versuche das Ende der Röhre, welches an den positiv elektrisirten Körper gehalten wird, ehe es noch einige Elektricität von diesem Körper bekömmt, an der auf ihn zugekehrten Seite negativ; hingegen wenn es einige Elektricität von ihm erhalten hat, findet man es positiv, jedoch nicht weiter, als sich die Elektricität über seine Oberfläche hat verbreiten können. Ueber diesen Raum hinaus findet sich ein Theil der Röhre negativ,

---

*) S. Priestley's Gesch. der Elektric. Per. 10. Sect. 5. der deutsch. Uebers. S. 161. oder *Aepini* Tentamen, p. 192.

gativ, weil er einen positiv elektrisirten Theil berühret; dann ist wiederum eine andere Stelle positiv, weil sie den negativ elektrisirten Theil berühret, und so auch die folgenden Abwechselungen. Die positive Elektricität des einen Theils wird nie in den anliegenden negativen Theil übergehen, weil die nicht-leitende Eigenschaft des Glases eine solche Mittheilung allezeit verhindert.

Wenn einem dünnen elektrischen Körper, z. E. einer Scheibe von gemeinem Fensterglase, oder einer Platte Siegellack, auf der einen Seite die eine, auf der andern Seite die entgegengesetzte Elektricität mitgetheilet wird, so heißt die Platte in diesem Falle geladen; und die beyden Elektricitäten können nicht zusammenkommen, wofern nicht zwischen beyden Seiten eine Verbindung durch leitende Substanzen gemacht, oder der elektrische Körper durch die Kraft der elektrischen Anziehung zerbrochen wird. Wenn die beyden Elektricitäten eines geladenen elektrischen Körpers durch irgend ein Mittel vereiniget werden, und ihnen dadurch ihre Kraft benommen wird, so sagt man, der elektrische Körper werde entladen oder ausgelasden; und man nennt die wirkliche Vereinigung dieser beyden entgegengesetzten Kräfte, aus einem Grunde, den wir in der Folge anführen werden, den elektrischen Schlag.

Um die Schwierigkeiten der Mittheilung der Elektricität in elektrische Platten zu erleichtern, pflegt man ihre Flächen mit irgend einer leitenden Materie, z. E. mit Stanniol, Goldblättchen und dergl. zu belegen, wodurch das Laden und Ausladen sehr leicht wird. Denn wenn nun die Elektricität nur einem Theile dieser Belegungen mitgetheilet wird, so verbreitet sie sich sogleich durch alle Theile des elektrischen Körpers, welche diese Belegung berühren; und wenn der elektrische Körper entladen werden soll, so darf man nur zwischen den Belegungen beyder Seiten eine leitende Verbindung machen, um den elektrischen Körper seiner Elektricitäten gänzlich zu entladen.

Man wird leicht einsehen, daß die Belegungen beyder Seiten eines elektrischen Körpers einander gegen den Rand desselben nicht sehr nahe kommen dürfen. Es könnte sonst leicht eine Verbindung zwischen beyden Belegungen entstehen; und wenn sie auch schon einander nicht unmittelbar berührten, so könnte doch, wenn sie elektrisirt würden, die Elektricität leicht einen Weg durch die Luft finden, über die Oberfläche des Körpers hinweg aus einer Belegung in die andere übergehen, und so den Körper der Ladung gänzlich unfähig machen *).

Durch die Ladung elektrischer Körper bringt die Elektricität ihre erstaunlichsten Wirkungen hervor; wir können dadurch ihre Gewalt verstärken, und sie mit Vortheil bey verschiedenen Versuchen gebrauchen. Durch die Betrachtung der Eigenschaften eines geladenen elektrischen Körpers werden wir genauer und besser mit dieser Wissenschaft bekannt, als durch irgend ein ander Mittel; daher soll der Betrachtung dieser Eigenschaften das folgende Capitel gewidmet seyn.

*) Die Fähigkeit, die Elektricität über die Oberfläche zu leiten, ist bey einigen Arten des Glases so groß, daß sie dieser Ursache wegen zum Laden und Ausladen gänzlich unbrauchbar sind.

Siebentes Capitel.

Von geladenen elektrischen Körpern, oder der Leidner Flasche.

Wenn eine Glasplatte, sie mag glatt oder mattgeschliffen seyn, auf beyden Seiten mit einer leitenden Materie belegt ist, (doch so, daß die Belegungen einander am Rande nicht allzunahe kommen, und sie dadurch zum Laden untüchtig machen,) und man der einen von diesen Belegungen eine Elektricität mittheilet, so erhält die andere Belegung, wenn sie mit der Erde, oder mit einer genugsamen Menge leitender Körper in Verbindung steht, von sich selbst einen eben so großen Grad der entgegengesetzten Elektricität; wenn aber, indem die eine Seite eine Elektricität erhält, die andere nicht mit der Erde, oder mit einer genugsamen Menge leitender Substanzen in Verbindung steht, so kann das Glas nicht geladen werden *). Der Grund davon nun, warum die eine Seite des Glases von sich selbst die entgegengesetzte Elektricität erhält, wenn die andere elektrisirt wird, liegt in demjenigen, was wir im vorigen Capitel beobachtet haben, nämlich in der Eigenschaft der Körper, vermöge welcher sie allemal die entgegengesetzte Elektricität von derjenigen annehmen, die sich in dem benachbarten elektrisirten Körper befindet. Die Ursache hingegen, welche diese zwey Elektricitäten hindert, sich mit einander zu verbinden, ist die dazwischen befindliche Glasplatte, durch welche

---

*) Genau zu reden, wird das Glas in diesem Falle eine geringe Ladung erhalten, weil die Luft, welche an die Belegung stößt, kein vollkommner Nichtleiter ist.

welche die Elektricität nicht bringen kann *). Wenn aber die Ladung zu stark, und die Glasplatte zu dünn ist, so öffnet sich die starke Anziehung der beyden verschiedenen Elektricitäten einen Weg durch das Glas, ladet es aus, und macht es untüchtig, insfünftige eine Ladung anzunehmen.

Diese Wirkungen erfolgen auf eben diese Art, wenn das Glas auch nicht die Gestalt einer platten Scheibe, sondern eine andere beliebige Form hat, wofern es nur dünn genug ist. Es ist nicht die Gestalt, sondern die Dicke des Glases, die es mehr oder weniger zum Laden geschickt macht: je dünner es ist, desto stärker kann es geladen werden; denn es wird dabey das Vermögen der einen Elektricität, die ihr entgegen-

---

(* Diese merkwürdige Eigenschaft der Elektricität ward zuerst zu Leiden an einer Flasche mit Waßer, welcher dieses Waßer auf der inwendigen, und die zufälliger Weise daran gelegte Hand auf der äußern Seite statt der Belegung diente, hinlänglich bemerkt, wenn auch nicht eigentlich entdecket, wie ich bereits in der Einleitung erinnert habe. Man nennt deswegen eine zu dergleichen Absichten von innen und außen belegte Flasche die Leidner oder elektrische Flasche (*electric Jar*, Verstärkungsflasche,) und das Laden und Ausladen belegter Gläser überhaupt den Leidner Versuch. (Auch den Kleistischen Versuch, weil Herr v. Kleist, Prälat und Domdechant zu Camin in Pommern, eigentlich der erste war, der diese Entdeckung den 11 Oct. 1745 machte, und schon am 4 Nov. deß. Jahres dem D. Lieberkühn in Berlin davon Nachricht gab. Man sehe Priestley's Geschichte der Elektr. der deutsch. Ueberſ. S. 53. Gray hat schon 1735 die elektrische Erschütterung gefühlt, jedoch ohne weiter darüber nachzudenken. ſ. Beckmanns Geschichte der Erfindungen, I. Band. Leipzig 1783. 8. A. d. Ueb.)

gegengeſetzte auf der andern Seite hervorzubringen, deſto ſtärker *).

Wie ſtark eine Glasplatte oder ein anderer elektriſcher Körper ſeyn müſſe, wenn er zur Ladung untüchtig werden ſoll; iſt noch nicht genau beſtimmt worden.**).

Ein belegtes Glas nimmt in verdichteter Luft eine ſtärkere Ladung an, als unter dem gewöhnlichen Druck der Atmoſphäre.

Wenn eine belegte Glasſcheibe oder Flaſche, nachdem ſie geladen iſt, iſolirt wird, und man dann nur die eine Seite von ihr mit einem Leiter berührt, ſo wird dieſe Seite ihre Elektricität nicht fahren laſſen, weil dieſe Elektricität gleichſam eine Folge der entgegengeſetzten auf der andern Seite iſt, und beyde, wegen ihrer wechſelſeitigen Anziehung, einander an die Oberfläche des Glaſes feſthalten. Um alſo das Glas zu entladen, müſſen entweder beyde Belegungen zu gleicher Zeit berührt, und mit der Erde verbunden werden; oder es muß zwiſchen beyden eine Verbindung durch irgend einen Leiter gemacht werden; und in dieſem

---

*) Daß ſich dickeres Glas an ſich ſtärker laden laſſe, als dünneres, vorausgeſetzt, daß die Maſchine verhältnißmäßig ſtark genug wirke, hat Herr Bohnenberger zu zeigen ſich bemühet. S. deſſen Beyträge zur theoretiſchen und praktiſchen Elektricitätslehre. 1tes St. S. 1. u. f. B.

**) Dieß läßt ſich auch im Allgemeinen nicht füglich beſtimmen, weil dabey alles auf die Stärke der Maſchine, mit der die Ladung bewirkt werden ſoll, ankömmt. S. Bohnenberger, a. a. O. Hätte man alſo auch gefunden, daß eine Glasplatte von einer gewiſſen Dicke mit der ſtärkſten Maſchine nicht geladen werden könnte, ſo wäre immer noch nicht ausgemacht, ob auch der nämliche Fall eintreten würde, wenn man dabey eine Maſchine von noch beträchtlicherer Wirkung zu gebrauchen im Stande wäre. B.

Die Leidner Flasche.

sem letztern Falle sagt man, die Flasche werde durch diesen Leiter ausgeladen.

Wenn man, um eine Flasche zu entladen, mit einem Leiter, z. B. mit dem einen Ende einer Kette, zuerst nur die eine Seite derselben berührt, so wird sich dabey nichts Besonderes zeigen *); sobald man aber das andere Ende der Kette der andern Belegung bis auf die gehörige Weite nähert, so wird zwischen diesem Ende der Kette und der Belegung ein Funken mit einem Schalle entstehen, eben so, als wenn ein elektrischer Körper, in dem man die Elektricität erregt hat, oder ein elektrisirter Leiter die Elektricität einem andern Leiter mittheilet: allein die Gewalt, das Licht und der Schall sind hier überhaupt weit stärker als bey dem Funken, der aus einem bloß einfach elektrisirten Körper gezogen wird.

Bewirkt man zwischen beyden Belegungen einer geladenen Flasche eine Verbindung durch unvollkommene Leiter, z. B. durch ein dünnes Stückgen Holz, einen feuchten Bindfaden, u. s. f. so wird die Entladung im Stillen, ohne Explosion, vor sich gehen.

Es ist merkwürdig, daß der Funken bey der Entladung geladener elektrischer Körper zwar dichter, heftiger und mit einem stärkern Schalle verbunden, aber doch nie so lang ist, als der Funken aus einem elektrischen Leiter.

Wenn die Leidner Flasche durch einen lebendigen thierischen Körper entladen wird, so verursacht diese

*) Wenn die eine Belegung der geladenen Flasche mit der Erde verbunden, die andere aber eine Zeit lang der freyen Luft ausgesetzt ist, so wird sich die Ladung der Flasche unmerklich nach und nach zerstreuen; denn indem die Elektricität der einen Seite in die Erde übergeht, wird die entgegengesetzte der andern Seite der Luft mitgetheilet, welche, wie wir schon bemerkt haben, nie ein vollkommen elektrischer Körper ist.

Entladung eine plötzliche Zusammenziehung der Muskeln, durch welche sie ihren Weg nimmt, und eine unangenehme Empfindung, um derenwillen man die Entladung einer elektrischen Flasche überhaupt den elektrischen Schlag genannt hat. Diesen Schlag fühlen einige Personen mehr, als andere, und auf manche soll er gar keinen Eindruck machen *).

Die Stärke des elektrischen Schlags ist bey Gläsern von einerley Dicke größer oder geringer, im Verhältniß der Größe der belegten Oberfläche, und der Stärke der Ladung. Diesem Grundsatze zufolge kann man die Stärke des Schlags nach Gefallen vergrößern, wenn man die Menge des belegten Glases vermehrt, wofern man nur Mittel gebrauche, welche kräftig genug sind, es zu laden.

Eine Anzahl belegter Flaschen, welche so mit einander verbunden sind, daß man ihre ganzen Kräfte vereinigen kann, damit sie zusammen als eine einzige wirken, heißt eine elektrische Batterie. Diese Batterie ist der furchtbarste, zugleich aber auch der unterhaltendste Theil des elektrischen Apparatus, durch den sich manche wundervolle Wirkungen hervorbringen lassen; allein da dieselben mehr den praktischen, als den gegenwärtigen Theil dieser Abhandlung betreffen, so werde ich sie hier bloß anzeigen, und ihre fernere umständlichere Erklärung dem dritten Theile dieses Werks vorbehalten.

Bey

---

*) Vor mehrern Jahren wollte man zu Paris gefunden haben, daß der Stoß immer bey frigidis nur impotentibus aufhört. S. *Sigaud de la Fond*, Precis historique et experimental des Phénoménes electriques. Paris, 1781. p. 285. Allein Versuche, welche der Graf von Artois mit Castraten der Oper anstellen ließ, haben den Ungrund hiervon gezeigt. B.

Die Leidner Flasche.

Bey der Entladung einer elektrischen Flasche bemerkt man mit Erstaunen die große Geschwindigkeit, mit welcher die Elektricität den Weg von einer Seite des Glases zur andern durch den Leiter zurücklegt. Man findet, daß die Zeit nicht im geringsten merklich ist, sollte sie auch durch einen Leiter von einigen Meilen gehen, durch welchen beyde Belegungen der Flaschen verbunden wären *).

Die Stärke und der Schall des elektrischen Schlags leiden nicht durch Krümmungen des Leiters, durch welchen er geht, wohl aber werden sie durch die Länge des Leiters merklich geschwächt; wenn daher der Uebergang oder die Verbindung beyder Seiten der elektrischen Flasche durch eine einzige Person gemacht wird, welche die eine Seite mit einer Hand, und die andere mit der andern berührt; so ist der Schlag stärker, als wenn dieser Weg durch mehrere Personen geht, die einander bey den Händen halten.

Daß die Elektricität beym Durchgange auch durch die besten Leiter einigen Widerstand leidet, erhellet deutlich daraus, daß sie in einigen Fällen lieber einen kürzern Weg durch die Luft, als einen längern auch durch den vollkommensten Leiter nimmt. Dieser Widerstand ist an denjenigen Stellen größer, wo die Leiter, welche den Uebergang machen, einander nicht genau berühren; und noch größer, wenn der Uebergang durch Leiter von verschiedner Beschaffenheit geht, und die Elektricität aus einem bessern Leiter in einen unvollkommenern bringen soll. Wird der Uebergang nur ein wenig durch Wasser unterbrochen, (obgleich das Wasser auch ein Leiter ist,) so schlägt beym Ausladen ein Funken in dasselbe, der allezeit das Wasser in Bewegung

*) S. Priestley's Gesch. der Elektric. Per. 8. Sect. 2. der deutsch. Ueberf. S. 70.

gung setzt, und oft das Gefäß, worinnen es enthalten ist, zerbricht.

Ein heftiger Schlag, den man durch ein Thier oder eine Pflanze gehen läßt, kann sowohl das Thier, als das Leben der Pflanze tödten. Wird der Weg des Schlages durch einen oder mehrere elektrische Körper, oder sehr unvollkommene Leiter von mäßiger Dicke unterbrochen, so zerschlägt er dieselben, und zerstreut ihre Stücken bisweilen nach allen Richtungen, und auf eine solche Art, als ob die Kraft aus dem Mittelpunkte eines jeden dieser dazwischengesetzten Körper gekommen wäre *).

Ein starker Schlag durch ein dünnes Stück Metall macht dasselbe augenblicklich glühend, schmelzt es, und verwandelt es, wofern die Schmelzung vollkommen von statten geht, in Kügelgen von verschiedner Größe. Wird das Metall zwischen zwey Stücken Glas eingeschlossen, so treibt der Schlag das geschmolzene Metall in das Glas, und vereiniget es so fest mit demselben, daß man es nachher nie wieder davon abbringen kann, ohne einen Theil des Glases mit hinwegzunehmen. Bey diesem Versuche brechen die Gläser in Stücken, und es geschieht selten, daß sie die Gewalt eines heftigen Schlages aushalten.

Werden die Gläser, die das Metall einschließen, mit schweren Gewichten belastet, so ist oft ein sehr schwacher Schlag im Stande, nicht allein das Gewichte zu erheben, sondern auch starke Gläser zu zerbrechen, welche sonst die ganze Gewalt einer starken Batterie er-
for-

---

*) In einigen Fällen ist die Wirkung des Schlags auf einen dazwischengestellten Körper augenscheinlich auf derjenigen Seite größer, welche mit der positiv elektrisirten Seite der Flasche oder Batterie in Verbindung steht. Ich werde davon in der Folge mit mehrerem reden.

Die Leidner Flasche.

fordern würden. Man kann auch starke Stücken Glas bloß durch einen Schlag, den man über einen kleinen Theil ihrer Oberfläche gehen läßt, in unzählige Stücken zerschmettern, wenn sie mit Gewichten beschwert sind, ohne daß Metall dazwischen gelegt wird. Zerbrechen solche Glasstücken nicht, so werden sie doch durch den elektrischen Schlag mit den schönsten und lebhaftesten Farben des Prisma bezeichnet, welche bisweilen unter einander zerstreut, bisweilen auch in der gehörigen prismatischen Ordnung stehen. Der gefärbte Flekken besteht augenscheinlich aus dünnen Blättern oder Schuppen, die zum Theil von der Oberfläche des Glases abgetrennt sind, und nimmt gemeiniglich einen Raum von ohngefähr einem Zoll in der Länge, und einem halben Zoll in der Breite ein.

Wenn man Stücken Drath von einerley Metall durch den elektrischen Schlag schmelzen will, so wird dazu eine größere oder geringere Gewalt erfordert, nachdem die Länge oder Dicke dieser Stücken größer oder kleiner ist; sie richtet sich aber keinesweges nach dem directen Verhältniß der Menge des Metalls: denn wenn ein Drath von gegebener Länge und Durchmesser bloß durch eine einzige Batterie geschmolzen wird, so wird ein Drath von gleicher Länge, aber doppelter Masse, vielleicht zehn solche Batterien erfordern, wenn eben diese Wirkung erfolgen soll.

Läßt man einen mäßigen Schlag *) durch ein unvollkommenes Metall gehen, (besonders wenn der Uebergang des Schlags durch verschiedne Stücken, z. E. durch eine Kette, gemacht wird,) so wird aus demselben ein schwarzer Staub, wie ein Rauch, aufsteigen, den
man

---

*) Unter einem mäßigen Schlage verstehe ich hier einen solchen, der nicht im Stande ist, Metall, durch welches er geht, zu schmelze.

man für einen Theil des Metalls selbst hält, welcher calcinirt und durch den Schlag ausgetrieben worden ist.

Wenn die Verbindung, durch welche der Schlag gehet, oder ein Theil von ihr auf Papier, Glas, oder einem andern Nicht-leiter ruhet, so wird man denselben nach dem Schlage mit einigen unauslöschlichen Merkmalen bezeichnet finden, welche bisweilen deutlich anzeigen, daß er versengt worden sey. Unterbricht man diese Verbindung auf der Oberfläche eines Glases oder eines andern dergleichen Körpers, so bezeichnet ihn der elektrische Schlag mit einem langen und unauslöschlichen Streifen.

Noch merkwürdiger ist es bey den Wirkungen der Elektricität auf die Metalle, daß durch dieselbe die metallischen Kalke wieder hergestellt werden, und, wenn man einen Schlag durch ein Stück davon gehen läßt, dieß, wie bey einem wirklichen phlogistischen Proceß, zum Theil seine metallische Gestalt wieder erhält. Allein hier kann man mit Grunde vermuthen, daß das zur Wiederherstellung des Kalks erforderliche Phlogiston aus andern Körpern, die es enthielten, und sich innerhalb der Verbindung befanden, ausgetrieben worden sey.

Wir haben zwar im fünften Capitel bemerkt, daß Elektricität und Magnetismus einander in ihren Wirkungen nicht stören: aber man muß dieß nicht für allgemein annehmen; denn eine sehr verstärkte Gewalt der Elektricität kann der Magnetnadel nicht allein ihre Kraft rauben, oder ihre Pole umkehren, sondern auch einer Nadel die magnetische Eigenschaft mittheilen. Wenn man einen Schlag aus zehn, acht oder auch noch weniger Quadratfuß belegten Glases durch eine feine Nähnadel gehen läßt, so wird sie oft dadurch magnetisch werden, und sich, wenn man sie aufs Wasser

Die Leidner Flasche.

ser legt, nach Norden richten *). Es ist merkwürdig, daß, wenn die Nadel beym Schlage gegen Osten und Westen gelegen hat, dasjenige Ende von ihr Norden zeigen wird, an welchem der Schlag eingedrungen ist; hat sie aber gegen Norden und Süden gelegen, so wird in jedem Falle dasjenige Ende Norden zeigen, welches gegen Norden gelegen hat: auch wird die Nadel im letztern Falle weit stärker magnetisch, als im erstern. Bringt man endlich die Nadel gegen den Horizont in eine perpendiculäre Lage, und läßt den Schlag auf eine ihrer Spitzen gehen, so wird sich dann das untere Ende der Nadel nach Norden kehren **).

Daß

---

*) Auch ein starker Schlag mit dem Hammer wird eine Nadel magnetisch machen; man muß aber allezeit die Nadel vor dem Versuche probiren: denn manche feine Nadeln richten sich auf dem Wasser schon nach Norden, ohne einen elektrischen oder Hammerschlag erhalten zu haben.

**) S. Dr. Franklin's Briefe, S. 90. und Beccaria's künstliche Elektricität §. 731. 732. 733. und 734. (Merkwürdig und entscheidend sind die Versuche, welche Herr van Marum hierüber angestellet hat, aus dessen bereits oben angeführtem Buche, Beschreibung einer ungemein großen Elektrisirmaschine, Th. III. Abschn. 3. ich, zur Ergänzung des von dem Verfasser Gesagten, nur noch folgendes hinzusetzen will:) Legt man eine schwach magnetische Nadel mit ihrem Nordpol nach Süden, und den Südpol nach Norden, so werden die Pole geschwächt, und meistentheils umgekehrt; läßt man aber die Entladung durch eine senkrecht gestellte Nadel von geringer magnetischer Kraft gehen, an der der Nordpol nach oben zu gekehrt ist, so werden die Pole ebenfalls umgekehrt. Was der Verfasser von einer so aufgehängten Nadel sagt, gilt von einer, die keine magnetische Kraft besitzt, sondern sie erst durch die Entladung annimmt, und in diesem Falle kömmt es mit den Versuchen des Herrn van Marum überein. Nadeln, oder Stäbe,

die

Die Leidner Flasche.

Daß der elektrische Funken auch brennbare Materien entzünden könne, läßt sich leicht vermuthen, wenn man seine Wirkungen unter gewissen Umständen in Betrachtung zieht, in welchen man ihn wie das stärkste und durchdringendste Feuer wirken sieht. Verschiedene Materien lassen sich durch einen geringen Schlag entzünden; und brennbare Geister kann man schon durch den Funken aus einem elektrisirten Leiter in Flammen setzen.

Wenn die man in den magnetischen Aequator stellet, nehmen keine magnetische Kraft an; man mag die elektrische Materie zu dem einen oder andern Ende hineinströmen lassen. Eben dieß findet bey solchen statt, die man durch eine starke Entladung glühend heiß gemacht hat, oder sie erhalten wenigstens nur eine schwache magnetische Kraft. Eine aus einer Uhrfeder verfertigte Nadel wurde zwischen zwey Kupferdräthen in den magnetischen Meridian gestellet, und man ließ die Entladung in der Breite der Nadel durchgehen. Der Erfolg war, daß sie an ihren Enden eine stärkere Polarkraft angenommen hatte, als man bey den übrigen Versuchen einer ähnlichen Nadel hatte mittheilen können, und zwar war das gegen Westen gekehrte Ende der Nordpol, das andere der Südpol. Man kann diese Versuche, von denen man noch einige interessante in der angezeigten Schrift findet, die ich aber, der Kürze halber, nicht anführen will, für desto zuverlässiger halten, weil die Resultate derselben, wie uns jener Naturforscher versichert, auch bey mehrmaligen Wiederholungen immer die nämlichen geblieben sind. Aus allem diesen aber läßt sich, wie dieser Gelehrte sehr richtig bemerkt, auf die Jdentität der elektrischen und magnetischen Materie kein sicherer Schluß machen, sondern es erhellet nur so viel, daß die elektrische Entladung auf Hervorbringung und Vernichtung der magnetischen Kraft denselben Einfluß habe, als andere Ursachen, die in dem Stahle eine gewisse Erschütterung hervorbringen. B.)

Die Leidner Flasche.

Wenn man aus einer großen Batterie einen mäßigen Schlag zwischen zwey nahe an einander liegenden rauhen Oberflächen von Metallen oder Halbmetallen durchgehen läßt, so werden dieselben mit einem sehr schönen Flecken bezeichnet. Dieser Flecken besteht aus einem Mittelpunkte und einigen concentrischen Cirkeln *), welche mehr oder weniger deutlich sind, und deren Anzahl größer oder geringer ist, nachdem die Metalle einen geringern oder größern Grad der Hitze zum Schmelzen erfordern, und nachdem man dem Schlage mehr oder weniger Gewalt gegeben hat.

Wenn man den Schlag einer Batterie zu wiederholtenmalen aus einem spitzigen Körper, z. B. einer Nadel, auf die glatte Oberfläche eines Stücks Metall, welches nahe an der Spitze liegt, oder auch aus der Oberfläche des Metalls in die Spitze gehen läßt, so wird das Metall mit einem bunten Flecken *bezeichnet*, welcher aus Cirkeln zusammengesetzt ist, die die Farben des Prisma an sich tragen, und augenscheinlich aus Schuppen oder dünnen Blättchen von Metall bestehen, welche die Gewalt des Schlages losgerissen hat **).

Ladet man eine Batterie so aus, daß man die Enden zweyer Leiter, wovon einer mit der inwendigen, der andere mit der auswendigen Seite der Batterie in Verbindung steht, gänzlich oder nahe an die Oberfläche einiger leitenden Materien, z. E. des Wassers, rohen Fleisches u. s. w. bringt, so wird man bemerken, daß

---

*) Der Mittelpunkt sowohl als die Cirkel liegen nicht weit aus einander, und bestehen aus Klümpchen und Höhlen, die eine vorgegangene Schmelzung anzeigen.

**) Mehr Umständliches von diesen Cirkeln findet man in den Philos. Transact. Vol. LVIII.

daß die Elektricität, anstatt in diese Materien einzubringen, an ihrer Oberfläche hingeht, und in Gestalt eines abgesonderten leuchtenden Körpers von einem Leiter zum andern herüberfährt. Bisweilen zieht sie sogar einen längern Weg über die Oberfläche vor, wenn sie einen kürzern durch den Körper selbst nehmen könnte. In diesem Falle erschüttert die Elektricität allezeit den Körper, über dessen Oberfläche sie gehet.

Der elektrische Schlag oder Funke in verschiedene Gattungen der Luft oder beständig elastische Flüßigkeiten, wirkt, nach Dr. Priestley, wie ein wahrer phlogistischer Proceß *). Allein, nach genauerer Untersuchung, scheint der phlogistische Stoff nicht aus der elektrischen Flüßigkeit selbst zu kommen, sondern, durch die Gewalt der Elektricität, aus den Leitern getrieben zu werden, durch welche die Schläge oder Funken durchgeführet worden sind **). Hier muß ich noch eine Bemerkung des Dr. Priestley anführen, nämlich, daß zwar alle beständig elastischen Flüßigkeiten Nichtleiter sind, diese Eigenschaft aber wahrscheinlich nicht in einerley Grade besitzen. Die Farbe des elektrischen Funkens zeigt sich zwar immer; allein sie ist nicht in jeder Gattung der elastischen Flüßigkeiten die nämliche. In entzündbarer und alkalinischer Luft zeigt er sich purpurfarben oder roth, in fixer Luft hingegen weiß. Die Blätter gewisser Blumen verändern, wenn man

*) Man sehe Priestley's Observations on different kinds of air, Vol. II. Sect. 13. (Hr. Priestley nennt einen phlogistischen Proceß überhaupt ein jedes Verfahren, wodurch mit irgend einer Gattung von Luft mehr Phlogiston, als sie vorher enthielt, verbunden wird. A. d. Ueb.)

**) S. meine Abhandlung über die Luft, und die übrigen beständig elastischen Materien. S. 433.

Die Leidner Flasche.

man elektrische Schläge auf sie gehen läßt, ihre Farbe *).

Es giebt außer den angeführten Eigenschaften der geladenen Flaschen noch einige mehrere, welche man aber entweder noch nicht hinlänglich untersucht, oder nicht so genau erforschet hat, daß sie sich auf irgend eine allgemeine Regel bringen ließen. Sie eröffnen ein weites Feld für das Nachdenken, und scheinen genau mit der Natur der Elektricität überhaupt verbunden zu seyn; allein man kann aus dem, was bisher davon bekannt ist, keine allgemeinen Folgen ziehen, wenigstens keine solchen, die sich in dem gegenwärtigen Theile dieser Schrift vortragen ließen. Ich will daher der Geschichte dieser Beobachtungen ein eignes Capitel **) widmen, worinn ich aus den bisher angestellten Versuchen die vornehmsten und am meisten versprechenden erzählen, und von den besten zu ihrer Erklärung vorgetragnen Muthmaßungen Nachricht geben will. Man wird dieses Capitel am Ende des dritten Theiles finden, wo es, wie ich hoffe, meinen Lesern angenehmer als hier seyn wird, besonders denjenigen, welche noch nicht sehr mit der Elektricität bekannt sind, und also erst die Beschreibung des elektrischen Apparatus zu lesen, und eine Bekanntschaft mit den Versuchen zu erlangen wünschen, welche zum Beweise der dort erzählten Beobachtungen nöthig sind.

*) Dr. Priestley Gesch. der Elektr. Per. 7. der deutsch. Uebers. S. 49.
**) Th. III. Cap. 7. und 13.

Achtes

Achtes Capitel.
Von der Elektricität der Atmosphäre.

Jeder, der die bereits angeführten zahlreichen Eigenschaften der Elektricität bemerkt, und über den Umfang derselben nachgedacht hat, wird sich, wie ich gewiß glaube, ungemein verwundern, wenn er den Zustand, in welchem diese Wissenschaft bis vor einem halben Jahrhunderte geblieben ist, mit ihrem jetzigen vergleicht; aber seine Verwunderung wird noch höher steigen, wenn er erfährt, daß man die Elektricität nicht allein an geriebenen elektrischen Körpern oder an dem erwärmten Turmalin, sondern auch in der Luft, dem Regen und den Wolken finde, daß man Donner und Blitz für ihre Wirkungen, und überhaupt alle Dinge, die den Anschein eines Feuers, oder sonst einer außerordentlichen Begebenheit in der Atmosphäre und auf der Erde haben, für elektrische Erscheinungen erkannt habe.

Daß die Wirkungen der Elektricität eine große Aehnlichkeit mit dem Donner und Blitze haben, war schon verschiedenemal von einigen Naturforschern, und insbesondere von dem gelehrten Abt Nollet bemerkt worden; daß aber diese Luftbegebenheiten in der That Wirkungen der Elektricität wären, und daß die elektrischen Erscheinungen durch den Blitz, oder die Erscheinungen des Blitzes durch die elektrischen nachgeahmet würden, hat man weder für möglich gehalten, noch vermuthet [*]), bis der berühmte Dr. Frank-

---

[*]) Ich kann hier nicht umhin, zur Ehre unsers Vaterlandes anzumerken, daß der erste, der den Blitz für eine elektrische Wirkung erklärt hat, kein anderer, als Hr. Winkler gewesen sey. Der Beweis liegt dem Publikum vor Augen. In seiner Abhandlung

Franklin diese kühne Behauptung wagte, welche zuerst die französischen Naturforscher *), und hernach Dr. Franklin selbst, im Jahre 1752 durch unumstößliche Beweise rechtfertigten.

Die Aehnlichkeit des Blitzes und der Elektricität zeigt sich nicht etwa nur in einer geringen Anzahl von Erscheinungen, sondern durchgehends in allen ihren zahlreichen Wirkungen; und es giebt kein einziges Phänomen des einen, das man nicht durch die andere nachahmen könnte. Der Blitz zerstört die Gebäude, tödtet die Thiere, zerschmettert die Bäume u. s. w., er geht durch die besten Leiter, die er auf seinem Wege antrifft; und wenn ihm der Durchgang durch elektrische Körper oder unvollkommene Leiter verwehrt wird, so zertrümmert er sie, und zerstreut sie nach allen Richtungen; er zündet, schmelzt Metalle und andere Materien; ein Schlag des Wetterstrahls benimmt bisweilen dem Magnet seine Kraft, oder giebt eisenhaltigen Materien die magnetische Eigenschaft — alles Wirkungen, welche, wie wir oben gesehen haben, auch die Elektricität hervorbringen kann. Aber der stärkste Beweis für die Identität des Blitzes und der Elektricität, der auch ohne die Aehnlichkeit ihrer Erscheinungen ihre vollkommene Gleichheit ohne Widerspruch erweisen würde, ist dieser, daß man die Materie des Blitzes

<small>von der Stärke der elektrischen Kraft des Wassers in gläsernen Gefäßen, Leipzig 1746. 8. findet sich ein eignes Capitel: Ob Schlag und Funken der verstärkten Elektricität für eine Art des Donners und Blitzes zu halten sind? worinnen die Frage bejahet, und der einzige Unterschied in den Grad der Stärke gesetzt wird. A. d. Ueb.
*) Besonders die Herren Dalibard zu Marly-la-Ville, und Delor zu Paris, s. Priestley's Gesch. der Elektr. der deutsch. Ueb. S. 206. u. f. A. d. Ueb.</small>

Elektricität der Atmosphäre.

Blitzes durch isolirte und spitzige metallische Stangen, oder durch den elektrischen Drachen, wirklich aus den Wolken herabziehen, und damit jeden bekannten elektrischen Versuch anstellen kann.

Die Wolken sowohl als der Regen, Schnee und Hagel, die aus ihnen herabfallen, sind fast allezeit, jedoch öfter negativ, als positiv, elektrisirt; und der Wetterstrahl, mit dem Donner begleitet, ist die Wirkung dieser Elektricität, welche aus einer stark elektrisirten Wolke oder Menge von Wolken ausbricht, und in eine andere Wolke, oder sonst in die Erde schlägt, wobey sie die höchsten und spitzigsten Stellen vorzieht, und durch diesen Schlag alle die schrecklichen Wirkungen hervorbringt, die bekanntermaßen durch den Wetterstrahl verursacht werden.

Bis auf einige Entfernung von den Häusern, Bäumen, Schiffmasten, u. dergl. ist die Luft gemeiniglich positiv elektrisch, besonders bey kaltem, hellem oder neblichtem Wetter; aber wodurch die Luft, die Nebel und Wolken diese Elektricität erhalten, ist noch nicht genau bestimmt worden, ob man gleich verschiedne Muthmaßungen darüber gewagt hat; nicht zu gedenken, daß durch Ausdünstung und Verdichtung wirklich elektrischer Stoff hervorgebracht wird.

Nachdem man einmal gefunden hatte, daß die Elektricität mit der Materie des Blitzes einerley sey, so fiengen die Naturforscher an zu vermuthen, daß die Elektricität auch bey verschiednen Erscheinungen wirke, bey welchen man vorher darauf nicht gedacht hatte, und versuchten es nicht ohne Grund, einige andere Naturbegebenheiten mit ihr in Uebereinstimmung zu bringen. Man leitete bald darauf das Nordlicht von der Elektricität her, weil man sahe, daß sie die flammenden

Strah-

Strahlen desselben nachahmte *), und weil man bemerkt hatte, daß ein starkes Nordlicht die Richtung der Magnetnadel ändere **), welches ebenfalls eine Wirkung der Elektricität ist.

Man hält auch die Sternschnuppen, die man so oft in der Atmosphäre sieht, für elektrische Erscheinungen, so wie andere Meteore, z. B. die weißen Wolken, welche oft zur Zeit der Nacht, besonders in den heißen Ländern, am Himmel erscheinen. Außer diesen Erscheinungen hat man die Wasserhosen, Orkane, Wirbelwinde, ja sogar die Erdbeben der Elektricität zugeschrieben. Vielleicht wird hier der Leser die Naturforscher, welche es mit der Elektricität so weit treiben, für ausschweifend halten. Und in der That scheinen auch solche Gedanken auf den ersten Blick ausschweifend; wenn man aber bedenkt, daß sie den bekannten Gesetzen der Natur nicht zuwiderlaufen, daß sie nicht ganz ohne alle Beweise, und daß es Gedanken der größten und aufgeklärtesten Naturforscher sind, so wird man sie, wie ich hoffe, wenigstens als Muthmaßungen zulassen, die man bey Gelegenheit weiter untersuchen, indessen aber als die wahrscheinlichsten Erklärungen dieser so bewundernswürdigen Naturbegebenheiten ansehen kann ***).

*) Der verstorbene Hr. Canton hat oft während des Nordlichts eine beträchtliche Menge Elektricität gesammelt. Die Vorrichtung, die er dazu gebrauchte, bestand aus einer isolirten Stange, die auf der Spitze seines Hauses stand, und oben mit einem rundgeflochtenen Drathe versehen war.

**) Man s. die Philos. Transact. Vol. LIX. p. 88.

***) Noch mehrere Muthmaßungen findet man in Franklins Briefen, und Priestley's Geschichte der Elektricität, Theil I. Periode 10. Sect. 12. (der deutschen Uebers. S. 235.)

Neuntes Capitel.
Vortheile, die man aus der Elektricität gezogen hat.

Die in ihren Wirkungen allezeit weise und bewundernswürdige Natur scheint in ihren Werken eine gewisse Gleichförmigkeit zu beobachten, so daß sich von dem einfachsten bis zu dem verwickeltsten Gegenstande derselben eine Aehnlichkeit bemerken läßt, deren Betrachtung eben so viel Wundervolles, als Lehrreiches und Nützliches darbietet.

Diese Aehnlichkeit verursacht, daß, wenn in irgend einem Theile der Naturlehre eine Entdeckung gemacht und die Wissenschaft erweitert worden ist, wir dadurch nicht allein die Kenntniß dieses einzelnen Gesetzes, oder dieser besondern Entdeckung erlangen, sondern auch zugleich in Stand gesetzt werden, den Wirkungen der Natur überhaupt mit etwas größerer Gewißheit und Genauigkeit nachzuforschen; und wenn wir dieser Aehnlichkeit weiter nachgehen, so leitet sie uns gemeiniglich auf mehrere Entdeckungen und Erweiterungen vieler andern Zweige der Wissenschaft. Daß die Elektricität auch zu dieser Absicht sehr viel beygetragen habe, wird hoffentlich keines weitern Beweises bedürfen, da man gesehen hat, daß sich ihre Wirkungen so weit erstrecken, und Dinge ausrichten, die keine menschliche Kunst bewirken kann. Allein, außer dem weiten Felde, das die Elektricität zu fernern Entdeckungen eröffnet hat, und außer der Befriedigung der Wißbegierde, mit der man ehemals so viele wundervolle Erscheinungen betrachtete, welche sich nun durch sie erklären lassen, hat man aus der Lehre von der Elektricität zwey beträchtliche Vortheile gezogen, nämlich die Kunst, sich gegen die schrecklichen Wirkungen des Blitzes in Sicherheit zu setzen, und einige Mittel,

gezogene Vortheile. 69

verschiedenen Unordnungen und Krankheiten des menschlichen Körpers abzuhelfen.

Um Gebäude oder Schiffe vor dem Wetterstrahl zu schützen, that Dr. Franklin den sinnreichen Vorschlag, einen Leiter von Metall einige Fuß hoch über die höchste Spitze des Gebäudes hinaus aufzurichten, und ihn an der Mauer hinab bis auf einige Fuß weit in den Boden fortzuführen. Durch dieses Mittel ist das Gebäude vor allem Schaden gesichert: denn sollte ja ein Wetterstrahl auf dasselbe treffen, so würde ihn dieser Leiter, da er von Metall, und höher als irgend ein anderer Theil des Hauses ist, gewiß anziehen, in den Boden leiten, und so allen Schaden von dem Gebäude abwenden; denn man weiß, daß die Elektricität allezeit in den nächsten und besten Leiter übergeht, den sie auf ihrem Wege antrifft.

Die Richtigkeit und Wahrheit dieser Behauptung hat sich durch unzählige Erfahrungen bestätiget, und man hat den Nutzen der Errichtung solcher Ableiter ungemein groß gefunden, besonders in heißen Ländern, wo die Gewitter sehr häufig sind, und man von dem Schaden, den sie verursachen, nur allzuöftere Erfahrungen macht.

In Absicht auf die Einrichtung solcher Ableiter hat es unter den Kennern der Elektricität einige Streitigkeiten gegeben; und man hat nur erst seit kurzem, und nicht ohne eine große Menge von Anstalten und Versuchen, die vortheilhafteste Gattung der Ableiter bestimmen können *). Einige Gelehrte haben behauptet, daß

E 3   solche

*) Man hat noch erst im Jahre 1778 zu Entscheidung dieser Frage sehr merkwürdige Versuche angestellt, wozu die Veranlassung diese war, daß am 15 May 1777 der Blitz in das mit spitzigen Ableitern versehene Schiffsmagazin zu Purfleet, 46 Schuh weit von der Spitze eines Ableiters, eingeschlagen hatte,
ohne

solche Ableiter einen Knopf oder ein stumpfes Ende haben müßten, damit sie den Blitz so wenig als möglich aus den Wolken an sich zögen; denn stumpfe Enden ziehen die Elektricität nicht auf eine so große Entfernung an sich, als scharfe Spitzen. Einige andere Natur-

ohne jedoch weitern Schaden zu thun. Hr. Mairne und die berühmtesten Naturkündiger Englands erklärten sich für die zugespitzten und hoch hervorragenden, Hr. Wilson hingegen für die stumpfen und niedrigen Ableiter. Die Versuche des letztern waren die kostbarsten und prächtigsten, die man je mit der Elektricität angestellet hat. Er hatte das ganze Londonsche Pantheon, so zu sagen, mit einem metallenen Donnerwetter angefüllt, das in ein kleines Haus einschlagen mußte. Hrn. Mairne's Versuche hingegen, welche mit aller Bescheidenheit der wahren Philosophie nur in einem kleinen Zimmer angestellt wurden, zeigten einen wahren philosophischen Geist in der Anordnung, und alle nöthige Genauigkeit und Vorsicht in der Behandlung. Die Entscheidung fiel gänzlich zum Vortheil der zugespitzten Ableiter aus. Eine vollständige Erzählung dieser für die Naturlehre so wichtigen Versuche findet man in dem deutschen Museum, Monat October 1778. Auch gehören hieher folgende Aufsätze: Philosophical Transactions, Vol. LXVIII. Part. I. no. 15. ingl. Part. II. no. 36. und 37. Eine Uebersetzung des letztern und vorzüglichsten unter dem Titel: Edward Mairne's elektrische Versuche, um die Vorzüge hoher und zugespitzter Ableiter zu erweisen, findet sich in den Leipziger Sammlungen zur Physik und Naturgeschichte, II. Bandes 4tes Stück, S. 458. u. f. ingleichen Principles of Electricity, containing diverses Theorems and Experiments by *Charles Viscount Mahon*, Elmsly 1780. 4: Jetzt ist die Societät zu London von den Vorzügen der zugespitzten Ableiter so sehr überzeugt, daß sie es abgelehnet hat, Herrn Wilsons Schriften wider dieselben weiter anzunehmen. (Journal des Savans, Avril 1782. p. 375.) A. d. Ueb.

gezogene Vortheile.

Naturforscher aber haben die zugespitzten Ableiter für weit vorzüglicher als die stumpfen gehalten; und diese Behauptung scheint, aus folgenden Ursachen, auf weit bessere Gründe gebaut zu seyn.

Es ist wahr, ein zugespitzter Ableiter wird die Elektricität bis auf eine größere Distanz, als ein stumpfer, anziehen; aber er wird auch zugleich dieselbe nur allmählig, oder vielmehr in einem beständigen Strome anziehen und fortleiten, auf welche Art denn ein sehr kleiner Leiter im Stande ist, eine beträchtliche Menge Elektricität abzuführen. Der stumpf geendete Ableiter hingegen zieht die Elektricität als einen völlig abgesonderten Körper, d. i. durch einen Schlag an, wodurch er oft glühend gemacht, geschmolzen, ja wohl gar in Dämpfe aufgelöset wird, und dieß durch eine so geringe Elektricität, welche ihm vielleicht gar nichts würde gethan haben, wenn er scharf zugespitzt gewesen wäre.

Ein zugespitzter Ableiter zieht freylich die Materie des Blitzes leichter, als ein stumpfer, an sich: aber das Anziehen, Aufnehmen und Fortleiten dieser Materie in kleinen Quantitäten macht nie den Ableiter gefährlich; der Zweck des Ableiters ist, das Haus vor den Wirkungen, nicht aber den Ableiter selbst vor dem Anziehen und Fortleiten des Blitzes zu bewahren.

Man beobachtet zum Vortheil der zugespitzten Ableiter, daß Kirchthürme, oder überhaupt solche Gebäude, auf welchen sich zugespitzte metallische Verzierungen befinden, selten oder gar nicht vom Wetterstrahle getroffen werden; da hingegen andere, welche oben platte oder stumpfe Enden, und auf ihren Gipfeln eine große Menge Metall haben, das auf irgend eine Art isolirt ist, sehr oft getroffen werden, und nur selten ohne beträchtlichen Schaden davon kommen. Demungeachtet ist nur erst neuerlich ein mit vielen zugespitz-

E 4 ten

ten Ableitern versehenes Gebäude vom Blitze getroffen worden *).

Außerdem kann auch ein zugespitzter Ableiter durch eben diese Eigenschaft, daß er die Elektricität mehr als ein stumpfer anzieht, in der That den Schlag verhüten **), wozu ein stumpfer ganz und gar unfähig ist.

Es besteht daher der Gewitterableiter, der zur Beschützung der Gebäude dient, so wie er jetzt verschiednen Betrachtungen und Versuchen zufolge gewöhnlich ist, aus einer eisernen ***), ohngefähr drey Viertelzoll dikken Stange, welche an die Mauer des Gebäudes, nicht mit eisernen, sondern mit hölzernen Klammern befestiget wird. Wenn der Ableiter von dem Gebäude gänzlich abgesondert ist, und ein bis zwey Fuß weit von der Mauer auf hölzernen Pfosten ruhet, so ist dieß für die Gebäude weit besser; es ist aber mehr insbesondere für Pulvermagazine, Pulvermühlen, und alle solche Gebäude anzurathen, in welchen sich viel feuerfangende Materie befindet. Das obere Ende des Ableiters muß pyramidenförmig zugespitzt, und die Schneiden sowohl als die Spitze daran müssen sehr scharf seyn;

*) S. die Phil. Transact. Vol. LXXII.

**) Diese und andere Eigenschaften der zugespitzten Leiter werden unten sehr deutlich durch Versuche erwiesen werden. (Th. III. Cap. 9.) Man könnte die stumpfgeendeten oder mit Knöpfen versehenen Ableiter defensive, die zugespitzten hingegen offensive nennen. Jene erwarten den Schlag, und leiten ihn nur, wenn er erfolgt, auf sichere Wege; diese hingegen greifen die Wolke selbst an, und entkräften sie durch eine stille, aber sehr wirksame Entladung so, daß es in den meisten Fällen gar nicht zum Schlage kommen kann. Anmerk. d. Uebers.

***) Kupfer würde zum Ableiter noch weit besser als Eisen dienen. Es ist ein vollkommnerer Leiter der Elektricität, und zugleich dem Roste nicht so, wie das Eisen, unterworfen.

gezogene Vortheile.

seyn *): und wenn der Ableiter von Eisen ist, so muß er an der Spitze ein oder zwey Fuß lang vergoldet, oder mit einem Firniß angestrichen werden **). Dieses zugespitzte Ende muß über den höchsten Theil des Gebäudes (z. B. über die Schorsteine, an welche es befestiget werden kann,) wenigstens fünf bis sechs Fuß hervorragen. Das untere Ende des Ableiters muß fünf bis sechs Fuß tief in die Erde geführt, und von dem Grunde des Gebäudes abgewendet werden; noch besser ist es, wenn man daßelbe in das nächste Wasser, das bey der Hand ist ***), führen kann. Kann dieser Ableiter, in Absicht auf die Schwierigkeit, die man findet,

---

*) Diese pyramidenförmige Zuspitzung der Ableiter ist eine Erfindung eines scharfsinnigen Elektrikers, des Hrn. Swift zu Greenwich.

**) Einige geben den Ableitern mehrere Spitzen, welche in Form einer Krone um die mittlere herumstehen, und mit derselben Winkel von etwa 60° machen, damit sie den Wolken, nach welcher Richtung diese auch ankommen mögen, desto vortheilhafter entgegenstehen sollen. Aber Versuche, welche mein früh verstorbener Freund, Herr D. Ludwig, im Kleinen anstellte, schienen deutlich zu zeigen, daß eine solche Nachbarschaft mehrerer Spitzen das Einsaugen eher hindere, als befördere. A. d. Ueb.

***) Soll der Ableiter recht gute Wirkung thun, so muß er in fließendes Wasser oder in einen Brunnen geführt seyn, damit die frey durchgehende Elektricität sich mittelst des Wassers ungehindert mit der ganzen Masse der Erdkugel verbinde, und der nachfolgenden stets neuen Raum zu einem gleich freyen Durchgange verstatte. In Leitern, die sich nur in der feuchten Erde, oder in einer geringen Menge stillstehenden Wassers enden, kann Stockung und Rückgang der Elektricität erfolgen. A. d. Uebers. (Allerdings ist es gut, den Ableiter sich in ein offenes Wasser endigen zu lassen. Ist dieß aber nicht in der Nähe, so ist, nach neuern Erfahrungen, die

Endi-

74   Aus der Elektricität

findet, ihn der Gestalt des Gebäudes anzupassen, nicht füglich aus einem einzigen Stück gemacht werden, so muß man Sorge tragen, daß die zusammengefügten Stücke so genau und vollkommen als möglich zusammenschließen; denn die Elektricität findet, wie wir oben bemerkt haben, beträchtliche Hindernisse an den Stellen, an welchen der Leiter unterbrochen ist.

(Vielleicht ist es den Lesern dieses Werks nicht unangenehm, diese kurze Vorschrift zu Anlegung guter Ableiter durch ein Beyspiel erläutert zu finden. Ich wähle hierzu den Ableiter, der vom verstorbenen Hrn. Dr. Ludwig an dem Wohnhause des Gräfl. Wertherschen Ritterguts Löbnitz angelegt, und im 90sten Stücke der Gothaischen gelehrten Zeitungen vom Jahre 1780 beschrieben worden ist. Man f. Taf. IV. Fig. 1—5. Fig. 1. zeigt den Ableiter selbst, und dessen Verbindung mit dem Gebäude. Er besteht aus einer 82 leipziger Ellen langen isolirten, zugespitzten Stange von $\frac{1}{2}$ Zoll im Durchmesser, die unter einer Entfernung von 8 Zollen am Hause herunter ins Wasser geht, und sich daselbst in verschiedene zugespitzte Zweige endiget. Sie ist nur an einem einzigen Orte, ohngefähr in der Mitte, mit Nieten zusammengefügt; die übrigen Theile derselben sind in einander geschweißt, um die Continuität des Metalls so vollkommen, als möglich, zu machen. Diese Stange ist an die Theile des Hauses bey aaaa durch hölzerne Teller, die sie isoliren, befestiget. Fig. 2. stellt einen solchen Teller im

Durch-

Endigung an der Oberfläche der Erde völlig hinreichend, ja weit vorzüglicher, als wenn man, wie man vormals für nothwendig hielt, das Ende des Ableiters tief in feuchte Erde führt, da dieß leicht ein Aufspringen der Erde veranlassen kann. Was hier von Stockung und Rückgang der Elektricität gesagt wird, ist, nach neuern Erfahrungen als ungegründet befunden worden. B.)

Durchschnitte dar. aa ist der Teller selbst, oben kegelförmig, damit der Regen ablaufen könne, bb der eiserne Ring, in den er eingefaßt ist, eg und eh sind die Schrauben, vermittelst deren der Ring mit den Klammern am Gebäude befestiget werden muß. cd ist ein Theil des Ableiters selbst. Fig. 3. zeigt eben diese Einrichtung, von unten her gesehen. Wegen der Länge der Stange müssen die Teller vor der Aufrichtung an dieselbe gereihet werden. Fig. 4. zeigt die Swiftische vierseitig pyramidalische Spitze in ihrer natürlichen Größe, und Fig. 5. einen Durchschnitt derselben. Sollte kein Arbeiter in der Nähe seyn, der Eisen vergolden könnte, so kann man diese Spitze von Kupfer arbeiten, und sie hart daran löthen lassen; obwohl auch in diesem Falle es nicht undienlich seyn würde, sie zu vergolden. Die hölzernen Teller sind so, wie die Stange bis auf einige Fuß weit von der Spitze, mit Firniß überzogen. Der Canal cd Fig. 1. ist gemauert, und der hindurchgehende Theil des Ableiters ruht auf hölzernen Pfählen bb, und geht oben durch einen hölzernen Teller, der aus zwey an einander passenden Theilen bestehet, und die Oeffnung des Canals am Hause deckt.

Sonst findet man Vorschriften zu Errichtung der Ableiter in folgenden Büchern:

Mémoires sur les conducteurs pour préserver les édifices de la foudre, par *Toaldo*, traduits de l'Italien avec des additions, par Mr. *Barbier de Tinan*. à Strasbourg 1779. 8. Eine dieser Abhandlungen ist unter dem Titel: Betrachtungen über die Gewitterableiter von Barbier de Tinan ins Deutsche übersetzt in den Leipziger Sammlungen zur Physik und Naturgeschichte, II. B. 2tes Stück, S. 210. und f.

Die Kunst, Thürme und andere Gebäude vor den schädlichen Wirkungen des Blitzes durch Ableitungen zu bewahren, von Johann Ignaz von Felbiger. Breßlau 1774. 8.

Joh. Alb. Heinr. Reimarus vom Blitze aus elektrischen Erfahrungen. Hamburg 1778. 8., eine der vorzüglichsten Schriften über diese Materie.

Ebendess. Vorschriften zu Anlegung einer Blitzableitung an allerley Gebäuden. Hamburg 1778. 8.

Nachricht von den in Churpfalz angelegten Wetterleitern, von Joh. Jac. Hemmer in der Historia et Comment. Acad. Theodoro-Palatinae, Vol. IV. Phys. p. 1 — 85. Zusatz des Uebers.)

Für ein Gebäude von mäßiger Größe wird vielleicht ein einziger, auf die beschriebene Art eingerichteter Ableiter hinreichend seyn *); um aber ein großes Gebäude vor allen Beschädigungen des Blitzes zu sichern, werden nach dem Verhältnisse seiner Größe zwey, drey, oder noch mehrere Ableiter erfordert.

Am Bord der Schiffe hat man oft dazu Ketten gebraucht, die auch in Betrachtung ihrer Biegsamkeit sehr bequem sind, und sich während der Zurüstung des Schiffs

*) Den bisherigen Erfahrungen nach scheint sich der Wirkungskreis eines zugespitzten Ableiters, selbst unter ungünstigen Umständen, doch ringsherum bis auf 46 — 50 Schuh zu erstrecken. Es kömmt aber so viel auf zufällige Umstände an, daß es unmöglich ist, etwas Allgemeines festzusetzen. Beyspiele von Gebäuden, die der Ableiter nicht gesichert hat, sind die Kirche zu Genua (Leipziger Samml. zur Physik, II. B. S. 588.), das Arbeitshaus zu Heckingham (Philos. Transact. Vol. LXXII. P. 2.), welches mit acht Ableitern versehen war. In Königshayn, bey Görlitz, schlug der Blitz an dem Tage, an welchem der Ableiter errichtet worden war, in eine 170 Schuh davon entfernte Linde. (Leipz. Samml. zur Physik, III. B. S. 93.) A. d. Ueb.

Schiffs leicht behandeln laſſen. Da aber die Elektricität beym Durchgange durch ihre verſchiednen Gelenke große Hinderniſſe findet, daher denn auch wirklich Ketten vom Blitze zerſchlagen worden ſind, ſo hat man ihren Gebrauch nunmehr faſt gänzlich verworfen, und braucht an ihrer Stelle Kupferdrath, der ein wenig ſtärker als ein Federkiel iſt, und, wie man gefunden hat, ſehr gute Dienſte leiſtet. Ein ſolcher Drath muß zwey bis drey Fuß über den höchſten Maſt des Schiffes hinaufgeführet werden; man muß ihn alsdann an dem Maſte herab bis an das Werdeck leiten, daſelbſt aber ſeitwärts führen, und an die Oberfläche ſolcher Theile anbringen, an welchen er am ſchicklichſten befeſtiget werden kann, endlich ihn an der Seite des Schiffs fortführen, und unten ſo ablaufen laſſen, daß er allezeit mit dem Waſſer in Verbindung ſtehe.

(Die Begriffe von Blitzableitern, und die Vorſchriften, ſie am zweckmäßigſten und vortheilhafteſten einzurichten, haben in unſern Tagen eine beträchtliche Veränderung erlitten. Der Verfaſſer hat daher ſchon in der zweyten Ausgabe ſeines Werks weiter unten noch eine eigne Abhandlung über dieſen Gegenſtand geliefert, in derſelben aber nicht ſowohl Vorſchriften zur zweckmäßigſten Anlegung eines Blitzableiters gegeben, als vielmehr uns mit den Wilſonſchen und Nairniſchen Verſuchen und ihren Reſultaten kürzlich bekannt gemacht.

Da man aber aus vielfältiger Erfahrung gefunden hat, daß bey Blitzableitern die ſogenannten Auffangungsſtangen, wenn auch nicht nachtheilig, doch in den meiſten Fällen völlig entbehrlich ſind, mithin jene an ſich merkwürdigen Verſuche in Abſicht auf die Lehre von den Blitzableitern gegenwärtig nicht mehr den Werth für uns haben, auch die von dem ſel. Herrn Dr. Gehler beſchriebene Einrichtung eines Blitzableiters, nach den jetzigen Erfahrungen, nicht unter die beſten

besten gehören dürfte, so halte ich es nicht für undienlich, an dieser Stelle mit möglichster Kürze anzugeben, wie man Gebäude gegen die nachtheiligen Wirkungen des Blitzes am besten sichern könne. Dieß geschieht ohne Zweifel, wenn man den ganzen Forst des Daches, von einem Ende des Dachrückens, bis zu dem andern, auch über die Schornsteine, überhaupt über alle hervorragenden Spitzen und Ecken des Gebäudes hin, z. B. über Erker, Frontispice ꝛc. mit Metallstreifen belegt. Bley ist hierzu am schicklichsten. Man macht diese Streifen, nach Beschaffenheit des Gebäudes, 3 — 6 Zoll breit, und befestiget sie an die Giebelpfosten und Schorsteine mit großen Nägeln, an den Forstziegeln aber mit kleinen Nägeln, seitwärts in den Kalk der Fugen, und treibt sie an allen ihren Fügungen an. Die einzelnen Stücken derselben werden mit einem Falze an ihren Enden in einander gelegt. Eine ähnliche Ableitung wird an der Mauer des Gebäudes, bis auf die Erde herunter, angebracht; doch bedient man sich hierzu lieber des Kupfers. Auch hier werden die einzelnen Stücke beym Bley mit einem einfachen Falze zusammengetrieben, beym Kupfer aber entweder durch einen einfachen Falz vernietet, oder mit einem doppelten Falze in einander gelegt, und wohl zusammengetrieben, auch, wenn es die darunter liegenden Theile zulassen, mit Nägeln angeheftet. Bey diesem Falze aber, dem einfachen sowohl, als dem doppelten, muß, bey heruntergehenden Streifen nämlich, der Rand des obern einwärts, des untern hingegen auswärts geschlagen seyn. Gehen an dem Gebäude Regenröhren von der Dachrinne bis zur Erde herab, so darf man nur die Leitung über das Dach weg, mit der Dachrinne verbinden, und hat alsdann keine besondere Leitung an der Mauer herab nöthig. Die Ableitung wird, wie ich bereits erinnert habe, wo möglich,

gezogene Vortheile.

lich, in ein offnes Waſſer geführet, nicht aber in einen bedeckten Canal, wo der Blitz leicht brennbare Luft entzünden könnte; noch tief in die Erde hinein. Geht dieß nicht füglich an, ſo läßt man ſie an der Oberfläche der Erde, ſo daß dieſe bloß die Enden berühren, mit einem etwa einen Fuß abſtehenden Winkel, aufhören.

Das Iſoliren der Leitung, und Entfernen derſelben von dem Gebäude durch eiſerne oder hölzerne Stützen, das man ehebem für ſo nothwendig hielt, iſt ganz unnütz; da der Blitz die metalliſche Leitung nie verläßt, aus welchem Grunde es auch unnöthig, ja zweckwidrig iſt, nahe liegendes Metall, als, bey Kirchthürmen, Glocken, Uhrzeigern, u. ſ. f. mit der Leitung zu verbinden.

Will man den Anfall des Blitzes von dem Dache etwas entfernt halten, welches bey Strohdächern, des Entzündens wegen, nothwendig iſt, ſo bedient man ſich auch noch jetzt der Auffangungsſtangen mit Vortheil. Man macht ſie alsdann etwa $\frac{1}{2}$ Zoll dick, und läßt ſie einen Fuß über die höchſten Gegenſtände auf dem Dache hervorragen, jedoch verſiehet man ſie nicht mit einer ſcharfen Spitze, damit der Blitz nicht etwa durch Schmelzen derſelben eine Entzündung des Daches bewirken möchte. Eine ſolche ſchützt das Dach innerhalb einer Weite von ungefähr vierzig Fuß rings herum; iſt es ſehr lang, ſo muß man, nach Befinden der Umſtände, zwey, drey und mehrere anbringen.

Alles bisher Geſagte iſt aus des Herrn J. A. H. Reimarus Neuern Bemerkungen vom Blitze. Hamburg, 1794. gr. 8. entlehnt; ein Buch, welches denen, die über dieſe Materie mehr Belehrung wünſchen, vorzüglich zu empfehlen iſt. Außer dieſem und den bereits oben angeführten Schriften kann man noch nachſehen:

Lan-

Landriani (Dell' utilità dei conduttori elettrici. Milano, 1785. 4.) Abhandlung über den Nutzen der Wetterableiter, aus d. Ital. mit Zusätzen und Kupf. Wien, 1785. gr. 8.

Joh. Jac. Hemmer, Anleitung Wetterleiter an allen Gattungen von Gebäuden auf die sicherste Art anzulegen. Offenbach am Mayn, 1786. 8.

De Luc, Siebenter Brief an de la Metherie, über die Schwierigkeiten in der Meteorologie ꝛc. aus dem Journ. de phyſ. Août 1790. überſ. in Grens Journ. der Phyſ. B. IV. S. 285. u. f.

Buße, Beruhigung über die neuen Wetterleiter, Leipzig, 1791. 8.

J. S. T. Gehlers Physikal. Wörterbuch. Leipzig, 1787. u. f. 8. Th. I. S. 386. u. Th. V. S. 168. B.)

In Absicht auf die Sicherheit einzelner Personen, die sich während des Gewitters in einem Hause befinden, das mit keinem eignen Ableiter versehen ist, ist ihnen zu rathen, daß sie nicht nahe an Plätze treten, wo sich Metall befindet, als an Kamine, vergoldete Rahmen, eiserne Gatter u. dergl., sondern sich vielmehr in die Mitte des Zimmers begeben, und sich auf den besten Nicht-leiter, der bey der Hand ist, z. B. auf einen alten recht ausgetrockneten Stuhl u. dergl. stellen oder setzen. „Noch sicherer ist es," (sagt Dr. Franklin,) „mitten in einem Zimmer zwey Matratzen „oder Betten doppelt über einander zu legen, und den „Stuhl darauf zu setzen; denn da diese nicht so gute „Leiter sind, als die Mauer, so wird der Wetterstrahl „nicht den Uebergang durch die Luft in das Zimmer und „in die Betten vorziehen, wenn er in einem ununter- „brochenen bessern Leiter, nämlich in der Mauer, fort- „gehen kann. Wenn man aber ein hangendes Bette „haben, und dasselbe an seidnen Schnüren in gleichem „Abstande von den Mauern auf beyden Seiten und von
„der

gezogene Vortheile. 81

„der Decke und dem Fußboden aufhängen kann, so ist „dieses die sicherste Stellung, die man beym Gewitter „in irgend einem Zimmer annehmen, und die man in „der That für gänzlich frey von aller Gefahr des Wet-„terstrahls halten kann."

Wird jemand im freyen Felde von einem Gewitter überfallen, wo er von allen Gebäuden entfernt ist, so ist das Beste, was er thun kann, daß er sich bis auf eine kleine Weite an die höchsten Bäume oder mehrere hohe Bäume, die er finden kann, annähere; er muß nicht ganz nahe daran treten, sondern etwa fünfzehn bis zwanzig Fuß von ihren äußersten Zweigen entfernt bleiben: denn sollte ein Blitz in diese Gegend kommen, so wird er wahrscheinlicher Weise in die Bäume schlagen; und wofern ein Baum getroffen wird, so ist man in der angegebenen Entfernung von demselben sicher genug *).

In Absicht auf den zweyten vorzüglichsten Nutzen der Elektricität, nämlich ihre medicinische Anwendung, hat es viele Meynungen für dieselbe, und viele dawider gegeben, und so ist der Ruf der medicinischen Elektricität sehr zweydeutig und schwankend geworden, welches man lediglich den Uebertreibungen, Irrthümern, Vorurtheilen, und dem Interesse derer zuschreiben kann, welche sich derselben bey Krankheiten bedient haben. Aber nach vielen Versuchen und mancher Bestreitung der eingewurzelten Vorurtheile verschiedener Aerzte

---

*) Man s. hierüber
  Phil. Peter Guden von der Sicherheit wider die Donnerstrahlen. Gött. und Gotha 1774. 8.
  J. N. Tetens über die beste Sicherung seiner Person bey einem Gewitter. Bützow und Wismar 1774. 8.
  Verhaltungsregeln bey nahen Donnerwettern (vom Hrn. Legationsrath Lichtenberg), dritte Auflage. Gotha 1778. 8. A. d. Ueb.

Erster Band. F

Aerzte gegen die medicinische Elektricität, hat man deutlich eingesehen, daß sie, bey gehöriger Anwendung, ein unschuldiges Mittel ist, wodurch manche Schmerzen bisweilen im Augenblick gestillet, und insgemein verschiedene Krankheiten vermindert, ja sehr oft völlig geheilt werden können, von denen manche, auch bey den sorgfältigsten Bemühungen der Aerzte und Wundärzte, nicht zu heben waren.

Es ist in der That eine wichtige Bemerkung, daß die Elektricität, bey gehöriger Anwendung, wenigstens nie schadet, wenn sie auch nicht eine Krankheit heilt. Die wenigen Fälle, in welchen sie nachtheilig gewesen zu seyn scheint, sind noch sehr zu bezweifeln.

Die Wirkungen der Elektricität auf den menschlichen Körper bestehen, nach den Bemerkungen mehrerer Naturforscher, im Allgemeinen in folgendem: Das Elektrisiren, es mag nun positiv oder negativ seyn, vermehrt gemeiniglich die gewöhnliche Anzahl der Pulsschläge ohngefähr um ein Sechstel *), befördert die Absonderung der Säfte in den Drüsen und die unmerkliche Ausbünstung, und stellet bisweilen beyde, wenn sie ganz gehindert sind, wieder her. Diese Wirkungen sind, unabhängig von physischen Ursachen, durch mehrere Versuche hinlänglich dargethan worden. Niemand aber wird, dünkt mich, leugnen, daß eine solche Beförderung nicht bloß heilsam, sondern, zur Heilung mehrerer Krankheiten, unumgänglich nothwendig sey. Man könnte natürlich vermuthen, jene Beförderung der

---

*) Herr Gerhard (Nouv. Mem. de l'Acad. royale de Berlin 1772.) will gefunden haben, daß das Elektrisiren bisweilen die Anzahl der Pulsschläge sogar verdoppele, bisweilen aber auch beträchtlich vermindere. Wie sehr man, nach neuern Versuchen, überhaupt die Beschleunigung des Blutumlaufs durch Elektricität zu bezweifeln Ursache habe, ist von mir schon oben, S. 41. erinnert worden. B.

der Ausdünstung und Absonderung der Säfte in den Drüsen sey bloß eine Folge des geschwindern Pulses, und nicht unmittelbar eine Wirkung der Elektricität. Allein das Gegentheil läßt sich leicht darthun, wenn man erwäget, daß in mehrern Fällen ein geschwinderer Puls, der durch andere Mittel, ohne Elektricität, z. B. durch Furcht, Bewegung, u. s. f. hervorgebracht wurde, eine Beförderung jener Secretionen, wenn er sie überhaupt hervorbrachte, doch nicht in dem Grade, als die Elektricität, zu bewirken vermochte; daß auch öfters die Absonderung der Säfte in den Drüsen und die Ausdünstung durch Elektricität befördert wurde, wenn man letztere bloß auf einen gewissen Theil des Körpers wirken ließ, in welchem Falle sie selten, vielleicht nie den Puls beschleunigt.

Noch hat man nicht entdecken können, daß das elektrische Fluidum durch eine chymische Eigenschaft auf den menschlichen Körper wirke, wie dieß der Fall bey den meisten Arzneyen ist. Das, wodurch sie jene Wirkungen hervorbringe, muß man bloß als einen mechanischen Reiz ansehen; denn so scheint sie auch auf die Theile des Körpers zu wirken, welche wir, besonders bey Krankheiten, mit unsern übrigen Mitteln gar nicht erreichen können.

Vormals hielt man, wenn man stimuliren, oder überhaupt Elektricität auf einen kranken Theil des menschlichen Körpers wirken lassen wollte, starke Schläge, oder wenigstens sehr stechende Funken für nothwendig. Allein jetzt ist man durch die Erfahrung belehret worden, daß man sich, wofern man etwas Gutes von den Wirkungen der Elektricität erwarten will, bloß sehr kleiner Schläge und schwacher Funken bedienen darf, welches ich in der Folge genauer angeben werde; und daß überhaupt das beste Verfahren darinnen bestehet, daß man das elektrische Fluidum bloß

aus

aus einer hölzernen oder metallenen Spitze ausströmen läßt, in welchem Falle die elektrisirte Person nur einen angenehmen Wind an dem Theile des Körpers fühlt, gegen welchen die Spitze gerichtet ist.

Betrachtet man die oben angeführten Wirkungen der Elektricität, so kann man leicht einsehen, daß die Anwendung derselben bey unnatürlichen Abgängen eher schädlich, als vortheilhaft seyn müsse, weil in diesen Fällen der Abgang unterdrücket, nicht befördert werden darf. In Ansehung dieses wichtigen Punkts hat man bemerkt, daß, wenn man Personen, die mit jenem Uebel behaftet waren, sehr starke Schläge mittheilte, oder sehr stechende Funken auf sie schlagen ließ, die Krankheit selten geheilt, vielmehr oft verschlimmert wurde. Zog man aber die elektrische Flüßigkeit mittelst hölzerner Spitzen aus dem leidenden Theile, oder bediente man sich, wenn der Sitz der Krankheit mehr innerlich war, sehr schwacher Schläge, so wurde anfänglich der Abgang ꝛc. nach der Beschaffenheit der Krankheit und der dabey vorkommenden Umstände insgemein auf wenige Tage oder Stunden gehoben, nachher wurde die Krankheit immer schwächer und endlich völlig geheilt. Bey Hautausschlägen wirkte die Elektricität auf die nämliche Art. — Anfangs dauerten sie noch einige Zeit, wurden aber allmählig immer schwächer und schwächer, und verschwanden endlich ganz. Aus diesen Beobachtungen ergiebt sich, daß die Elektricität, wenn sie mit Vorsicht gebraucht wird, nicht nur jeden Abgang oder Umlauf der flüßigen Theile befördert, sondern vielmehr der Lebenskraft, oder dem Bestreben der Natur, die kranken Theile eines lebenden Thieres wieder in einen gesunden Zustand zu versetzen, zu Hülfe kömmt. Freylich ist es schwer, zu bestimmen, auf welche Art die Elektricität eine solche Wirkung hervorbringe; daß es aber geschehe, ist durch Erfahrung hinlänglich

länglich erwiesen, und dabey müssen wir uns dankbar beruhigen. Genug, daß wir uns ihrer Wirkungen zu unsern Bedürfnissen bedienen können, wenn wir auch die Ursachen davon, und die Art und Weise, wie sie dieselben hervorbringt, nicht kennen.

Läßt man einen elektrischen Schlag durch einen Theil des Körpers gehen, so entstehet sogleich eine unwillkührliche Bewegung, oder ein Krampf; ein Beweis, daß die Muskelfasern, durch welche der Schlag gehet, ausgedehnt werden, oder sich krampfhaft zusammenziehen. Eine ähnliche, wenn auch nicht so starke unwillkührliche Bewegung wird durch Funken, oft auch durch den elektrischen Strom bewirkt. — Ferner, wenn man einen Schlag durch, oder über andere Substanzen gehen läßt, so entstehet augenscheinlich eine zitternde Bewegung, und Ausdehnung, wie sich durch mehrere elektrische Versuche darthun läßt. Aus diesen Beobachtungen läßt sich vielleicht die Wirkung der Elektricität auf die organisirten Theile eines thierischen Körpers einigermaßen erklären, wenn man sie mit einer zitternden Bewegung vergleicht, die man Röhren jeder Art, durch welche man Flüßigkeiten durchgießet, mittheilet, um ihren Durchgang zu beschleunigen, und jede Stockung zu verhindern, die etwa durch Stagnation oder Anhäufung fester Körper entstehen könnte. Vielleicht sind starke Schläge insgemein um deswillen nachtheilig, weil der Reiz, den sie den verstopften Theilen, absonderlich, wenn sie sehr klein und zart sind, mittheilen, ihre Organisation zerstöret, indem die Gewalt größer ist, als diese Theile von Natur ertragen können.

Wenn man, ohne auf unwiderlegliche praktische Bemerkungen zu sehen, bloß annimmt, daß die Elektricität die natürliche Secretion und Circulation befördere, wie dieß gewiß der Fall ist, so muß sie bey un-

natür-

natürlichen Abgängen gewiß mit Vortheil angewendet werden können; denn hier wird jene Krankheit durch Verstopfung der natürlichen Wege veranlasset. Nun hebt aber die Elektricität jene Verstopfungen, welches nichts anders ist, als eine Beförderung der natürlichen Secretion und Circulation; mithin muß sie auch den unnatürlichen Abgang heben; dieser kann nicht mehr Statt haben, wenn der natürliche Umlauf der flüßigen Theile wieder hergestellet ist.

Ueberhaupt muß man bey Krankheiten einen zweyfachen Zustand der leidenden Theile betrachten. Der erste bestehet in der unmittelbaren, nächsten Ursache der Krankheit, und der zweyte, in der Veränderung der übrigen, besonders der festen Theile, welche die lange Dauer der ersten und hauptsächlichen Ursache veranlasset hat. So bringt, z. B. die Schwäche, oder das Zerreißen eines innern Gefäßes eine Extravasation der flüßigen Theile hervor, und dieß ist der erste Zustand der Krankheit. Bleiben nun diese extravasirten flüßigen Theile an irgend einer Stelle des Körpers, so entstehen daraus, nach und nach, Suppuration, Entzündung oder andere Symptomen, welche, nach Verschiedenheit der Umstände, verschieden sind; und dieß kann man als den zweyten Zustand der Krankheit ansehen. Ferner, wenn eine Lähmung einen Theil des Körpers, sich zu bewegen, hindert, so schwinden mit der Zeit die fleischichten, ja sogar die noch festern Theile, und werden entstaltet. Dieß ist eine Folge der gehemmten Bewegung und Circulation, und dieß können wir wieder für den zweyten Zustand der Krankheit annehmen; und so in den übrigen Fällen. Nun hat man bemerkt, daß durch die elektrische Kraft der erste Zustand der Krankheit sehr oft, der letzte äußerst selten gehoben wird. Es scheint auch in der That fast unmöglich, daß ein verunstalteter Knochen, oder eine

zer-

zerstörte Organisation, mittelst der Elektricität, wieder in den Stand der Gesundheit zurückgebracht werden sollten. Dr. Franklin hat mehrere paralytische Personen elektrisiret, und wahrgenommen, daß sie insgemein auf wenige Tage, nach Anfang der Cur, geheilet wurden, in der Folge aber entweder nicht genasen, oder wieder in den Zustand verfielen, in welchem sie sich vor dem Gebrauche der Elektricität befanden *). Hier muß man aber erwägen, daß solche Paralysien meistens sehr lange anhielten, und daß Franklin immer starke Schläge gab, welches, wie wir bereits gesehen haben, eher nachtheilig ist.

Bey langwierigen Krankheiten überhaupt hat man die Elektricität von geringem Nutzen gefunden. Denn die festern Theile sind, wie wir schon oben bemerkten, durch das lange Anhalten der Krankheit so verändert worden, daß sie sich durch einen bloßen Reiz, wofür man die Wirkung der Elektricität halten muß, nicht wieder herstellen lassen. Und doch hat man Krankheiten, die mehrere Jahre anhielten, mit Hülfe der Elektricität völlig geheilet. In solchen Fällen also ist zwar nur wenig Hoffnung, Heilung zu bewirken; allein man kann sich demohngeachtet der elektrischen Kraft bedienen. Denn, wenn sie nur vorsichtig gebraucht wird, hat sie nie nachtheilige Folgen.

Bisher hat man durch die Erfahrung noch keinen Unterschied zwischen dem Gebrauch der verschiedenen Gattungen der Elektricität bey Krankheiten mit Zuverläßigkeit wahrnehmen können. Ob man den Kranken durch den ersten Leiter, oder durch das isolirte Reibzeug, d. h. ob man ihn positiv, oder negativ elektrisiret, scheint völlig einerley zu seyn.

F 4 In

*) S. Dr. Franklin's Philosophische Briefe, Abhandlungen, ꝛc. und Dr. Priestley's Geschichte der Elektric. 10 Per. 14 Abschn. der deutsch. Uebers. S. 264.

In Ansehung der Fälle, in denen man sich der Elektricität bedienen kann, hat die Erfahrung gelehrt, daß alle Arten von Verstopfungen, der Bewegung sowohl, als der Circulation und Secretion, mittelst der Elektricität oft ganz, oder wenigstens in etwas gehoben worden sind. Das Nämliche gilt von Nervenkrankheiten. Beyde begreifen wieder eine Menge verschiedener Krankheiten in sich. Venerischen Personen, und schwangern Weibern hat man das Elektrisiren für schädlich gehalten. Allein ich kann meine Leser versichern, daß man sich auch in diesen Fällen desselben ohne Bedenken bedienen kann; nur muß man dabey vorsichtig zu Werke gehen. Will man schwangere Weiber irgend einer Krankheit wegen elektrisiren, so muß man Schläge schlechterdings weglassen; und auch, wenn man die gelindere Behandlung wählt, ist es nöthig, auf jedes Phänomen, das sich während des Elektrisirens zeigt, genau Acht zu geben, um dasselbe, nach Erforderniß der Umstände, zu verstärken, zu verringern, oder ganz damit aufzuhören.

So, glaube ich einen kurzen Abriß von der Theorie der medicinischen Elektricität gegeben zu haben, ohne mich auf einzelne Fälle einzulassen. Ueber den praktischen Theil derselben werde ich ausführlicher weiter unten handeln.

Zehntes Capitel.
Kurzer Inbegriff der vornehmsten Eigenschaften der Elektricität.

Nachdem ich nun die bisher entdeckten und bewiesenen Gesetze der Elektricität ausführlich vorgetragen, und die besondern Umstände eines jeden hinlänglich betrachtet habe, so will ich noch mit wenigem zeigen,

gen, in was für einen kleinen Umfang sich diese Gesetze zusammendrängen lassen, und wie einfach die Gründe sind, auf welchen alles dasjenige beruht, was man bisher gefunden hat.

Ich zweifle nicht, daß diese Wiederholung den Anfängern in dieser Lehre sehr nützlich seyn werde, indem sie dadurch einige wenige Umstände ins Gedächtniß fassen werden, durch deren Hülfe sie nicht allein alles Vorhergesagte mit einander vereinigen, sondern auch sich selbst in Stand setzen können, die meisten der folgenden Versuche zu erklären, und die Anwendung der Hypothese zu verstehen, zu deren Erklärung wir bald übergehen werden.

Alle natürliche Körper werden in zwey Classen, nämlich in elektrische Körper und Leiter, getheilt. Elektrische Körper sind solche, in welchen man durch irgend ein Mittel die Elektricität erregen kann, so daß sie elektrische Erscheinungen zeigen; Leiter aber diejenigen, bey welchen man die Elektricität nicht aus ihnen selbst, d. i. ohne die Dazwischenkunft eines elektrischen Körpers, erregen kann. Ferner lassen elektrische Körper die Elektricität nicht durchgehen, da hingegen die Leiter frey von ihr durchdrungen werden.

In elektrischen Körpern kann man die Elektricität auf viererley Art erregen: durch Reiben, durch Erwärmung und Erkältung, durch Schmelzen oder Ausgießen einer geschmolzenen Materie auf eine andere, und durch Verdampfung.

Wenn zwey verschiedene Körper, die nur nicht beyde Leiter sind, an einander gerieben werden, so werden sie beyde (wofern man nur denjenigen, welcher ein Leiter ist, isolirt hat,) elektrisirt werden, und entgegengesetzte Elektricitäten erhalten. Wenn man z. B. ein Stück glattes Glas an einem isolirten Stück Leder reibet, so erhält das Glas die eine Art der Elektricität, welche die Gläs-, positive

sitive oder Pulselektricität genannt wird; das isolirte Leder aber die andere, welche den Namen der Harz-, negativen oder Minuselektricität führet.

Der Unterschied zwischen diesen beyden Arten der Elektricität zeigt sich vornehmlich in den Erscheinungen ihres Lichts, und in den Phänomenen des Anziehens und Zurückstoßens.

Wenn die positive Elektricität in einen spitzigen Körper geht, so verursacht sie an der Spitze die Erscheinung eines leuchtenden Sterns oder Kügelgens; die negative aber zeigt einen leuchtenden Kegel von Strahlen, die von der Spitze des Körpers auszugehen scheinen.

Körper, in denen sich einerley Elektricität befindet, stoßen einander zurück: die aber verschiedene Elektricitäten haben, ziehen einander an.

Wenn Körper von irgend einer Art in den Wirkungskreis eines elektrisirten Körpers kommen, so erhalten sie (sie müßten denn sehr klein und isolirt seyn,) die entgegengesetzte Elektricität von derjenigen, die sich in dem Körper befindet, gegen den sie gestellt werden.

Man kann keine Elektricität auf der Oberfläche eines elektrisirten Körpers wahrnehmen, wofern nicht diese Oberfläche an einen elektrischen Körper stößt, welcher auf irgend eine Art bis auf einige Entfernung die entgegengesetzte Elektricität annehmen kann. Oder auch: — Es läßt sich keine Elektricität auf der Oberfläche eines elektrisirten Körpers wahrnehmen, wofern nicht diese Oberfläche einem andern Körper entgegengesetzt ist, der wirklich die entgegengesetzte Elektricität erhalten hat, und diese auf entgegengesetzte Arten elektrisirte Körper durch einen elektrischen getrennt werden *).

Wenn

*) Bey diesem Grundsatze könnte man fragen, wie es möglich sey, die Elektricität an der Oberfläche eines elektri-

Wenn man das Zurückstoßen ausnimmt, welches sich zwischen Körpern äußert, die auf einerley Art elektrisirt sind, so werden alle übrige elektrische Erscheinungen durch den Uebergang der Elektricität aus einem Körper in den andern veranlasset.

In der Atmosphäre ist eine beträchtliche Menge von Elektricität vorhanden, welche unstreitig von der Natur zu Bewirkung einiger von ihren größten Veranstaltungen gebraucht wird.

Die elektrisirten Körpers zu beobachten, der isolirt und auf eine beträchtliche Weite von andern Leitern entfernt ist? oder, welches denn der elektrische Körper sey, der die Oberfläche eines elektrisirten Leiters oder eines elektrischen Körpers, in dem man die Elektricität erregt hat, berühret, und der in der That bis auf einige Entfernung von gedachter Oberfläche die entgegengesetzte Elektricität erhält? Hierauf läßt sich antworten, daß die Luft überhaupt dieser elektrische Körper sey, der an die Oberfläche eines jeden elektrisirten Körpers stößt. Die Luft ist kein vollkommen elektrischer Körper, und nimmt also leicht in einer Schicht, die sich nicht weit von dem elektrisirten Körper aus erstreckt, die entgegengesetzte Elektricität an; auf diese Schicht folgt eine andere bis auf eine kleine Entfernung von der ersten, welche wiederum die entgegengesetzte Elektricität von der ersten hat; und so folgen sich immer Schichten mit abwechselnden positiven und negativen Elektricitäten, die aber an Kraft immer abnehmen, bis sie endlich ganz verschwinden, oder an die Wände des Zimmers ꝛc. stoßen. Man betrachte den Versuch mit der Glasröhre, den wir im sechsten Capitel angeführt haben, welcher zeigt, daß überhaupt ein elektrischer Körper von hinlänglicher Dichtigkeit, wenn er an einen elektrisirten Körper gehalten wird, abwechselnde Zonen oder Schichten von positiver und negativer Elektricität erhalte.

Die Luft, die Wolken, der Regen, Hagel, Schnee und Nebel, sind immer elektrisch; und doch hat man noch nicht gefunden, daß Gerinnung, oder Frieren des Wassers durch Elektrisiren befördert oder gehindert werde.

Diese wenigen Gesetze enthalten, wenn man sie gehörig betrachtet, fast alles, was von dieser Materie bekannt ist, und können, wenn sie geschickt angewendet werden, die meisten der folgenden Versuche erklären.

Es giebt außer dem, was wir in diesem Theile der gegenwärtigen Schrift vorgetragen haben, noch einige andere Grundsätze, Regeln u. dergl., die man bey der Elektricität kennen muß; da sie aber bloß die wirkliche Ausübung betreffen, so will ich sie gelegentlich an andern Orten einrücken, wo sie eine bequemere Stelle, als hier, zu finden scheinen.

Zweyter Theil.
Theorie der Elektricität.

Erstes Capitel.
Hypothese der positiven und negativen Elektricität.

Es ist die Hauptabsicht der Naturlehre, die Geschichte der Phänomene zu sammeln, und aus derselben solche mechanische Gesetze zu ziehen, welche entweder selbst einen unmittelbaren Nutzen gewähren, oder doch auf die Entdeckung anderer wichtiger und für die menschliche Glückseligkeit nothwendiger Dinge führen können. Hat man nun eine Anzahl solcher beständigen Erscheinungen, welche man Naturgesetze nennet, festgesetzt, und durch eine hinreichende Menge von Versuchen bestätiget, so ist es dann Zeit, ihrer Ursache nachzuforschen. Ist diese einmal entdeckt, und die Art, auf welche sie wirket, ausgemacht, so macht sie auf einmal aller Mühe der Experimentaluntersuchung ein Ende, und schreibt der Anwendung ihrer Wirkungen sichere und bestimmte Maaßregeln vor.

Ursachen und Wirkungen sind in der Natur so zusammenhängend verbunden, und so sehr von einander abhängig, daß wir überall durch das ganze System der Natur eine Reihe von wirkenden Kräften entdekken, in welcher ein jedes Glied nicht allein von den vorhergehenden abhänget und hergeleitet wird, sondern auch zugleich eine Ursache irgend eines nachfolgenden ist. Aber was ist wohl die erste Ursache aller übrigen, die keine Folge mehr aus irgend einer vorhergehenden ist, die also die Quelle des Ganzen, und das erste Glied der Reihe genannt werden kann? Wenn wir über diese Quelle nachdenken, so verliert sich unser Verstand in Bewunderung; und kaum sind wir einige Schritte fortgegangen, so zieht sich schon eine Wolke über unsere ferneren Aussichten, und alle weiter fortgesetzte Untersuchungen und Betrachtungen gewähren uns nichts mehr, als Beweise der Schwachheit und Kurzsichtigkeit unsers Verstandes. Inzwischen ist dieß nicht der Gegenstand der gegenwärtigen Abhandlung, und alles, was ich hier daraus herleiten will, ist dieß, daß wir nach der Betrachtung der Gesetze der Elektricität nothwendig ein wenig weiter gehen, und, wo möglich, die unmittelbare Ursache dieser Erscheinungen der Natur aufsuchen, oder die wahrscheinlichsten Muthmaßungen betrachten müssen, welche man über diese Materie vorgetragen hat; durch deren Kenntniß wir alle bekannte elektrische Erscheinungen erklären, und ihre Wirkungen mit etwas mehrerer Gewißheit und Genauigkeit zu unsern Absichten anwenden können.

Man kann sich leicht eine Vorstellung von der großen Anzahl der Hypothesen machen, die man zu Erklärung der elektrischen Erscheinungen von der ersten Kindheit dieser Wissenschaft an bis auf die gegenwärtige Zeit ersonnen hat, wenn man die große Anzahl der Gelehrten bedenkt, die dieß wundervolle Feld bearbeitet, und in demselben von Zeit zu Zeit eine so große Menge von Entdeckungen gemacht haben. Alle diese Hypothesen anzuführen, würde nicht allein eine grenzenlose, sondern auch eine sehr unnütze Mühe seyn, da sie durch verschiedene Versuche augenscheinlich widerlegt sind, und man jetzt durchgängig die Meynung von einer eignen und einzigen elektrischen

Mate

Materie *) annimmt, welche gemeiniglich den Namen der Franklinischen Hypothese führet. Ich gestehe,

*) Unter denen vor Franklin bekannten Hypothesen hat die Nolletische die meiste Aufmerksamkeit auf sich gezogen. Der Abt Nollet nämlich behauptete, daß sich das Fluidum bey allen elektrischen Operationen nach zwey entgegengesetzten Richtungen bewege: der Zufluß der Materie treibe die leichten Körper auf den elektrisirten zu, und der Ausfluß stoße sie wiederum zurück. Verschiedene der folgenden Versuche (z. B. III. Th. Cap. 6. Vers. 9.) beweisen das Gegentheil deutlich. Nach Franklin aber hat Robert Symmer in den Philos. Transact. Vol. LI. P. 1. eine Reihe artiger Versuche bekannt gemacht, und aus denselben auf das Daseyn zweyer elektrischen Materien oder Kräfte geschlossen, welche beständig zugleich vorhanden wären, und einander entgegen wirkten. Die Phänomene der entgegengesetzten Elektricitäten erklärt er nicht, wie Nollet, durch Zufluß und Ausfluß, sondern durch den Ueberfluß entweder der einen oder der andern elektrischen Materie in dem elektrisirten Körper. Diese Symmerische Hypothese ist wenigstens noch nicht widerlegt worden. Einige haben auch die eine dieser elektrischen Materien, deren Ueberfluß positive Elektricität erzeugt, für das Phlogiston, und die andere für eine Säure oder für das Feuer ausgeben wollen. Man s. Kratzenstein Vorlesungen über die Experimentalphysik. Copenh. 1781. 4te Ausg. S. 151. Karsten Anleitung zur gemeinnützlichen Kenntniß der Natur. Halle 1783. 8. §. 497. Forster in Crells neuesten Entd. in der Chymie, 12. B. S. 154. A. d. Ueb. (Mit der Symmerischen Vorstellungsart kömmt Herrn Voigts Theorie im Wesentlichen überein. Er denkt sich den Stoff, welcher $+E$ giebt, als den männlichen, und den, welcher $-E$ veranlasset, als den weiblichen. Beyde ziehen sich stark an, und verbinden sich genau und schnell, wobey, im Moment der Paarung der Lichtstoff in Wirksamkeit gesetzt, Erschütterung und Zerstörung

stehe, daß diese Hypothese, ob sie gleich alle bekannte elektrische Erscheinungen erklärt, dennoch keine gewiß zu erweisende Wahrheit, sondern nur die allerwahrscheinlichste Voraussetzung sey. Um also den gehörigen Unterschied zwischen Kenntniß der Thatsachen und Voraussetzung angenommener Ursachen zu beobachten, habe ich beyde von einander trennen und jede in einer besondern Abtheilung dieses Werks behandeln wollen, welche Methode ich für philosophischer und lehrreicher, als jede andere, halte. Aber nun noch eine fernere Apologie für diese Hypothese zu schreiben, für welche jetzt unzählige Versuche mit augenscheinlicher Deutlichkeit sprechen, dieß hieße der gelehrten Welt überhaupt, und insbesondere den scharfsinnigen Erfindern und Verbesserern dieser Muthmaßung Unrecht thun. Ich will sie daher ohne weitere Umschweife so vor Augen legen, wie sie jetzt allgemein und mit Grund angenommen wird *), und dann bey Erklärung der folgenden Versuche von ihr Gebrauch machen.

Man

störung der Körper bewirkt, und das Geruchswerkzeug afficiret wird. Im gepaarten Zustande geben diese Stoffe kein Zeichen ihres Daseyns; sind sie aber getrennt, so breitet sich jeder einzelne so lange aus, bis es ihm gelingt, sich wieder mit dem andern zu vereinigen. Die weitere Ausführung dieser Theorie s. m. in Joh. Heinr. Voigt's Versuch einer neuen Theorie des Feuers, der Verbrennung künstlicher Luftarten, des Athmens ꝛc. Jena, 1793. 8. Gothaisch. Magaz. für das Neueste ꝛc. IX. Bd. 2tes St. S. 110. u. f. Geblers Wörterb. V. B. S. 257. u. f. B.)

*) So ganz allgemein ist doch die Franklinische Hypothese noch nicht angenommen. Hr. Lichtenberg (Comment. super nova methodo, motum ac naturam fluidi electrici investigandi, in Comment. soc. Gotting. Claff. Mathem. Tom. I.) meynt, die Gründe

für

Elektricität.

Man nimmt dabey an, daß alle sogenannte elektrische Erscheinungen durch eine unsichtbare feine flüßige
Materie verursacht werden, die in allen Körpern der
Erde vorhanden ist. Auch nimmt man an, daß diese
Materie sehr elastisch sey, d. h. daß ihre Theilchen einander selbst zurückstoßen, die Theilchen anderer Materien aber anziehen*)

Wenn nun ein Körper keine elektrischen Erscheinungen zeigt, so hält man dafür, daß er seine ihm von
Natur zugehörige Menge elektrischer Materie enthalte;
(ob aber diese Menge mit der Masse der Körper überhaupt

für Franklins und Symmers Hypothesen wären
wenigstens gleich stark, ob er gleich die Ideen von
positiver und negativer Elektricität als sehr bequem und vortheilhaft lobt und beybehält. Eben
dieß wiederholt er aufs neue in s. Ausgabe der Erxlebenschen Naturlehre, Anm. zu §. 549, mit dem Zusatze, es werde nach Symmers, Kratzensteins rc.
Meynung alles wenigstens gleichförmiger erklärt.
A. d. Ueb.

*) Herr Coulomb hat durch oft wiederholte, mit
grösster Sorgfalt angestellte Versuche gefunden, daß
die Theilchen der elektrischen Materie, beym gegen-
seitigen Abstoßen, das Newtonische Gesetz der
Schwere, d. i. das umgekehrte Verhältniß des Qua-
drats der Entfernungen, befolgen. Wenn z. B. ein
Theilchen ein anderes, einen Zoll von ihm gelegenes
Theilchen mit einer gewissen Kraft abstößt, so stößt
es ein drittes Theilchen, das 2 Zoll von ihm entfernt ist, mit einer viermal geringern Kraft, ein viertes, 3 Zoll von ihm entferntes Theilchen, mit einer
neunmal geringern Kraft ab, u. s. f. S. Gren's
Neues Journ. der Phys. B. III. S. 50. u. f. wo
sich ein aus den Annales de chimie entlehnter
Auszug aus mehrern Abhandlungen des Herrn Coulomb über die Elektricität findet. Gothaisch. Mag.
IV. B. 1tes St. S. 57. B.

haupt im Verhältniß stehe, oder nicht, ist ungewiß) *); man sagt daher, dieser Körper sey in seinem natürlichen Zustande oder nicht elektrisirt; sobald er aber elektrische Erscheinungen zeigt, so sagt man, er sey elektrisirt, und nimmt an, daß er entweder einen Zusatz von elektrischer Materie erhalten, oder etwas von der natürlichen Menge derselben verloren habe. Ein Körper, der einen Zusatz zu seiner natürlichen Menge von elektrischer Materie bekommen hat, heißt überladen (overcharged) oder positiv elektrisirt; ein Körper aber, der etwas von der natürlichen Menge seiner elektrischen Materie verloren hat, heißt zu wenig geladen (undercharged) oder negativ elektrisirt.

Man sieht hieraus, wie die Ausdrücke, positive und negative Elektricität, oder Plus und Minus in Gebrauch gekommen sind; denn der erstere zeigt ein wirkliches Plus, oder einen Ueberfluß, der andere ein wirkliches Minus, oder einen Mangel der gehörigen Menge von elektrischer Materie an.

Durch diese Hypothese, welche sich auch durch die Analogie mit andern Naturerscheinungen empfiehlt, lassen sich die elektrischen Phänomene leicht erklären; und es giebt keinen einzigen Versuch, der ihr zu widersprechen schiene **). Zuerst erhellet daraus, daß, wenn ein

*) Eine in Ansehung der Räume gleichförmige Vertheilung der Elektricität anzunehmen, ist, wie Herr Hofrath Lichtenberg (Erxleben Anfangsgr. der Naturlehre. Sechste Aufl. §. 540. S. 510.) sehr richtig bemerkt, nicht wahrscheinlich, und scheint aller Analogie von dem, was uns von Verwandtschaft und Wahlanziehung der Körper bekannt ist, zu widersprechen. B.

**) Dieß läßt sich wohl nicht geradezu behaupten. Es giebt vielmehr einige Versuche, welche gerechten Zweifel gegen diese Hypothese zu erregen scheinen, z. B. daß der Rand eines durch ein Kartenblatt geschlagnen

Elektricität.

ein elektrischer und ein leitender Körper an einander gerieben werden, die Elektricität nicht hervorgebracht werde, sondern der eine Körper durch das Reiben die elektrische Materie aus dem andern gleichsam herausziehe *); wodurch denn der eine mit ihr überfüllt, oder positiv elektrisirt werden, der andere aber nothwendig etwas

nen Loches auf beyden Seiten erhaben ist, welches doch auf zwey sich begegnende Ströme der Elektricität hinzuweisen scheint. S. auch Gothaisch. Mag. für das Neueste ꝛc. IX. B. 2tes St. S. 127. u. f. S.

*) Durch welchen Mechanismus ein Körper die elektrische Materie aus dem andern ausziehe, ist noch unbekannt. Der berühmte Pater Beccaria nimmt an, das Reiben vermehre die Capacität des elektrischen Körpers, d. i. es mache den Theil, der sich eben an dem reibenden Körper befindet, fähig, eine größere Menge elektrischer Materie zu enthalten; daher bekomme er aus dem reibenden Körper einen Zugang von dieser Materie, der sich alsdann auf der Oberfläche des elektrischen Körpers zeige, wenn diese Oberfläche von dem reibenden Körper abgehe, in welchem Zustande sie diese Capacität wieder verliere, oder sich gleichsam wieder zusammenziehe. Der Versuch, durch welchen Hr. Beccaria diese Hypothese beweiset, ist folgender. Er reibt eine vertical gestellte Glastafel mit einem Kissen, das an die eine Seite derselben angebracht ist, und hält zu gleicher Zeit einen Faden an die andere dem Kissen entgegengesetzte Seite der Tafel. Er bemerkt dabey, daß der Faden von demjenigen Theile des Glases, an welchem sich eben das Kissen befindet, nicht angezogen wird, sondern nur von dem, welcher der Gegend entgegengesetzt ist, die eben von dem Kissen abgeht; woraus man sieht, daß die elektrische Materie, welche die Glastafel annimmt, ihre Kraft nicht eher zeigt, als bis die Oberfläche des Glases von dem Kissen abgegangen ist. Aber es bleibt noch immer die Frage übrig, auf was für eine Art die Capacität des Glases, elektrische Materie in sich zu nehmen, durch das Reiben vermehrt werde? Man

sehe

etwas verlieren, oder negativ elektrisirt werden muß, wofern nicht der Mangel durch andere mit ihm verbundene Körper ersetzt wird. Hieraus sieht man zugleich, warum ein elektrischer Körper, der mit einem isolirten gerieben wird, nur wenig Elektricität erhalten kann, weil nämlich in diesem Falle der reibende Körper nicht mit andern Leitern in Verbindung steht, und also dem elektrischen Körper nur die geringe Menge elektrischer Materie mittheilen kann, die er aus sich selbst geben, oder aus der umliegenden Luft sammeln kann.

Die Erklärung des elektrischen Anziehens ist sehr leicht. Es findet dasselbe nur zwischen Körpern statt, welche entgegengesetzte Elektricitäten besitzen; und diese müssen einander nothwendig anziehen, weil sich die überflüßige elektrische Materie in den positiv elektrisirten Körpern, und die zu wenig geladene Masse der negativ elektrisirten einander anziehen.

Da das elektrische Zurückstoßen nur zwischen Körpern statt findet, welche einerley Elektricitäten haben: so muß man sich, um die Erklärung desselben vollkommen zu verstehen, an einen im vorigen Theile enthaltenen Grundsatz erinnern. Dieser ist, daß die einem Körper eigne elektrische Materie auf der Oberfläche dieses Körpers weder vermehrt noch vermindert werden kann, wofern nicht die gedachte Oberfläche an einen elektrischen Körper stößt, der bis auf einige Entfernung die entgegengesetzte Elektricität annehmen kann;

woraus

---

sehe Dr. Franklin's Briefe, ꝛc. §. 34. Außerdem giebt es noch andere Versuche, die ich in der Folge anführen werde, welche deutlich zeigen, daß die Capacität eines Körpers, Elektricität anzunehmen, durch die Nähe einiger anderer Körper vergrößert werde.

woraus denn folgt, daß sich an zweyen nahe genug an einander gestellten Oberflächen zweyer Körper, welche einerley Elektricität haben, keine Wirkung der Elektricität zeigen könne, weil die zwischen beyden befindliche Luft nicht Freyheit genug hat, die entgegengesetzte Elektricität anzunehmen. Wenn man dieß voraussetzt, so wird nun die Erklärung des elektrischen Zurückstoßens sehr leicht. Man nehme z. B. an, es würden zwey kleine Körper an isolirten Fäden frey aufgehangen, so daß sie, wenn sie nicht elektrisirt wären, einander berührten. Man setze nun, beyde Körper würden entweder positiv oder negativ elektrisirt, so müssen sie einander zurückstoßen; denn die entweder zu- oder abnehmende Menge der elektrischen Materie in diesen Körpern wird sich selbst gleichförmig über alle Theile ihrer Oberflächen zu vertheilen suchen, und dieß Bestreben wird die Körper aus einander treiben, damit eine gewisse Menge Luft zwischen ihren Oberflächen Platz finde, welche hinreichend ist, bis auf einige Entfernung von gedachten Oberflächen die entgegengesetzte Elektricität anzunehmen. — Oder auch: Sollten die Körper, welche einerley Elektricität enthalten, einander nicht so weit zurückstoßen, daß eine hinlängliche Menge Luft zwischen ihren Oberflächen Platz fände, so würde die vermehrte Menge der elektrischen Materie, wenn die Körper positiv, oder die verminderte, wenn sie negativ elektrisirt wären, nach dem obigen Grundsatze sich nicht durchaus, oder über die Oberflächen dieser Körper gleichförmig vertheilen können; denn es kann keine Elektricität auf der Oberfläche eines Körpers erscheinen, der einen andern berührt, oder ihm sehr nahe ist. Nun aber sucht sich die elektrische Materie, indem sie die Theilchen der Materie der Körper anzieht, durchaus, oder über die Oberflächen der Körper gleichförmig zu vertheilen; daher werden die Kör-

102 Positive und negative Elektricität.

per durch dieses Bestreben genöthiget, sich von einander zu entfernen *).

Ich halte es für unnöthig, diese Erklärung weiter auszuführen. Der Grundsatz, von welchem sie abhängt, ist allgemein und deutlich, so daß man ihn leicht auf die Erklärung des elektrischen Zurückstoßens überhaupt eben so anwenden kann, wie er zur Erklärung des Zurückstoßens der oben angeführten Körper diente.

Durch die gedachte Hypothese von der Elektricität kann man eben so leicht das Laden der belegten Gläser und anderer elektrischen Körper, nebst den übrigen elektrischen Erscheinungen erklären; allein ich halte es für überflüßig, alle diese Erklärungen hier anzuführen, und von allen besondern Umständen Rechenschaft abzulegen, da wir bey der Erklärung der Versuche im dritten Theile Gelegenheit haben werden, mit mehrerem davon zu reden.

*) Will man das elektrische Zurückstoßen von zwey positiven und zwey negativen leichten Körpern, wie der Verfasser hier thut, ganz gleichförmig erklären, so denkt man sich, meiner Meynung nach, unter dem — E immer keinen Mangel, sondern ein wirkliches, mithin eigentlich ein positives E; denn wie sollte man sonst dem gleichförmigen Verbreiten der abnehmenden Menge Elektricität eben die Wirkungen beylegen können, als der Vertheilung der zunehmenden. Bey der Erklärung des Zurückstoßens von zwey negativ elektrischen Körpern muß man es schlechterdings dem $+$ E, womit die, jene Körper umgebende, Luft überfüllt ist, zuschreiben, und dann lassen sich beyde Phänomene gleich leicht, wenn auch nicht ganz auf einerley Art erklären. S. unten III. Th. 13tes Cap. Zus. I. D.

Zwey

Zweytes Capitel.
Von der Natur der elektrischen Materie.

Die Wißbegierde der Menschen läßt sich nie befriedigen. Wenn sie die Ursachen einiger Wirkungen entdeckt oder auch nur gemuthmaßet haben, so wagen sie es schon, der innern Beschaffenheit, ja sogar der Quelle dieser angenommenen Ursachen nachzuforschen, machen noch mehrere Voraussetzungen, und ersinnen andere Hypothesen, welche, dem Laufe der Natur gemäß, allemal weniger wahrscheinlich als die ersten seyn müssen. Oft ist es thöricht, dieser unumschränkten Begierde nach Erweiterung der Wissenschaft nachzugeben, wenn die Gegenstände allzutief verborgen und ungewiß sind, und vorzüglich, wenn schon der unmittelbar vorhergegangene Schritt nur noch einen geringen Grad der Wahrscheinlichkeit hat. Auf diese Art haben oft die Weltweisen einen großen Theil ihrer Zeit und Mühe verschwendet, um Eigenschaften und Ursachen von Dingen zu entdecken, welche bloß in ihrer Einbildung vorhanden waren. Bisweilen aber, wenn eine angenommene Voraussetzung der Wahrheit so sehr nahe kömmt, daß auch der größte Zweifler nicht ansteht, wenigstens ihre Wahrscheinlichkeit einzuräumen, oder wenn sich kein Beweis für das Gegentheil finden läßt, so ist es nicht nur erlaubt, sondern auch nothwendig für den Zweck der Philosophie, die Untersuchungen fortzusetzen, und der ersten Hypothese, wenn sich nichts weiter erweisen läßt, wenigstens einige Muthmaßungen beyzufügen. Dieß nun ist der Fall in der Lehre der Elektricität. Wir haben die wahrscheinlichste unter allen bisher vorgetragenen Hypothesen, diejenige nämlich, welche eine einzige elektrische flüßige Materie annimmt, vorgetragen, und gehen nun zu der Betrachtung der Natur dieser Materie über,

über, um, wo möglich, wenigstens zu einigen wahrscheinlichen Muthmaßungen über ihre Beschaffenheit zu gelangen.

Da man noch keine andern elektrischen Erscheinungen, als das Anziehen und Zurückstoßen kannte, leiteten die Naturforscher dieselben von einer Art von ölichten oder fetten Ausflüssen her, welche unmittelbar aus dem elektrisirten Körper ausströmten; als man aber das Licht, die zündende Kraft, den phosphorischen Geruch, und andere Eigenschaften der in den Körpern erregten Elektricität wahrnahm, verfiel man natürlicher Weise auf die Meynung, daß die elektrische Materie von gleicher Beschaffenheit mit dem Feuer sey. Diese Meynung hat bey verschiedenen Naturforschern ungemein viel gegolten, und ihr hat man es zuzuschreiben, daß diese Materie insgemein das elektrische Feuer genannt worden ist. Außer dieser Meynung von der Gleichheit der elektrischen Materie mit dem Element des Feuers, hat es noch zwey andere über die Natur dieser Materie gegeben; indem sie einige für den Aether des Newton, und andere (deren Meynung für die wahrscheinlichste zu halten ist,) für eine flüßige Materie von einer eignen Art (fluidum sui generis) gehalten haben, d. i. die von allen andern bekannten flüßigen Materien verschieden wäre.

Um diese Hypothesen auf eine regelmäßigere Art prüfen zu können, muß ich nothwendig etwas von der Natur des Feuers vorausschicken, wenigstens so viel, als davon zu der gegenwärtigen Absicht nöthig ist.

Man kann das Element des Feuers entweder in Absicht auf seinen Ursprung, oder nach seinem verschiednen Zustande bey dem wirklichen Daseyn, oder endlich nach seinen Wirkungen betrachten. In Absicht auf seinen Ursprung wird es gemeiniglich in das Sonnenfeuer, das unterirdische und das Küchenfeuer abgetheilet. Man versteht

versteht unter dem ersten dasjenige, welches sich von der Sonne aus durch das ganze Weltsystem verbreitet, und fast allen erschaffenen Dingen Leben und Bewegung giebt; unter dem andern dasjenige, welches die Ursache der Vulkane, der heißen Quellen u. dgl. ist; endlich unter dem Namen des Küchenfeuers dasjenige, welches wir insgemein auf der Erde durch das Anzünden verschiedener Materien hervorbringen. Diese Eintheilung aber hat wenig oder gar keinen Nutzen; denn die Wirkungen des Feuers bleiben stets eben dieselben, woher es auch immer seinen Ursprung nehmen mag.

In Absicht auf seinen verschiednen Zustand bey dem wirklichen Daseyn, kennen die Chymisten nur einen doppelten Zustand des Feuers. Der erste, der einem jeden in die Augen fällt, und in der That dasjenige ausmacht, was wir eigentlich Feuer nennen, besteht in einer wirklichen Bewegung der Theile dieses Elements, welche den aus Leuchten, Hitze u. s. w. zusammengesetzten Begriff erregt, den wir insgemein mit dem Worte Feuer bezeichnen. In dem andern Zustande ist das Feuer ein wirklicher Bestandtheil verschiedner, und vielleicht aller Materien, oder es ist diejenige Materie, deren Theile, wenn sie auf eine besondere und heftige Art in Bewegung gesetzt werden, das gemeiniglich sogenannte und durch die Sinnen empfindbare Feuer hervorbringen.

Dieß letztere, welches man Feuer im unwirksamen Zustande nennen kann, ist das Phlogiston der Chymisten, oder dasjenige, was die Körper, mit denen es in zureichender Menge vereinigt ist, entzündbar macht. Daß ein solches Principium wirklich vorhanden sey, ist außer Zweifel; wir können es aus einem Körper in den andern übertragen; wir können einen Körper, der sich von Natur nicht entzünden läßt, durch zugesetztes Phlogiston entzündbar machen, und einen von Natur entzündbaren, wenn wir ihm dieses Phlogiston rauben, in eine unentzündbare Substanz verwandeln.

Nun hat die elektrische Materie, so viel sich bestimmen läßt, nur eine sehr geringe Aehnlichkeit mit dem Feuer in seinem oben angeführten doppelten Zustande; denn ob sie gleich eben so, wie das Phlogiston, in verschiedenen Körpern vorhanden ist, so finden wir doch durch die Vergleichung ihrer übrigen Eigenschaften und der Eigenschaften des Feuers, daß sie mit demselben nicht einerley, sondern ein ganz verschiedenes Principium sey. Fürs erste müßten sie, wenn sie beyde einerley wären, allezeit bey einander seyn; und wo eine gewisse Menge Feuer anzutreffen wäre, da müßte sich auch eine gleiche Menge elektrischer Materie finden. Allein dieß stimmt nicht mit den Versuchen überein; denn ein Stück Metall oder ein anderer Körper kann einen hohen Grad der Wärme erhalten, ohne das geringste Merkmal der Elektricität zu zeigen; oder kann auch stark elektrisirt werden, ohne dadurch einen merklichen Grad der Wärme, oder eine Vermehrung seines Phlogistons zu erhalten. Zweytens bringt das Feuer durch jede bekannte Materie; und eine ungemein geringe Menge desselben zertheilt sich auf gleiche Art durch Körper von jeder Gattung, da hingegen die elektrische Materie bloß durch die Leiter geht *). Drittens durchbringt die elektrische Materie einen sehr langen Leiter fast augenblicklich; das Feuer hingegen theilt sich sehr langsam mit. So könnte ich noch verschiedene andere Einwürfe anführen, welche sich gegen diese Hypothese von der Gleichheit des Feuers und der elektrischen Materie machen lassen; allein ich glaube, die bereits erwähn-

---

*) Hier ließe sich bemerken, daß doch auch die Wärme diejenigen Materien leichter durchdringt, welche gute Leiter für die Elektricität abgeben: aber die Regel ist bey weitem nicht allgemein.

Natur der elektrischen Materie.

wähnten werden hinreichend seyn, meine Leser zu überzeugen, daß man das Gegentheil annehmen müsse.

Dr. Priestley beobachtet, daß der elektrische Schlag, wenn er in die verschiedenen Gattungen der Luft geht, der Regel nach einerley Wirkung mit einem zugesetzten Phlogiston hervorbringe, und nimmt daher an, daß die elektrische Materie entweder das Phlogiston selbst sey, oder doch Phlogiston enthalte*). Hierbey muß ich bemerken, daß man dieser Beobachtung wegen noch gar nicht gezwungen ist, die elektrische Materie für das Phlogiston, oder für etwas, das Phlogiston enthielte, anzunehmen; denn das Phlogiston kann in diesem Falle durch die Gewalt des elektrischen Schlages, entweder aus der Oberfläche der Leiter, zwischen welchen der Schlag entstanden ist, oder aus Theilchen einer ganz fremdartigen Materie entbunden worden seyn, welche in der Luft geschwebt hat, durch welche der Schlag gegangen ist **).

In Absicht auf die Aehnlichkeit zwischen den Wirkungen des Feuers und der elektrischen Materie, kann man sehr leicht bemerken, daß, obgleich die elektrische Materie in verschiednen Fällen Feuer hervorbringt, wir doch nicht eins mit dem andern verwechseln, und beyde für einerley Sache halten dürfen; denn es ist sehr bekannt, daß das Reiben Feuer hervorbringt; man darf sich also auf keine Art wundern, daß die elektrische Materie, bey ihrer so schnellen Bewegung durch Körper, die ihr doch auf einige Art Widerstand thun müssen, Licht, Wärme, Ausdehnung, und andere Wirkungen des Feuers hervorbringt ***).

Hr.

*) Observations on different Kinds of Air, Vol. II. Sect. 13.
**) S. meine Abhandlung über die Luft ꝛc. S. 433.
***) Hiebey ist zu beobachten, daß die elektrische Materie niemals die Wirkungen des Feuers zeigt, außer wenn

Hr. Henly nimmt zufolge verschiedner sehr wichtigen Versuche, die er selbst angestellt hat, an, daß die elektrische Materie zwar weder Phlogiston noch Feuer selbst, aber doch eine Modification desjenigen Elements seyn möge, welches im Zustande der Ruhe Phlogiston, und bey seiner gewaltsamen Bewegung Feuer genannt wird. Wir bemerken allezeit, sagt er, daß, I. wenn zwey Körper an einander gerieben werden, welche einerley Menge von Phlogiston enthalten, (welcher Fall sich bey Körpern von einerley Materie, z. B. Glas und Glas, Metall und Metall, ereignet,) sie sehr wenig oder gar keine Elektricität erhalten. II. Daß derjenige Körper, welcher mehr Phlogiston als der andere hat, auch mehr Elektricität erhält, z. B. wenn Glas mit Metall gerieben wird. III. Daß ein gewisser Grad des Reibens Elektricität, ein gewaltsameres Reiben aber Feuer und keine Elektricität hervorbringt, wie man bemerken kann, wenn man zwey Stücken trocknes Holz, oder Glas an einander reibt. IV. Daß überhaupt Körper, welche eine größere Menge Phlogiston enthalten, die elektrische Materie in andere übergehen lassen, welche dessen weniger enthalten, d. i. daß sie negativ elektrisirt werden, wenn man sie mit solchen reibt, die weniger Phlogiston enthalten *).

Aus sie durch ein Mittel geht, das ihrem freyen Durchgange widersteht.

*) Um zu versuchen, was für eine Elektricität verschiedne Materien annehmen, isolirt sie Hr. Henly auf Stücken Siegellack, und reibt sie an seinem Tuchrocke oder wollenen Camisol. So hat er eine große Anzahl vegetabilischer, animalischer, mineralischer und künstlicher Producte versucht, und den sehr merkwürdigen Umstand entdeckt, daß Körper, die eine große Menge Phlogiston enthalten, z. E. vegetabilische, und besonders die hitzigen aromatischen Pflanzen und Saamen, die elektrische Materie abgeben,

d. i.

Natur der elektrischen Materie. 109

Aus diesen Beobachtungen sehen wir, daß die elektrische Materie und das Feuer durch ein ähnliches Verfahren hervorgebracht, und beyde aus Körpern gezogen werden, die einen Ueberfluß an Phlogiston haben: hieraus schließt nun Hr. Henly, daß das Phlogiston, die Elektricität und das Feuer bloß verschiedene Modificationen eines und eben desselben Elements seyen: das erste nämlich sey sein ruhender Zustand; die zweyte der erste Grad seiner Wirksamkeit; und das letzte der Zustand seiner heftigern Bewegung: so wie etwa die Gährung zuerst Wein, dann Essig, und zuletzt Fäulniß hervorbringt.

Was die Gleichheit der elektrischen Materie mit dem Aether anlanget, so scheint sie mir eine gänzlich unwahrscheinliche, oder vielmehr schlechte und unbedeutende Hypothese zu seyn; denn dieser Aether ist keine wirklich vorhandene, sondern lediglich hypothetische Materie, der nur einige Naturforscher verschiedene Eigenschaften beygelegt, und sie für das Element verschiedner Principien erklärt haben. Einige nehmen sie für das Element des Feuers selbst an, andere erklären sie für die Ursache der Anziehung, noch andere leiten von ihr die thierischen Lebensgeister her, u. s. w.; in Wahrheit aber ist nicht allein das Wesen und die Eigenschaften dieser Materie, sondern auch sogar die Wirklichkeit ihres Daseyns noch völlig unbekannt und unerwiesen.

Nach Newtons Voraussetzungen soll dieser Aether eine außerordentlich subtile und elastische flüßige Materie seyn, die durchgehends durch das ganze Weltgebäude

---

d. i. wenn sie am Tuche gerieben werden, eine negative Elektricität erhalten; daß hingegen solche, welche nur wenig Phlogiston enthalten, (z. B. die meisten animalischen Substanzen,) die elektrische Materie aus dem Tuche annehmen, d. i. positiv elektrisirt werden. S. die Phil. Transact. vom Jahre 1777.

baude zerstreut sey, und deren Theilchen die Theilchen aller andern Materien zurückstoßen. Nach dieser Voraussetzung selbst ist die elektrische Materie sehr vom Aether unterschieden; denn ob sie gleich, wie der letztere, subtil und elastisch ist, so stößt sie doch (nach Dr. Priestley's Beobachtung) die Materie nicht zurück, sondern zeigt vielmehr eine Anziehung gegen die Theilchen aller andern Materien.

Zusatz des Uebersetzers der neuen Ausgabe.

Der schnellen Fortschritte ungeachtet, welche die Wissenschaft der Elektricität in unsern Tagen unstreitig gemacht hat, ist es doch noch keinem ihrer Bearbeiter gelungen, uns etwas Befriedigendes über die Natur der elektrischen Materie zu liefern. Alles, was sich in dieser Rücksicht mit größter Wahrscheinlichkeit, ja ich möchte sagen, Gewißheit behaupten läßt, ist, daß das elektrische Fluidum zusammengesetzt sey. Welches, und wie vielerley aber seine Bestandtheile seyen, dieß ist eine Frage, deren Auflösung wir jetzt bloß hoffen dürfen. Inzwischen haben es doch einige der neuern Naturforscher gewagt, ihre Muthmaßungen über diesen Gegenstand bekannt zu machen. Dieß nun zum Schluß dieses Kapitels in möglichster Kürze beyzufügen, halte ich um deswillen nicht für zweckwidrig, da der Verfasser selbst einige davon angeführt hat, ich auch voraus setzen darf, daß jedem, der die übrigen noch nicht kennen sollte, wenigstens einige, wenn auch zum Theil unvollkommne Kenntniß derselben, nicht ganz unwillkommen seyn möchte.

Lavoisier äussert die Vermuthung, die elektrischen Erscheinungen möchten wohl in einer schwachen Verbrennung bestehen, wobey die Luft die elektrische Materie

terie so hergebe, wie sie, beym Verbrennen, die Erscheinung des Feuers verursache"*).

De la Metherie hält die elektrische Materie für eine Art von entzündbarer Luft **); so auch Saussure, welcher muthmaßet, sie bestehe aus Feuer, mit einem andern unbekannten Grundstoffe verbunden, und sey daher eine der entzündbaren Luft ähnliche, aber viel feinere Flüßigkeit ***).

Sehr sinnreich und zusammengesetzt ist die Theorie des Hrn. de Luc. Dieser scharfsinnige Naturkündiger nimmt mit Franklin nur ein elektrisches Fluidum an, und dieß hält er, der großen Aehnlichkeit wegen, die er zwischen ihm und den Wasserdünsten wahrzunehmen meynt, für einen Dunst, und läßt es aus einem nach gleichförmiger Verbreitung strebenden, alle Körper durchdringenden, fortleitenden, flüßigen Stoffe, (fluide deferent electrique,) von dem vielleicht das Licht einen Bestandtheil ausmache, und einer Basis (ponderabeln Substanz) der eigentlichen sogenannten elektrischen Materie (matiere electrique,) bestehen, die zwar Verwandtschaft gegen einander äußern, aber nur sehr schwach verbunden sind, und daher leicht zersetzt werden, wie bey den Wasserdünsten, Feuer und Wasser †).

Fast

*) S. *Rozier* Journ. de phyf. Fevr. 1785.
**) S. Essai analytique fur l'air pur et les differentes efpeces d'air. à Paris 1785. 8.
***) S. Voyages dans les Alpes. Tom. III.
†) Mehr von dieser verwickelten Theorie, welche sich ihrer Weitläufigkeit und Zusammengesetztheit wegen hier ohnmöglich gehörig aus einander setzen läßt, findet man in: *de Luc* Idées fur la Meteorologie. à Londres 1786. 8. Vol. I. Sect. 2. Ch. 3. Der deutsch. Ueberf. Th. I. S. 186. u. f. und Geblers Wörterb. Th. II. S. 309. u. f. Th. IV. S. 309. u. f. u. Th. V. S. 253. u. f.

Faſt bloß als ein Erzeugniß einer glücklichen Einbildungskraft muß man die Theorie des Dr. Peart betrachten, der ſich viel Mühe gegeben hat, die Abgeſchmacktheit, wie er ſich ausdrückt, der Frankliniſchen Hypotheſe zu zeigen. Nach ſeinem ganz eignen Syſtem von den Urſtoffen der Natur nimmt er überhaupt zweyerley Materie, eine fixe, und eine thätige, an, von denen der erſtern bloß Anziehung und Undurchdringlichkeit zukömmt, die Theile der letztern aber von der erſtern angezogen werden, und die Eigenſchaft beſitzen, ſich in gradlinigte Strahlen zu ordnen, welche von fixen Theilchen aus, wie von einem Mittelpunkte divergiren, und um jene Atmoſphären bilden. Dieſe ſind wieder von doppelter Art: Aether, oder Phlogiſton, und von dieſen zwey thätigen Stoffen leitet er alle elektriſche Erſcheinungen her. Sie ziehen ſich einander ſtark an. Im natürlichen Zuſtande ſind ſie verbunden, und ſo für uns nicht bemerkbar; werden ſie aber durch irgend eine Veranlaſſung getrennt, ſo zeigt ſich ſogleich ihre Thätigkeit. Von ihnen werden alle Körper umgeben. Einige aber, die elektriſchen, äußern gegen ſie eine gewiſſe Anziehungskraft, und excitiren ſie gewiſſermaßen von Natur, noch mehr aber, wenn erſtere gerieben werden, wodurch ſie die Fähigkeit erlangen, auch die thätigen Theilchen von andern naheliegenden Körpern an ſich zu ziehen. Wird alſo ein elektriſcher Körper, z. B. Glas, durch Reiben excitiret, ſo werden die verbundenen Theilchen von Aether und Phlogiſton, welche das Glas umgeben, getrennt, und nun merklich thätig, welches ſie zuvor nicht waren, und auf der einen Seite des Glaſes häuft ſich ſein Aether, auf der andern ſein Phlogiſton an. In dieſem Zuſtande der Trennung aber ziehen beyde wieder gebundenen Aether und Phlogiſton von naheliegenden Körpern an, d. h. der Aether des Glaſes ziehet

Phlo-

Natur der elektrischen Materie. 113

Phlogiston, und sein Phlogiston Aether an. Dadurch werden diese Stoffe gleichfalls excitiret, und bilden nun an den Oberflächen des Glases innere Atmosphären, welche von der schon vorhandenen entgegengesetzten äußern, umgeben werden; jetzt ist das Glas elektrisch, d. h. es besitzt auf der einen Seite eine innere Atmosphäre von Phlogiston und eine äußere von Aether, und auf der andern eine innere von Aether, und eine äußere von Phlogiston. Diese Atmosphären verbreiten sich ebenfalls auf einem mit der einen Seite des Glases in Berührung gebrachten isolirten Leiter gleichförmig. Kömmt nun ein isolirter, nicht elektrischer Körper in die äußere Atmosphäre eines so elektrisirten Leiters, so wird diese den entgegengesetzten Stoff, welcher jenen nicht elektrischen Körper in seinem natürlichen Zustande umgiebt, d. i. wenn jene äußere Atmosphäre aus Aether bestehet, sein Phlogiston, mithin zugleich den Körper selbst, wenn er leicht genug ist, anziehen. Auf diese Art wird dieß Phlogiston excitirt und genöthiget, den nicht elektrischen Körper als Atmosphäre zu umgeben. Dieß macht, daß der zuvor mit ihm verbundene entgegengesetzte Stoff, hier sein Aether, frey, und gleichfalls excitirt und bewogen wird, unmittelbar um jenen Körper herum eine Atmosphäre zu bilden; er befindet sich folglich, in Rücksicht auf den elektrisirten Leiter, in einem entgegengesetzten Zustande der Elektricität. Wird er nun in diesem Zustande dem elektrisirten Leiter so genähert, daß sich beyder innere Atmosphären berühren, so vereinigen sich alle vier Atmosphären, und sättigen sich, mit Geräusch und Funken. Beyde haben nun aufgehört elektrisch zu seyn, wofern nämlich der dem Leiter genäherte Körper soviel excitirten Aether und Phlogiston besitzt, daß eine Sättigung erfolgen kann. Ist dieß nicht, oder jener erhält von dem Glase wieder neuen Zufluß von

Erster Band. H. Elek-

Elektricität, so verbreiten sich seine beyden Atmosphären ebenfalls auf der Oberfläche des mit ihm in Berührung gebrachten Körpers; dieser erhält folglich eine gleiche Elektricität, und wird, wenn er leicht genug ist, von jenem zurückgestoßen, doch nicht eigentlich vermöge einer zurückstoßenden Kraft desselben, sondern, weil beyde einander nicht näher kommen können, als bis sich ihre äußere Atmosphären berühren, sie müßten denn mit einer Gewalt gegen einander gestoßen werden, die größer wäre, als das natürliche Bestreben der thätigen Stoffe, eine atmosphärische Gestalt anzunehmen. Man siehet aus dem Bisherigen leicht, wie sich nach diesen Grundsätzen auch die übrigen elektrischen Erscheinungen erklären lassen *).

Nach Hrn. Lampadius **), welcher dem de Luc-schen Systeme gefolgt ist, sind in dem elektrischen Fluidum

*) S. *E. Peart* on Electricity, etc. Gainsborough, 1791. 8. von welcher Abhandlung vielleicht folgende nur eine neue vermehrte Auflage ist: On electric Atmospheres, in which the Absurdity of the Doctrine of Positive and Negative Electricity is incontestibly proved; and the real Nature, Production, Mode of Existence and Properties of Atmospheres in an electric state are clearly demonstrated, and fully explained. To which is prefixed a Letter, addressed to Mr. Read of Knightsbridge; in reply to his Remarks on the Authors former Tract on Electricity etc. By *E. Peart*. Gainsborough, 1793. 8. verbunden mit seiner 1789. erschienenen Abhandlung: On the elementary principles of Nature and the simple Laws, by which they are governed, etc. übersetzt vom Hrn. Dr. Kühn, Leipzig 1791. 8. aus welcher Hr. Voigt, (Magaz. für das Neueste ꝛc. IX B. 3tes St. S. 121. u. f.) einen kurzen Auszug geliefert hat.

**) S. Dessen Versuche und Beobachtungen über die Elektricität und Wärme der Atmosphäre. Berlin und Stettin, 1793. 8. Cap. 2.

dum folgende Substanzen anzutreffen: Feuer, Phlogiston, Licht, und eine unbekannte Substanz, die sich durch den Phosphorähnlichen Geruch zu erkennen gebe, nach Hrn. Westrumbs Muthmaßung, Phosphorsäure.

Herr Dr. Gren äußert die Vermuthung, daß die Lichtmaterie, hauptsächlich das elektrische Fluidum bilden helfe, und vielleicht eine Säure die Basis desselben ausmache, diese aber nur in geringer Menge mit der Lichtmaterie vereiniget sey.*)

Von den Antiphlogistikern hat uns, so viel mir bekannt ist, noch keiner eine Theorie der Elektricität, nach seinem System zu geben versucht. Hr. Hofrath Lichtenberg**) schlägt vor, die elektrische Materie aus Oxygene, Hydrogene und Calorique bestehen zu lassen.

Erst neuerlich hat Herr van Marum mehrere Versuche, um der Kenntniß von der Natur der elektrischen Materie etwas näher zu kommen, angestellt, hauptsächlich über das Steigen des Thermometers im elektrischen Strome, und über die Verwandlung nicht elastischer Stoffe der Flüßigkeiten in elastische oder luftförmige durch das elektrische Fluidum. Aus diesen meynt er mit ziemlicher Gewißheit folgern zu können, daß das elektrische Fluidum Wärmestoff enthalte, dieser aber nicht frey, sondern mit einer andern unbekannten Substanz, vielleicht der Lichtmaterie verbunden sey***).

Dieß sind etwa die vorzüglichsten Meynungen der Neuern von der Natur der elektrischen Materie. Wem

diese

---

*) S. dessen Grundriß der Naturlehre. Halle, 1793. 8. §. 1046. S. 709.
**) S. dessen Vorrede zur 6ten Aufl. von Erxlebens Naturlehre. S. XXXI.
***) S. Grens neues Journ. der Phys. III B. S. 1. u. f.

diese freylich zum Theil sehr unvollständige Darstellung derselben nicht gnügen sollte, den muß ich, durch die mir angewiesenen engen Gränzen der Kürze zu sehr beschränkt, auf die in den Anmerkungen angezeigten Schriften verweisen.

Drittes Capitel.
Von der Natur der elektrischen Körper und Leiter.

Der merkwürdige Unterschied, der zwischen den beyden Classen der Körper, den elektrischen und Leitern, in Absicht auf die Elektricität statt findet, giebt dem Naturforscher natürlicherweise Gelegenheit zu fragen, durch welches Principium, oder durch welchen Mechanismus wohl einige Körper fähig werden mögen, die elektrische Materie durchgehen zu lassen, da indessen andere von ihr nicht durchdrungen werden können.

Man hat zu Erklärung dieser beyden merkwürdigen Eigenschaften, wie sich schon im voraus vermuthen läßt, verschiedene Muthmaßungen gemacht, von welchen sich aber keine, eine einzige wahrscheinliche Hypothese ausgenommen, bestätiget hat. Als noch die Verzeichnisse der elektrischen Körper und Leiter sehr klein und unvollständig waren, nahm man an, die Metalle und das Wasser wären die zwey einzigen leitenden Substanzen, und alle übrigen kämen der Natur eines vollkommenen Leiters näher, oder wären davon entfernter, je nachdem sie in ihrer Zusammensetzung eine größere oder geringere Menge von den gedachten Principien enthielten. So hielt man z. E. das Holz in keiner andern Absicht für einen Leiter, als insofern es Wasser in seinen Zwischenräumen enthielten; dem zu Folge bemerkte

merkte man, daß es ein desto besserer Leiter sey, je mehr es Feuchtigkeit enthalte, daß es hingegen mehr wie ein elektrischer Körper wirke, je mehr es von der Feuchtigkeit befreyet sey. Als man aber wahrnahm, daß das Wasser selbst ein schlechter Leiter sey, die warme Luft hingegen und die Kohlen, besonders die letzten, für gute Leiter erkannte, welche Substanzen bekanntermaßen weder Wasser noch Metall enthalten, wenigstens nicht in der Menge, welche erforderlich wäre, un eine nichtleitende Substanz in einen Leiter zu verwandeln, so verwarf man die erstere Hypothese, und Dr. Priestley trug eine andere vor*), welche sehr wohl gegründet zu seyn scheinet.

Dieser Gelehrte untersuchte, was für ein Principium alle Leiter gemeinschaftlich enthielten, fand, daß das Phlogiston einer von ihren gemeinschaftlichen Bestandtheilen sey, und schloß daraus, daß die leitende Eigenschaft gänzlich dem Phlogiston müsse zugeschrieben werden. „Hätte ich noch im Wasser," sagt er, „Phlogiston gefunden, so würde ich geschlossen haben, „es gebe in der Natur keine leitende Kraft, die nicht „eine Folge einer Verbindung dieses Principii (näm„lich des Phlogiston) mit irgend einem Grundstoffe „wäre. Metalle und Holzkohlen stimmen hierinnen ge„nau überein. Sie leiten, so lange sie Phlogiston ent„halten; sie leiten nicht mehr, sobald man ihnen dassel„be entzieht."

Und in einer Anmerkung zu diesem Paragraphen setzt er hinzu.

„Da ich seit dieser Zeit gefunden habe, daß ein „langes Hin- und Herschütteln der Luft im Wasser die„selbe verderbt, so daß alsdann kein Licht mehr in der„selben brennet, welches genau die Wirkung einer je„den

*) Observations on different Kinds of air, Vol. II. Sect. 14.

„ben Zusetzung des Phlogiston ist, so schließe ich nun,
„daß der in diesem Paragraphen angeführte Grundsatz
„allgemein wahr sey."

Diese Hypothese scheint sehr sinnreich und wahrscheinlich zu seyn; und so lange noch keine wahrscheinlichere erfunden wird, oder ihr keine Versuche widersprechen, können wir sie, wie ich glaube, sicher zu weiterer Fortsetzung unserer elektrischen Untersuchung gebrauchen, und die bereits entdeckten Phänomene der Elektricität mit ihr zu vereinigen suchen.

Viertes Capitel.
Von der Stelle, welche die elektrische Materie in den Körpern einnimmt.

Ehe wir den hypothetischen Theil dieser Abhandlung verlassen, wird es nicht überflüßig seyn, etwas über den Aufenthalt der elektrischen Materie zu sagen, welche entweder dem Körper natürlich ist, oder mit welcher er überfüllt wird. Daß die elektrische Materie, welche dem Körper eigen ist, so lang er in seinem natürlichen Zustande bleibt, durch seine ganze Substanz gleichförmig vertheilt seyn müsse, wird hoffentlich niemand läugnen; denn die elektrische Materie zieht die Theilchen aller andern Materien an sich, und wird von ihnen angezogen; und da sich dieses Anziehen verhält, wie die Menge der gleichartigen Materie, so wird gewiß jede Menge von Materie eine mit ihr verhältnißmäßige Menge elektrischer Materie anziehen; daher muß die elektrische Materie durch alle Theile der Materie des Körpers gleichförmig vertheilt seyn. Dieser Beweis gilt jedoch nur für die Leiter, weil er sich auf die Voraussetzung gründet, daß die einem Körper in seinem

natür-

natürlichen Zustande eigne elektrische Materie die Substanz des Körpers ungehindert durchdringen könne; ob aber die Regel auch bey den elektrischen Körpern wahr bleibe, hat man bisher noch nicht ausmachen können. So viel man aus Versuchen urtheilen kann, sollte ich glauben, daß sie auch für die elektrischen Körper gelte, und meine Vermuthung gründet sich auf folgende Schlüsse. Alle elektrischen Körper, wenn sie sehr erhitzt werden, werden Leiter *); in diesem Zustande muß daher die Regel bey ihnen statt finden, d. h. die elektrische Materie, die der Menge ihrer Masse zukömmt, muß sich gleichförmig durch ihre Substanz vertheilen; und da man annehmen kann, als ob alle elektrischen Körper, ehe sie dieß wurden, Leiter gewesen wären, so hätten sie in diesem Zustande gewiß die ihnen eigne Menge elektrischer Materie enthalten. Wenn sie nun hernach durch das Abkühlen elektrische Körper werden, so scheint diese Veränderung ihrer Beschaffenheit keinen Einfluß auf die gleichförmige Vertheilung der elektrischen Materie zu haben, welche statt findet, so lange sie sich in diesem Zustande der Leiter befinden **). Dieser Betrachtung zufolge besteht der Unterschied zwischen einem Leiter und einem Nichtleiter in Absicht auf die

H 4 ihnen

*) Da man diesen Satz bey allen bisher angestellten Versuchen wahr befunden hat, so kann er, wie ich glaube, mit Recht als ein Grundgesetz in der Lehre der Elektricität betrachtet werden.

**) Der einzige Umstand, welcher dieser Hypothese einige Schwierigkeit zu machen scheint, ist der, daß einige elektrische Körper die Eigenschaft besitzen, durch Abkühlen oder Gerinnen elektrisch zu werden. S. des ersten Theils 4tes Cap. (Daß die durch das Gerinnen eines geschmolzenen Körpers erregte Elektricität für eine Wirkung des Reibens zu halten sey, habe ich oben bey der vom Verfasser angeführten Stelle bemerkt; mithin bedarf dieser Einwurf kaum einer Widerlegung. B.)

ihnen eigne Menge der elektrischen Materie darinnen, daß diese Materie sich in dem erstern leicht bewegen kann, bey dem letztern hingegen in seine Zwischenräume eingeschlossen ist. Aber man kann fragen, ob wohl eine gewisse Menge Materie eines Körpers eben so viel elektrische Materie enthalte, als eine gleiche Menge Materie eines Leiters? Enthält wohl z. B. ein Stück Pech, wenn es geschmolzen ist, mehr, weniger, oder eben so viel elektrische Materie, als wenn es kalt ist? Ich kann auf diese Frage keine befriedigende Antwort geben; denn noch hat sich aus den bisher angestellten Versuchen nichts Gewisses bestimmen lassen. Dr. Priestley machte zu Bestimmung dieser Sache folgenden Versuch. Er machte ein Stück Glas glühend, (in welchem Zustande es ein Leiter ist,) stellte es auf ein isolirtes Stück Kupfer, und ließ es darauf, bis es kalt ward, (d. i. bis es ein elektrischer Körper ward;) aber während des ganzen Zeitraums der Abkühlung bemerkte man keine Art der Elektricität, weder an dem Kupfer, noch an dem Glase, dergleichen sich doch gewiß hätte zeigen müssen, wenn das Glas, da es ein elektrischer Körper war, entweder mehr oder weniger elektrische Materie enthalten hätte, als da es ein Leiter war*). Dieser Versuch scheint zwar eine entscheidende Antwort auf die obige Frage zu geben; allein wenn man die im ersten Theile angeführten Versuche über das Schmelzen elektrischer Materien in andern, und andere ähnliche Erfahrungen gehörig überlegt, so scheinen sie wiederum die Antwort sehr schwer zu machen **). Man muß

*) Geschichte der Elektricität, Th. VIII. Abschn. 16. No. 3. (deutsche Uebers. S. 478.) Aehnliche Versuche finden sich beym Beccaria, *Elettricismo Artificiale*.

**) Die Wachsgießer, wenn sie ihre Masse in die Formen gießen, finden, daß dieselbe den Staub u. dgl.

muß daher gestehen, daß die Sache noch unentschieden bleibe, und daß bloß weitere Versuche, und unentdeckte Erfahrungen, uns eine hinreichende Bestimmung darüber werden geben können.

In Absicht auf die Stelle, welche der Ueberfluß der elektrischen Materie, mit welchem ein Körper überladen ist, einnimmt, haben verschiedne sinnreiche Naturforscher geglaubt, daß bey jedem elektrisirten Körper aller Ueberfluß dieser Materie, oder alles Mangelnde, wenn der Körper negativ elektrisirt ist, sich als eine Art von Atmosphäre rings um den Körper umher aufhalte. Dieser Atmosphäre haben sie den Phosphorusähnlichen Geruch und die kitzelnde Empfindung zugeschrieben, welche die erregte Elektricität verursachet; sie haben sogar behauptet, man könne diese Atmosphären sichtbar machen. Andere aber haben darauf geantwortet, wenn sich die einem Körper mitgetheilte Elektricität als eine Atmosphäre rings um ihn her aufhielte, so würde sie die den Körper berührende Luft zurückstoßen: aber dieß zeigen die Versuche nicht; denn man hat gefunden, daß die elektrische Atmosphäre, wofern sie überhaupt existirt, so dicht sie auch immer seyn mag, gar keine Wirkung auf die an dem elektrisirten Körper anliegende Luft ausübt, so wie auch die Bewegung der Luft, selbst der stärkste Wind, keinen Einfluß auf diese Atmosphäre hat. Von den gedachten Empfindungen des Phosphorusähnlichen Geruchs u. s. w. aber glaubt man, daß sie bloß dadurch erregt werden, daß die elektrische Materie auf eine sehr feine Art durch die Haut eindringet oder ausgehet.

so stark anziehe, daß sie sie mit vieler Sorgfalt von dem Kohlenfeuer, bey welchem sie arbeiten, entfernt halten müssen, damit sie sich nicht (wie dieß bisweilen geschieht) mit Asche überziehe, und die Arbeit verderbe.

So viel sich aus Versuchen schließen läßt, so scheint sich, obgleich die elektrische Materie durch die Substanz der Leiter geht, dennoch in den Höhlungen oder Oeffnungen elektrisirter Körper, wenn sie nur eng genug sind, keine mitgetheilte Elektricität zu zeigen; überdieß, wenn zwey Körper von gleicher Größe und Gestalt, aber von verschiedner Dichtigkeit, zugleich elektrisirt, und dann von einander getrennt werden, so erhält jeder von ihnen eine gleiche Menge Elektricität, d. i. die Elektricität, die sie erhalten, ist ihren Oberflächen, nicht ihren Massen proportional.

Hieraus läßt sich schließen, daß die einem Körper mitgetheilte Elektricität nicht durchaus durch die ganze Substanz des Körpers zerstreut liege, sondern an derjenigen Oberfläche von ihm bleibe, welche an einen freyen elektrischen Körper stößt, d. h. an einen solchen, der nicht von einer gleichartigen Elektricität umgeben ist.

Dritter

Dritter Theil.
Praktische Elektricität.

Erstes Capitel.
Von dem elektrischen Apparatus überhaupt.

Bisher haben wir von der Elektricität bloß theoretisch gehandelt, dasjenige bemerkt, was davon mit übereinstimmender Gewißheit bekannt geworden ist, und eine Vorstellung der wahrscheinlichsten Muthmaßungen mitgetheilt, durch welche man die elektrischen Erscheinungen hat erklären wollen. Da aber die Elektricität vielleicht mehr, als irgend eine andere Lehre der Naturwissenschaft, eine vorzüglich praktische Behandlung erfordert, so müssen wir nun auch von ihrem praktischen Theile reden, und, so viel möglich ist, die besten Anleitungen sowohl zur Einrichtung der nöthigen Instrumente, als auch zur Anstellung solcher Versuche geben, welche theils zum Beweise der vorhergegangenen Sätze erfordert werden, theils an und für sich angenehm und unterhaltend sind.

In diesem Theile meines Werks wird man vielleicht mehr Neues finden, als man erwartet; denn nach der Menge der Bücher, welche seit einiger Zeit über die Elektricität ans Licht gekommen sind, sollte man fast glauben, daß schon alle möglichen Versuche beschrieben wären, die man nur mit einer Elektrisirmaschine anstellen könnte. Demohngeachtet ist der Fall gerade der entgegengesetzte; denn man hat nicht allein die alten Versuche abgeändert, sondern auch eine Menge von
neuen

neuen erfunden, ja sogar die vornehmsten Stücke des elektrischen Apparatus auf verschiedene Art verändert und verbessert.

Um in der Beschreibung des elektrischen Apparatus regelmäßiger verfahren zu können, wird es sehr bequem seyn, die Theile desselben in drey Classen abzutheilen. In der ersten werden wir die Werkzeuge betrachten, die zu Erregung und Mittheilung der Elektricität nothwendig sind; in der zweyten diejenigen, welche zu ihrer Verstärkung, Aufbehaltung und Anwendung dienen; endlich in der dritten diejenigen, durch welche ihre Quantität gemessen, und ihre Beschaffenheit bestimmt wird.

Das vornehmste Werkzeug zu Erregung der Elektricität ist die **Elektrisirmaschine** *), d. h. eine Maschine, welche auf irgend eine Art in einem elektrischen Körper die ursprüngliche Elektricität in dem Grade erregen kann, daß er elektrische Erscheinungen zeiget. Die Einrichtung dieser Maschine ist von der ersten Erfindung an bis auf den heutigen Tag so vielen Veränderungen unterworfen gewesen, und man hat ihr so vielerley Gestalten gegeben, daß es sehr schwer, und überdieß langweilig seyn würde, auch nur diejenigen zu beschreiben, die am meisten im Gebrauch gewesen sind. Jeder Mechanikus, und fast jeder Liebhaber baut seine eigne Maschine anders, als die übrigen; und wenn durch neue Beobachtungen oder lange Erfahrung irgend eine Unvollkommenheit an ihr entdeckt wird, so ist der Elektriker sogleich bereit, eine neue Methode zu ersinnen,

---

*) Die ersten Elektrisirmaschinen sind wohl in Deutschland, besonders von Hausen in Leipzig, erdacht und gebraucht worden. f. *Hausen* novi profectus in historia electricitatis. Lipf. 1734. 4. Vorher elektrisirte man gewöhnlich durch geriebne Glasröhren. A. d. Ueb.

nen, die den vorigen Fehlern abhelfen soll. In der That hat man den schnellen Fortgang der Wissenschaft großentheils diesen Veränderungen und mannichfaltigen Einrichtungen der Maschinen zu verdanken; denn gemeiniglich hat jede neue Einrichtung, sie mochte zufälliger Weise oder mit Absicht gemacht seyn, entweder eine wichtige Entdeckung veranlaßt, oder einen Fehler in den Werkzeugen und ihrer Behandlung kennen gelehrt.

Damit meine Leser die Freyheit behalten, sich die Gestalt ihrer Maschine selbst zu wählen, so will ich in diesem Capitel bloß die nothwendigsten Regeln der Verfertigung einer Elektrisirmaschine überhaupt angeben, und erst dem folgenden die umständliche Beschreibung einiger Maschinen vorbehalten, welche die brauchbarsten sind, und alle bisher vorgenommenen Verbesserungen in sich enthalten.

Die vornehmsten Theile der Maschine sind der elektrische Körper, die Maschine zur Bewegung, der reibende Körper, und der erste Leiter, d. i. ein isolirter Leiter, der die Elektricität unmittelbar von dem elektrischen Körper erhält.

Zum elektrischen Körper der Maschine hat man ehedem verschiedne Substanzen, z. B. Glas, Harz, Schwefel, Siegellack u. dergl. und unter verschiedenen Gestalten, z. B. als Cylinder, Kugeln, Sphäroide (Röhren, Scheiben) u. s. w. gebraucht. Diese Verschiedenheit fand damals in zwey Absichten statt: einmal, weil es noch nicht bestimmt war, welche Materie oder Gestalt die beste wäre; zweytens in Absicht auf positive und negative Elektricität, damit man beyde nach Gefallen hervorbringen könnte; denn ehe die Elektricität des isolirten reibenden Körpers entdeckt ward, brauchte man gemeiniglich Schwefel, mattgeschliffenes Glas oder Siegellack zur negativen Elektricität. Gegenwärtig

tig ist einzig und allein das glatte Glas im Gebrauch *); denn wenn die Maschine ein isolirtes Kissen hat, so kann man damit nach Gefallen positive oder negative Elektricität hervorbringen, ohne einen andern elektrischen Körper zu gebrauchen. In Absicht auf die Gestalt des Glases sind jetzt mehrentheils Kugeln oder Cylinder gewöhnlich. Die bequemste Größe einer Kugel ist von neun bis zwölf Zoll im Durchmesser; man giebt ihnen einen Hals, der in eine starke meßingne Büchse oder Kappe gekittet wird **), um sie in das gehörige Gestelle einpassen zu können. Die Cylinder macht man mit zwey Hälsen; sie werden mit vielem Vortheil ohne eine Are gebraucht, und ihre gewöhnliche Größe ist von vier Zoll Durchmesser und acht

*) Herr Lichtenberg in Gotha gebrauchte statt des Glases einen aufgespannten schwarzen wollenen Zeug, theils um das kostbare Glas zu ersparen, theils um die Einwirkung der Feuchtigkeit durch gelinde Erwärmung leicht verhindern zu können. Ich werde weiter unten seine Beschreibung dieser Elektrisirmaschine, welche sehr wirksam seyn soll, einrücken. Ein Vorschlag des Hrn. van Marum, statt des Glases Scheiben von Gummilack, und statt des reibenden Körpers Queckfilber zu gebrauchen, hat nicht so viel Beyfall gefunden, als sich sein Erfinder davon versprach. Die Ursache, warum er das Gummilack dem Glase vorzieht, ist, weil es die Feuchtigkeit aus der Luft weniger an sich nimmt. S. van Marums Abhandlung über das Elektrisiren, aus dem Holländ. übersetzt von Möller. Gotha 1777. 8. A. d. Ueb.

**) Der beste Kütt zu elektrischen Werkzeugen besteht aus zwey Theilen Pech, zwey Theilen Wachs, und einem Theile pulverisirtem rothen Ocker. Diese Ingredienzen werden geschmolzen, über dem Feuer zusammen wohl umgerührt, und hierauf zum Gebrauch aufgehoben. Dieser Kütt bindet sehr fest, und ist dem blosen Pech weit vorzuziehen, da er nicht so brüchig ist, und doch eben so gut isolirt.

acht Zoll lange, bis zwölf Zoll Durchmesser und zwey Fuß lange; doch hat man auch in London Cylinder von vier und zwanzig Zoll im Durchmesser verfertiget. Man gebraucht dazu gemeiniglich das beste Flintglas; jedoch ist es noch nicht genau bestimmt, welche Art der metallischen Beymischung die beste zu elektrischen Kugeln oder Cylindern sey. Auf die Dicke des Glases scheint nichts anzukommen, vielleicht aber ist das dünnste vorzuziehen. Es hat sich oft zugetragen, daß gläserne Cylinder und Kugeln unter währendem Drehen mit großer Gewalt, und mit einiger Gefahr der Umstehenden in unzählbare Stücken zersprungen sind. Man sucht die Ursache dieses Zufalls darinnen, daß solche Kugeln oder Cylinder nach dem Blasen zu plötzlich kalt geworden sind. Man muß es daher den Arbeitern auf der Glashütte wohl einschärfen, daß sie sie sehr langsam abkühlen, und die Temperatur der Atmosphäre nur nach und nach annehmen lassen.

Man hat lange Zeit darüber gestritten, ob ein Ueberzug von einer elektrischen Substanz, als Pech, Terpentin u. s. w. auf der innern Fläche des Glases die elektrische Kraft desselben verstärke; jetzt aber scheint es ziemlich gewiß ausgemacht zu seyn, daß ein solcher Ueberzug, wenn er auch die Kraft guter Glaskugeln oder Cylinder nicht verstärkt, dennoch wenigstens die schlechten beträchtlich verbessert. Ich habe verschiedenemal die inwendigen Seiten einiger Flaschen und Röhren mit Pech ausgegossen, und allezeit gefunden, daß die schlechtesten dadurch einigermaßen verbessert wurden.

Die bewährteste Composition, Glaskugeln oder Cylinder zu überziehen, besteht aus vier Theilen venetianischen Terpentin, einem Theile Wachs, und einem Theile Pech. Dieß wird etwa zwey Stunden lang über einem gelinden Feuer gekocht, und sehr oft umgerührt; hierauf läßt man es kalt werden, und hebt
es

128 Elektrischer Apparatus überhaupt.

es zum Gebrauch auf. Wenn eine Kugel oder ein Cylinder damit überzogen werden soll, so bricht man eine genugsame Menge davon in kleine Stücken, und wirft sie in das Glas; darauf hält man dasselbe ans Feuer, läßt die Mixtur schmelzen, und sich gleichförmig über die innere Fläche des Glases etwa in der Dicke eines Sechspfennigers verbreiten. Bey diesem Verfahren muß man Sorge tragen, das Glas nicht allzu schnell, sondern nach und nach zu erhitzen, und es beständig umzudrehen, damit es an allen Stellen gleich heiß werde; sonst wird dasselbe sehr leicht zerspringen.

Was die Maschine anbetrifft, welche den elektrischen Körper bewegen soll, so hat man dazu gemeiniglich Räder gebraucht, durch welche man, wenn sie gehörig angebracht werden, indem man sie mit einer Kurbel umdreht, dem elektrischen Körper eine sehr schnelle Bewegung geben kann. Das gewöhnlichste ist, an die eine Seite des Gestelles der Maschine ein Rad anzubringen, welches mit einer Kurbel gedreht wird, und rings herum auf seinem Umfange eingeschnitten ist. An die messingene Kappe des Halses der Glaskugel, oder des einen Halses des Cylinders wird ein Würtel angepasset, dessen Durchmesser etwa den dritten oder vierten Theil von dem Durchmesser des Rades beträgt; dann zieht man eine Schnur über das Rad und den Würtel, wodurch denn die Kugel oder der Cylinder drey- oder viermal herumgedrehet wird, so oft das Rad einmal herumgeht. Eine allgemeine Unvollkommenheit dieser Einrichtung ist, daß die Schnur bisweilen schlapp wird, und die Maschine still steht. Man kann ihr abhelfen, wenn man das Rad so einrichtet, daß es dem elektrischen Körper genähert und davon entfernet werden kann, damit man es durch eine Schraube in die gehörige Entfernung stellen könne; sonst kann

man

Elektrischer Apparatus überhaupt.

man auch in die Peripherie des Würtels mehrere Einschnitte von verschiednen Halbmessern machen.

Einige haben auch die Cylinder bloß mit einer Kurbel umgedreht, ohne eine Maschine zur Beschleunigung der Bewegung anzubringen; aber dieß scheint zu Erregung der größten elektrischen Kraft, die das Glas geben kann, nicht hinreichend zu seyn; denn eigentlich soll die Kugel oder der Cylinder etwa sechsmal in einer Secunde umlaufen, welches mehr ist, als man füglich durch eine bloße Kurbel leisten kann. Doch hat sich erst neuerlich Herr Nairne dieser Methode bedient, und durch eine zweckmäßige Einrichtung der einzelnen Theile eine sehr wirksame Elektrisirmaschine zu Stande gebracht. Ich werde davon in der Folge eine Beschreibung geben.

Auch hat man statt des obengedachten Würtels mit der Schnur, Zahn und Getriebe, oder ein Rad mit der Schraube ohne Ende gebraucht. Diese Einrichtung ist vielleicht eben so gut, als irgend eine andere: nur muß sie mit großer Feinheit und Genauigkeit ausgeführt werden, sonst macht sie leicht ein sehr unangenehmes Rasseln, und die Maschine nützt sich, wenn sie nicht oft eingeschmiert wird, durch das Reiben ihrer Theile gar bald ab.

Das nächste Stück der Elektrisirmaschine, wovon wir nun zu reden haben, ist der reibende Körper, der die Elektricität in dem elektrischen erregen soll. Dieser reibende Körper besteht nach der jetzt gewöhnlichen Art bloß in einem seidenen, mit Haaren ausgestopften Kissen. Ueber dieses Kissen wird ein Stück Leder gezogen, in welches ein Amalgama *) so eingerieben worden

---

*) Dieß Amalgama hat man unter allen bisher versuchten Materien am kräftigsten befunden, die Elektricität im Glase zu erregen. Vielleicht wird jedes Metall,

den ist, daß es so fest als möglich an dem Leber anhänget. Vor einiger Zeit war es allgemein eingeführt, und

tall, in Quecksilber aufgelöst, eben so viel leisten; das gewöhnliche aber wird aus zwey Theilen Quecksilber und einem Theile Stanniol nebst ein wenig gestoßener Kreide gemacht, welche unter einander gemischt werden, bis sie eine Masse, wie einen Teig, geben. Nach Higgins ist ein Amalgama aus einem Theile Zink und vier oder fünf Theilen Quecksilber noch wirksamer. Mußiv Gold kann man auch hierzu gebrauchen. Dieses Amalgama, (es ist dieß ein von dem Verfasser gegen das Ende des ganzen Werks hinzugefügter Zusatz, den ich hier herauf zu nehmen für schicklicher halte. B.) wird leicht sehr hart, besonders wenn man es einige Zeit ruhig stehen läßt. Dieß vermeidet man zum Theil, wenn man es mit etwas Fett, z. B. mit Talg oder Schöpsenfett, und ein wenig fein gepulverter Kreide vermischt. Die beste Art, es zu bereiten, ist folgende. Man erhitzt das Quecksilber, ohngefähr bis zum Siedepunkt des Wassers, und läßt den Zink in einem Schmelztiegel oder einer eisernen Kelle schmelzen. Das heiße Quecksilber gießt man sodann in eine hölzerne Büchse, und den geschmolznen Zink gleich dazu. Hierauf macht man die Büchse zu und schüttelt sie etwa eine halbe Minute. Nunmehr läßt man das Amalgama ganz, oder doch fast kalt werden, und reibt das Fett darunter. — Wollte man den Zink in kaltes Quecksilber gießen, so würde sich sehr wenig davon amalgamiren, das übrige würde in Klümpchen von verschiedener Größe zurückbleiben.

(Vor allen elektrischen Amalgamen, deren man sich bisher bedient hat, räumt man jetzt fast allgemein dem sogenannten Kienmayerischen den Vorzug ein. Es bestehet aus zwey Theilen Quecksilber, einem Theile gereinigten Zink, und einem Theile Zinn. Will man davon einige Unzen verfertigen, (bey der Bereitung im Großen muß man, um Gefahr zu vermeiden, anders verfahren,) läßt man den zuvor gereinigten Zink (über die Reinigung desselben s. Macquer

und auch jetzt ist es gewöhnlich, das Kissen von rothem Corduan mit Haaren ausgestopft zu machen; aber ein seidenes, wie es oben beschrieben worden, (welches eine Erfindung des Dr. Nooth *) ist,) ist weit vorzüglicher. Wenn dieses seidne Kissen, um an die Oberfläche des Glases gebracht werden zu können, an eine metallene Platte befestiget ist, so muß man an dieser Platte sorgfältig alle scharfen Spitzen, Ecken und Winkel vermeiden, und sie so viel möglich verbergen, oder mit Seide bedecken. Kurz, um das Kissen schicklich einzu-

quer Chym. Wörterb. B. VII. S. 353.) mit dem Zinn in einer eisernen Kelle schmelzen, thut nachher das Queckſilber dazu, rührt die Maſſe mit einem eisernen Spatel um, und reibt sie in einem gläsernen oder steinernen Mörsel zu einem feinen Pulver. Aus diesem Amalgama sondert sich das Queckſilber nicht ab, welches ein Fehler der gewöhnlichen ist, wenn man es auch stark schüttelt, oder Jahre lang in trocknen, gut verstopften Flaschen aufbewahret; auch bleibt sich die Kraft der Maschine, bey dessen Gebrauch, beständig gleich; die Friction wird ansehnlich vermindert, und die Wirkung der Maschine wenigstens um zwey Fünftel verstärkt. Man reibt es entweder als Pulver mit einem Messer in das vorher sorgfältig gereinigte und mit einem Talglichte fettig gemachte Kissen, so dünn und gleichförmig, als möglich, ein, bis das Kissen über und über eine Bleyfarbe bekommen zu haben scheint, oder man giebt ihm, durch Schweinfett, die Gestalt einer Salbe, und streicht diese ebenfalls ganz dünne auf. Die letztere Methode verdient vor der erstern um deswillen den Vorzug, weil die Bewegung, durch das untergemischte Fett, sanfter gemacht wird. S. Gothaisch. Mag. für das Neueste ꝛc. VI. B. 3tes St. S. 104. u. f. und Geblers phys. Wörterb. V. B. S. 18. u. f. B.)

*) Diese Einrichtung des Kissens beschreibt der Dr. Nooth in Philos. Transact. Vol. LXIII. No. 35. A. d. Ueb.

einzurichten, muß man es auf eine solche Art verfertigen, daß diejenige Seite, an welche sich die Oberfläche des Glases beym Herumdrehen anbrängt, ein so vollkommner Leiter als möglich sey, damit sie die Elektricität so geschwind als möglich hergebe, die andere Seite aber, so viel als möglich, ein Nichtleiter, damit nichts von der am Glase angehäuften elektrischen Materie wieder hinter das Kissen gehe, wie dieß, den Versuchen zufolge, geschieht, wenn dasselbe nicht auf die gehörige Art eingerichtet ist. Aus diesem Grunde befestiget man auch ein Stück seidnes Zeug an das Ende des Leders *). — Herrn Nairne's Reibzeug bestehet bloß aus einem Stücke von seidnem Zeuge, das über das lederne Kissen gezogen ist, und er nimmt nur sehr wenig Amalgama.

Das

---

*) Nach Herrn Nicholson (Philof. Transact. Vol. LXXIX. P. II. p. 273. überf. in Grens Journal, B. III. S. 49. u. f.) bestehet der Dienst des seidnen Lappens nicht bloß darinnen, den Rückgang der Elektricität von dem Cylinder zu dem Kissen zu verhüten, sondern er ist selbst das vorzüglichste Wirkungsmittel bey Erregung der Elektricität, während das Kissen nur dient, die Elektricität zu ersetzen und den Druck am vordern Theile zu vermehren. Auch wird die Entweichung der Elektricität von der Oberfläche des Cylinders nicht sowohl durch die Dazwischenkunft der Seide, als vielmehr durch eine Bindung nach Art einer Ladung verhütet, indem das Seidenzeug eben so stark negativ wird, als der Cylinder positiv ist. Diese Behauptungen sind von ihm durch Versuche erwiesen worden. Nach Hrn. van Marum (Seconde lettre de M. van *Marum* à M. Chev. *Landriani* sur les frottoirs électriques nouvellement appliqués à la machine de Teyler, im Journ. de Phyf. Fevr. 1791. überf. in Grens Journ. der Phyf. VI B. S. 70. u. f. muß der seidne Lappen, wenn er gute Wirkung thun soll, folgende Eigenschaften haben:

1) durch-

Elektrischer Apparatus überhaupt.

Das Kissen muß an einer Feder anliegen, damit es allen Ungleichheiten, die sich auf der Oberfläche des Glases befinden, leicht nachgeben, und durch eine Schraube, nachdem es die Umstände erfordern, stärker angedrückt, oder nachgelassen werden könne. Auch muß es auf irgend eine Art, welche etwa am bequemsten angebracht werden kann, isolirt seyn; denn wenn das Isoliren nicht erforderlich ist, so kann man noch Gelegenheit eine Kette, einen Drath oder dergleichen daran hängen, und diesen nach Gefallen mit der Erde oder einem andern Körper verbinden; da hingegen, wenn keine Veranstaltung da ist, das Kissen zu isoliren, viele der merkwürdigsten Versuche über die Elektricität mit der Maschine nicht können angestellt werden *).

Wir haben nun noch den ersten Leiter zu betrachten, welcher nichts weiter ist, als ein isolirter leiten-

---

1) durchaus nicht leiten; 2) keine Unebenheiten haben; 3) nicht starr seyn; 4) nicht zu dick seyn, damit sich die Falte, womit er an das Reibzeug befestiget ist, nicht zu sehr über das Leder erhebe; 5) endlich nicht zu dünn seyn, um die elektrische Materie nicht durch zu lassen. Mit diesen Eigenschaften wird, nach ihm, jeder Taffet, er sey geölt, gefirnißt, oder gewichst, gute Dienste leisten. B.

*) Sehr sinnreich und einfach ist die Erfindung des Herrn Nicholson, eine Maschine so einzurichten, daß man an einem Leiter durch das bloße Rück- und Vorwärtsdrehen des Cylinders beyde Elektricitäten gleich stark hervorbringen könne. Es werden nämlich zwey fest gemachte Kissen angebracht, und diese mit einem beweglichen seidenen Lappen und Reiber versehen. Hat man nun den Cylinder nach einer Seite gedrehet, und so eine gewisse Elektricität hervorgebracht, und es soll nun die entgegengesetzte hervorgebracht werden, so wird das lederne Reibzeug gelöst, mit dem Cylinder, an welchem es anhängt,

leitender Körper, der an dem einen Ende eine oder mehrere Spitzen hat *), um die Elektricität unmittelbar aus dem elektrischen Körper einzusammeln. Wenn dieser Leiter nur eine mäßige Größe haben soll, so pflegt man ihn von Messing und hohl zu machen; soll er aber sehr groß seyn, so macht man ihn in Rücksicht auf den Preis der Materialien lieber von Pappe, welche mit Stanniol oder Goldpapier überzogen wird. Gemeiniglich macht man den Leiter cylindrisch; aber seine Gestalt sey, welche sie wolle, so muß er allezeit vollkommen frey von Spitzen und scharfen Ecken oder Kanten seyn; und wenn Höhlungen oder Löcher in ihn gebohret werden, welches zu vielerley Absichten sehr bequem ist, so müssen sie wohl abgerundet, und vollkommen glatt gemacht werden. Ferner muß dasjenige Ende des ersten Leiters, welches sich von dem elektrischen Körper hinwegkehrt, breiter als der übrige Theil gemacht werden, da sich das stärkste Bestreben der Elektricität, aus dem Leiter herauszugehen, allezeit an diesem Ende zeiget.

Man hat ohne Ausnahme beobachtet, daß der Funken, der aus einem Leiter gezogen werden kann, desto länger

anhängt, herumgeführt, bis es an die entgegengesetzte Seite ankömmt, wo es sich wieder befestigt, und der Cylinder nun nach entgegengesetzter Richtung gedrehet. S. die oben S. 132. *) angeführte Abhandl. B.

*) Der Drath oder Kamm, an welchem diese Spitzen stehen, bekömmt insgemein den Namen des Zuleiters oder Collectors. Man pflegte sonst an dessen Stelle eine Quäste von Goldfäden zu gebrauchen. Allem Ansehen nach ist es dienlicher, die Anzahl der einsaugenden Spitzen zu vermindern, als sie zu vermehren. A. d. Ueb. Noch besser ist es, die Spitzen am Zuleiter ganz wegzulassen, und den Conductor mit dem Cylinder fast in Berührung zu bringen. B.

Elektrischer Apparatus überhaupt.

länger und dichter sey, je größer der Leiter ist. Die Ursache liegt darinn, daß die Menge der Elektricität, welche durch den Funken ausgeführet wird, ziemlich der Größe des Leiters proportional ist. Aus diesem Grunde macht man jetzt die ersten Leiter größer, als es ehedem gewöhnlich war. Inzwischen kann ihre Größe auch endlich so beträchtlich werden, daß sie von ihrer Oberfläche aus mehr Elektricität zerstreuen, als der elektrische Körper ersetzen kann; in welchem Falle ein so großer Leiter nichts als eine unbehülfliche und beschwerliche Last ist.

Ehe wir die Elektrisirmaschine verlassen, müssen wir bemerken, daß außer den angeführten Theilen auch ein starkes Gestell nöthig ist, um den elektrischen Körper, das Kissen und das Rad zu tragen. Der Leiter muß auf Trägern mit gläsernen Füßen ruhen, nicht auf seidnen Schnüren liegen, welche ihn nie still und fest halten. Kurz, die Maschine, der erste Leiter, und alle sonst gebräuchliche Theile des elektrischen Apparatus müssen so fest und standhaft, als möglich, gebaut werden, wofern man sich nicht vielerley Unbequemlichkeiten aussetzen will.

Außer der Elektrisirmaschine selbst muß der Liebhaber der Elektricität mit Glasröhren von verschiedner Größe, und einem ziemlich langen Stabe von Siegellack, oder einer mit Siegellack überzognen Glasröhre zur negativen Elektricität, versehen seyn. Zum wenigsten muß er nie ohne eine Glasröhre seyn, die etwa drey Schuh lang ist, und anderthalb Zoll im Durchmesser hat. Diese Röhre muß an einem Ende verschlossen, am andern aber in eine messingene Büchse mit einem Hahne gefaßt seyn, welche Veranstaltung sehr brauchbar ist, wenn es erfordert wird, die Luft in der Röhre zu verdichten oder zu verdünnen.

Das beste Reibzeug für glattes Glas ist die rauhe Seite von schwarzem Wachstaffet, besonders wenn sie mit einem Amalgama gerieben ist; aber für eine mattgeschliffene Glasröhre, ein Stück gedörrtes Holz, Siegellack oder Schwefel ist das beste Reibzeug weicher neuer Flanell *).

Die Werkzeuge, welche zu Verstärkung der Elektricität dienen, sind belegte elektrische Körper, unter welchen die mit leitenden Materien belegten Gläser die vornehmste Stelle einnehmen. Um eine starke Wirkung zu erhalten, können sie etwas groß gemacht werden, und werden dann eine sehr starke Ladung annehmen. Die Gestalt des Glases hat keinen Einfluß auf die Ladung, die es enthalten kann; nur die Dicke kömmt hier in Betrachtung; denn je dünner es ist, einer desto stärkern Ladung ist es fähig **); jedoch ist es zugleich destomehr der Gefahr ausgesetzt, durch die Gewalt der elektrischen Anziehung zerbrochen zu werden; daher man denn eine dünne belegte Platte oder Flasche gar wohl für sich allein gebrauchen, und sehr bequem zu mancherley Versuchen anwenden kann; wenn aber große Batterien nöthig sind, so muß man nothwendig etwas stärkeres Glas wählen, und Sorge tragen, daß dasselbe vollkommen wohl abgekühlt worden sey. Ist nur eine Batterie von geringer Kraft nöthig, die etwa acht oder neun Quadratfuß belegtes

Glas

---

*) Neuere gewiß sehr beträchtliche Zusätze zu dem elektrischen Apparatus sind der Elektrophor und Condensator. Eine umständlichere Beschreibung derselben würde zwar eigentlich an diese Stelle gehören; da aber der Verfasser den Elektrophor nicht eher als im vierten Capitel des vierten Theiles erwähnt, so will auch ich alles, was ich davon und vom Condensator zu sagen habe, bis auf meinen Zusatz zu diesem Capitel versparen. A. d. Ueb.

**) S. oben S. 52. *) B.

Elektrischer Apparatus überhaupt.

Glas erfordert, so will ich dazu gemeine Apothekerflaschen, die etwa ein oder ein halbes Nößel halten, empfehlen. Diese kann man sehr leicht von außen mit Stanniol, Bley oder Goldpapier, und von innen mit Messingspänen belegen; sie nehmen wenig Raum ein, und halten, weil sie dünn sind, eine sehr gute Ladung. Ist aber eine große Batterie nöthig, so kann man diese Flaschen nicht gebrauchen, weil sie allzuleicht zerbrechen; alsdann sind cylindrische Flaschen, die etwa funfzehn Zoll hoch sind, und vier bis fünf Zoll im Durchmesser haben, die schicklichsten *).

Wenn man Glasplatten, oder Flaschen, deren Oeffnung weit genug ist, belegen will, so ist die beste Methode, sie auf beyden Seiten mit Stanniol zu überziehen, den man an das Glas mit Firniß, Gummiwasser, Wachs u. dergl. befestigen kann. Ist aber die Oeffnung so eng, daß man den Stanniol und das Instrument, womit man ihn an die Fläche des Glases anstreichen muß, nicht hineinbringen kann, so kann man sehr bequem Messingspäne gebrauchen, dergleichen bey dem Feilen der Stecknadeln abgehen: diese kann

---

*) Sehr merkwürdig ist das Verfahren des Herrn Cutbbertson, welcher die Kraft der Flaschen dadurch beträchtlich verstärkte, daß er den unbelegten Theil derselben etwas feucht und staubig hielt. Auf diese Art konnte er mit einer Flasche von 160 Quadratzoll Belegung 8 Zoll Eisendrath von Nr. 15 schmelzen. S. Cutbbertson Abhandl. von der Elektricität ꝛc. Dritte Fortsetzung. Uebers. Leipzig, 1796. 8. S. 102. Mit einer Batterie von 60 Quadratfuß Belegung gelangen ihm, zu seiner Verwunderung, die Versuche, gefärbte Figuren auf Papier durch Drathschmelzen von verschiedenen Metallen hervor zu bringen, eben so gut, und noch besser, als ehemals zu Harlem mit der großen Taylerschen Maschine, und 225 Quadratfuß belegter Fläche. S. Ebend. S. 136. D.

kann man mit Gummiwasser, Wachs und dergl. befestigen, nicht aber mit Firniß, weil dieser sich leicht beym Ausladen entzündet, wie man davon in dem letztern Theile dieses Werks ein Beyspiel antreffen wird. Man muß sich in Acht nehmen, daß die Belegungen der Oeffnung der Flaschen nicht allzunahe kommen; dieß würde machen, daß sich die Flaschen von selbst ausladeten. Es wird überhaupt sehr gut seyn, wenn die Belegungen nur bis etwa zwey Zoll unter den Rand gehen; man findet aber einige Arten von Glas, besonders von gefärbtem, die sich, wenn sie belegt und geladen werden, leichter als andere, von sich selbst ausladen, wenn auch die Belegung erst fünf bis sechs Zoll unter dem Rande anfängt *). Noch eine andere Sorte von Glas, die demjenigen gleich kömmt, aus welchem die Florentiner Bouteillen gemacht werden, hält wegen einiger unverglasten Theile in ihrer Substanz nicht die geringste Ladung; wenn man daher eine große Anzahl Flaschen zu einer starken Batterie auszusuchen hat, so ist es rathsam, einige davon erst zu probiren, damit man ihre Beschaffenheit und ihr Vermögen bestimmen könne **).

Die Liebhaber der Elektricität haben sich oft bemüht, einen andern elektrischen Körper ausfindig zu machen, der zu ihrer Absicht dienlicher, wenigstens wohlfeiler, als das Glas seyn möchte; aber außer der Methode des Pater Beccaria, welche sehr wohl zum Gebrauch

---

*) Wenn sich eine Flasche selbst entladet, so geht die elektrische Materie von der innern Belegung nach der äußern, über die Oberfläche des Glases weg, und läßt an den Stellen, über welche sie ihren Weg genommen hat, eine unauslöschliche Spur zurück, meist in Gestalt eines Zickzack.

**) Ueber die zweckmäßigste Einrichtung der Batterien s. Bohnenberger's Beytr. zur theoret. und prakt. Elektricitätslehre, 1. St. S. 69. u. f. B.

Gebrauch dienen kann, finde ich nicht, daß darüber irgend eine merkwürdige Entdeckung wäre gemacht worden.

Der P. Beccaria nahm gleiche Portionen von sehr reinem Colophonium und äußerst fein gestoßenem und durchgesiebtem Marmor, und ließ es eine Zeit lang an einem heißen Orte liegen, wo es völlig von aller Feuchtigkeit frey ward; darauf vermischte er beydes, schmolz die Composition in einem eignen Gefäße, und goß sie auf eine Tafel, auf welche er vorher ein Stück Stanniol gelegt hatte, das bis auf eine Entfernung von zwey oder drey Zoll von dem Rande der Tafel reichte; hierauf suchte er mit einem heißen Eisen die Mixtur so gleichförmig als möglich über die ganze Tafel, $\frac{1}{10}$ Zoll dick zu verbreiten, und legte endlich noch ein anderes Stück Stanniol darüber, welches bis etwa zwey Zoll von dem Rande der Mixtur reichte; kurz, er belegte eine Platte von dieser Mixtur eben so, wie man sonst die Glasplatten belegt. Seinen Nachrichten zufolge hat diese belegte Platte allezeit mehr Wirkung gethan, als eine Glasplatte von gleicher Größe, selbst wenn die Witterung nicht allzutrocken war: und wofern sie nicht etwa der Gefahr ausgesetzt ist, durch eine freywillige Entladung zu zerbrechen, so scheint sie mir zum Gebrauch sehr bequem zu seyn; denn sie zieht nicht leicht Feuchtigkeit an, und kann also eine elektrische Ladung besser und länger halten, als das Glas: überdieß kann man sie, wenn sie auch zerbricht, mit einem heißen Eisen leicht wiederherstellen; da hingegen das Glas, wenn es einmal zerbrochen ist, nie wieder gebraucht werden kann *).

Wenn eine Flasche, eine Batterie, oder überhaupt ein belegter elektrischer Körper entladen werden soll, so muß

---

*) Wie man zersprungene Flaschen wieder zum Gebrauch geschickt machen könne, wird weiter unten im 4ten Cap. dieses dritten Theils gezeigt. B.

muß man dazu mit einem Instrumente versehen seyn, welches der **Auslader** (dischargingrod)*) genennt wird, und aus einem Stabe von Metall besteht, der bisweilen gerade, gemeiniglich aber in der Gestalt eines C gekrümmt ist: man macht ihn auch aus zwey Schenkeln, die sich wie ein Zirkel öffnen lassen. Dieser Stab hat an seinen beyden Enden metallene Knöpfe und einen nichtleitenden Handgriff, gemeiniglich von Glas oder gedörrtem Holz, der in der Mitte desselben befestiget ist. Wenn man dieses Instrument gebrauchen will, so fasset man es bey dem Handgriff, berührt eine von den beyden Seiten des geladenen elektrischen Körpers mit dem einen Knopfe, und nähert den andern an die andere belegte Seite oder an eine damit verbundene leitende Substanz; so wird dadurch die Verbindung zwischen den beyden Seiten vollständig ergänzt, und der elektrische Körper entladen.

Die Werkzeuge zur Ausmessung der Stärke und Bestimmung der Beschaffenheit der Elektricität heißen gemeiniglich **Elektrometer**, und es giebt deren viererley: 1) das bloße Faden-, 2) das Kork- oder Holundermarktkügelchen-, 3) das Quadranten- und 4) das Auslade-Elektrometer **). Die umständlichere Beschreibung derselben wird man im dritten Capitel dieses Theiles finden.

Außer den angeführten giebt es noch verschiedene andere Instrumente, die ich aber gelegentlich an andern Orten beschreiben will. Inzwischen muß der Liebhaber der

---
*) Bey den französischen Schriftstellern heißt dieses Werkzeug *Excitateur*. A. d. U.

**) Die zweyte Sorte von Elektrometer, d. i. die Korkkügelchen, hat Canton, das Auslabeelektrometer Lane erfunden, und Henly verbessert; ein anderes von verschiedener Einrichtung ist von Kinnersley; und das Quadrantenelektrometer, welches das neueste ist, von Henly.

der Elektricität nicht bloß eine einzige belegte Flasche, einen einzigen Auslader, kurz, nicht allein dasjenige besitzen, was zu den gemeinen Versuchen nöthig ist; sondern er muß sich mit verschiedenen Glasplatten, mit Flaschen von verschiedener Größe, mit einer Menge von Instrumenten verschiedener Art, ja sogar mit Werkzeugen zu ihrer Verfertigung versehen, damit er leicht die neuen Versuche anstellen könne, auf welche ihn seine Wißbegierde leitet, oder welche von andern Gelehrten, die in diesem Fache der Naturlehre arbeiten, bekannt gemacht werden.

Zweytes Capitel.
Beschreibung einiger Elektrisirmaschinen insbesondere.

Ich will meinen Lesern in diesem Capitel eine umständlichere Beschreibung von dreyen Elektrisirmaschinen geben, die ihnen hoffentlich nach der vorausgeschickten allgemeinen Betrachtung über den Bau dieser Maschine desto angenehmer seyn wird. Die erste ist diejenige, welche Dr. Priestley in seiner Geschichte der Elektricität*) beschreibt, wo sich auch eine Abbildung derselben befindet, und die, weil ihr Gebrauch von so ausgebreitetem Umfange ist, den Namen einer Universalelektrisirmaschine verdienet.

Das Gestell dieser Maschine besteht aus zwey oblongen Bretern, welche durch zwey kleine dazu eingerichtete Queerhölzer in einer parallelen Lage etwa vier Zoll weit aus einander gehalten werden. Diese Breter können horizontal auf einen Tisch geleget, und das unterste mit eisernen Klammern daran befestiget werden.

*) V Theil, 2 Abschnitt, der deutschen Uebersetzung, S. 351.

Es stehen darauf zwey Säulen von gedörrtem Holz und das Kissen. Eine von den Säulen läßt sich zugleich mit der Feder, welche das Kissen trägt, in einem Falze verschieben, welche der Länge nach fast durch das ganze obere Bret reicht, und kann durch Schrauben in die gehörige Entfernung von der andern gestellt werden. Diese andere steht fest, geht durch das obere Bret hindurch, und ist an das untere stark befestiget. Diese zwey Säulen haben verschiedene Löcher, in welche man die Spindeln verschiedner Kugeln einlegen kann; und da sie sich in jede gegebene Entfernung von einander stellen lassen, so kann man zwischen ihnen nicht allein Kugeln, sondern auch Cylinder oder Sphäroiden von verschiedener Größe aufhängen. An dieser Maschine, sagt Dr. Priestley, kann man mehr als eine Kugel oder Cylinder auf einmal gebrauchen, wenn man sie über einander in die verschiednen Löcher der Säulen einhänget, und jeder einen eignen Würtel anpasset. So kann man sie alle auf einmal drehen, und ihre Kraft zu Verstärkung der Elektricität vereinigen*). Allein ich sehe nicht, wie man bey dieser Einrichtung bequem an eine jede ein besonderes Kissen anbringen kann; welches immer ein Hauptfehler ist.

„Das Kissen," sagt Dr. Priestley, „bestehet „aus einer hohlen kupfernen Plattmütze, welche mit „Pferdehaaren ausgestopft, und mit Corduan überzo-
„gen

*) Wenn man mehrere Kugeln auf einmal gebraucht, und ihre Kraft vereinigt, so wird dieselbe, wie man durch Versuche gefunden hat, zwar stärker, als bey einer einzigen Kugel, aber doch nicht im Verhältniß der Anzahl der Kugeln. Da aber das Reiben und die Schwierigkeit der Regierung der Maschine im Verhältniß der Anzahl der Kugeln oder Cylinder zunehmen, so halte ich es für besser, einen einzigen großen und guten Cylinder, als mehrere auf einmal, zu gebrauchen.

einiger Elektrisirmaschinen.

„gen ist. Es ruhet auf einem Fußgestelle, welches die
„cylindrische Axe eines runden und flachen Stücks ge-
„dörrten Holzes aufnimmt, wovon das andere Ende in
„dem Schnabel einer gebognen Stahlfeder steht. Die-
„se Stücke lassen sich leicht aus einander nehmen, so daß
„man das Kissen oder das Stück Holz, welches zum
„Isoliren desselben dienet, nach Gefallen verändern
„kann. Die Stellung der Feder kann auf eine dop-
„pelte Art verändert werden. Man kann sie entweder
„längst dem Falze verschieben, oder ihr eine entgegen-
„gesetzte Richtung geben," (indem der Falz weiter ist,
als die Schraube, von welcher die Feder gehalten wird,)
„so, daß man sie in jede beliebige Stellung in Anse-
„hung der Kugel oder des Cylinders bringen kann, und
„überdieß ist sie auch noch mit einer Schraube versehen,
„wodurch man sie nach Gefallen stärker anziehen, oder
„nachlassen kann."

Das Rad dieser Maschine ist an dem Tische befestiget; es hat verschiedene Einschnitte, damit man mehrere Schnüre darum legen könne, wenn man zwey oder
drey Kugeln oder Cylinder auf einmal gebrauchen will;
und da es gar nicht mit dem Gestell der Maschine verbunden ist, so kann man es in verschiednen Entfernungen von einander festschrauben, um dadurch der veränderlichen Länge der Schnur nachzugeben.

Der erste Leiter besteht aus einem hohlen kupfernen
Gefäße, in Gestalt einer Birne, das den Stiel auswärts kehrt, mit dem Boden oder rundern Theile aber
auf gedörrtem Holze steht. Von dem Stiele aus geht
an die Glaskugel ein gebogner Messingdrath, der an
seinem Ende einen Ring hat, worein man einige kleine
spitzige Dräthe stecket, welche ganz leicht an den elektrischen Körper anspielen, und die elektrische Materie aus
ihm einsammeln. Diese Gestalt des ersten Leiters ist
aber sehr unschicklich.

Diese

Diese Maschine ist, einiger Unvollkommenheiten ohngeachtet, noch immer eine sehr gute Erfindung; aber wenn man nicht verschiedene Kugeln oder Cylinder oder mehrere auf einmal gebrauchen will, so kann, nach meiner Meynung, noch ein großer Theil der Arbeit ersparet, und die Maschine mehr ins Einfache und Kleine gezogen werden.

Nach dieser Maschine des Dr. Priestley will ich eine andere beschreiben, die wegen ihrer Simplicität und Kleinheit einen sehr feinen Contrast mit der vorigen macht *).

Diese Maschine besteht aus einer zirkelrunden Glastafel etwa von einem Schuh im Durchmesser, welche in verticaler Stellung mit einer Kurbel gedreht wird, die an einer eisernen Axe befestiget ist, welche durch den Mittelpunkt der Glastafel geht. Die Tafel wird an vier Kissen gerieben, die ohngefähr zwey Zoll breit sind, und an den beyden Enden des verticalen Durchmessers stehen.

Das Gestell besteht aus einem Brete, das etwa einen Quadratschuh hält, oder auch einen Schuh lang und sechs Zoll breit ist, das man, wenn die Maschine gebraucht werden soll, an den Tisch mit einer eisernen Klammer befestigen kann. Auf diesem Brete werden zwey andere dünnere und kleinere aufgerichtet, die mit einander parallel laufen, und oben durch ein kleines Queerholz verbunden sind. Diese aufrechtstehenden Breter tragen in ihrer Mitte die Axe der Glastafel, und an sie sind auch die Kissen befestiget.

Der

*) Nach einer in der allgem. deutschen Bibl. Anhang zum 13—24 Bande 1 Abth. S. 549. befindlichen Nachricht ist der Erfinder dieser Maschine Hr. Planta, Stifter und ehemaliger Director des Haldensteinischen Seminariums, gewesen, der sich derselben schon um das Jahr 1760. bedient haben soll. A. d. U.

Der Leiter ist eine hohle Röhre von Messing, an deren Ende sich zwey Arme ausbreiten, welche bis nahe an das Glas reichen, und dadurch die Elektricität aus demselben sammeln.

Die Wirkung dieser Maschine ist vielleicht größer, als man ihrem Ansehen nach urtheilen sollte. Man könnte den Einwurf machen, diese Einrichtung lasse es nicht leicht zu, die Kissen zu isoliren, und sey also nicht zu vielen und mannichfaltigen Versuchen geschickt; man muß aber zugleich eingestehen, daß sie sehr bequem fortzutragen ist, nicht leicht in Unordnung geräth, und daß ihre Kraft zu verschiedenen Absichten vollkommen hinlänglich ist, daher sie denn auch sehr bequem zu gebrauchen ist. Man hat bey dergleichen Maschinen zwey parallele Glasscheiben, und diese von einem beträchtlichen Durchmesser, angebracht. Diese werden dann vermittelst einer Axe gedrehet, und an acht Kissen gerieben. — Die Funken, die man aus den Leitern solcher Maschinen erhält, sind stark, wenn auch nicht von beträchtlicher Länge. Eine Batterie läßt sich durch eine solche Maschine sehr geschwind laden, da die elektrische Materie durch sie in erstaunender Menge angehäufet wird. Ihre Hauptunvollkommenheiten sind: erstlich, die vielen Kissen, welche immer in Ordnung gehalten werden müssen; dann, das heftige Reiben, wodurch das Drehen der Maschine sehr erschweret wird; endlich die Scheiben selbst, die sehr leicht zerbrechen*).

Die Maschine, die auf der ersten Kupfertafel Fig. 1. vorgestellt ist, enthält alle Verbesserungen, die man

---

*) Sehr viel Brauchbares und Neues über die zweckmäßigste Einrichtung der Scheibenmaschinen, und die Verbesserung derselben in Ansehung des Reibzeugs findet man in Cutbbertson's Abhandl. von der Elektr. hauptsächlich in der 3ten Fortsetzung. B.

man bisher bey den Maschinen angebracht hat; nur läßt sie nicht den Gebrauch verschiedner elektrischer Körper, oder mehrerer auf einmal zu, welches aber auch nicht nöthig zu seyn scheint. Das Vermögen dieser Maschine ist wenigstens eben so groß, als man es nur von irgend einer andern erwarten kann; und da sie dabey keinen allzugroßen Raum einnimmt, und in allen Stücken bequem ist, so verdient sie gewiß den Namen der vollständigsten unter allen bisher angegebnen Elektrisirmaschinen.

Das Gestell der Maschine besteht aus dem Brete ABC, welches beym Gebrauch der Maschine mit zwey eisernen Klammern an den Tisch befestiget wird, wovon man die eine in der Figur nahe bey C sehen kann. Auf diesem Brete sind zwey starke hölzerne Säulen KL und AH senkrecht aufgerichtet, die den Cylinder und das Rad tragen. Aus der messingenen Kapsel, worein der eine Hals des Cylinders FF gefaßt ist, geht eine stählerne Spindel durch die Säule KL hindurch, und trägt jenseits dieser Säule an ihrem Ende, welches viereckigt ist, einen Würtel. Auf der Peripherie des Würtels sind drey bis vier Einschnitte, um der veränderlichen Länge der Schnur ab nachgeben zu können, welche um den Würtel und den Einschnitt des Rades D gezogen wird. In der andern Kapsel des Cylinders ist ein kleines Loch, in welches das conische Ende einer starken Schraube geht, die durch die Säule H durchgeschraubt ist. Das Rad D wird vermittelst des Handgriffs C um eine starke Axe gedreht, welche um die Mitte der Säule KL in derselben befestiget ist.

Das Kissen dieser Maschine G ist an jedem Ende um zwey Zoll kürzer, als der Cylinder, (die Hälse nämlich ungerechnet,) und berührt auf einmal etwa den zehnten, oder lieber einen noch geringern Theil von dem Umfange desselben. Es besteht aus einem dünnen,

mit

mit Haar ausgestopften seidnen Kissen, und ist mit seidnen Schnuren an ein Holz gebunden, welches eine zu der Oberfläche des Cylinders passende Gestalt hat. An das untere Ende des Kissens, oder vielmehr an das Holz, woran das Kissen gebunden ist, ist ein Stück Leder befestiget, welches über das Kissen gebogen wird, daß es zwischen daßelbe und die Oberfläche des Cylinders kömmt, und an das Ende dieses Leders ist ein Stück seiden Zeug oder Wachstaffet angeheftet, das fast den ganzen obern Theil des Cylinders bedecket *). In dieses Leder, welches von dem untern Ende des Kissens bis fast an das obere reicht, wird das obenbeschriebene Amalgama eingerieben, daß es so fest als möglich in seine Substanz eindringt. Nimmt man Musivgold, so muß das Leder neu, und vorher kein Amalgama darauf gewesen seyn. Dieses Kissen wird von zwey Federn gehalten, die hinten an daßelbe angeschraubt sind, und von denen man es leicht abschrauben kann, wenn es erforderlich ist. Die beyden Federn kommen aus der hölzernen Haube einer starken gläsernen Säule**) hervor, die auf dem untern Brete senkrecht steht. Diese Säule hat einen viereckigten hölzernen Fuß, der sich in einem Falze in dem untern Brete ABC verschieben, und durch eine Schraube feststellen läßt. So kann man diese gläserne Säule in jede beliebige

---

*) Eine Erfindung des Dr. Moorb, f. Philof. Transact. Vol. LXIII. No. 35. A. d. Ueb.

**) Diese gläserne Säule sowohl als die Glasfüße überhaupt, die man zum Isoliren der Stative gebraucht, müssen mit Firniß, oder noch besser, mit Siegellack überzogen werden; sonst isoliren sie sehr unvollkommen, indem sie bey nassem Wetter viel Feuchtigkeit aus der Luft an sich ziehen. Das im Weingeist aufgelöste Siegellack ist zwar hierzu sehr gut. Noch besser aber ist es, wenn man das Glas erhitzt, und mit einer Stange Siegellack überfährt.

bige Entfernung von dem Cylinder stellen, und also das Kissen nach Gefallen stärker oder weniger an denselben andrücken. Auf diese Art ist das Kissen vollkommen isolirt; wenn aber das Isoliren nicht erfordert wird, so kann man eine Kette mit einem Häckchen daran hängen, die mit dem Leder verbunden ist; und wenn man sie auf den Tisch oder Boden herabfallen läßt, so ist das Kissen nicht mehr isolirt.

Die zweyte Figur stellt den zu dieser Maschine gehörigen ersten Leiter AB vor. Er ist von Messingblech, und ruht auf zwey überfirnißten Glassäulen, die mit zwey messingenen Füßen in das Bret CC befestiget sind. Dieser Leiter saugt die elektrische Materie durch die Spitzen des Collectors L ein, welche ohngefähr einen halben Zoll von der Oberfläche des Cylinders abgerückt werden.

Wenn der Handgriff des Rads E Fig. 1. gedrehet wird, (dieß muß aber, wegen der Einrichtung des Kissens, allezeit nach der Richtung der Buchstaben a, b, c geschehen,) so wird die Maschine in der durch die Figur vorgebildeten Stellung, positive Elektricität geben, d. h. der erste Leiter wird positiv elektrisirt, oder mit elektrischer Materie überfüllt; denn durch das Reiben pumpt gleichsam der Cylinder die elektrische Materie aus dem Kissen und jedem mit demselben gehörig verbundenen Körper, und führt sie in den ersten Leiter über. Will man aber negative Elektricität haben, so muß man die Kette vom Kissen abnehmen, und an den Leiter hängen; denn nun geht die Elektricität des Leiters in den Boden über, und das nunmehr isolirte Kissen wird sehr stark negativ elektrisirt. Verbindet man nun mit diesem Kissen einen andern Leiter, der dem ersten völlig ähnlich ist, so kann man aus diesem eine eben so starke negative Elektricität erhalten, als die positive aus dem ersten war.

Zu-

Zuletzt will ich noch eine Maschine vom Herrn E. Nairne beschreiben, welche hauptsächlich für den medicinischen Gebrauch eingerichtet ist, und dieser Absicht vortrefflich entspricht. Denn man kann damit jeden Grad der elektrischen Kraft mit der größten Leichtigkeit hervorbringen. Sie ist auf der fünften Kupfertafel Fig. 1. vorgestellet. Die Haupttheile derselben sind der Glascylinder, und die beyden Leiter, die sich alle in einer parallelen Lage befinden. Der Cylinder, der gemeiniglich ohngefähr sieben Zoll im Durchmesser hat, ist mit hölzernen Kappen versehen, und drehet sich in zwey hölzernen Stücken, die oben auf zwey starke Glassäulen B. B. gekittet sind. Diese Säulen sind in das untere Bret der Maschine festgemacht, und dieses wird mittelst einer Klammer an den Tisch angeschraubt. Unten an diesem Brete sind Einschnitte gemacht, und in diesen lassen sich die hölzernen Stücken F. F. hin und her schieben. Diese Stücken tragen die Leiter auf den starken Glassäulen D. D. Will man nun die Leiter dem Cylinder näher bringen, oder sie von ihm entfernen, so kann man die hölzernen Stücken hinein oder heraus schieben, und mittelst der Schrauben L. L. feststellen. Das Reibzeug ist an dem Leiter K. befestiget. Es bestehet aus einem ausgestopften ledernen Kissen, an dessen unterm Theile ein Stück seiden Zeug angeleimt ist. Letzteres ist über die Oberfläche des Kissens, nämlich zwischen dem Kissen und dem Glase, gezogen, gehet über den Cylinder weg, und reicht fast bis an die spitzigen Dräther, welche an dem andern Leiter befestiget sind, um die elektrische Materie von dem Cylinder aufzunehmen.

Die Leiter sind von Zinn, und mit einem schwarzen Lack überzogen, und in jedem steckt eine belegte Flasche, und noch eine dünne belegte Röhre, oder kleine Flasche, die man sehen kann, wenn die Deckel NN weggenommen sind. An jedem Leiter ist ein Knopf O, befestiget, um eine Kette daran hängen zu können, und man erhält dann positive oder negative Elektricität, je nachdem man den einen oder den andern Leiter mit der Erde verbindet.

Der längste Theil der Kurbel C, wodurch der Cylinder gedrehet wird, ist von Glas.

Man siehet leicht, daß an dieser Maschine alle Theile, nicht nur die Leiter, nebst dem Reibzeug, sondern auch der Cylinder selbst, samt seinen Kappen, isoliret sind. Auf diese Art kann sich die auf dem Cylinder angehäufte Materie nicht so leicht zerstreuen. Dieses, und die vortreffliche Arbeit jener Maschine, bis auf jeden einzelnen Theil, macht sie sehr wirksam, und ich gestehe, daß ich nie eine nach andern Grundsätzen gebauete Maschine von gleicher Größe gesehen habe, die dieser in Rücksicht ihrer Wirkung gleich gekommen wäre.

Dieser Maschine hat Hr. Nairne noch ein Auslabeelektrometer, und mehrere andere Instrumente beygefüget, welche zu jeder Absicht bey der medicinischen Elektricität erforderlich sind; besonders lassen sich mittelst der Flaschen, welche in die Leiter gesteckt sind, sehr kleine Schläge mit der größten Leichtigkeit, und fast bis zu einem unmerklichen Grade geben. Mehreres über die Einrichtung und den Gebrauch dieser vortrefflichen Maschine und ihres Apparatus findet man in des Hrn. Nairne eigener Beschreibung, auf die ich den Leser hier verweisen muß.

(Zu diesen vom Verfasser beschriebenen Elektrisirmaschinen setze ich noch die vom Herrn Legationsrath Lichtenberg in Gotha im ersten Stück seines Magazins für das Neueste aus der Physik und Naturgeschichte (Gotha 1781. 8.) angegebene hinzu, welche höchst einfach und wohlfeil ist, und dennoch an

Stärke

einiger Elektrisirmaschinen.

Stärke die gewöhnlichen Maschinen übertrifft, weil man sie durch Erwärmung leicht vor den schädlichen Einflüssen der feuchten Witterung sichern kann. Ihre Beschreibung, die ich aus der angeführten Schrift entlehne, ist folgende.

„Das vorzüglichste Stück an dieser Maschine, wo„durch sie sich auch allein von andern unterscheidet, ist „die mit schwarzem glatten wollenen Zeuge überspannte „Trommel *) (Taf. IV. Fig. 6. aaaa), deren Gerippe „Fig. 7. vorgestellt ist. Die an beyden Enden des Ge„rippes befindlichen hölzernen Scheiben m m sind an den „innern Seiten mit Streben versehen, damit sie sich „nicht einwärts beugen, und der Spannung des Zeugs „nachtheilig werden können."

„Die beyden Axen der Trommel, Fig. 6. bb gehen, „wenn das Gestell aus einander genommen werden kann, „durch dessen Seiten durch. Ist das Gestell fest zu„sammengefügt, so kann sich die Trommel auch hinter „vorgeschraubten eisernen Platten bewegen."

„Der Reiber dd Fig. 6. ist ein mit langhaarichtem „Katzenfelle überzogenes Kissen, das an eine starke „Glasröhre, oder in deren Ermangelung an einen Stab „von gebackenem und mit Firniß überzogenem Holze be„festigt ist. Die Röhre oder der Stab geht durch den „obern Theil des Gestells durch, wo eine Schraube f „befind-

K 4

---

*) „Die Trommel kann auch mit seidenem Zeuge, Glanz„leinwand oder mit Papier überspannt werden. Ueber„spannt man sie mit einem Zeuge oder Leinwand, so „ist nöthig, diese Dinge bloß mit Stiften zu befesti„gen, damit man sie im Fall der Noth wieder von „neuem anspannen kann." (Herr Bohnenberger giebt dem gefirnißten Taffet den Vorzug vor dem Wollenrasch. Tamys, oder andere geglättete Wollenzeuge verwirft er, weil sie die Elektricität schwächen. S. dessen Beschreibung einiger Elektrisirmaschinen, und elektrischer Versuche. 3te Fortf. B.)

„befindlich ist, sie in der gehörigen Stellung festzuhal„ten. Von dem Kissen geht mitten durch die Röhre „oder den Stab ein starker metallener Drath bis zu der „oben befindlichen metallenen Kugel g. Diese Zurich„tung dienet dazu, das Kissen zu isoliren, und dadurch „die entgegengesetzte Elektricität zu erlangen."

„An der vordern Seite des Kissens gegen den Zu„leiter hin ist ein Streif Wachstaffet h befestiget, der „über einen Theil der Trommel hinreicht, um das Aus„strömen der elektrischen Materie nach den entgegenge„setzt elektrischen Theilen der Trommel zu verhindern."

„In einiger Entfernung unter der Trommel ist auf „dem Gestelle ein Bretgen befestiget, auf welches ein „Kohlenbecken i gestellt werden kann*), um der Trom„mel im Sommer die nöthige Wärme und Trockenheit „zu geben. Im Winter fällt dieser Zusatz weg, weil „zu der stärksten Wirkung schon hinreichend ist, die „Maschine in die Nähe eines Ofens oder Camins zu „bringen."

„Die Kette k an dem Halse der Kugel dienet sowohl „die elektrische Materie abzuleiten, da das Kissen isolirt „ist: oder wenn sie mit einem isolirten Körper verbun„den wird, die entgegengesetzte Elektricität zu erhalten."

„Der metallene Conductor Fig. 8. ist mit dem Zu„leiter o verbunden, und steht auf einer starken gläser„nen Röhre p. Die Kette l ist nöthig, die Elektrici„tät weiter zu führen, oder wenn ein Conductor mit „dem Kissen verbunden ist, die Materie zuzuleiten."

Zusatz des Uebers.)

(Unter den mehrern neuern Elektrisirmaschinen, die man zum Theil in Bohnenbergers Beschreibung

einis

---

*) „Die Kohlen müssen mit Asche bedeckt seyn, oder „man kann ein eisernes Blech über das Kohlenbecken „legen, damit die Trommel durch zu starke Hitze kei„nen Schaden leidet."

einiger Elektrisirmaschinen und elektrischer Versuche (Stuttgardt, 1783. mit Fortsetz. die 6te 1791.) beschrieben findet, will ich nur noch einer gedenken, welche wegen ihres wohlfeilen Preises (sie kostet höchstens vier Thaler), des geringen Raums, den sie einnimmt, und doch der dabey ziemlich beträchtlichen Wirkung sich gewiß jedem Freunde der Elektricität noch vor der vorherbeschriebenen empfiehlt. Dem Erfinder derselben, Hrn. Mumdr, Lehrer am Pädagogium zu Halle, wurden die Ideen zur Einrichtung derselben durch die kleine Maschine zugeführt, welche Ingenhouß in seinen Vermischten Schriften, B. I. S. 145—163. angegeben hat. Eine Beschreibung von dieser Maschine findet sich in Grens Journal der Physik, B. VII. S. 319. u. f. die ich wörtlich hersetzen will.

„Fig. 2. Taf. V. stellet die Maschine im Ganzen vor."

„Das Reibzeug A bestehet aus zwey Bretern, 3 „Zoll breit, ¼ Zoll dick, und drey Fuß lang, überall „glatt abgerundet, auf beyden Seiten mit Stanniol, „und auf der innern Seite mit Kaninchenfell, oder bes„ser, mit schwarzem Katzenbalge überzogen. Durch „die Schrauben h, g von trocknem Holze und mit Wachs „polirt, können sie näher zusammen gebracht werden. „Fig. 3. stellet das Reibzeug abgesondert, und Fig. 4. „eine Platte davon vor. Bey a, b und so auch auf der „untern Kante siehet man Schnüre, ad, bf, oben mit „Ringen d, f. Sie sind 5 Zoll lang, beynahe wie ein „Federkiel dick, von Seide, und mit hölzernen Nägeln „in den Löchern bey a, b Fig. 3. befestigt. Fig. 5. ist „eine von den Schrauben h, g."

„Die Zuleiter DBC, bestehen aus zwey starken „eisernen Dräthen, sind um die hölzernen Kugeln B, C „befestigt, und können an ihren Enden bey D zusam„mengehackt werden. Fig. 6. zeigt, wie der Drath „gebogen ist. Von den hölzernen Kugeln B, C ist eine

„in Fig. 7. von zwey Seiten, vorgestellet. In der
„Rinne b werden die Ringe d, e befestigt; vermit-
„telst der Bogen l, m lassen sich die parallelen Stücke
„i, k bequem näher zusammen, und weiter von einan-
„der bringen; d, n ist 1¼ Fuß lang."

„Der elektrische Körper EFGH ist schwarzer La-
„mys, oder ein anderes glattes wollenes Zeug, 5 Fuß
„lang. Die Enden sind an ¼ Zoll dicken Stäben
„EF, HG befestigt."

„Diese Haupttheile werden auf folgende Art ver-
„bunden."

„Am Balken der Stube I K ruhet, auf zwey
„Wandhacken a, b, ein hölzerner Stab L M; a, b
„greifen in Einschnitte, damit der Stab sich nicht ver-
„schieben könne; c, c sind eiserne Hacken, und von
„einander so weit entfernt, als die Löcher a, b, Fig. 3.
„im Reibzeuge. Auf dem Fußboden, grabe unter
„L M, und damit parallel, liegt ein ähnlicher Stab,
„N O, der mit gleichen Hacken d, d versehen ist, und
„durch zwey Holzschrauben e, e in den Dielen besesti-
„get werden kann. An den Hacken c, c d, d sind die
„Zuleiter und das Reibzeug befestiget, vermittelst star-
„ker Schnüre von Wolle oder Hanf, die man in Oel,
„oder noch besser in Wachs gekochet hat. Die Schnur
„d k wird durch das Loch (c. Fig. 7.) der Kugel B ge-
„zogen und in die Ringe der seidenen Schnüre k, k
„(a d, b f Fig. 4.) geknüpft. Eben das geschieht
„mit den Schnüren d C, c B, c C. Sie werden an-
„gezogen, und wenn das Reibzeug O horizontal und
„gleich weit von L M und N O hängt, bey c, d fest-
„gebunden. Die Zuleiter werden mit ihren Enden
„BD verbunden, und durch abgerundete Korkpfropfen,
„die man neben den Schnüren in die mittlern Löcher
„der Kugeln B, C steckt, 4 — 5 Zoll vom Reibzeuge
„befestigt. Darauf wird der Stab E F mit dem Zeu-
„ge

„ge zwischen den Dräthen des untern Zuleiters, den
„Platten des Reibzeuges, und den Dräthen des obern
„Zuleiters hindurch gezogen. Bey E, F befestigt
„man zwey wollene Schnüre, führt die eine über die
„Rolle l in LM, durch die Zuleiter und das Reibzeug
„über die Rolle n nach H hin; die andere über die
„Rolle m, ebenfalls durch den Zuleiter und das Reib-
„zeug über die Rolle o nach G hin; ziehet sie beyde an,
„und knüpft sie an H, G. Dadurch wird das Zeug
„gespannt, und läßt sich leicht auf- und niederziehen,
„ohne seine Richtung zu ändern. Um das Auf- und
„Niederziehen bequemer und gewisser zu machen, ist
„bey p und q an E F das Stück Schnur p r q, und
„in der Mitte desselben, von E und F gleich weit ent-
„fernt, ein anderes gebunden; eben so an H G. Je-
„nes ist über die Rolle s, dieses über die Rolle r ge-
„führt, und beyde sind in u an einen Handgriff ge-
„knüpfet."

„Diesen Handgriff kann man leicht mit einer
„Hand auf- und niederziehen, und eben dadurch wird
„das Zeug EFGH am Katzenfell des Reibzeugs auf
„beyden Seiten hin und her gerieben. Die Rollen
„bey s und f können sich rechts und links umdrehen,
„so daß ihre Flächen die Fläche des Zeuges EFGH
„unter allen möglichen Winkeln schneiden können, da-
„mit man beym Zuge seine Stelle ändern kann."

„Bringt man nun die Platten des Reibzeugs ver-
„mittelst der Schrauben, h, g gehörig an einander,
„hängt an D eine Kette, und bringt dadurch die Zu-
„leiter mit der Erde in Verbindung, und ziehet u auf
„und nieder, so kann man aus dem Reibzeug unmittel-
„bar 3 Zoll lange Funken ziehen; die sehr schnell auf
„einander folgen. Noch länger werden die Funken,
„wenn man mit der einen Hand die Zuleiter in BDB
„anfasset, und mit der andern sich dem Reibzeuge nä-
„hert.

„hert. — Das Hinſtrömen des elektriſchen Feuers „aus den Zuleitern in das Zeug giebt im Dunkeln den „ſchönſten Anblick. Das Reibzeug A thut zugleich „die Dienſte eines Conductors; man kann indeß an „w eine Kette hängen, dadurch einen andern iſolirten „Conductor mit dem Reibzeuge verbinden, und ſo ein „ſehr ſtarkes $+E$ hervorbringen. Soll er $-E$ er- „halten, ſo verbindet man ihn mit D und bringt nun „das Reibzeug A mit der Erde in Verbindung. So „hat man $+E$ und $-E$ bequem bey der Hand."

„Die Schnüre bey c, c, d, d, auch bey E, H, „F, G, können kürzer und länger gebunden, und „folglich kann die Maſchine in jeder Stube, wo ſich „nur L M und N O befeſtigen läßt, angebracht wer- „den. Hat man ſie genug gebraucht, ſo hackt man „die Zuleiter bey D aus einander, ſchraubt N O loß, „und rollet ſie um N O auf." B.)

Drittes Capitel.
Umſtändlichere Beſchreibung einiger andern nothwendigen Theile des elektriſchen Apparatus.

Die vierte Figur der erſten Tafel ſtellt ein Stativ mit den Elektrometern D D C C vor. Der Fuß B iſt von gemeinem Holz. A iſt eine Säule von Wachs, Glas oder gedörrtem Holz. Oben auf dieſer Säule iſt, wenn ſie von Wachs oder Glas iſt, ein rundes Stück Holz befeſtiget; iſt ſie aber von gedörrtem Holz, ſo kann die Rundung mit der Säule ſelbſt aus einem Stücke ſeyn. Aus dieſem runden Holze gehen vier Arme von Glas oder gedörrtem Holz hervor, an deren Enden vier Elektrometer hängen. Zwey davon D D beſtehen aus ſeidnen Fäden, etwa acht Zoll

Zoll lang, an deren Ende eine kleine Pflaumfeder hängt. Die beyden andern Elektrometer CC sind die mit kleinen Kügelchen von Kork oder Holundermark, und werden auf folgende Art eingerichtet: a b ist ein gläsernes Stäbchen, etwa sechs Zoll lang, mit Siegellack überzogen, und an dem obern Ende in einen Ring zusammengebogen. An dem untern Ende dieses Stäbchens befinden sich zwey feine leinene Fäden *) cc, etwa fünf Zoll lang, an jedem ein Kork oder Holundermarkkügelchen d, ohngefähr von $\frac{1}{4}$ Zoll im Durchmesser. Wenn dieses Elektrometer nicht elektrisirt ist, so hängen die Fäden cc parallel, und die Korkkügelchen berühren einander; wird es aber elektrisirt, so stoßen sie einander zurück, wie dieß die Figur anzeiget. Das gläserne Stäbchen a b dient als ein isolirender Handgriff, wenn man das Elektrometer von dem Stativ A B abnehmen, und an einem andern Orte gebrauchen will.

Eine andere Art des beschriebenen Elektrometers sieht man Fig. 3. Dieses besteht aus einem leinenen Faden, der an jedem Ende ein Korkkügelchen hat. Man hängt dasselbe bey der Mitte des Fadens an einem dazu eingerichteten Leiter auf, und es dient, die Art und Stärke der Elektricität dadurch zu erkennen.

Fig. 7. stellt das Quadrantenelektrometer des Hrn. Henly **) vor. Es steht auf einem kleinen Gestelle,

von

---

*) Diese Fäden muß man mit schwachem Salzwasser befeuchten.

**) Dieses Elektrometer beschreibt Dr. Priestley, Philos. Transact. Vol. LXII. No. 26. Wie man aus der Höhe, auf welche die Kugel getrieben wird, die eigentliche Stärke der elektrischen Kraft nach mechanischen Grundsätzen beurtheilen könne, lehrt Herr Achard in der Abhandlung von der Kraft der Elektricität, verglichen mit der Kraft der Schwere, im

ersten

von dem es im erforderlichen Fall abgenommen, und an den ersten Leiter, oder anderswo nach Gefallen befestiget werden kann. Dieses Elektrometer besteht aus einem senkrecht stehenden Stiel, der oben kugelförmig abgerundet ist, und an dem untern Ende ein Messingblech hat, welches man nach Gelegenheit in eine von den Oeffnungen des ersten Leiters, oder auf den dazu gehörigen Fuß setzen kann. An den obern Theil des Stiels oder der Säule ist ein getheilter elfenbeinerner Halbzirkel befestiget, in dessen Mittelpunkte der Zeiger an einer feinen Axe von Messing steckt. Der Zeiger selbst ist ein sehr feines Stäbchen, das von dem Mittelpunkte des getheilten Halbzirkels bis an das Messingblech reicht, und trägt an seinem untern Ende ein Korkkügelchen, das sehr fein abgedreht seyn muß. Der Pater Beccaria empfiehlt sehr, den obern Theil des Zeigers von diesem Elektrometer zwischen zwey Halbzirkel einzuschließen.

Das schicklichste Holz zum Stiel und Zeiger dieses Elektrometers ist Buxbaum. Beyde müssen wohl abgerundet und so glatt als möglich seyn. Wenn dieses Elektrometer nicht elektrisirt ist, so hängt der Zeiger mit

erften Theile der Schriften der Berliner naturforschenden Gesellschaft. S. 53. u. f. Seine daselbst angegebne Vorrichtung ist vielleicht bisher die einzige, welche den Namen Elektrometer mit Recht führt, weil sie wirklich Verhältnisse der Stärke der Elektricität angiebt. Nur ist sie sehr zusammengesetzt. X. d. Ueb. (Eine kürzere Beschreibung davon findet man in dem Gothaisch. Magaz. für das Neueste rc. B. II. St. 1. S. 146. Auch diesem Instrumente fehlt noch viel, um mit Sicherheit die Intensität der Elektricität damit messen zu können. Ein vergleichbares sogenanntes Fundamentalelektrometer hat Herr de Luc angegeben. S. dessen Neue Ideen über die Meteorologie, Th. I. §. 394. u. f. und Gehlers Phys. Wörterb. Th. V. S. 331. u. f. B.)

mit dem Stiele parallel, wie Fig. 7.; wird es aber elektrisirt, so geht er mehr oder weniger, je nachdem die Elektricität stark oder schwach ist, von dem Stiele ab; wie an dem ersten Leiter bey E, Fig. 2. *)

Das Wesentliche bey des Hrn. Lane Auslabeelektrometer, besteht in einer messingenen Kugel, welche etwa anderthalb Zoll im Durchmesser hat, an einen getheilten messingenen Maaßstab geschraubt, und auf ein eignes Gestelle gebracht wird, so daß man sie in jede Distanz von dem ersten Leiter oder dem Knopfe einer geladenen Flasche setzen kann. Der vornehmste Gebrauch dieses Elektrometers ist, daß man dadurch eine Flasche durch jede sonst dazu geschickte Verbindung von sich selbst entladen kann, ohne dazu irgend einen Auslader zu gebrauchen, oder ein Instrument aus seiner Stelle zu bringen; und daß man Schläge von ziemlich gleicher Stärke geben kann. Man nehme z. B. an, die angeführte messingene Kugel stehe einen halben Zoll von dem ersten Leiter ab; eine belegte Flasche aber berühre den ersten Leiter mit ihrem Knopfe; und ihre äußere Belegung sey mit der gedachten messingenen Kugel verbunden. Nun sieht man deutlich, daß die Verbindung zwischen der innern und äußern Seite der Flasche bloß zwischen dem ersten Leiter und der messingenen Kugel unterbrochen ist, weil diese einen halben Zoll weit aus einander stehen; wenn daher die Flasche geladen, und die Ladung so stark wird, daß sie durch einen halben Zoll Luft schlagen kann, so wird sich die Flasche von selbst entladen. Wenn man nun die Kugel immer in dieser Entfernung vom ersten Leiter stehen läßt, und die Flasche nach und nach wieder

---

*) Eine Verbesserung dieses Elektrometers hat Herr Cuthbertson angegeben. S. dessen Abhandl. von der Elektr. S. 138. D.

der ladet, so werden die Schläge immer von gleicher Stärke seyn.

Inzwischen ist dieses Elektrometer der Unbequemlichkeit unterworfen, daß die Oberfläche der messingenen Kugel durch die Gewalt des Schlages oft ihre Glätte verliert. In diesem Falle muß man sie wieder poliren, sonst ist das Instrument zum Gebrauch untauglich. Dieß ereignet sich jedoch nie, wenn man sich nur schwacher Schläge bedient. Eines ähnlichen, wenn auch nicht ganz gleichen Elektrometers bedient man sich insgemein bey der medicinischen Elektricität. Es ist auf der fünften Kupfertafel, Fig. 8. abgebildet. Es bestehet aus einem Glasarme D, welcher von dem Drathe der Flasche F ausgehet. Auf das Ende desselben E ist eine Hülse gekittet, und in dieser stecket ein Drath, der nach dem Knopf der Flasche A zu mit einem Knopfe B, an dem andern Ende aber mit einem Ringe C versehen ist. Der Drath läßt sich rückwärts und vorwärts ziehen; daher kann man den Knopf B in jede Entfernung von dem Knopfe A bringen, so weit dieß nämlich die ganze Einrichtung des Instruments verstattet. Der Drath BC ist insgemein mit Graden bezeichnet, welche die Entfernung der beyden Knöpfe anzeigen, wenn der Drath so gestellet ist, daß der erforderliche Grad und der Rand der Hülse zusammentreffen; z. B. $\frac{1}{10}$ oder $\frac{1}{4}$ Zoll. Bringt man nun die Flasche F gegen den ersten Leiter, wie in Fig. 8. entfernt dann die Kugel B, z. B. $\frac{1}{10}$ Zoll von der Kugel A und verbindet dann den Ring des Elektrometers durch einen Drath mit der äußern Belegung der Flasche, wie die punktirte Linie CK andeutet, so wird sich, wenn die Maschine gedrehet wird, die Flasche zwischen den Knöpfen A B, und durch den Drath CK, so bald sie nur hinlänglich geladen ist, entladen; und man siehet leicht, daß die Entladungen immer von der

näm-

nämlichen Stärke seyn müssen, so lange die Knöpfe A B in einerley Entfernung von einander bleiben *).

Fig. 5. Taf. I. ist der allgemeine Auslader des Hrn. Henly, der von sehr weitläuftigem Gebrauch ist, und aus folgenden Theilen bestehet. A ist ein flaches Bret, funfzehn Zoll lang, vier Zoll breit, und einen ohngefähr dick, welches den Fuß des Instruments abgiebt. BB sind zwey Säulen von Glas, die in das Bret A eingekittet, und oben mit meßingenen Stücken versehen werden, deren jedes ein doppeltes Charnier hat, und eine Röhre enthält, durch welche sich der Drath DC schieben läßt. Jedes dieser meßingenen Stücke läßt sich so drehen, daß der Drath DC noch außerdem, daß er sich durch die Röhre schieben läßt, zwey andere Bewegungen, nämlich eine horizontale und eine verticale hat. Jeder Drath DC, DC, hat an dem einen Ende einen Ring, und an dem andern eine meßingene Kugel D, welche auf die Spitze desselben gesteckt, und nach Gefallen wieder abgenommen werden kann. E ist eine starke hölzerne Scheibe fünf Zoll im Durchmesser, auf deren Oberfläche ein Stück Elfenbein eingelegt ist, und die einen starken cylindrischen Fuß hat. Dieser Fuß geht in einen andern hohlen Cylinder F, der in der Mitte des untern Brets befestiget ist, und worinnen der Fuß der hölzernen Scheibe vermittelst der Schraube G auf jede erforderliche Höhe gestellt werden kann. H ist eine kleine

---

*) Ein verbessertes Ausladeelektrometer, mit dessen Hülfe sich die Kraft der verstärkten Elektricität mit mathematischer Gewißheit nach dem Gewicht bestimmen lassen soll, hat Herr A. W. von Hauch, Königlich Dänischer Hofmarschall, Kammerherr und erster Stallmeister, angegeben. Eine Beschreibung und Abbildung davon findet man in Grens neuem Journ. der Phys. B. 1. S. 345. u. f. D.

kleine zu diesem Instrument gehörige Presse; sie besteht aus zwey länglichen Bretern, welche durch zwey Schrauben a a an einander gepresset werden können; das unterste Bret hat einen cylindrischen Fuß, der eben so groß ist als der Fuß der Scheibe E. Wenn diese Presse gebraucht werden soll, so wird sie in den hohlen Cylinder F gesteckt, anstatt der Scheibe E, die man in diesem Falle herausnehmen muß.

Fig. 11. ist eine elektrische Flasche, inwendig und auswendig bis drey Zoll weit von dem obern Ende ihres cylindrischen Theiles mit Stanniol belegt, mit einem Drathe, an dessen Ende sich ein runder messingener Knopf A befindet. Der Drath geht durch den Kork *) D, mit welchem die Flasche zugestopft ist, und ist an seinem untern Ende so gebogen, daß er die inwendige Belegung an verschiedenen Stellen berührt.

Fig. 10. ist eine Batterie von sechszehn inwendig und auswendig mit Stanniol belegten Flaschen, welche alle zusammen auf zwölf Quadratfuß belegtes Glas enthalten. Jede Flasche hat in der Mitte einen Kork mit einem Drathe, der oben rund um den Drath E gebogen, oder an denselben angelöthet ist. Dieser Drath E hat an jedem Ende einen Knopf, und verbindet die innern Seiten von vier Flaschen. Durch die Dräthe FFF können die innern Seiten aller sechszehn Flaschen mit einander verbunden werden. Jeder von denselben hat an dem einen Ende einen Ring, durch welchen einer von den Dräthen E geht; an dem andern aber einen messingenen Knopf. Wenn man nicht die ganze Batterie nöthig hat, so kann man eine oder zwey Reihen von Flaschen nach Gefallen gebrauchen. Denn da jeder Drath, wie FFF, sich um den Drath E, der durch
seinen

---

*) Der Kork, mit dem man elektrische Flaschen verstopfen will, muß sehr wohl getrocknet, und in zerlassenes Wachs getaucht, oder überfirnißt seyn.

seinen Ring geht, bewegen läßt, und auf dem nächsten Drathe E aufliegt: so kann man ihn leicht von diesem wegnehmen, und auf den entgegengesetzten Drath E auflegen; auf diese Art kann man die Verbindung einer Reihe Flaschen mit der andern nach Gefallen aufheben. Man sehe die Figur.

Der viereckigte Kasten, worinnen diese Flaschen stehen, ist von Holz, und auf dem Boden mit Bley oder Zinn überlegt: er hat an zwey einander gegenüberstehenden Seiten zwey Handhaben, an welchen man ihn leicht forttragen kann. In der einen Seite ist ein Loch, durch welches ein eiserner Haken geht, der mit der metallischen Belegung des Bodens, und also mit der auswendigen Belegung der Flaschen verbunden ist. An diesem Haken hängt ein Drath, der mit dem andern Ende an den Auslader befestiget ist.

Der Auslader selbst besteht aus einem gläsernen Handgriff A, und zwey krummen Dräthen BB, die sich um das Charnier C bewegen lassen, welches sich an der messingnen Kappe des gläsernen Handgriffs A befindet. Die Dräthe BB sind zugespitzt, und auf ihren Spitzen stecken die Kugeln DD, welche eingeschraubt sind, und die man nach Gefallen abschrauben kann. Diese Einrichtung hat den Vortheil, daß man, nachdem es die Umstände erfordern, die Kugeln sowohl als die Spitzen gebrauchen kann; und da die Dräthe bey dem Charniere C beweglich sind, so kann man sie nach Gefallen für größere und kleinere Flaschen gebrauchen.

Die in der Figur vorgestellte Batterie gehört, in Vergleichung mit denen, die jetzt so häufig gebraucht werden, unter die kleinen, und ist für einige Versuche, die wir in der Folge beschreiben werden, viel zu schwach. Aber ich halte es für genug, hier einen Begriff von ihrer Einrichtung zu geben; hat man eine größere nöthig, so rathe ich lieber, zwey, drey oder mehr kleinere, wie sie die Figur vorstellet, anzulegen, als eine einzige sehr große zu verfertigen, welche schwer und in mancherley Absicht unbequem ist. Man kann die Kräfte vieler kleinern Batterien sehr leicht durch einen Drath oder eine Kette vereinigen; wobey sie denn in aller Absicht, wie eine einzige große, wirken.

F, Fig. 2. ist eine messingene Scheibe, die an einer Kette an dem ersten Leiter hängt, und in einer horizontalen Lage bleibt. Unter ihr steht eine andere Platte P, in paralleler Lage, die der vorigen gleich ist, (noch besser würde es seyn, wenn sie ein wenig größer als die vorige wäre,) auf einem messingenen Stativ H, in welches man den Fuß der Platte hineinsetzen, und mit Hülfe einer Schraube hoch oder niedriger stellen kann.

D, Fig. 2. ist ein Rad, das aus vier dünnen messingenen Dräthen besteht, die in eine messingene Scheibe eingesetzt sind, welche man auf den zugespitzten Stift K setzen, und denselben auf den ersten Leiter schrauben kann. Auf diesem Stifte muß die Scheibe mit den Dräthen, wie eine Magnetnadel, vermittelst eines metallenen glatt ausgehöhlten kleinen Huths im Gleichgewichte stehen. Die Enden der Dräthe a b c d sind spitzig, und alle nach einerley Seite umgebogen.

Anm. Wenn ich in der Folge den ersten Leiter erwähne, so verstehe ich darunter diesen ersten Leiter allein, ohne die parallelen Platten F P, ohne das Rad D und den dazu gehörigen Stift K, ohne das Elektrometer E, auch ohne den Stab mit der Kugel I B, welcher nur im erforderlichen Falle daran geschraubt wird: es wäre denn, daß ich ausdrücklich das Gegentheil anzeigte.

Auch muß der Liebhaber der Elektricität verschiedene isolirende Gestelle und Stative zur Hand haben, als welche ihm zu verschiedenen Versuchen sehr nothwendig sind. Man verfertigt sie am besten von Glas, das

mit

mit Siegellack überzogen wird, und von gedörrtem Holz *). Ein großes Gestell, worauf man einen Stuhl oder zwey bis drey stehende Personen isoliren will, kann man von einem starken Brete von etwa zwey und einem halben Quadratfuß machen, und auf vier Füße von Glas setzen, die etwa acht Zoll lang sind. Kleinere Stative aber macht man besser mit einem einzigen Fuß oder einer Säule, und ganz von gedörrtem Holz oder Glas, ohne daß irgend eine leitende Substanz mit hinein kömmt. Trinkgläser mit Firniß, oder zum Theil mit Siegellack überzogen, sind zu dieser Absicht sehr bequem.

Viertes Capitel.

Praktische Regeln, den Gebrauch der elektrischen Instrumente, und die Anstalten der Versuche betreffend.

Es fügt sich oft, daß junge Liebhaber der Elektricität die Ursache nicht errathen können, warum ihnen verschiedene Versuche nicht so wohl gelingen, als sie es in den Schriften von der Elektricität beschrieben finden. Ihre Werkzeuge sind oft sehr gut; aber weil sie einen oder den andern Umstand aus der Acht lassen, sind sie in ihren Händen gänzlich unbrauchbar. Diesem kann nun freylich nicht anders als durch die Uebung abgeholfen

---

*) Das Holz muß sehr wohl gedörrt werden, bis es davon ganz braun wird; alsdann ist es zum Isoliren am geschicktesten; und um es noch geschickter dazu zu machen, d. h. um es vor der Feuchtigkeit zu bewahren, kann es, sobald es aus dem Ofen kömmt, überfirnißt, oder sonst in Leinöl gesotten werden; in dem letztern Falle aber muß man es nach dem Sieden noch einmal in den Ofen schieben, wodurch es erst zum Gebrauch geschickt wird.

fen werden. Nur durch diese und eine lange Erfahrung wird der Naturforscher sowohl, als jeder andere Praktiker in irgend einer Kunst oder Wissenschaft, ein so guter Experimentator, daß er von seinen Werkzeugen den möglichst vortheilhaften Gebrauch zu machen weiß. Einige Regeln sind inzwischen nicht überflüßig, sondern vielmehr sehr nöthig, um ihn bey seinem Verfahren zu leiten; und ob sie gleich allein nicht hinreichend sind, jemanden zum vollkommnen Experimentator zu machen, so erleichtern sie ihm doch, wenn sie mit der wirklichen Handanlegung verbunden werden, den Gebrauch der Instrumente und verhelfen ihm zu einer genauern und fertigern Anstellung der Versuche.

Das erste, was der junge Liebhaber der Elektricität zu beobachten hat, ist die Sorgfalt für die Erhaltung seiner Instrumente. Die Elektrisirmaschine, die belegten Flaschen, kurz, alle Theile des Apparatus, müssen rein gehalten, und vor Staub und Feuchtigkeit so viel als möglich in Acht genommen werden.

Wenn die Witterung heiter und die Luft trocken ist, besonders bey hellem und kaltem Wetter, wird die Elektrisirmaschine allezeit gute Wirkung thun. Wenn aber die Witterung sehr warm ist, wird sie nicht so viel leisten: eben so auch bey feuchtem Wetter, man müßte sie denn in ein geheiztes Zimmer bringen, und den Cylinder, die Flaschen, das Stativ u. s. f. vollkommen trocken werden lassen.

Ehe man die Maschine gebraucht, muß man vorher erst den Cylinder mit einem trockenen, reinen und warmen leinenen Tuche rein abwischen; darauf noch mit reinem warmen Flanell, oder einem weichen seidnen Schnupftuche überfahren. Wenn man nun alsdann die Kurbel drehet, indem noch der erste Leiter und die andern Instrumente von der Maschine entfernt sind, und den Knöchel des Fingers

gers nahe an die Oberfläche des Cylinders hält, so wird man bald fühlen, daß die aus dem Cylinder ausströmende elektrische Materie wie ein Wind gegen den Knöchel bläset. Wird die Bewegung noch ein wenig fortgesetzt, so werden bald Funken mit einem Schalle erfolgen. Dieß ist ein Zeichen, daß die Maschine in gutem Stande sey, und nun kann man zu Anstellung der Versuche fortgehen. Wenn man aber, nachdem das Rad eine Zeit lang herumgedreht worden, noch kein Blasen an dem Knöchel fühlt, so liegt der Fehler sehr wahrscheinlich an dem Kissen; und diesem abzuhelfen, dienen folgende Vorschriften. Man schraube hinten an dem Kissen die Schrauben auf, nehme es von seiner gläsernen Säule ab, und halte es ein wenig an das Feuer, damit die Seide recht trocken werde; dann nehme man ein wenig Schöpsunschlitt oder Talg von einem Lichte, streiche es über das Leder des Kissens, streue darauf etwas von dem oben beschriebenen Amalgama, und reibe es so fest als möglich in das Leder hinein. Endlich setze man das Kissen wieder auf die Glassäule, und lasse den Cylinder noch einmal abwischen, so ist die Maschine zum Gebrauch geschickt. Bey Herrn Nairne's Maschine wird kein Amalgama auf das Kissen gethan; sondern wenn man es ganz rein angelegt hat, hält man, während dem Umdrehen des Cylinders, ein Stück Leder mit etwas Amalgama einige Secunden unten an den Cylinder. Dadurch wird das Kissen eine hinlängliche Menge Amalgama erhalten *).

*) Herr Nicholson (s. die S. 132. angeführte Abhandl.) giebt folgende Methode an, die Elektricität eines Cylinders in hohem Grade zu erregen. Man reinigt den Cylinder, und wischt den seidnen Lappen ab. Man läßt hierauf den erstern an einem mit Fett bestrichenen

Bisweilen thut die Maschine keine gute Wirkung, weil das Kissen nicht hinlänglichen Zugang von elektrischer Materie hat; dieß geschieht, wenn der Tisch, auf welchem die Maschine steht, und mit dem die Kette des Kissens verbunden ist, sehr trocken, und also ein schlechter Leiter ist. Selbst der Boden und die Wände des Zimmers sind bey trocknem Wetter schlechte Leiter, und können das Kissen nicht hinlänglich versehen. In diesem Falle ist das beste Mittel, die Kette des Kissens durch einen langen Drath, mit einem feuchten Boden, einem Wasserbehälter, oder mit dem Eisenwerk einer Wasserplumpe zu verbinden, wodurch das Kissen mit so viel elektrischer Materie, als man nur verlangt, versehen werden kann.

Auch wenn der Cylinder sehr heiß ist, etwa über 110 Grad, wird er keine gute Wirkung thun.

Wenn man eine genugsame Menge Amalgama auf das Leder des Kissens gerieben hat, und die Maschine noch keine gute Wirkung thut, so wird es, anstatt noch mehr Amalgama dazu zu thun, vielmehr dienlich seyn, das Kissen abzunehmen, und von dem schon auf dem Leder befindlichen Amalgama etwas herunter zu schaben.

Man wird oft bemerken, daß der Cylinder, wenn er eine Zeit lang gebraucht worden ist, einige schwarze Flecken

nen Leder so lange umlaufen, bis er gleichförmig undurchsichtig geworden ist. Dann dreht man ihn so lange um, bis der seidne Lappen so viel Fett von ihm abgewischt hat, daß er halbdurchsichtig wird. Nunmehr legt man etwas Amalgama auf ein Stück Leder, verbreitet es gleichförmig, und bringt es an den umlaufenden Cylinder. Hierdurch nimmt die Friction unmittelbar zu, und man muß das Leder nicht eher entfernen, bis sie aufhört, größer zu werden. Dann aber nimmt man es weg, und die Wirkung der Maschine wird sehr stark seyn. B.

Flecken von dem Amalgama oder einige Unreinigkeit von dem Kissen annimmt, welche immer größer werden, und seiner elektrischen Kraft ungemein hinderlich sind. Diese Flecken muß man sorgfältig abwischen, und den Cylinder überhaupt oft reinigen, damit er keinen dergleichen Schmutz annehme.

Beym Laden elektrischer Flaschen ist überhaupt zu bemerken, daß sie nicht jede Maschine gleich stark lade. Diejenige Maschine, deren Kraft die stärkste ist, wird sie allezeit am stärksten laden. Wenn man die belegten Flaschen vor dem Gebrauch ein wenig erwärmet, so werden sie die Ladung weit besser annehmen und halten.

Wenn mehrere Flaschen mit einander verbunden sind, und sich eine darunter befindet, welche sich leicht von selbst ausladet, so werden durch diese Flasche auch die andern ausgeladen, wenn sie auch an und für sich im Stande wären, eine sehr starke Ladung zu halten. Wenn die Flaschen entladen werden sollen, so muß der Experimentator sehr behutsam seyn, damit nicht bey Vernachläßigung eines geringen Umstandes der Schlag durch einen Theil seines Körpers gehe; denn ein unverhoffter Schlag kann, wenn er auch nicht sehr stark ist, verschiedene unangenehme Zufälle veranlassen. Beym Entladen selbst muß man sich in Acht nehmen, daß man den Auslader nicht an die dünneste Stelle des Glases bringe; denn dieß könnte verursachen, daß das Glas zerbräche.

Wenn große Batterien entladen werden, so findet man oft einige von den Flaschen zerbrochen, welche die Gewalt des Schlags zersprengt hat. Diesem Fehler abzuhelfen, hat Hr. Nairne, wie er sagt, ein Mittel erfunden, das er für sehr wirksam ausgiebt. Dieß besteht darinnen, daß er niemals eine Batterie durch einen guten Leiter entladet, ohne den Weg des Uebergangs

gangs wenigstens fünf Fuß lang zu machen. Hr. Nairne sagt, seitdem er diese Vorsicht gebrauche, habe er eine sehr große Batterie auf hundertmal entladen, ohne eine einzige Flasche zu zerbrechen, da doch vorher beständig einige zerbrochen wären. Man muß aber dabey auch in Betrachtung ziehen, daß die Länge des Weges verhältnißmäßig die Stärke des Schlages vermindert, von der doch zu vielen Versuchen der höchste Grad erfordert wird.

Ist eine belegte Flasche entweder durch freywillige Entladung oder irgend einen andern Zufall zersprungen, so nehme ich die äußere Belegung von dem zersprungenen Theile weg, und erwärme ihn etwas an einer Lichtflamme. Während er nun noch warm ist, tröpfle ich brennendes Siegellack auf die zerbrochene Stelle, so daß sie ganz damit bedecket wird. Hierbey muß man Acht geben, daß das Siegellack noch etwas dicker sey, als das Glas selbst. Endlich bedecke ich das Siegellack und einen Theil des Glases selbst mit einer Mischung, die aus vier Theilen Wachs, einem Theile Pech, einem Theile Terpentin und etwas Baumöl bestehet. Diese Mischung streiche ich auf ein Stück Wachstaffet, und klebe letzteres wie ein Pflaster auf. Auf diese Art habe ich mehrere zersprungene Flaschen so völlig wieder ausgebessert, daß, wenn sie auch nach öfterm Laden, endlich einmal durch freywillige Entladung zersprangen, dieß doch an einer andern Stelle des Glases geschah *).

Wenn

---

*) Hier muß man bemerken, daß, wenn man Flaschen, oder überhaupt Glas, das zum Laden und Ausladen belegt ist, auf irgend eine Art mit Kütt oder Siegellack bedeckt, dasselbe weit leichter durch freywillige Entladung zerspringt; und hier ist merkwürdig, daß sich ter Bruch insgemein an dem Rande des Küttes befindet. (Eine noch einfachere Methode, zersprungne Flaschen zum Gebrauche wieder herzustellen, hat Hr.
J. P.

zu Anstellung der Versuche.

Wenn eine Flasche, und vorzüglich, wenn eine Batterie entladen worden ist, so ist es rathsam, ihre Dräthe nicht eher mit der Hand zu berühren, bis man den Auslader zum zweyten, ja wohl auch zum dritten male an ihre Seiten gebracht hat; weil gemeiniglich ein Ueberrest von der Ladung*) zurückbleibt, welcher bisweilen sehr beträchtlich ist.

Stellt man einen Versuch an, der nur einen geringen Theil der Instrumente erfordert, so muß man den übrigen Theil derselben von der Maschine, dem ersten Leiter, ja auch von dem Tische, wenn er nicht so groß ist, entfernen. Brennende Lichter müssen besonders auf eine beträchtliche Weite von dem ersten Leiter entfernt werden; denn die Ausflüsse der Lichtflamme führen viel elektrische Materie mit sich hinweg.

Endlich muß sich der junge Naturforscher hüten, bey der Elektricität nicht zu viel auf den ersten Anschein zu bauen. Ein neues Phänomen kann mit Recht seine Aufmerksamkeit erregen; es ist löblich, es zu bemerken, und den gegebenen Wink zu verfolgen; bey allem dem

J. P. Fokker, Lehrer der Mathematik, Natur- und Sternkunde an dem Athenäum Illustre zu Middelburg, angegeben. Der Uebersetzer der beyden erstern Theile von Cuthbertson's Abhandlung von der Elektricität giebt davon S. 302. Nachricht. Diese Methode bestehet bloß darinnen, daß man auf die Stelle der Flasche, wo sie gesprungen ist, nachdem man zuvor die äußere Belegung abgenommen hat, gewöhnliches Siegellack, ⅛ Zoll dick, warm aufstreicht. Eine auf diese Art ausgebesserte Flasche läßt sich eben so stark laden, wie zuvor, und springt nicht leicht wieder an der geflickten Stelle. B.)

*) Dieser Ueberrest wird größtentheils von derjenigen Elektricität verursachet, welche sich während der Ladung über die unbelegte Fläche des Glases neben der belegten verbreitet hat, und welche sich nicht sogleich mit ausladet, nach und nach aber nach der ersten Entladung in die Belegung zurückgeht.

dem aber muß er nie eine neue Erfahrung auch nur zweifelhaft behaupten, bis er eine gehörige Anzahl ähnlicher und übereinstimmender Versuche darüber hat. Die Elektricität hintergeht oft die Sinne, und der erfahrenste Kenner von ihr findet sich nicht selten in Dingen betrogen, die er vorher vielleicht für die gewissesten Wahrheiten gehalten hatte.

Fünftes Capitel.
Versuche, das elektrische Anziehen und Zurückstoßen betreffend.

Erster Versuch.
Elektrometer mit elektrisirten Korkkügelchen.

Wenn die Elektrisirmaschine in Stand gesetzt, und der erste Leiter so gestellet ist, daß die Spitzen des Zuleiters etwa einen halben Zoll von der Oberfläche des Cylinders abstehen, so befestige man an das Ende des ersten Leiters den Stab mit der Kugel I B Fig. 2. und hänge daran das Elektrometer mit den Korkkügelchen, Fig. 3. Zuerst werden die Kügelchen einander berühren, und die Fäden senkrecht und mit einander parallel herabhangen. Sobald man aber das Rad umdrehet, und dadurch der Cylinder der Maschine gerieben wird, werden die Korkkügelchen einander zurückstoßen, und dieß mehr oder weniger, je nachdem die Elektricität stärker oder geringer ist.

Bey diesem Versuche zieht der Glascylinder die elektrische Materie aus dem Kissen, und theilt sie den spitzigen Dräthen des Zuleiters, folglich auch dem ersten Leiter und dem Elektrometer mit, welche alle mit einander verbunden sind: da nun Körper, welche mit elektrischer Materie überfüllt sind, einander allezeit zurückrückstoßen, so müssen dieß die Korkkügelchen nothwendiger Weise auch thun.

Hängt man das Elektrometer an einen negativelektrisirten ersten Leiter, d. i. an einen solchen, der mit dem isolirten Kissen der Maschine verbunden ist, so werden die Kügelchen einander ebenfalls zurückstoßen; denn die zu wenig geladenen Körper stoßen einander eben sowohl zurück, als die überladenen.

Wenn bey diesem Zurückstoßen der erste Leiter von irgend einer leitenden nicht isolirten Substanz berührt wird, so fahren die Kügelchen sogleich zusammen; denn die im ersten Leiter und in dem damit verbundenen Elektrometer angehäufte elektrische Materie wird durch die leitende Substanz in den Boden abgeführt, so daß in diesem Falle der erste Leiter weder überfüllt, noch ihm, wenn er mit dem Kissen verbunden ist, etwas von seiner gehörigen Menge der Elektricität entzogen werden kann: denn auch der Abgang der Materie wird durch den leitenden Körper, der ihn berührt, allezeit wieder ersetzt. Wenn man aber den ersten Leiter, statt einer leitenden Substanz, mit einem elektrischen Körper, z. B. einem Stück Siegellack, Glas, u. dgl. berühret, so fahren die Kügelchen fort, einander zurückzustoßen, weil die elektrische Materie durch den elektrischen Körper nicht abgeleitet wird. Dieß giebt uns eine leichte Methode an, zu bestimmen, welche Körper Leiter, und welche elektrische sind *).

Dieses elektrische Zurückstoßen kann man auch an dem Quadrantenelektrometer, an einer etwas großen Pflaumfeder, oder dergleichen sehen; denn wenn man sie

---

*) Im Großen geht diese Methode sehr wohl von statten; aber wenn man die leitende Kraft flüßiger oder anderer dergleichen Materien, und den Grad derselben bestimmen soll, so muß man dazu andere feinere und genauere Mittel wählen.

sie mit dem ersten Leiter verbindet, und das Rad drehet, so wird sich der Zeiger erheben, und die Feder, weil ihre Fasern einander zurückstoßen, wird auf eine sehr belustigende Art aufschwellen.

Zweyter Versuch.
Anziehung und Zurückstoßung leichter Körper.

Man verbinde mit dem ersten Leiter die zwey parallelen Scheiben F, P, Fig. 2., stelle sie etwa drey Zoll von einander, und lege auf die untere leichte Körper von irgend einer Art, als Kleyen, Stückchen Papier oder Goldblättchen u. dgl. Wenn nun die Maschine in Bewegung gesetzt wird, so werden sich diese leichten Körper zwischen beyden Scheiben bewegen, und mit großer Geschwindigkeit abwechselnd von einer zur andern hüpfen. Nimmt man statt der Kleyen oder statt irregulairer Körper von anderer Materie, kleine von Papier ausgeschnittene und gemahlte Figuren von Menschen oder andern Dingen, so werden sich dieselben mehrentheils in aufgerichteter Stellung bewegen, bisweilen auch eine auf die andere hüpfen, oder verschiedene Stellungen annehmen, und so einer Gesellschaft von Zuschauern ein sehr angenehmes Schauspiel verschaffen.

Bey diesem Versuche beobachtet man das Anziehen und Zurückstoßen der Elektricität beyde zu gleicher Zeit; denn wenn die obere Platte F, die mit dem ersten Leiter verbunden ist, elektrisirt wird, so erhalten die kleinen Körper auf der untern Platte zugleich mit dieser Platte selbst, weil sie sich innerhalb des Wirkungskreises der elektrisirten obern Platte befinden, die entgegengesetzte Elektricität, indem von ihrer gehörigen elektrischen Materie etwas in die untere Platte, oder in die andern mit ihr verbundenen leitenden Körper übergeht. Körper aber, welche entgegengesetzte Elektricitäten haben, ziehen

und Zurückstoßen.

hen einander an; daher zieht die Platte F diese leichten Körper an. Sobald sie nun die Platte F berühren, so erhalten sie sogleich mit ihr einerley Elektricität, und werden also wiederum an die untere Platte zurückgetrieben, welche die entgegengesetzte Elektricität hat, und die leichten Körper nach der Berührung wieder an die obere zurücktreibt, daß also diese Platten immerfort die leichten Körper wechselsweise hin und her treiben.

Daß die leichten Körper von der obern Platte nicht angezogen werden, wofern sie nicht erst die entgegengesetzte Elektricität erhalten, kann man auf folgende Art beobachten. Man lege sie auf eine reine und trockne Glastafel, nehme die messingene Platte P mit ihrem Stative G hinweg, und setze die Glastafel, die man an einer Ecke mit der Hand hält, an ihre Stelle: so werden beym Umdrehen der Maschine die leichten Körper nicht mehr von der messingenen Platte F angezogen; denn in diesem Falle können sie nichts von der ihnen zugehörigen elektrischen Materie verlieren, und also nicht die entgegengesetzte Elektricität erhalten. Wenn man aber gegen die untere Seite der Glastafel, auf welcher die leichten Körper liegen, den Finger oder einen andern Leiter hält, so werden die Körper sogleich von der Platte F angezogen werden, und zwischen dem Glas und der Platte, eben so wie vorher zwischen den beyden Platten, hin und her hüpfen; denn jetzt können die Körper ihre elektrische Materie der obern Seite des Glases mittheilen, indem die untere sie dem Finger, oder einem andern dagegen gestellten Leiter mittheilet*). Setzt

man

---

*) Wird der obige Versuch mit einem negativ elektrisirten ersten Leiter angestellt, so wird die Wirkung die nämliche seyn: nur werden die Elektricitäten der Platten die umgekehrten werden, d. i. die obere Platte wird negativ, die untere aber, die sich in dem Wirkungskreise der obern befindet, positiv elektrisirt werden.

man den Verſuch eine Zeit lang fort, ſo wird dadurch das Glas geladen *).

Dritter Verſuch.
Die fliegende Feder, oder der Federball.

Man kann die Erſcheinungen des elektriſchen Anziehens und Zurückſtoßens auch durch eine Glasröhre oder geladene Flaſche hervorbringen, und zwar einige derſelben auf eine noch vollkommnere Art, als durch die Maſchine.

Man nehme eine Glasröhre, (ob ſie glatt oder mattgeſchliffen iſt, macht hier keinen Unterſchied,) reibe dieſelbe, und laſſe acht bis neun Zoll weit von ihr eine kleine leichte Feder fliegen. Dieſe Feder wird ſogleich von der Röhre angezogen werden, und etwa zwey oder drey Secunden ſehr feſt an ihrer Oberfläche hangen; dann aber wird ſie zurückgeſtoßen werden, und wenn man die Röhre unter ſie bringt, immer in der Luft bis auf eine beträchtliche Weite von ihr fortfliegen, ohne der Röhre wieder näher zu kommen, wofern ſie nicht erſt eine leitende Subſtanz berührt hat. Wenn man die Röhre geſchickt zu führen weiß, ſo kann man die Feder damit nach Gefallen in dem Zimmer herumtreiben.

Dieſer Verſuch iſt ſehr leicht zu erklären. Wenn die Feder elektriſirt iſt, ſo kann ſie ſich der Röhre nicht wieder nähern, wofern ſie nicht vorher einen leitenden Körper berührt hat; denn ſo lange ſie in der Luft ſchwebet, kann ſie nichts von ihrer Elektricität verlieren, und alſo nicht die entgegengeſetzte Elektricität erhalten: ſie bleibt alſo in einem Zuſtande, in welchem ſie nicht fähig iſt, von der elektriſchen Röhre wieder angezogen zu werden.

Fragt

---

*) Das elektriſche Anziehen und Zurückſtoßen findet auch im luftleeren Raume ſtatt, den man durch gewöhnliche Luftpumpen hervorgebracht hat.

und Zurückstoßen.

Fragt man, warum die Feder, wenn sie das erstemal von der Röhre angezogen worden ist, eine so beträchtliche Zeit lang an ihr hängen bleibe, ehe sie zurückgestoßen wird, so ist die Antwort darauf, daß die Feder, als ein elektrischer Körper, einige Zeit nöthig hat, ehe sie eine genugsame Menge Elektricität erhalten kann.

Ein merkwürdiger Umstand bey diesem Versuche ist, daß die Feder, wenn sie durch das elektrische Zurückstoßen in einiger Entfernung von der Röhre gehalten wird, allezeit einerley Seite auf die Röhre zu kehret; — man kann die Röhre so geschwind als man will um die Feder herum bewegen, und doch wird sich allezeit einerley Seite der Feder auf die Röhre zu kehren. Die Ursache dieses Phänomens ist diese, daß das einmal gestörte Gleichgewicht der elektrischen Materie in den Theilen der Feder nicht leicht wiederhergestellt werden kann, weil die Feder ein elektrischer Körper, wenigstens ein sehr schlechter Leiter ist. Wenn nun dieselbe eine gewisse Menge Elektricität von der Röhre erhalten hat, so ist es klar, daß durch die Wirkung der Röhre diese überflüßige Elektricität größtentheils an diejenige Seite der Feder wird getrieben worden seyn, welche zuerst von der Röhre am weitsten entfernt gewesen ist; daher wird diese Seite hernach allezeit am weitesten zurückgestoßen werden.

Man kann diesen Versuch sehr angenehm auf folgende Art verändern. Die eine Person hält eine geriebene Röhre von glattem Glas in der Hand; eine andere aber eine von mattgeschliffenem Glas, eine Stange Siegellack, oder einen andern negativ elektrischen Körper: beyde stehen etwa anderthalb Schuh weit von einander; zwischen beyde auf entgegengesetzte Art elektrisirte Körper läßt man eine Feder fliegen, so wird sie wech-

wechselsweise von einem zum andern hüpfen, und es wird scheinen, als ob beyde Personen mit dem Federballe spielten, und einander denselben wechselseweise zuwürfen.

Vierter Versuch.
Isolirte kleine Körper.

Man binde einen kleinen Körper, z. E. ein leichtes Stückchen Kork, an einen seidnen Faden, der etwa acht Zoll lang ist, halte den Faden bey seinem Ende, und lasse den leichten Körper etwa acht Zoll weit von der Seite eines elektrisirten ersten Leiters herabhangen. Ist nun der Leiter nicht allzustark elektrisirt, so wird der leichte Körper nicht angezogen werden; denn, da er isolirt ist, so kann er seine elektrische Materie nicht von sich geben, oder (wenn der Leiter negativ elektrisirt ist,) keine elektrische Materie aus andern Körpern bekommen, und also nicht die entgegengesetzte Elektricität erhalten. Bringt man aber den Finger oder eine andere leitende Substanz an diejenige Seite des leichten Körpers, welche von dem ersten Leiter hinweggekehrt ist, so wird sich dieser Körper sogleich gegen den ersten Leiter bewegen; denn nun hat er seine eigne elektrische Materie dem leitenden Körper mitgetheilt, oder (wenn der erste Leiter negativ elektrisirt ist,) mehr elektrische Materie aus demselben erhalten. Wenn er aber den ersten Leiter berührt hat, so wird er sogleich von demselben zurückgestoßen werden, weil Körper, die einerley Art von Elektricität haben, einander allezeit zurückstoßen.

Jedoch, wenn dieser isolirte Körper dem ersten Leiter sehr nahe steht, oder der Leiter sehr stark elektrisirt ist, so wird der kleine Körper angezogen, ohne daß man eine leitende Substanz nahe zu ihm bringt; denn

in

und Zurückstoßen. 179

in diesem Falle wird die natürliche Menge seiner elektrischen Materie entweder in die daran stoßende Luft ausgetrieben, oder in den Theil des Körpers zusammengepreßt, welcher von dem ersten Leiter am weitsten absteht, wenn der Leiter positiv elektrisirt ist; ist er es aber negativ, so kömmt der Zusatz von elektrischer Materie, welcher nöthig ist, den kleinen Körper zu überladen, entweder aus der Luft, oder die natürliche Menge der elektrischen Materie in diesem Körper drängt sich alle auf diejenige Seite zusammen, die dem ersten Leiter am nächsten steht.

Wird der kleine Körper an einem leinenen Faden, anstatt des seidenen, aufgehangen, so wird er schon in einer viel größern Entfernung als im erstern Falle angezogen; denn nun wird die elektrische Materie durch den Faden leicht aufwärts oder abwärts geleitet, je nachdem der erste Leiter positiv oder negativ elektrisirt ist.

Fünfter Versuch.
Der elektrisirte Becher.

Man setze auf ein elektrisches Stativ ein metallenes Trinkgeschirr, oder einen andern leitenden Körper von ähnlicher Gestalt und Größe; dann binde man ein kleines Elektrometer mit Korkkügelchen *) wie Fig. 3. an das Ende eines seidnen Fadens, der von der Decke des Zimmers, oder von einer andern dazu schicklichen Stütze herabhängt, so daß das Elektrometer ganz in dem Geschirre hänge, und kein Theil desselben über den Rand hervorrage. Hierauf elektrisire man

---

*) Man kann statt des Elektrometers auch jeden andern kleinen leitenden Körper nehmen: das erstere aber scheint sich am besten zu dergleichen Versuchen zu schicken.

man das Gefäß, indem man aus einem geriebenen elektrischen Körper einen Funken darauf schlagen läßt, oder auf irgend eine andere Art; und man wird finden, daß das Elektrometer, so lange es isolirt bleibt, nicht von dem Geschirr angezogen wird, noch auch eine Art von Elektricität erhält, auch nicht einmal, wenn man es mit den Seiten des Geschirrs in Berührung bringt. Wenn man aber das innerhalb des Geschirrs hangende Elektrometer mit einem außerhalb des Geschirrs befindlichen leitenden Körper in Verbindung setzt, oder demselben nur daran nähert, so erhält das Elektrometer die entgegengesetzte Elektricität von der im Geschirr befindlichen, in einer Stärke, die mit der Größe dieses damit verbundenen leitenden Körpers im Verhältniß stehet, und wird nun sogleich von dem Geschirr angezogen.

Die Ursache, warum bey diesem Versuche das Elektrometer keine Elektricität erhält, wenn es gänzlich in der Höhlung des Geschirrs hängt, ist diese, daß die Elektricität des Geschirrs auf das Elektrometer von allen Seiten her wirkt, und also das Elektrometer auf keiner Seite elektrische Materie abgeben kann, wenn das Geschirr positiv, noch bekommen kann, wenn dasselbe negativ elektrisiret ist. Sobald man aber einen leitenden Körper mit ihm in Verbindung setzt, so erhält das Elektrometer sogleich die entgegengesetzte Elektricität von der im Geschirre. Denn ist das Geschirr positiv elektrisirt, so wird die elektrische Materie des Elektrometers in den Körper zurückgetrieben, der mit demselben verbunden ist, und in den, weil er außerhalb des Geschirres steht, die Elektricität desselben nicht mehr wirken kann; ist aber das Geschirr negativ elektrisiret, so zieht es die elektrische Materie des Elektrometers an sich, welches dagegen neuen Zugang derselben durch den leitenden Körper erhält, mit dem es verbun-

verbunden ist. Daher muß das Elektrometer, weil es in jedem Falle die entgegengesetzte Elektricität erhält, nothwendig angezogen werden.

Wenn man den seidnen Faden ein wenig erhebt, daß dadurch ein Theil des Elektrometers, d. i. seiner leinenen Fäden, genau über den Rand des Geschirrs zu stehen kömmt, so werden die Kugeln sogleich angezogen; denn alsdann erhält das Elektrometer durch die Wirkung der Elektricität des Geschirrs, die entgegengesetzte Elektricität, indem es der Luft über der Höhlung des Gefäßes elektrische Materie mittheilt, oder dieselbe aus ihr annimmt.

Einige haben angenommen, das Elektrometer bey dem obigen Versuche, oder jeder anderer kleiner isolirter Körper, der in der Höhlung eines elektrisirten Gefäßes oder dergl. hienge, würde von den Wänden des Gefäßes darum nicht angezogen, weil sich die anziehende Kraft der Elektricität umgekehrt, wie das Quadrat der Entfernung verhielte, und also auf das Elektrometer von keiner Seite stärker, als von der andern wirken könnte. Denn, sagen sie, wenn einerley Centralkräfte, die sich umgekehrt, wie das Quadrat des Abstandes verhalten, auf alle Punkte einer hohlen sphärischen Oberfläche gerichtet sind, so läßt sich erweisen, daß ein kleiner irgendwo innerhalb dieser Oberfläche befindlicher Körper in seiner Stelle bleiben muß, ohne auf einer Seite mehr als auf der andern angezogen zu werden *).

Allein man kann darauf antworten, daß sich die Demonstration des erwähnten Satzes zwar auf sphärische oder cylindrische hohle Flächen, aber doch nicht auf jede Art von irregulären Höhlungen anwenden läßt, in welchen doch (wofern sie nicht eine gewisse Größe

---

*) Man f. Newton's Principia philos. natur. L. I. prop. 70.

Größe übersteigen,) der obige Versuch eben sowohl, als in der cylindrischen Höhlung des Trinkgeschirrs von statten geht.

Kurz, man nimmt bey diesem Versuche, wenn das Gefäß positiv elektrisiret ist, an:

I. Daß die darinnen überhäufte elektrische Materie, die sich an die Oberfläche setzt, verursache, daß die anliegende Luft ein wenig elektrische Materie an eine auf sie zunächst folgende Luftschicht abgiebt, und daß diese nun auch überfüllte Luft ferner verursache, daß eine sie berührende oder auf sie folgende Luftschicht auch etwas von ihrer elektrischen Materie an die nächstfolgende abgiebt, und so fort.

II. Daß von der überflüßigen elektrischen Materie nichts auf die innere Fläche des Gefäßes kommen könne, und daher isolirte Körper, die ganz darein gehangen werden, keine Elektricität erhalten können, weil die innere Luft nicht im Stande ist, etwas von ihrer elektrischen Materie abzugeben, ausgenommen ein wenig um den Rand des Gefäßes, wo sich auch dem zufolge ein wenig Elektricität zeiget.

Wenn aber das Gefäß negativ elektrisirt ist, so nimmt man an:

I. Daß der Mangel an elektrischer Materie in dem Gefäße bloß an der äußern Fläche sichtbar ist; denn nur hier kann die anliegende Luft einen Zugang von elektrischer Materie aus der nächsten Luftschicht erhalten.

II. Daß die innere Fläche des Gefäßes nicht zu wenig geladen ist, weil die daran stoßende Luft, indem sie von dem Gefäße umgeben wird, nicht überladen werden, oder einen Zusatz von elektrischer Materie bekommen kann, ausgenommen etwas weniges gegen den Rand des Gefäßes, wo dem zufolge sich auch ein wenig Elektricität zeiget.

Sechster Versuch.

Die Beschaffenheit der Elektricität in elektrisirten Körpern zu bestimmen.

Ehe wir weiter fortgehen, ist es nothwendig, einige praktische Methoden zu beschreiben, wie man die Beschaffenheit der Elektricität in einem elektrisirten Körper bestimmen könne, welches zu der gehörigen Anstellung der nachfolgenden Versuche unumgänglich nöthig ist. Man kann sich hierzu verschiedener Methoden bedienen, die sich inzwischen alle entweder auf das elektrische Anziehen und Zurückstoßen, oder auf die verschiedenen Erscheinungen des elektrischen Lichts gründen. Die Beschaffenheit der Elektricität durch die Erscheinungen ihres Lichts zu bestimmen, ist eine sehr bequeme und sichere Methode; hingegen ist die erstere durch die Erscheinungen des Anziehens und Zurückstoßens weit allgemeiner und leichter: denn bisweilen ist die Elektricität, die man beobachten soll, so schwach, daß sie kein Licht zeigt, ob sie gleich noch fähig ist, anzuziehen und zurückzustoßen.

Die allgemeine Methode, zu untersuchen, ob die entweder in ihm selbst erregte, oder mitgetheilte Elektricität eines Körpers negativ oder positiv sey, ist diese, daß man ihn an ein elektrisirtes Elektrometer D oder C Fig. 4. bringe, und Achtung gebe, ob der Körper dasselbe anzieht, oder zurückstößt. Denn ist das Elektrometer positiv elektrisirt, und der elektrisirte Körper stößt es zurück, so kann man schließen, daß der Körper auch positiv elektrisirt sey, weil Körper, die einerley Elektricitäten haben, einander zurückstoßen; zieht aber der Körper das Elektrometer an, so muß er negativ elektrisirt seyn, weil kein elektrisches Anziehen der Körper, außer zwischen solchen statt findet, welche entgegengesetzte Elektricitäten enthalten; da man nun weiß,

weiß, daß das Elektrometer positiv elektrisirt ist, so muß es folglich der Körper negativ seyn.

Eben dieß kann man auch ausrichten, wenn das Elektrometer negativ elektrisirt ist; nur sind dann die Wirkungen gerade die entgegengesetzten der vorigen, d. i. wenn der Körper negativ elektrisirt ist, so wird er das Elektrometer zurückstoßen; ist er es aber positiv, so wird er es anziehen.

Inzwischen muß man bey diesem Versuche bemerken, daß, wenn die Elektricität des elektrisirten Körpers weit stärker ist, als die des Elektrometers, oder die letztere weit stärker als die erstere, und der Körper sehr nahe ans Elektrometer gebracht wird, sie dann einander anziehen werden, wenn sie auch gleich einerley Art von Elektricität enthalten. Man nehme z. B. an, es sey ein Elektrometer, wie C, positiv elektrisirt, so daß die Korkkügelchen ohngefähr einen halben Zoll weit von einander stehen, und man bringe eine stark geriebene Glasröhre daran. Wenn nun diese Glasröhre noch einen Schuh weit, oder noch weiter davon absteht, so wird das Elektrometer ein wenig von ihr zurückgestoßen werden; wenn man aber die Röhre näher bringt, so werden die Korkkügelchen, die vorher einen halben Zoll weit aus einander standen, nunmehr zusammengehen, bis sie einander berühren; sie werden also, wie es sich auch wirklich verhält, gar nicht elektrisirt scheinen, weil die Wirkung der elektrisirten Röhre ihre überflüßige elektrische Materie durch die Fäden in den entferntesten Theil des Elektrometers hinauf getrieben hat. Kömmt man mit der Röhre noch näher, so werden endlich die Kügelchen von ihr angezogen, weil die stärkere Elektricität der Röhre nicht allein den Ueberfluß, sondern auch ihre natürliche elektrische Materie durch die Fäden hinauf treibt, und

also

und Zurückstoßen.

also die Kugeln, die nun negativ elektrisirt werden, nothwendig von der Röhre müssen angezogen werden.

Nach diesem Grundsatze kann man also ein Elektrometer mittelst eines positiv elektrischen Körpers, negativ, und umgekehrt, mittelst eines negativen, positiv elektrisiren. Man nehme, z. B. eine positiv elektrische Glasröhre, und halte sie sechs oder sieben Zoll weit unter die Korkkügelchen eines von den vorher angeführten Elektrometern. Hier werden die Kügelchen aus einander gehen, weil ihre natürliche Menge elektrischer Materie durch die positiv elektrische Röhre in das obere Ende der Fäden getrieben worden ist, so daß die Kügelchen wirklich mit negativer Elektricität aus einander gehen. Nun berühre man, in dieser Lage, den obern Theil der Fäden an dem Elektrometer mit einem Finger, wodurch man dem Elektrometer etwas von seiner natürlichen Elektricität entziehet, entferne sodann den Finger wieder, und gleich darauf auch die Glasröhre, so wird das Elektrometer negativ elektrisch bleiben; denn die geriebene Glasröhre hatte dem Elektrometer keine elektrische Materie mitgetheilt, sondern bloß das Gleichgewicht der natürlichen Menge Elektricität, die ihm gehörte, und von welcher ihm ein Theil durch das Berühren des Fingers entzogen wurde, gestöret, mithin blieb es in einem negativen Zustande. — Auf gleiche Art kann man ein Elektrometer, mittelst eines negativ elektrischen Körpers, positiv elektrisiren.

Sollte aber eine genauere Methode als die vorige nöthig seyn, um die Beschaffenheit der Elektricität in einem elektrisirten Körper zu bestimmen, so kann man folgende gebrauchen. Man elektrisire zuerst eines von den Elektrometern C, die auf dem Stativ Fig. 4. stehen, nach Gefallen entweder positiv, oder negativ, indem man es z. E. mit einer geriebenen Glasröhre berührt,

rührt, so daß seine Kugeln einander zurückstoßen, und etwa zwey Zoll weit von einander stehen; alsdann berühre man das andere Elektrometer C mit dem elektrisirten Körper, den man untersuchen will, bis es ohngefähr eine gleich starke Elektricität erlangt hat. Endlich fasse man das eine von diesen Elektrometern oben bey dem gläsernen Handgriff a, hebe es von dem Arme des Stativs ab, und bringe es an das andere Elektrometer; wenn alsdann die Kugeln beyder Elektrometer einander zurückstoßen, so kann man schließen, daß sie einerley Elektricität enthalten; ziehen sie aber einander an, so ist dieß ein Zeichen, daß sie auf *entgegengesetzte Arten* elektrisirt sind; da man nun die Elektricität desjenigen kennet, das man zuerst elektrisirt hat, so kennt man auch die Elektricität des andern, d. i. des elektrisirten Körpers, mit welchen man es berührt hat.

Man kann den obigen Versuch auch mit den Elektrometern anstellen, die nur aus einem einzigen Faden bestehen; denn hat man ihre Federn elektrisirt, und bringt sie beyde an einander, so stoßen sie sich zurück, wenn sie einerley, und ziehen sich an, wenn sie entgegengesetzte Elektricitäten enthalten.

Siebenter Versuch.
Die isolirte Metallstange.

Man isolire eine metallene, etwa zwey Schuh lange Stange mit abgestumpften Enden, in horizontaler Stellung, hänge an das eine Ende das Elektrometer Fig. 3., und bringe dann gegen das andere Ende eine geriebene Glasröhre bis auf eine Entfernung von drey oder vier Zoll. Bey Annäherung der Röhre werden die Kugeln des Elektrometers aus einander gehen; und wenn man einen positiv elektrisirten Körper dazu bringt, wird man bemerken, daß er sie zurückstößt, und daß sie

also

und Zurückstoßen.

also positiv elektrisirt sind. Nimmt man die Röhre weg, so kommen die Kugeln wieder zusammen, und es bleibt weder in ihnen, noch in der Stange, einige Elektricität zurück. Wenn man aber während der Zeit, da die Röhre sich noch bey dem einen Ende der Stange befindet, und die Kugeln mit positiver Elektricität aus einander gehen, das andere Ende der Röhre, nämlich dasjenige, an welchem das Elektrometer hängt, mit einem Leiter berühret, so kommen die Korkkugeln sogleich zusammen, und bleiben bey einander, auch wenn man den Leiter hinwegnimmt; — nimmt man aber alsdann auch die Röhre hinweg, so gehen die Kugeln sogleich mit negativer Elektricität aus einander; ein Zeichen, daß die Stange zu wenig geladen, d. i. negativ elektrisirt sey.

Die Ursache dessen, was man bey diesem Versuche beobachtet, liegt darinnen, daß die zurückstoßende Kraft der geriebenen Glasröhre die elektrische Materie von einem Ende der Stange zum andern treibt, zu demjenigen nämlich, an welchem das Elektrometer hängt, wodurch denn dieses Ende positiv elektrisirt wird. Indessen theilt die Röhre der Stange keine Elektricität wirklich mit, sondern stört nur die gleichförmige Verbreitung der elektrischen Materie durch dieselbe *): deswegen muß das Elektrometer, das an dem überladenen Ende derselben hängt, nothwendig die positive Elektricität zeigen; wenn man hingegen die Röhre wegnimmt, so zeigt es gar keine Elektricität mehr: denn die durch die Wirkung der Röhre an das eine Ende der Stange getriebene elektrische Materie kehrt nun

---

*) Es wird hierbey, nach dem Ausdrucke neuerer Schriftsteller, nicht durch Mittheilung, sondern nur durch Vertheilung elektrisirt. Die genaue Unterscheidung dieser beyden Fälle ist der Schlüssel zu den verborgensten Räthseln der Elektricität. A. d. Ueb.

nun in ihre vorige Stelle zurück, und läßt Stange und Elektrometer unelektrisiret.

Im zweyten Falle, wenn die Kugeln des Elektrometers mit positiver Elektricität aus einander gehen, und das Ende der Stange mit einem leitenden Körper berührt wird, wird alle überflüßige elektrische Materie, die aber nirgend anders woher, als aus dem andern Ende der Stange kömmt, in den Körper übergehen, mit welchem die Stange berührt wird, und daher das Elektrometer unelektrisirt bleiben. Jetzt aber hat die Stange wirklich etwas von der natürlichen Menge ihrer elektrischen Materie verloren; denn, indem dasjenige Ende von ihr, das von der Glasröhre am weitsten absteht, in seinem natürlichen Zustande ist, ist ihr anderes Ende zu wenig geladen; wenn man nun die Röhre wegnimmt, so wird sich die zu geringe Menge der elektrischen Materie, die in der Stange zurückgeblieben ist, gleichförmig durch dieselbe vertheilen; diese Menge aber ist geringer, als diejenige, die von Natur der Stange zugehört; daher bleibt die Stange zu wenig geladen, und die Kugeln des Elektrometers gehen mit negativer Elektricität aus einander.

Dieser Versuch läßt sich gerade wie der vorige erklären, nämlich, wo ein Elektrometer, durch einen positiv elektrischen Körper, negativ elektrisiret wurde, u. s. f.; da er aber die Grundlage oder der Schlüssel zu der Erklärung vieler andern ist, so will ich mich noch ein wenig länger dabey aufhalten, und, um seine Erklärung verständlicher und deutlicher zu machen, mich folgender Figur bedienen.

A————————B

Die Linie AB sey die gedachte isolirte Stange. Wenn sie sich (in Absicht auf die Elektricität) in ihrem natürlichen Zustande befindet, so ist ihre elektrische

Mate-

Materie durchgehends gleichförmig durch sie vertheilet. Wenn man aber die geriebene Glasröhre dem einen Ende, z. B. B, auf drey oder vier Zoll nähert, so wird die diesem Ende zugehörige elektrische Materie an das Ende A getrieben, welches daher überladen, und das Ende B zu wenig geladen wird; dennoch hat die Stange nicht mehr elektrische Materie als zuvor; und wenn die Röhre wieder von ihr entfernt wird, so kehrt die überflüßige Materie, die an das Ende A getrieben war, an ihre vorige Stelle, d. i. an das Ende B zurück, und das Gleichgewicht wird wieder hergestellet. Wird aber während der Zeit, da die elektrische Materie in der Stange an das Ende A getrieben ist, dieses Ende berührt, so wird die dahin getriebene Materie durch den berührenden Körper abgeleitet, und läßt das Ende A in seinem natürlichen Zustande; zu gleicher Zeit aber ist das Ende B zu wenig geladen; wenn man daher die Röhre wegnimmt, so geht ein Theil der dem Ende A natürlich zukommenden elektrischen Materie in das Ende B über, und so bleibt die ganze Stange zu wenig geladen, d. i. negativ elektrisirt.

Stellt man diesen Versuch mit einem negativ elektrisirten elektrischen Körper, z. B. mit einem Stabe Siegellack, anstatt der geriebenen Glasröhre, an, so werden in der Stange gerade die den vorigen entgegengesetzten Elektricitäten erscheinen. Denn in diesem Falle wird das Ende der Röhre, gegen welches man den elektrischen Körper hält, überladen, und das andere Ende zu wenig geladen. Hält man in diesem Zustande an dieses letztere eine leitende Substanz, so nimmt es aus derselben ein wenig elektrische Materie an; und wenn nachher zuerst diese leitende Substanz, und dann auch der elektrische Körper hinweggenommen werden, so wird die Stange überladen oder positiv elektrisirt bleiben.

Bey

Bey Anstellung dieses Versuchs muß man Sorge tragen, daß die Enden der Stange sehr stumpf, und der elektrische Körper nicht allzu stark elektrisirt sey; sonst möchte aus ihm ein Funken in die Stange gehen, welches den gehörigen Erfolg des Versuchs hindern würde *).

Achter Versuch.
Zwey isolirte Metallstangen.

Man nehme zwey metallene Stangen, jede etwa einen Schuh lang, welche an beyden Enden Knöpfe haben, und isolire dieselben entweder an seidenen Schnüren, oder auf isolirenden Stativen, daß sie horizontal in einer geraden Linie, und ohngefähr einen halben Zoll von einander stehen. Mitten auf jede Stange hänge man ein Elektrometer, wie Fig. 3. — Hierauf nehme man eine geriebene Glasröhre, und bringe dieselbe bis etwa drey Zoll weit von dem Knopfe der einen Stange, wobey man die Elektrometer beyder Stangen elektrisirt finden wird; man halte die Röhre etwa zwey Secunden in dieser Stellung, und nehme sie dann hinweg. Die Stangen werden beyde elektrisirt bleiben, wie die Elektrometer zeigen: die erstere, d. i. diejenige, an welche man die geriebene Röhre gehalten hat, wird es negativ, die andere positiv seyn.

Die Ursache dieser Erscheinung ist, daß während der Zeit, da die Röhre sich nahe bey dem Ende der einen Stange befand, die Wirkung ihrer elektrischen Materie die elektrische Materie dieser Stange zurückgetrieben und veranlasset hat, in einem Funken in die

andere

---

*) Denn alsdann erfolgte eine wirkliche Mittheilung der Elektricität. A. d. Ueb.

andere dabey stehende Stange überzugehen; daher denn, wenn die Röhre weggenommen wird, die erste Stange, welche etwas von ihrer natürlichen elektrischen Materie verloren hat, zu wenig geladen, die andere aber, welche etwas von der vorigen erhalten hat, überladen bleiben muß.

Bringt man bey diesem Versuche anstatt der Glasröhre einen negativ elektrisirten elektrischen Körper an das Ende der einen Stange, so wird die Stange positiv, und die andere negativ elektrisirt; denn die Kraft dieses elektrischen Körpers bringt die der vorigen gerade entgegengesetzte Wirkung hervor; anstatt die elektrische Materie der ersten Stange in die zweyte zu treiben, zieht sie vielmehr die der zweyten in die erste herüber.

Bey diesem Versuche theilt der elektrische Körper nichts von seiner eignen Elektricität mit; er stört nur das Gleichgewicht zwischen den elektrischen Materien der beyden Stangen.

Sechstes Capitel.
Versuche über das elektrische Licht.

Die folgenden Versuche müssen im Dunkeln angestellt werden; denn obgleich das elektrische Licht unter verschiedenen Umständen auch am Tage gesehen werden kann, so zeigen sich doch die Erscheinungen desselben auf diese Art nicht deutlich. Wenn sich daher der Liebhaber der Elektricität richtigere Begriffe von den verschiedenen Phänomenen desselben machen will, so ist es unumgänglich nothwendig, solche Versuche in einem verfinsterten Zimmer anzustellen.

Erster

Erster Versuch.

Stern und Strahlenkegel des elektrischen Lichts.

Wenn die Elektrisirmaschine in gutem Stande, und der erste Leiter mit dem Collector nahe genug an den Glascylinder gebracht worden ist, (welches ich künftighin seine gehörige Stellung nennen will,) so drehe man das Rad, und man wird an jeder Spitze des Collectors einen leuchtenden Punkt oder Stern sehen. Dieser leuchtende Stern ist das beständige Phänomen der elektrischen Materie, die in eine Spitze eindringt. Zu gleicher Zeit wird man ein starkes Licht aus dem Kissen kommen, und sich über die Oberfläche des Cylinders verbreiten sehen; und wenn die Elektricität des Cylinders sehr stark erregt ist, so werden ganze Ströme von Feuer aus dem Kissen gehen, die fast die Hälfte von dem Umfange des Cylinders umgeben, und bis an die Spitzen des Collectors reichen *).

Wenn man die Kette von dem Kissen abnimmt, und einen spitzigen Körper, z. B. die Spitze einer Nadel oder Stecknadel, ohngefähr in einer Entfernung von zwey Zoll gegen den hintern Theil des Kissens hält, so wird man aus dieser Spitze einen leuchtenden Kegel von Strahlen kommen sehen, welche gegen das Kissen zu aus einander laufen. Dieser Strahlenkegel ist das beständige Phänomen der elektrischen Materie, die von

einer

---

*) Nimmt man den ersten Leiter weg, so werden diese Feuerströme ganz um den Cylinder herumgehen, und von einer Seite des Kissens bis zu der andern reichen. — Wenn man Acht giebt, an welcher Stelle des Cylinders sich diese Ströme am häufigsten zeigen, so kann man leicht bestimmen, welche Seite des Kissens mehr oder weniger auf den Cylinder drückt, oder besser mit Amalgama bedeckt ist, oder überhaupt, welche am meisten oder wenigsten geschickt ist, Elektricität im Glase zu erregen.

einer Spitze ausgehet; und hier strömt dieselbe wirklich aus der Spitze, um den Abgang zu ersetzen, den das Kissen leidet, dessen elektrische Materie beständig durch die Bewegung des Cylinders erschöpft wird.

Hält man einen andern spitzigen Körper gegen den ersten Leiter, so scheint die Spitze mit einem Stern erleuchtet; verbindet man aber einen spitzigen Drath oder einen andern zugespitzten leitenden Körper mit dem ersten Leiter, so giebt die Spitze einen Strahlenkegel von sich; denn da der erste Leiter überladen ist, so muß die von ihm ausgehende elektrische Materie, dem beständigen Gesetz zufolge, an der Spitze, aus welcher sie ausströmt, einen Strahlenkegel, und an der, in welche sie eindringt, einen Stern bilden *).

Der P. Beccaria bemerkt, daß, wenn man zwey gleich scharfe Spitzen gegen den ersten Leiter bringe, diese nur halb so weit davon erleuchtet erscheinen, als es bey einer der Fall gewesen seyn würde.

Aus

---

*) Man kann fragen, warum die elektrische Materie, wenn sie in eine Spitze eindringt, die Erscheinung eines Sterns, und wenn sie aus einer Spitze ausströmt, die Erscheinung eines Strahlenbüschels verursache? Der P. Beccaria nimmt an, der Stern bilde sich durch die Schwierigkeit, welche die elektrische Materie antrifft, wenn sie sich aus der Luft, als einem elektrischen Körper, loswickeln soll; es werde z. B. ein spitziger Drath gegen einen positiv elektrisirten Körper gehalten, so theilt der Körper die elektrische Materie zuerst der Luft zwischen ihm und dem Drathe mit, und der Drath muß sie erst aus der Luft erhalten. Der Strahlenbüschel, glaubt er, entstehe durch die Gewalt, mit welcher die elektrische Materie aus einer Spitze durch die Luft hindurch auf die entfernten Lufttheile zuströme, d. i. durch die Zertheilung der anliegenden Lufttheilchen, nicht durch Anhäufung an dieselben.

Aus diesem Versuche zeigt sich zugleich die Methode, die Beschaffenheit der Elektricität eines elektrischen Körpers aus den Erscheinungen des elektrischen Lichts zu erkennen; denn wenn man im Dunkeln eine Nadel oder einen andern spitzigen Körper mit seiner Spitze gegen einen stark elektrisirten Körper hält, so wird diese Spitze mit einem Stern erleuchtet erscheinen, wenn der Körper positiv, hingegen mit einem Strahlenkegel oder Büschel, wenn er negativ elektrisirt ist.

Hier muß man bemerken, daß, wenn man zwey Spitzen, von denen die eine mit dem ersten Leiter oder dem Kissen verbunden ist, gegen einander hält, sich eben diese Lichterscheinungen zeigen. Herr Wilke bemerkt, daß, wenn man eine nicht elektrisirte Spitze gegen eine positiv elektrische halte, die Strahlenkegel, welche sonst auf ihnen erscheinen würden, verschwinden; daß hingegen, wenn man einen positiven Kegel gegen einen negativen halte, beyde ihre elektrischen Eigenschaften behalten *).

Zweyter Versuch.

Das Funkenziehen.

Man setze den ersten Leiter an seine gehörige Stelle, und elektrisire ihn durch das Herumdrehen des Rads an der Maschine; dann bringe man einen metallenen Stab mit einem runden Knopfe an jedem Ende, oder den Knöchel am Gelenke des Fingers in die gehörige Entfernung von dem ersten Leiter, so wird man zwischen ihm und dem Knöchel, oder dem metallenen Stabe einen Funken sehen. Der längste und stärkste Funken läßt sich aus dem Ende des Leiters, das von dem Cylinder am entferntesten ist, oder noch besser

---

*) Wilke, S. 140. — S. Beccaria Elettr. Art. §. 941. u. f.

besser aus dem Ende des metallenen Stabs mit dem Knopfe I B ziehen, der an das Ende des Leiters B Fig. 2. befestiget ist *).

Dieser Funken (der immer auf einerley Art erscheint, der erste Leiter, daraus er gezogen wird, mag positiv oder negativ elektrisirt seyn,) gleicht einem langen Striche von Feuer **), der von dem Leiter bis an den dagegen gehaltenen Körper reicht, und hat oft (besonders, wenn er lang ist, und viele leitende Substanzen nahe an der Linie seiner Richtung liegen,) das Ansehen, als ob er sich an verschiedenen Stellen unter sehr spitzigen Winkeln bräche, und ein Zikzak bildete, vollkommen so, wie man es an dem Wetterstrahle wahrnimmt. Inzwischen ist dennoch diese seine Ausdehnung in die Länge nur scheinbar, und rührt bloß von der Geschwindigkeit her, mit welcher die leuchtende elektrische Materie, die den Funken ausmacht, aus einem Körper in den andern übergeht; und man hat Ursache zu glauben, daß diese Materie in der That in einer weit enger begränzten und beynahe kugelförmigen Gestalt übergehe.

Die Richtung, nach welcher sich der Funken bewegt, hintergeht oft die erfahrensten Kenner der Elektricität. Oft scheint er nach der einen, und ein andermal unter völlig gleichen Umständen gerade nach der entgegengesetzten Richtung zu gehen. Wenn der erste Leiter positiv elektrisirt ist, so weiß man gewiß, daß der Funken aus dem Leiter kommen, und in den dagegen gehaltenen Körper übergehen muß; wenn hingegen der erste Leiter negativ elektrisirt ist, so muß der Funken aus dem dagegen gehaltenen Körper kommen, und in den

---

*) Die Ursache ist, wie ich glaube, diese, weil auf dieses Ende des ersten Leiters die Atmosphäre des geriebenen Cylinders weniger Einfluß hat.

**) Oft wirft der Funken Strahlenbüschel nach allen Seiten zu aus.

Leiter übergehen. Aber dieß wissen wir bloß aus Schlüssen, die wir aus andern Versuchen gezogen haben; denn der Funken selbst bewegt sich viel zu schnell, als daß unsere Augen nur seine wahre Gestalt, geschweige denn seine Richtung, wahrnehmen und unterscheiden könnten. An Herrn Nairne's Maschine, welche sehr wirksam ist, kann man bemerken, erstlich, daß die Funken aus dem negativen Leiter stechender sind, als aus dem positiven; und zweytens, welches wahrscheinlich die Ursache der vorhergehenden Wirkung ist, daß sich der Funke, wenn man einen stumpfen Körper dem negativen Leiter nähert, gegen den Leiter zu in Zweige auszubreiten, gegen den Körper zu aber auf einen Punkt zusammen zu drängen scheint. An dem positiven Leiter aber ist die Erscheinung des Funkens grade die entgegengesetzte.

Aus einem großen Leiter läßt sich ein längerer Funken ziehen, als aus einem kleinen, er müßte denn eine gewisse Größe noch übersteigen. Der Conductor, welcher bey einer gewöhnlichen Maschine Funken giebt, deren Länge etwa dem Durchmesser des Cylinders an der Maschine gleich ist, ist der größte, dessen man sich mit Vortheil bedienen kann. Denn ein längerer Funken läßt sich nicht erhalten, ausgenommen in einigen besondern Fällen, z. B. wenn etwas Staub oder andere fremde Materie zwischen den Conductor und die messingene Kugel, oder einen andern Körper, den man ihm entgegen hält, gekommen ist, u. s. f. Dieß wird aus folgendem erhellen: — Der Umkreis des Cylinders beträgt ungefähr drey Durchmesser desselben. Das Kissen nebst dem Stück Wachstaffet ꝛc. kann etwa ein Drittheil des ganzen Umkreises bedecken. Bringt man also den Collector des Leiters mitten an die noch unbedeckte Fläche, so kann er von dem Kissen nicht weiter, als einen Durchmesser des Cylinders, d. i.

ein

ein Drittheil des Umkreises desselben, entfernt seyn. Daher ist es klar, daß, wenn der Cylinder einen längern Funken, als der Durchmesser desselben, geben könnte, der Funken eher auf das Kissen, als auf einen andern von dem Conductor weiter entfernten Körper schlagen würde. — Hat man das Kissen durch unvollkommne Leiter, z. B. durch ein Stück Holz, mit der Erde in Verbindung gebracht, so wird der Conductor insgemein längere Funken geben, als wenn jene Verbindung durch vollkommne Leiter bewirkt worden ist. In diesem Falle kann man einen Funken erhalten, der etwas länger ist, als der Durchmesser des Cylinders.

Dritter Versuch.
Das blitzende elektrische Licht zwischen zwey Metallplatten.

Man stelle eine Person auf ein isolirendes Fußgestell, und setze sie mit dem ersten Leiter in Verbindung. Eine andere lasse man auf dem Boden stehen. Einer jeden gebe man eine Metallplatte in die Hand, und lasse sie dieselben, Fläche gegen Fläche, in paralleler Stellung etwa zwey Zoll aus einander halten. Wenn man nun das Rad der Maschine dreht, so wird man zwischen beyden Platten so dichte und häufige Lichtstrahlen sehen, daß man alles, was dazwischen sichtbar ist, sehr deutlich wird unterscheiden können. Bey diesem Versuche zeigt sich das elektrische Licht sehr lebhaft und schön, und hat eine auffallende Aehnlichkeit mit dem Blitze.

Vierter Versuch.
Das Anzünden brennbarer Geister.

Das Vermögen des elektrischen Funkens, brennbare Geister zu entzünden, läßt sich auf verschiedne Arten beweisen, unter welchen folgende die leichteste ist.

Man hänge an den ersten Leiter ein kurzes Stäbchen, das an seinem Ende eine kleine Kugel hat: alsdann gieße man etwas Weingeist, den man ein wenig erwärmt hat, in einen metallenen Löffel *), halte den Löffel bey seinem Stiele, und stelle ihn so, daß die kleine Kugel des Stäbchens etwa einen Zoll über der Oberfläche des Weingeists stehet. Wenn nun in dieser Stellung beym Herumdrehen der Maschine ein Funken aus der Kugel schlägt, so wird dieser den Weingeist entzünden.

Dieser Versuch läuft völlig auf einerley Art ab, der Leiter mag positiv oder negativ seyn, d. h. es mag der Funken aus dem Leiter, oder aus dem Löffel kommen, indem der Weingeist bloß durch die schnelle Bewegung des Funkens entzündet wird.

Vielleicht ist es kaum nöthig zu bemerken, daß die Geister zu diesem Versuche desto geschickter sind, und daß ein desto schwächerer Funken schon hinreichend ist, sie zu entzünden, je entzündbarer sie ihrer Natur nach sind. Daher ist rectificirter Weingeist besser, als gemeiner Branntwein, und Aether besser, als beyde.

Dieser Versuch kann auf verschiedene Weise verändert, und für eine Gesellschaft sehr unterhaltend gemacht werden. Es kann z. B. die eine Person auf ein isolirendes Fußgestell treten, und den ersten Leiter, in der andern Hand aber den Löffel mit dem Weingeist halten; eine andere hingegen, die auf dem Boden steht, kann ihren Finger nahe an den Weingeist bringen,

―――――――
*) Die leichteste Art, den Weingeist zu diesem Versuche zu erwärmen, ist, daß man ihn in dem Löffel mit einem Lichte anzünde, und, wenn er etwa zwey oder drey Secunden lang gebrannt hat, die Flamme ausblase. Auf diese Art wird er sehr leicht, auch durch einen schwachen Funken, Feuer fangen.

Verſuche über das elektriſche Licht.

gen, und ihn dadurch anzünden. Die letztere kann auch den Weingeiſt mit einem Stück Eis anzünden, wodurch der Verſuch ein noch befremdenderes Anſehen erhält. Eben ſo wohl geht er auch von ſtatten, wenn die Perſon, die den Löffel hält, auf dem Boden ſteht, die iſolirte aber irgend eine leitende Subſtanz nahe über die Oberfläche des Weingeiſts bringt.

„Herr Winkler bemerkt, daß ſich Oel, Pech „und Siegellack durch elektriſche Funken entzünden laſ‑ „ſen, wofern man dieſe Subſtanzen bis zu einem, dem „Entzünden nahen Grade erhitzt habe. Hierher ge‑ „hört auch, daß Herr Gralath einen Funken auf den „Rauch eines eben verlöſchten Lichts ſchlagen ließ, und „das Licht dadurch wieder anzündete, und daß Herr „Boſe Schießpulver, welches er in einem Löffel hatte „ſchmelzen laſſen, und zwar zuerſt den davon aufſtei‑ „genden Dampf, in Brand ſetzte *).“

Fünfter Verſuch.

Erleuchtung des Bologneſer Phosphorus (lapis Bono‑nienſis) durch das elektriſche Licht.

Der merkwürdigſte Verſuch, durch welchen man die durchdringende Kraft des elektriſchen Lichts erweiſen kann, iſt derjenige, welchen man mit dem natürli‑ chen, oder noch leichter mit dem künſtlichen Bononien‑ ſiſchen Steine oder Phosphorus anſtellen kann, wel‑ cher letztere eine Erfindung des verſtorbenen Hrn. John Canton iſt. Dieſer Phosphorus iſt eine kalk‑ artige Subſtanz, die gemeiniglich in Geſtalt eines Pul‑ vers gebraucht wird, und die Eigenſchaft hat, das Licht, wenn

---

*) S. Prieſtley's Geſch. der Elektric. Per. VII. der deutſch. Ueberſ. S. 47.

200 Verſuche über das elektriſche Licht.

wenn ſie demſelben ausgeſetzt wird, einzuſchlucken, und nachher im Dunkeln zu leuchten *).

Man nehme etwas von dieſem Pulver, ſtreiche es mit Weingeiſt oder Aether über die inwendige Seite einer reinen gläſernen Flaſche, und verſtopfe dieſelbe mit einem Glasſtöpſel, oder mit Kork und Siegellack. Bringt man dieſe Flaſche in ein verfinſtertes Zimmer, (das zu dieſem Verſuche ſehr dunkel ſeyn muß,) ſo wird ſie zuerſt kein Licht von ſich geben; zieht man aber aus dem erſten Leiter zwey bis drey ſtarke Funken, ſo daß ſie

---

*) Dieſer Phosphorus wird auf folgende Art bereitet: „Man calcinire einige gemeine Auſterſchalen;“ (die beſten ſind, wie Hr. William Canton bemerkt, die alten, ſchon durch die Länge der Zeit halb calcinirten, dergleichen man häufig an den Seeküſten findet,) „indem man ſie eine halbe Stunde lang in „ein ſtarkes Kohlenfeuer ſetzt; zerreibe den reinſten „Theil dieſes Kalks zu feinem Pulver, und ſiebe ihn „durch ein feines Sieb; miſche alsdann zu drey Thei„len dieſes Pulvers einen Theil Schwefelblumen; „ſtoße die Maſſe derb zuſammen in einen Schmelz„tiegel, der etwa anderthalb Zoll tief iſt, daß er „beynahe voll wird, ſetze ſie mitten ins Feuer, wo „ſie wenigſtens eine Stunde roth glühen muß, und „laſſe ſie dann abkühlen: wenn ſie kalt iſt, nehme „man ſie aus dem Schmelztiegel, ſchneide oder bre„che ſie in Stücken, und ſchabe zu dem Verſuche die „glänzendſten Theile ab. Dieſe werden, wenn der „Phosphorus gut iſt, ein weißes Pulver geben, und „können in einer trocknen Flaſche mit eingeriebnem „Stöpſel aufbehalten werden.“

Wenn man dieſen Phosphorus, er ſey in der Flaſche oder nicht, im Dunkeln behält, ſo wird er kein Licht geben; wenn man ihn aber erſt an das Tageslicht oder an den Schein eines andern Lichtes ſetzt, und hernach ins Dunkle bringt, ſo wird er alsdann eine lange Zeit leuchten. Von den übrigen Eigenſchaften dieſes Phosphorus ſ. Philoſ. Transact. Vol. LVIII.

sie etwa zwey Zoll weit von der Flasche vorübergehen, und die Flasche nur ihrem Lichte ausgesetzt ist, so wird sie dieses Licht annehmen, und hernach eine beträchtliche Zeit lang leuchten.

Man kann auch dieses Pulver mit Eyweiß auf ein Bretchen kleben, so daß es Figuren von Planeten, Buchstaben, oder was sonst dem Experimentator gefällt, vorstelle, und diese Figuren im Dunkeln auf eben die Art, wie vorhin die Flasche, erleuchten.

Eine sehr schöne Art, geometrische Figuren mit dem gedachten Phosphorus abzubilden, ist diese, daß man dünne Glasröhren von ohngefähr $\frac{1}{10}$ Zoll im Durchmesser in die Gestalt der verlangten Figuren beuget, und sie mit dem Phosphoruspulver anfüllet. Man kann dieselben auf die vorhin beschriebene Art leuchtend machen, und sie werden nicht so leicht verdorben, als die auf einem Brete vorgestellten Figuren.

Die allerbeste Art, diesen Phosphorus leuchtend zu machen, die Herr W. Canton gemeiniglich gebraucht, ist diese, daß man eine kleine elektrische Flasche bey demselben entladet.

Sehr trocknes, und noch besser, heißes Papier, Marmor, Austerschalen, und die meisten kalkartigen Substanzen, besonders, wenn sie zu Kalk gebrannt sind, besitzen die Eigenschaft, durch das Licht einer entladenen Flasche erleuchtet zu werden, doch nicht so stark, als der beschriebene Phosphorus.

Sechster Versuch.
Der leuchtende Leiter.

Taf. I. Fig. 6. stellt einen von Hrn. Henly erfundenen ersten Leiter vor, der die Richtung der durch ihn gehenden elektrischen Materie sehr deutlich zeige, und deswegen der leuchtende Leiter heißt *). Der mittlere Theil dieses Leiters EF ist eine Glasröhre, die etwa achtzehn Zoll lang ist, und drey bis vier Zoll im Durchmesser hat. An beyde Ende dieser Röhre sind die beyden meßingenen Stücke FD, BE luftdicht angeküttet. Eins davon hat eine Spitze C, durch welche es die elektrische Materie annimmt, wenn es nahe an den Cylinder der Elektrisirmaschine gesetzt wird; das andere hat einen Drath mit einem Knopfe G, aus welchem man einen starken Funken ziehen kann; und aus jedem von den Stücken FD, BE geht ein Drath mit einem Knopfe inwendig in die Höhlung der Glasröhre. Eines von den meßingenen Stücken FD oder BE besteht aus zwey Theilen, d. i. aus der Kappe F, die an die Glasröhre geküttet ist, und im Deckel eine Oeffnung mit einem Ventil oder Klappe hat, wodurch man die Luft aus der Glasröhre auspumpen kann; und der runden Haube D, welche auf die Kappe F aufgeschraubt wird. Die Stützen dieses Instruments sind zwey gläserne Säulen, die in das Fußbret H eben so befestiget sind, wie bey dem ersten Leiter Fig. 2. Wenn man die Glasröhre dieses Leiters auf der Luftpumpe ausgeleeret, und die meßingene Haube aufgeschraubet hat, wie es die Figur vorstellet, so ist er zum Gebrauch geschickt, und kann als ein erster Leiter an einer Elektrisirmaschine dienen.

Setzt man nun die Spitze C dieses Leiters nahe an den Cylinder der Maschine, so zeigt sich an derselben ein Stern; zugleich erscheint die ganze Glasröhre mit einem schwachen Lichte erleuchtet; von dem Drathe mit dem Knopfe, der aus dem Stück FD in das Glas hineingeht, strömt ein leuchtender Strahlenkegel aus;

der

*) Ein ähnliches Instrument hatte Dr. Watson einige Jahre vorher erfunden, womit er mehrere ganz eigne Versuche über das elektrische Licht anstellete.

der andere Knopf aber ist mit einem Sterne erleuchtet, der sowohl als der Strahlenkegel sehr hell ist, und sich merklich von dem andern Lichte unterscheidet, welches den größten Theil von dem inwendigen Raume der Glasröhre einnimmt.

Wenn man die Spitze C, anstatt sie gegen den Cylinder zu halten, mit dem Kissen der Maschine verbindet, so sind die Erscheinungen des Lichts in der Röhre gerade die umgekehrten; der Knopf, welcher mit dem Stück FD verbunden ist, leuchtet mit einem Sterne, der gegenüberstehende mit einem Strahlenkegel, weil in diesem Falle die Richtung der elektrischen Materie gerade die entgegengesetzte der vorigen ist; denn vorher gieng sie von D nach B, jetzt kömmt sie aus B und geht nach D über.

Wenn die Dräthe in der Röhre E F statt der Knöpfe Spitzen haben, so sind die Erscheinungen des Lichts eben dieselben, nur in diesem Falle schwächer als im vorhergehenden.

Siebenter Versuch.
Die leitende Glasröhre.

Man nehme eine Glasröhre, welche etwa zwey Zoll im Durchmesser hat, und zwey Schuh lang ist; befestige an das eine Ende derselben eine messingene Kappe, und an das andere einen Hahn oder Ventil, und entledige sie dann durch die Luftpumpe von der darinnen enthaltenen Luft. Hält man diese Röhre bey einem Ende, und bringt das andere an den elektrisirten ersten Leiter, so wird man sie gänzlich mit Licht erfüllt sehen, so oft sie einen Funken aus dem ersten Leiter erhält; und dieß noch weit stärker, wenn man eine elektrische Flasche durch sie entladet.

Die-

Diesen Versuch kann man auch mit der Glocke der Luftpumpe anstellen; man nehme z. B. eine hohe Glokke, die recht rein und trocken ist, und stecke oben durch eine Oeffnung einen Drath in dieselbe, welcher luftdicht eingeküttet werden muß. Das innerhalb der Glocke befindliche Ende des Draths muß eine Spitze haben, die jedoch nicht sehr scharf ist, das äußere Ende aber mit einem Knopfe versehen seyn. Diese Glocke setze man auf den Teller der Luftpumpe, und leere sie aus. Wenn nun der Knopf des Draths über der Glocke an den ersten Leiter der Maschine gebracht wird *), so wird jeder Funken als ein dichter und starker Lichtklumpen durch die Glocke, nämlich aus dem Drathe in den Teller der Luftpumpe, gehen.

Hier muß man bemerken, daß das elektrische Licht, wenn die Luft sehr verdünnt wird, nicht so dicht ist, sich aber mehr ausbreitet; und wieder umgekehrt.

Achter Versuch.
Das Nordlicht.

Man nehme eine Flasche, etwa von der Gestalt und Größe einer Florentiner Bouteille, befestige einen Hahn oder ein Ventil an ihren Hals, und ziehe auf einer guten Luftpumpe die Luft so rein als möglich heraus. Reibt man nun dieses Glas auf die gemeine Art, die bey Erregung der Elektricität gewöhnlich ist, so wird es von innen erleuchtet, und mit einem strahlenden Lichte erfüllt scheinen, welches dem Nordlichte vollkommen ähnlich ist. Man kann diese Flasche auch
leuch-

---

*) Wenn etwas, das sich nicht wohl forttragen läßt, wie hier die Luftpumpe, mit dem ersten Leiter in Berührung gebracht werden soll, so kann man die Verbindung durch eine metallene Stange mit einem Handgriff von Glas, oder etwas anderm dergleichen machen.

leuchtend machen, wenn man sie bey dem einen Ende hält, und das andere an den ersten Leiter bringt; in diesem Falle wird augenblicklich das ganze Glas mit einem strahlenden Lichte erfüllt scheinen, welches auch noch eine lange Zeit darinnen sichtbar bleibt, wenn man es schon von dem ersten Leiter weggenommen hat.

Anstatt des erwähnten gläsernen Gefäßes kann man auch, und vielleicht noch vortheilhafter, eine luftleere und an beyden Enden verschlossene Glasröhre gebrauchen. Das merkwürdigste bey diesem Versuche ist, daß die Flasche oder Röhre, wenn sie schon von dem ersten Leiter hinweggenommen ist, (ja sogar einige Stunden nachher, nachdem die Erscheinung des strahlenden Lichts schon aufgehört hat,) wenn man sie mit der Hand angreift, sogleich aufs neue starke Lichtblitze zeigt, welche oft von einem Ende des Glases bis zum andern reichen.

Es giebt zwey Ursachen, von welchen dieser Versuch abhänget: zuerst die leitende Natur des luftleeren Raumes; und dann die Ladung des Glases. Denn wenn die eine Seite des Glases von dem ersten Leiter berührt wird, so treibt die elektrische Materie, welche der äußern Fläche auf der einen Seite des Glases mitgetheilt wird, die natürliche elektrische Materie der innern Fläche des Glases aus ihrer Stelle, und in die entgegengesetzte Seite der Flasche hinüber; der Uebergang dieser Materie durch den luftleeren Raum verursachet das Licht in der Flasche, welches sich mehr oder weniger zertheilt, nachdem das Vacuum unvollkommner oder vollkommner ist. Nunmehr ist der Theil der Flasche, der den ersten Leiter berührt hat, wirklich geladen; denn die äußere Seite hat einen Zusatz von elektrischer Materie erhalten, die innere aber einen Theil von der ihr zugehörigen verloren. Da nun aber die äußere Seite der Flasche nicht belegt ist, so kann sich

der

der geladene Theil des Glases, wenn er von dem ersten Leiter weggenommen und nicht mit der Hand angegriffen, oder von einem andern Leiter berühret wird, nicht anders als nach und nach entladen: das ist, indem die auswendige Fläche ihre überflüßige elektrische Materie der anliegenden Luft mittheilet, nimmt die innere sie von dem andern Ende der Flasche an; dieser Durchgang der elektrischen Materie durch den luftleeren Raum verursachet das Blitzen, das man noch so lange nachher wahrnimmt. Legt man aber die Hand an die Flasche, so wird das Ausladen beschleuniget, daher werden die Lichtblitze in der Flasche lebhafter und häufiger; dennoch kann sie sich bey diesem Versuche nicht auf einmal gänzlich entladen, weil die Hand nicht alle Theile des Glases auf einmal berühren kann.

Neunter Versuch.

Die sichtbare elektrische Atmosphäre.

GI, Fig. 2. Taf. II. ist die Glocke mit dem Teller der Luftpumpe. Mitten in dem Teller IF ist ein kurzer Stab befestiget, an welchem sich oben eine sehr glatt polirte metallene Kugel B befindet, deren Durchmesser beynahe zwey Zoll beträgt. Von der Spitze der Glocke geht ein anderer Stab AD mit einer ähnlichen Kugel A herab, und ist luftdicht in den Hals C eingeküttet; beyde Kugeln stehen vier Zoll, oder lieber noch etwas weiter von einander ab. Zieht man die Luft aus der Glocke, und elektrisirt die Kugel A positiv, indem man die Spitze D des Stabs AD mit dem ersten Leiter oder einer geriebenen Glasröhre verbindet, so zeigt sich die Kugel mit einer leuchtenden Atmosphäre umgeben, die zwar ein schwaches Licht hat, sich aber dennoch wohl abschneidet und deutlich unterscheiden läßt; die Kugel B aber zeigt nicht das geringste Licht. Die Atmosphäre umgiebt nicht die ganze Kugel A, sondern

bern reicht nur etwa von ihrem Mittel an, bis nahe an die Gegend ihrer Oberfläche, welche gegen die Kugel B gekehret ist. Wird der Stab mit der Kugel A negativ elektrisirt, so sieht man eine leuchtende Atmosphäre von eben dieser Gestalt an der Kugel B, die von ihrem Mittel bis nahe an diejenige Gegend reicht, welche gegen die Kugel A gekehrt ist; die negativ elektrisirte Kugel A aber bleibt gänzlich ohne Licht.

Der Experimentator muß sich bey diesem Versuche hüten, die Kugel A nicht allzu stark zu elektrisiren; sonst wird die elektrische Materie in einem Funken aus einer Kugel in die andere übergehen, und der Versuch nicht den gewünschten Erfolg haben. Inzwischen wird ein wenig Uebung das Verfahren bald sehr leicht und geläufig machen.

Zu diesen und ähnlichen Versuchen muß ich die neue Patent-Luftpumpe empfehlen, welche neuerlich Herr Haas erfunden hat, und die jetzt von Herrn Hurter, dem Eigenthümer des Patents, in London, in Great Marlborough Street, verfertiget wird. Diese Maschine hat, außer daß sie die Luft weit mehr, als jede andere Luftpumpe verdünnt, noch mehrere Vorzüge, wodurch sie gewiß die vollkommenste in ihrer Art wird. Eine Beschreibung davon findet man in den Philos. Transact. Vol. LXXIII.

Durch diesen so schönen Versuch, der eine Erfindung des berühmten P. Beccaria ist, erhalten wir einen augenscheinlichen Beweis für die Theorie einer einzigen elektrischen Materie; wir sehen mit Augen, daß alle Elektricität nur von einer einzigen sich gleichförmigen und homogenen flüßigen Materie, nicht, wie einige haben behaupten wollen, von zwey besondern Materien, nämlich einer für die Glas- und einer für die Harzelektricität

tricität gehörigen, entspringe. Sollten nämlich positive und negative Elekricität aus zwey besondern Materien entspringen, die einander anzögen, so müßten bey dem obigen Versuche allezeit zwey Atmosphären, eine um die Kugel A, die andere um die Kugel B, erscheinen; denn wenn die Kugel A mit der einen Materie überladen wäre, so müßte sich die überflüßige Menge derselben auf ihrer Oberfläche zeigen, und aus der Kugel B eine Atmosphäre von der entgegengesetzten Art heraufziehen. Dieß aber geschieht, wie wir im Vorigen bemerkt haben, gar nicht; vielmehr erscheint die leuchtende Atmosphäre allezeit nur an der einen Kugel, nämlich an derjenigen, welche mit der elektrischen Materie überladen ist. Ist z. B. die Kugel A positiv elektrisirt, so zeigt sich der Ueberfluß der elektrischen Materie an demjenigen Theile von A, der der Kugel B am nächsten steht, weil B, welches auf die entgegengesetzte Art elektrisirt ist, denselben anzuziehen strebt; ist aber die Kugel A negativ elektrisirt, so zieht sie die der Kugel B zugehörige elektrische Materie an, welche also auf der Oberfläche von B erscheint, indem sie eben im Begriff steht, in die Kugel A überzugehen.

Um einem Irrthume zu begegnen, in welchen verschiedene Schriftsteller von der Elektricität verfallen sind, kann ich nicht umhin, bey diesem Capitel noch anzumerken, daß das elektrische Licht, eben sowohl als das Sonnenlicht, alle Farben des Prisma habe. Man kann die Erfahrung davon sehr leicht machen, wenn man einen elektrischen Funken durch ein gläsernes Prisma betrachtet *).

*) Man sehe des Dr. Priestley Geschichte der Elektricität, Th. VIII. Abschn. 16. No. 12. (der deutschen Ueberf. S. 484.)

Versuche mit der Leidner Flasche.

Siebentes Capitel.

Versuche mit der Leidner Flasche.

Erster Versuch.

Vom Laden und Ausladen der Flaschen überhaupt.

Man nehme eine belegte Flasche, wie D E Fig. 11. Taf. I, und stelle sie auf den Tisch nahe an den ersten Leiter, so daß der Knopf ihres Draths, aber auch nur dieser allein, mit ihm in Berührung komme; hierauf stelle man das Quadrantenelektrometer E Fig. 2. auf den ersten Leiter, und drehe das Rad der Maschine. Man wird den Zeiger des Elektrometers, indem sich die Flasche ladet, nach und nach bis auf 90°, oder ohngefähr so viel steigen, und dann stillstehen sehen: wenn dieß geschieht, so kann man schließen, daß die Flasche ihre völlige Ladung bekommen habe. Wenn man nun den Auslader bey seinem gläsernen Handgriffe anfasset, und zuerst die eine von seinen Kugeln oder Knöpfen an die auswendige Belegung der Flasche, dann aber die andere an den Knopf des Draths, der in der Flasche steckt, oder an den ersten Leiter bringet, der mit ihr verbunden ist, so wird man einen Schall hören, und einen sehr lebhaften Funken zwischen dem Auslader und den leitenden Substanzen sehen, welche mit den Seiten der Flasche verbunden sind. Dadurch wird die Flasche entladen. Wenn man, anstatt den Auslader zu gebrauchen, mit der einen Hand die äußere Seite der Flasche berührt, die andere aber an den Drath der Flasche bringt, so wird eben so wie zuvor ein Schall und Funken entstehen; jetzt aber wird man den Schlag selbst in den Gelenken der Hand und dem Ellenbogen, und wenn er stark ist, auch in der Brust füh-

fühlen*). Wenn einige Personen einander die Hände geben, und die erste unter ihnen die äußere Seite der Flasche berührt, die letzte aber den mit der innern Seite verbundenen Drath angreift, so werden sie den Schlag alle, und, so viel sich bemerken läßt, genau zu einerley Zeit fühlen. Dieser Schlag hat keine Aehnlichkeit mit irgend einer sonst bekannten Empfindung, und läßt sich daher nicht beschreiben, sondern man muß ihn nothwendig selbst fühlen, um sich einen richtigen Begriff davon machen zu können.

Wann mehrere Personen eine Metallplatte berühren, die mit der äußern Belegung einer geladenen Flasche in Verbindung stehet, und alle eine metallene Stange, wodurch die Entladung bewirkt wird, anfassen, so werden sie alle den Schlag fühlen. Daraus siehet man, daß die Entladung durch verschiedene Verbindungen auf einmal bewirkt worden sey.

Die Ursache, warum sich bey diesem Versuche die Flasche ladet, ist folgende. Wenn eine überflüßige Menge elektrischer Materie in die innere Fläche des Glases gedrängt wird, so treibt sie eine gleiche Menge von der natürlichen elektrischen Materie des Glases auf der entgegengesetzten äußern Seite aus, durch die zurückstoßende Kraft, die den Theilchen der elektrischen Materie von Natur eigen ist, und die auch durch das Glas wirket; daher wird die eine Seite des Glases überladen, die andere hingegen zu wenig geladen; sobald also eine vollständige leitende Verbindung zwischen beyden Seiten der Flasche gemacht wird, so geht die überflüßige elektrische Materie der einen Seite des Glases mit Gewalt in die andere Seite über, und die große Geschwin-

---

*) Man kann auch den Schlag einem einzelnen Theile des Körpers geben, wenn man nur diesen Theil allein in die gemachte Verbindung hinein bringt.

Versuche mit der Leidner Flasche.

Geschwindigkeit ihrer Bewegung verursacht den Funken, den Schall u. s. w.

Fasset man die belegte Flasche bey dem Drathe an, der mit ihrer innern Seite verbunden ist, und bringt die äußere Belegung gegen den ersten Leiter, so wird sie eben sowohl, als auf die vorige Art, geladen; nur wird in diesem Falle die äußere Seite positiv, und die innere negativ seyn.

Wir haben oben angenommen, der dabey gebrauchte erste Leiter sey positiv elektrisiret; wenn man aber den Versuch so wiederholt, daß dabey der erste Leiter mit dem Kissen der Maschine verbunden, und also negativ elektrisirt ist, so wird die Flasche ebenfalls geladen, nur daß in diesem Falle die mit dem ersten Leiter verbundene Seite negativ, und die entgegengesetzte positiv elektrisiret wird.

Zweyter Versuch.

Eine isolirte Flasche kann nie geladen werden.

Man setze eine belegte Flasche auf ein elektrisches Stativ, verbinde ihren Drath, oder auch ihre äußere Belegung mit dem ersten Leiter, und drehe das Rad der Maschine. Man wird wahrnehmen, daß der Zeiger des Quadrantenelektrometers, das auf den ersten Leiter gestellt ist, bald auf 90° steigt, welches sonst das Zeichen ist, daß die Flasche geladen sey. Wenn man aber das elektrische Stativ mit der Flasche von dem ersten Leiter hinwegnimmt, und entweder mit dem Auslader oder mit der Hand die Flasche entladen will, so wird man finden, daß sie gar nicht geladen sey; denn es wird sich weder Funken, noch Schlag, noch irgend ein anderes Phänomen des geladenen Glases zeigen.

Die Ursache, warum bey diesem Versuche die innere Seite der Flasche keinen Zusatz von elektrischer Materie erhalten, und also die Flasche nicht geladen werden kann, ist diese, weil die äußere Seite der Flasche nichts von der ihr zugehörigen elektrischen Materie abgeben kann, indem ihre Verbindung mit der Erde durch das elektrische Stativ aufgehoben wird*). Man wiederhole den Versuch nochmals mit dieser einzigen Veränderung, daß man durch eine Kette oder auf eine andere Art die äußere Seite der Flasche mit dem Tische verbindet, und man wird finden, daß nun die Flasche geladen werde; denn in diesem Falle kann die der äußern Seite natürlich zugehörige elektrische Materie leicht durch die Kette in den Tisch getrieben werden.

Genau genommen, wird die Flasche bey diesem Versuche doch eine geringe Ladung annehmen, weil die äußere

---

*) Diese Behauptung, daß hier die innere Seite der Flasche keinen Zusatz von elektrischer Materie erhalte, ist, genau genommen, nicht ganz richtig, wie dieß Dr. Gray (S. Grens Journ. der Phys. I. B. S. 83. u. f.) gezeigt hat. Allerdings kann, nach der Franklinschen Vorstellungsart, die natürliche Quantität der elektrischen Materie im Glase, und jeder andern bekannten Substanz, bis auf einen gewissen bestimmten Grad vermehrt oder vermindert werden. Das erstere geschieht auch bey diesem Versuche. Denn wofern sich dieß nicht ereignete, so könnte auch die äußere Seite von ihrem natürlichen E nichts verlieren. Dieß letztere ist offenbar eine Folge der an der innern Seite der Flasche bereits bewirkten Vermehrung des natürlichen E, mithin kann es nicht die Ursache seyn, welche jene Vermehrung zuläßt. Nun läßt sich eine solche Vermehrung oder Verminderung nicht über jenen bestimmten Grad treiben, wofern nicht eine fast gleich große Menge elektrischer Materie, entweder aus der äußern Seite weg, oder ihr zugeführt werden kann. Und in diesem Verstande ist es richtig, daß die Flasche unter jenen Umständen nicht geladen werden könne, d. h. es läßt sich zu jener bestimmten Menge nicht eine 2te, 3te, 4te u. s. f. hinzufügen. B.

Versuche mit der Leidner Flasche. 213

äußere Belegung derselben durch die Luft ꝛc. etwas von ihrer natürlichen elektrischen Materie verliert.

Wird die Flasche isolirt, und die eine Seite derselben, anstatt der Erde, mit dem isolirten Kissen der Maschine, die andere aber mit dem ersten Leiter verbunden, so wird die Flasche ebenfalls, und vielleicht noch geschwinder, als sonst, geladen; denn indem das Kissen die eine Seite erschöpft, wird der Mangel in der andern durch den ersten Leiter ersetzt. Auf diese Art wird die Flasche mit ihrer eignen elektrischen Materie geladen; d. i. die natürliche Menge elektrischer Materie der einen Seite wird durch die Wirkung der Maschine in die andere Seite übergetrieben.

Dritter Versuch.

Abänderung des vorigen Versuchs.

Um den vorigen Versuch auf eine noch deutlichere und überzeugendere Art anzustellen, setze man die Flasche, wie zuvor, auf ein elektrisches Stativ, bringe aber ihren Drath nicht in Berührung mit dem ersten Leiter, sondern stelle ihn ohngefähr einen halben Zoll weit davon ab. Dann halte man den Knopf eines andern Drathes so weit von der äußern Belegung der Flasche, als der Knopf auf der Flasche von dem ersten Leiter absteht, und drehe nun das Rad der Maschine: so wird man bemerken, daß, so oft ein Funken aus dem Leiter in den Drath der Flasche schlägt, zugleich auch ein anderer Funken von der äußern Belegung der Flasche in den dagegen gehaltenen Knopf übergeht. Man sieht hieraus, daß, so oft etwas elektrische Materie in die innere Seite der Flasche geht, eben so viel davon aus der äußern Seite herausgehe. Auf diese Art wird die Flasche geladen.

O 3 Wenn

Wenn man, anstatt des Draths mit dem Knopfe, einen zugespitzten Drath gegen die äußere Seite der Flasche hält, so wird er mit einem Stern erleuchtet erscheinen; und wenn man, anstatt einen Drath gegen die Flasche zu halten, einen zugespitzten Drath mit ihrer Belegung verbindet, so erscheint die Spitze mit einem Strahlenbüschel, (weil nämlich die elektrische Materie durch sie in die Luft ausströmet,) welches so lang dauert, als sich die Flasche noch ladet.

Wenn man gegen die äußere Belegung der isolirten Flasche im obigen Versuche den Knopf einer andern Flasche hält, so wird auch die letztere geladen; denn die elektrische Materie, die von der äußern Seite der ersten isolirten Flasche ausgeht, geht in die innere Seite der andern über, und vertreibt dadurch diejenige elektrische Materie, welche sich von Natur in der äußern Seite befindet *).

Vierter Versuch.

Beweis, daß die Ladung einer Flasche, oder eines Glases überhaupt, sich nicht in der Belegung befinde.

Man nehme eine unbelegte Flasche, und klebe statt der Belegung ein Stück Staniol mit ein wenig Talg oder Wachs an ihre äußere Seite, so daß es nur leicht daran hänge; statt der innern Belegung aber schütte

---

*) Man kann aus diesem Versuche leicht sehen, wie sich mehrere Flaschen verbinden, und alle auf einmal laden lassen, ohne daß man viel mehr Mühe damit hat, als mit einer einzigen. Doch ist zu bemerken, wenn die Flaschen so verbunden sind, daß immer die innere Seite der einen mit der äußern Seite der andern in Verbindung steht, u. s. w., daß man alsdann diese Flaschen nicht so stark, auch nicht so leicht, als sonst, laden könne, und daß die Schwierigkeit ziemlich im Verhältniß der Anzahl der Flaschen zunimmt.

schütte man seinen Schrot oder Queckſilber hinein; endlich ſtecke man durch den Hals der Flaſche einen Drath mit einem Knopfe, der bis in den Schrot, oder das Queckſilber reicht. Hierauf halte man die ſo belegte Flaſche bey ihrer äußern Belegung, und lade ſie, indem man die Kugel ihres Draths gegen den erſten Leiter hält. Wenn ſie geladen iſt, kehre man ſie um, und ſchütte den Schrot oder das Queckſilber heraus in ein anderes Gefäß; nehme alsdann auch die äußere Belegung ab. Die Flaſche verliert dadurch ihre Ladung nicht, und wenn man den Schrot oder das Queckſilber unterſucht, ſo findet man darinnen nicht mehr Elektricität, als ein jeder anderer leitender und iſolirter Körper, nach vorhergegangener Verbindung mit dem erſten Leiter, enthalten würde. Man lege nun die äußere Belegung wieder an die Flaſche, ſchütte den Schrot oder das Queckſilber wieder hinein, oder auch ſtatt deſſen eine andere leitende Materie, und berühre dann mit der einen Hand die äußere Belegung, mit der andern aber bringe man einen Drath oder auch den Finger ſelbſt an die darinnen befindliche nicht elektriſche Materie, ſo wird man durch den Schlag, den man bekömmt, hinlänglich überzeugt werden, daß das Glas durch das im Vorigen beſchriebene Verfahren ſehr wenig von der Stärke ſeiner vorigen Ladung verloren habe.

Eben dieſen Verſuch kann man weit bequemer einrichten, wenn man eine Glastafel auf eine Metallplatte legt, und von der obern Fläche der Glastafel eben ſo viel mit Stanniol bedeckt, als unten von der Metallplatte berührt wird. An den Stanniol kann man einen ſeidnen Faden befeſtigen, mit welchem man ihn, wenn das Glas geladen iſt, wegnehmen, und, wenn es nöthig iſt, wieder darauf legen kann.

Fünfter Versuch.

Beweis, daß die elektrische Materie die Luft in der Flasche nicht aus der Stelle treibe.

Man bohre ein Loch durch den Kork, womit die belegte Flasche verstopft ist, und stecke durch dasselbe eine kleine an beyden Enden offene Glasröhre, die etwa ein Dreyßigtheil eines Zolls im Durchmesser hält. Man beuge alsdann den Theil der Röhre, der über die Flasche hervorragt, in eine horizontale Lage, und befestige den Kork mit Baumwachs so, daß keine Luft in die Flasche oder aus derselben kommen kann, außer durch die Glasröhre; endlich bringe man in den horizontalen Theil der Röhre einen Tropfen rothen Wein oder Dinte, so daß er durch die geringste Verdünnung oder Verdichtung der Luft in der Flasche sogleich bewegt werden muß. Wenn nun diese so zubereitete Flasche geladen wird, indem man den ersten Leiter mit ihrem Drathe verbindet, so wird der Tropfen in der Glasröhre dadurch nicht von seiner Stelle verrückt — ein Beweis, daß die in die Flasche übergegangene elektrische Materie nicht das Geringste von der darinnen enthaltenen Luft aus der Stelle getrieben hat. Ladet man aber die Flasche aus, so wird oft der Tropfen ein wenig aus seiner Stelle geschoben, kömmt aber sogleich wieder in dieselbe zurück; woraus man sieht, daß beym Ausladen die Luft in der Flasche ein wenig aus der Stelle getrieben oder verdünnt werde. Dieß ist aber bloß einigen Funken zuzuschreiben, die gemeiniglich in der Höhlung der Flasche entstehen, weil der Drath nicht in vollkommener Berührung mit der innern Belegung steht *).

Sechster

---

*) Stellt man diesen Versuch mit einer kleinen Flasche an, welche nicht durch einen Drath, der von außen hinein-

Versuche mit der Leidner Flasche.

Sechster Versuch.

Die Richtung der elektrischen Materie beym Ausladen durch den Stern oder Strahlenkegel des elektrischen Lichtes sichtbar zu machen.

Wenn man eine Flasche geladen hat, so nehme man einen Auslader mit zugespitzten Enden, oder man nehme von dem Taf. I. Fig. 10. vorgestellten Auslader die Kugeln ab, und halte ihn, wie Fig. 11. zeigt, d. i. in einer solchen Stellung, daß eine seiner Spitzen C etwa einen halben Zoll von dem Knopfe A, die andere B aber eben so weit von der äußern Belegung der Flasche absteht. Durch dieses Mittel wird die Flasche stillschweigend, d. i. nach und nach und ohne Schlag entladen. Ist nun die innere Seite positiv elektrisirt, so wird man die Spitze C des Musladers mit einem Stern, die Spitze B aber mit einem Strahlenkegel erleuchtet sehen; weil in diesem Falle die elektrische Materie, die aus der innern Seite der Flasche in die äußere geht, in C einbringt, und von B ausgeht. Ist aber die innere Seite der Flasche negativ, und folglich die äußere positiv elektrisirt, so wird der Strahlenkegel an der Spitze C, und der Stern an B erscheinen; denn in diesem Falle geht die elektrische Materie aus der äußern Seite der Flasche in die innere über.

Dieser Versuch muß so, wie jeder andere, bey welchem man das elektrische Licht zu beobachten hat, im Dunkeln angestellt werden.

O 5 Siebenter

hineingeht, sondern durch ein Stück Stanniol geladen wird, das mit der innern Belegung ein Stück ausmacht, und mit Wachs an die innere Seite des Glases befestiget wird, daß also keine Funken inwendig in der Flasche entstehen können: so wird der Tropfen in der Glasröhre niemals, weder beym Laden, noch beym Ausladen, seine Stelle verändern.

Siebenter Versuch.

Die Richtung der elektrischen Materie beym Ausladen durch die Flamme eines Wachslichts zu unterscheiden.

Man hebe von dem allgemeinen Auslader Taf. I. Fig. 5. die hölzerne Scheibe E ab, stelle die Dräthe DC, DC so, daß ihre Knöpfe DD etwa zwey Zoll aus einander stehen, und setze in den hohlen Cylinder F ein brennendes Wachslicht, daß die Flamme gerade mitten zwischen den Knöpfen DD stehet. Wenn alles auf diese Art zubereitet ist, und man nun durch eine Kette oder auf irgend eine andere Art einen von den Dräthen C mit der äußern Seite einer geladenen Flasche verbindet, den Knopf der Flasche aber an den andern Drath C bringt, so wird man sehen, daß der Schlag beym Ausladen, welcher zwischen den Knöpfen DD durchgehen muß, die Flamme des Wachslichts allezeit in die Richtung der elektrischen Materie bringt, oder sie auf denjenigen Knopf zu treibt, welcher mit der negativ elektrisirten Seite der Flasche in Verbindung stehet.

Bey diesem Versuche muß die Flasche ungemein schwach geladen seyn, gerade nur so viel, daß sie eben vermögend ist, den Schlag durch den in der Verbindung leer gelassenen Zwischenraum zu treiben; welchen Grad der Ladung die Erfahrung jedesmal bestimmen wird, außerdem wird der Versuch nicht von statten gehen, oder vielleicht gar zweydeutig ausfallen*).

Achter

---

*) Fragt man, warum dieser Versuch mit einem starken Schlage nicht so wohl, als mit einem sehr schwachen von statten gehe, so ist die Antwort diese, daß eine sehr stark geladene Flasche, wenn man sie an den Drath des allgemeinen Ausladers bringt, eine Atmosphäre

Versuche mit der Leidner Flasche. 219

Achter Versuch.

Die Richtung der elektrischen Materie beym Ausladen durch die Bewegung einer Korkkugel sichtbar zu machen.

Man beuge ein Kartenblatt nach der Länge über ein rundes Holz, daß es die Gestalt einer Rinne oder eine halbkreisförmige Krümmung annehme*). Dieses Kartenblatt lege man auf die Scheibe E des allgemeinen Ausladers, Taf. I. Fig. 5. und mitten darauf eine Korkkugel, die etwa einen halben Zoll im Durchmesser hat; hierauf stelle man die beyden messingenen Knöpfe DD beyde gleichweit, ohngefähr einen halben oder drey Viertel Zoll von der Korkkugel. Das Kartenblatt muß sehr trocken, und noch lieber heiß seyn. Wenn man nun durch eine Kette oder auf irgend eine andere Art die äußere Seite einer geladenen Flasche mit einem von den Dräthen C verbindet, und den Knopf der Flasche an den andern Drath C bringt, so wird man sehen, daß der Schlag, welcher zwischen den Knöpfen DD hindurch und über das Kartenblatt gehen muß, die Korkkugel nach der Richtung der elektrischen Materie forttreibt,

mosphäre um seinen Knopf verursacht, welche die Lichtflamme noch vor dem wirklichen Ausladen stöhret; überdieß geht die elektrische Materie bey einem starken Schlage wegen ihrer elastischen Kraft allzuschnell durch die Lichtflamme, als daß sie derselben eine merkliche Bewegung mittheilen könnte, vollkommen so, wie ein Pistolenschuß eine offenstehende Thüre durchbohrt, ohne sie zu bewegen.

*) Anstatt des Kartenblatts kann man ein Stück gedörrtes Holz nach dieser Form ausschneiden, und mit Lampenruß und Oel anstreichen. Dieß wird noch bessere Dienste thun, als das Kartenblatt, weil es nicht so beweglich ist, und die Feuchtigkeit nicht so stark anziehet.

treibt, d. i. gegen den Knopf, der mit der negativen Seite der Flasche verbunden ist.

Man hat zu bemerken, daß auch bey diesem Versuche die Ladung der Flasche nur eben hinreichend seyn muß, den Schlag durch den in der Verbindung leer gelassenen Zwischenraum zu treiben; daß die Karte, oder das gedörrte Holz sehr trocken und rein seyn muß; kurz, daß die Zubereitung der nöthigen Geräthschaft, und die Anstellung dieses so merkwürdigen Versuchs überhaupt, einen Grad der Feinheit und Genauigkeit erfordert, den man nur durch die Uebung erlangen kann. Wenn man nicht sehr behutsam zu Werke geht, so schlägt der Versuch bisweilen fehl; wenn er aber dem Experimentator einmal gelungen ist, und er sich nur hernach genau nach seinem vorigen Verfahren richtet, so kann er versichert seyn, daß der Erfolg allezeit der angegebene seyn werde.

Neunter Versuch.
Das Leidner Vacuum.

Taf. I. Fig. 8 und 9 ist eine kleine Flasche, auf ihrer äußern Fläche etwa drey Zoll hoch mit Stanniol belegt; der Hals derselben ist in eine messingene Kappe eingeküttet, die eine Oeffnung mit einem Ventil hat; und von dieser Kappe geht ein Drath mit einer stumpfen Spitze einige Zoll tief in die Flasche hinein. Man zieht die Luft aus der Flasche, und schraubt auf die Kappe, in welche der Hals eingeküttet ist, eine messingene Kugel, um das Ventil vor der Luft zu bewahren, und überhaupt das Eindringen der Luft in die luftleere Flasche zu verhindern *). Diese Flasche nun zeigt die

---

*) Die innere Seite der Flasche darf nicht erst belegt werden, da die elektrische Materie den luftleeren Raum

die Richtung der elektrischen Materie, sowohl beym Laden, als beym Ausladen, sehr deutlich; denn wenn man sie unten bey ihrem Boden hält, und ihre messingene Kugel an den positiv elektrisirten ersten Leiter bringt, so wird man sehen, daß die elektrische Materie aus dem in der Flasche befindlichen Drathe als ein Strahlenkegel ausströmet, Fig. 9., wenn man sie aber ausladet, wird anstatt des Strahlenkegels ein Stern, Fig. 8., erscheinen. Hält man hingegen die Flasche bey ihrer messingenen Kappe, und bringt den Boden an den ersten Leiter, so wird die Spitze des in ihr befindlichen Draths beym Laden mit einem Sterne, und beym Ausladen mit einem Strahlenkegel erleuchtet erscheinen. Bringt man diese Flasche an einen negativ elektrisirten Leiter, so werden sich alle diese Erscheinungen beym Laden sowohl, als beym Ausladen umkehren.

Diese Versuche mit dem Leidner Vacuum, nebst den beyden vorhergehenden, nämlich dem siebenten und achten dieses Capitels, sind Erfindungen des Herrn Henly.

Zehnter Versuch.

Mit dem elektrischen Schlage ein Kartenblatt, oder andere Körper zu durchbohren *).

Man nehme ein Kartenblatt, einige Bogen Papier, oder einen Einband von einem Buche, und halte sie dicht an die äußere Belegung einer geladenen Flasche;

Raum durchbringt, und also aus dem Drathe frey an die Fläche des Glases kommen kann, ohne der Beyhülfe einer leitenden Belegung zu bedürfen.

*) Mannigfaltige, sehr lehrreiche Versuche dieser Art findet man beschrieben in: Voigt's Mag. für das Neueste ꝛc. X. B. 3tes St. S. 47. u. f. und Bohnenberger's Beytr. zur Elektricitätslehre. 3tes St. S. 26. u. f. 4tes St. S. 12. u. f. B.

fche; setze alsdann den einen Knopf des Musladers an das Kartenblatt oder Papier u. f. w. so daß zwischen dem Knopfe und der Belegung sich nichts weiter als die Dicke des Kartenblatts oder Papiers befindet; endlich bringe man den andern Knopf des Musladers an die Kugel der Flasche, und lade sie aus: so wird die elektrische Materie, indem sie durch die gemachte Verbindung von der positiven in die negative Seite der Flasche übergeht, ein Loch (oder vielleicht mehrere) durch das Kartenblatt oder Papier schlagen *). Dieses Loch hat auf beyden Seiten der Karte einen erhabenen Rand; man müßte sie denn etwa sehr hart mit dem Muslader an die Flasche angepreßt haben. Dieser Umstand zeigt, daß das Loch nicht nach der Richtung, nach welcher die Materie durchgeht, sondern vom Mittelpunkte des widerstehenden Körpers aus nach allen Richtungen zu geschlagen wird.

Macht man diesen Versuch mit zwey Karten, statt einer einzigen, die man aber ein wenig aus einander halten muß **), so wird man nach dem Schlage jede Karte ein- oder mehreremal durchlöchert finden, und die Löcher werden an beyden Seiten jeder Karte erhabene Ränder zeigen.

Setzt man anstatt des Papiers eine sehr dünne Scheibe von Glas, Harz, Siegellack oder dergleichen zwischen den Knopf des Musladers und die äußere Belegung

---

*) Das Loch, oder die mehrern, sind größer oder kleiner, je nachdem die Karte feuchter oder trockener ist. Es ist merkwürdig, daß man dabey einen schweflichten oder vielmehr phosphorusartigen Geruch verspüret, gleich demjenigen, den die erregte Elektricität in einem elektrischen Körper hervorbringt.

**) Dieß geht sehr leicht an, wenn man die eine Karte ein wenig krumm beugt.

legung der Flasche, so wird dieselbe durch den Schlag in viele Stücken zerbrechen.

Auch kann man kleine Insekten auf diese Art tödten. Wenn man sie zwischen den Knopf des Ausladers und die äußere Belegung der Flasche hält, wie oben die Karte, und einen Schlag einer gemeinen Flasche durch sie gehen läßt, so wird sie dieselbe augenblicklich des Lebens berauben, wenn sie sehr klein sind; sind sie aber größer, so wird man sie zwar gleich nach dem Schlage für todt halten, aber nach einiger Zeit werden sie sich wieder erholen. Inzwischen kömmt dabey viel auf die Stärke der Ladung an, welche man auf sie schlagen läßt.

Läßt man durch ein Stück weißen Zucker einen Schlag gehen, der stark genug ist, es zu zerbrechen, so wird der Schlag jedes Stück erleuchten. Dieß ist im Dunkeln ein schöner Versuch. — Der Zucker wird noch einige Minuten nachher leuchten.

Eilfter Versuch.

Wirkung des Schlages, wenn er über die Oberfläche eines Kartenblatts oder andern Körpers geht.

Man lege die Enden zweyer Dräthe auf ein Kartenblatt, oder einen andern Körper von elektrischer Beschaffenheit, so, daß sie mit einander in einer geraden Linie liegen, und etwa einen Zoll weit von einander abstehen; dann verbinde man den einen Drath mit der äußern Seite einer geladenen Flasche, den andern aber mit dem Knopfe derselben, so wird auf diese Art der Schlag über die Karte oder den andern Körper gehen.

Wenn die Karte recht trocken ist, so wird man auf ihr noch lange nach dem Schlage einen leuchtenden Strich zwischen den Dräthen sehen. Nimmt man
statt

statt der Karte ein Stückchen gemeines Schreibpapier, so wird es durch den Schlag in sehr kleine Streifen zerrissen.

Läßt man, anstatt der Karte, den Schlag über die Oberfläche eines Glases gehen, so wird dasselbe mit einem unauslöschlichen Streif bezeichnet, der gemeiniglich von dem Ende des einen Draths bis zu dem andern reicht. Auf diese Art wird das Glas selten durch den Schlag zerbrochen. Hr. Henly aber hat ein sehr merkwürdiges Mittel gefunden, die Wirkung des Schlages auf das Glas zu verstärken. Dieß besteht darinnen, daß man den Theil des Glases, der zwischen beyden Dräthen liegt, (d. i. den Theil, durch welchen der Schlag gehen soll,) mit Gewichten beschweret. Er setzt zuerst auf das Glas ein starkes Stück Elfenbein, und darauf nach Gefallen ein Gewicht von einem Quentchen an bis zu sechs Pfund. Auf diese Art wird das Glas durch den Schlag mehrentheils in unzählbare Stücken zerbrochen, deren einige vollkommen in ein feines Pulver, wie Mehl, zerschlagen sind. Ist aber das Glas sehr stark, und widersteht der Gewalt des Schlages allzu sehr, als daß er es zerbrechen könnte, so findet man es mit den schönsten und lebhaftesten Farben des Prisma bezeichnet, welche von sehr dünnen Glasschuppen herrühren, deren einige der Schlag gänzlich von dem Glase abgesplittert hat. Das auf dem Glase liegende Gewicht wird allezeit durch den Schlag erschüttert, und bisweilen ganz von dem Elfenbein herabgeworfen *). Man kann diesen Versuch sehr bequem mit Hülfe des allgemeinen Auslabers, Taf. I. Fig. 5. anstellen.

Zwölf-

---

*) Wenn kleine Vorstellungen von Gebäuden u. dergl. auf einem Bretchen auf das Elfenbein gesetzt werden: so giebt die von dem Schlage verursachte Erschütterung ein sehr natürliches Bild des Erdbebens.

Versuche mit der Leidner Flasche.   225

Zwölfter Versuch.
Die Richtung der elektrischen Materie beym Ausladen
durch ihren Weg über die Oberfläche eines Kartenblatts zu zeigen.

Man mache die Zubereitung, wie bey vorigem Versuche, nur mit diesem Unterschiede, daß man, anstatt die Enden beyder Dräthe auf einerley Seite der
Karte zu legen, jetzt das eine über, das andere unter
dieselbe bringe. Nun lasse man, wie im Vorigen,
einen Schlag durch die Dräthe gehen, so wird man
sehen, daß die elektrische Materie an derjenigen Seite
der Karte fortgeht, an welcher das Ende des Drathes
liegt, der mit der positiven Seite der Flasche verbunden ist. Um aber in das Ende des andern Draths zu
kommen, der mit der negativen Seite in Verbindung
steht, schlägt sie das Loch in die Karte gerade dem
Ende dieses letztern Drathes gegenüber.

Dieser vortreffliche Versuch, der die Richtung der
elektrischen Materie beym Ausladen einer Flasche so
deutlich zeigt, ist eine Erfindung des Hrn. Lullin aus
Genf.

Anm. Sind die Flaschen sehr groß, so macht der
Schlag mehrere Löcher, auf eine solche Art, daß der
Erfolg dadurch zweydeutig wird.

Dreyzehnter Versuch.
Durch den elektrischen Schlag Thon aufzuschwellen,
und kleine Röhrchen zu zerbrechen.

Man rolle ein Stückchen weichen Pfeifenthon in
einen dünnen Cylinder CD Taf. II. Fig. 4. und
stecke zwey Dräthe A, B hinein, so daß ihre Enden
in dem Thone etwa ein Fünftel eines Zolles von einander abstehen. Läßt man nun einen Schlag durch diesen
Thon gehen, indem man den einen Drath A oder B
mit

mit der äußern Seite einer geladenen Flasche, und den andern mit der innern verbindet, so wird der Thon durch den Schlag, d. i. durch den Funken, der aus einem Drathe in den andern übergeht, aufgeschwellet, und hat nach dem Schlage das Fig. 5. vorgestellte Ansehen. Ist der Schlag zu stark, und der Thon nicht feucht genug, so wird er durch den Schlag zerbrechen, und die Trümmern werden sich nach allen Richtungen zerstreuen.

Will man diesen Versuch ein wenig verändern, so nehme man ein Stückchen von einer Tabakspfeife, etwa einen Zoll lang, fülle es inwendig mit feuchtem Thon an, stecke alsdann zwey Dräthe hinein, wie vorhin in den gerollten Thon, und lasse einen Schlag hindurchgehen. Diese Röhre wird unfehlbar durch die Gewalt des Schlags zerbrechen, und die Stücken werden sehr weit umherfliegen.

Wenn das angeführte Stückchen Pfeife oder eine Glasröhre (mit welcher es eben so wohl angeht,) statt des Thons mit einer andern Materie gefüllt wird, die entweder elektrisch, oder wenigstens ein schlechterer Leiter ist, als die Metalle, so wird sie beynahe mit eben der Gewalt, wie im vorigen Falle, zerbrochen.

Dieser Versuch ist eine Erfindung des Hrn. Lane, Mitglieds der königlichen Societät.

Vierzehnter Versuch.
Die Richtung der elektrischen Materie durch eine von freyen Stücken erfolgte Entladung zu zeigen.

Man nehme eine nicht allzugroße belegte Flasche; und wenn ihr unbelegter Theil, zwischen der äußern Belegung und dem Korke nämlich, sehr trocken ist, so hauche man ein- oder zweymal daran, daß er nur trübe davon wird; dann halte man die Flasche bey ihrer

Versuche mit der Leidner Flasche.

ter äußern Belegung, und bringe ihre Kugel an den ersten Leiter, indem die Maschine gedreht wird. Bey der ersten geringen Ladung, welche die Flasche bekömmt, wird man einen sehr schönen Strahlenkegel aus dem Kork kommen sehen, der zuerst ein wenig in die Luft hinausgeht, dann aber seinen Lauf gegen die äußere Belegung der Flasche nimmt. Bringt man die Flasche nicht an den Leiter, sondern an das isolirte Kissen, so wird dieser Strahlenkegel nicht aus dem Kork, sondern aus der äußern Belegung kommen, und seinen Weg gegen den Kork oder Drath der Flasche nehmen; wodurch die Wahrheit der Hypothese von einer einzigen elektrischen Materie ganz ungezweifelt bewiesen wird *).

Dieser Versuch, welcher sich von Hrn. Henly herschreibt, erfordert ein sehr feines und behutsames Verfahren, ohne welches der Erfolg nicht auf die oben beschriebene Art ausfallen wird. Der Grad der Feuchtigkeit auf der Flasche, und die Stärke der Elektricität, die man ihr durch die Maschine mitzutheilen hat, können nicht anders als durch die Erfahrung bestimmt werden.

Funfzehnter Versuch.

Elektrische Funken im Wasser sichtbar zu machen.

Man fülle eine Glasröhre, die etwa sechs Zoll lang ist, und einen halben Zoll im Durchmesser hat, mit Wasser; verstopfe jedes Ende derselben mit einem Kork, der das Wasser berühren darf; stecke durch jeden

---

*) Auch dieser Versuch gründet sich, wie mehrere andere, die der Verfasser zum Beweise der Franklinschen Hypothese anführt, auf die Erscheinungen des elektrischen Lichts, wobey immer nur willkührlich angenommen wird, daß das schwächere, sich in Strahlen

den Kork einen stumpfen Drath, so daß die Enden beyder Drähte in der Röhre sehr nahe an einander kommen; verbinde endlich den einen Drath mit der Belegung einer kleinen geladenen Flasche, und berühre den andern mit der Kugel derselben. Auf diese Weise wird ein Schlag durch die Drähte gehen, und man wird zwischen ihren Enden in der Röhre einen sehr starken Funken sehen. Man muß bey diesem Versuche Sorge tragen, daß die Ladung außerordentlich schwach sey, weil sonst die Röhre zerspringen würde.

C, Taf. II. Fig. 14. ist ein gemeines Weinglas, mit Wasser beynahe voll gefüllt. A B sind zwey Drähte mit Knöpfen, so gebogen, daß die Knöpfe unter dem Wasser einander ganz nahe kommen. Verbindet man den einen Drath mit der äußern Belegung einer ziemlich großen Flasche, und berührt den andern mit der Kugel derselben, so wird der Schlag, welcher von dem Ende des einen Draths bis zum andern durchs Wasser gehen muß, das Wasser zerstreuen, und das Glas mit einer erstaunlichen Gewalt zerbrechen. Dieser Versuch ist sehr gefährlich, wenn er nicht mit größer Behutsamkeit angestellt wird.

Der P. Beccaria verfertigte einen kleinen Mörser, in welchen er einen Tropfen Wasser zwischen die Enden von zwey Drähten brachte, welche durch die Seiten des Mörsers hindurch giengen; über den Tropfen Wasser legte er eine hölzerne Kugel. Hierauf entladete er eine geladene Flasche durch die beyden Drähte, folglich auch durch den Tropfen Wasser. Dadurch wurde der letztere ausgedehnt, und die Kugel mit ziemlicher Gewalt herausgeworfen. Herr Lullin
brachte

len verbreitende Licht ein Eindringen der Materie anzeige, mithin läßt sich durch ihn jene Hypothese nicht so unbezweifelt darthun, als der Verfasser meynt. B.

brachte noch eine stärkere Wirkung hervor, wenn er sich des Oels, statt des Wassers bediente *).

Sechszehnter Versuch.

Beweis, daß der elektrische Funken die Luft aus ihrer Stelle treibe, und ausdehne.

Taf. II. Fig. 3. stellt ein Werkzeug vor, welches der Erfinder, Hr. Kinnersley, das elektrische Luftsthermometer nennt, weil es sehr brauchbar ist, wenn man die Wirkungen des elektrischen Schlags auf die Luft beobachten will. Der Haupttheil dieses Thermometers besteht aus einer Glasröhre AB, welche etwa zehn Zoll lang ist, beynahe zwey Zoll im Durchmesser hat, und an beyden Enden mit messingenen Kappen luftdicht verschlossen ist. Durch eine Oeffnung in der obern Kappe geht eine kleine an beyden Enden offne Röhre HA, bis in das Wasser auf dem Boden der großen Röhre herab. Mitten durch jede von den messingenen Kappen geht ein Drath FG, EI, der innerhalb der Röhre einen messingenen Knopf hat. Diese Dräthe lassen sich weiter hineinstoßen oder herausziehen, damit man sie in jede beliebige Entfernung von einander stellen könne. Das ganze Instrument ist durch einen messingenen Ring C an die Säule des hölzernen Stativs CD befestiget. Wenn die Luft in der Röhre AB ausgedehnt wird, so drückt sie auf das an dem Boden derselben befindliche Wasser, welches also in der kleinen Röhre aufsteigen muß; und nachdem dieses Wasser höher oder weniger aufsteigt, nachdem zeigt es eine größere oder geringere Verdünnung der Luft innerhalb der Röhre AB an, welche in keiner Verbindung mit der äußern Luft steht.

Wenn

*) Dissertat. Physica. p. 26.

230 *Versuche mit der Leidner Flasche.*

Wenn man dieses Instrument gebrauchen will, und alles Wasser auf dem Boden der größern Röhre steht, so daß sich nichts davon in der kleinern Röhre zeigt: so muß man mit dem Munde etwas Luft durch die kleine Röhre blasen, damit das Wasser in ihr ein wenig höher steige, etwa bis an einen Ort, den man, um sich darnach zu richten, mit einem Merkmale bezeichnen kann.

Nun bringe man die Knöpfe G, I, der Dräthe IE, FG in Berührung mit einander, verbinde alsdann den Ring E oder F mit der einen Seite einer geladenen Flasche, den andern Ring aber mit der andern Seite, so wird der Schlag durch die Dräthe FG, IE, d. i. zwischen den Knöpfen G, I, hindurchgehen. In diesem Falle wird sich das Wasser in der kleinen Röhre gar nicht von dem Merkmale hinwegbewegen; woraus man sieht, daß der Uebergang der elektrischen Materie durch Leiter, die einander genau berühren, die Luft gar nicht ausdehne oder aus der Stelle treibe.

Nunmehr aber entferne man die Knöpfe G, I, ein wenig von einander, und lasse, wie zuvor, einen Schlag durch dieselben gehen. Jetzt wird man sehen, daß der Funken zwischen beyden Knöpfen die Luft nicht allein aus der Stelle treibe, sondern auch beträchtlich ausdehne; denn das Wasser in der kleinen Röhre wird plötzlich bis beynahe an die Spitze derselben aufsteigen, sogleich aber auch wieder ein wenig herabfallen, z. B. bis H, welches eine Folge des plötzlichen Weichens und Wiederzurückkehrens der Luft in der Gegend des Funkens ist. Nach diesem ersten geschwinden Falle, der unmittelbar auf das plötzliche Steigen folgt, wird das Wasser langsam weiter fallen, und nur nach und nach bis an das Merkmal zurückkommen, an welchem es vor dem Versuche stand; welches eine

Wir-

Versuche mit der Leidner Flasche. 231

Wirkung der Luft ist, welche die Wärme ausgedehnt hat, und die nach und nach wieder zu ihrer vorigen Temperatur zurückkehrt *).

Wird dieser Versuch in einem Zimmer angestellt, in welchem der Grad der Wärme veränderlich ist, so muß man auf diesen Umstand besondere Rücksicht nehmen; denn das elektrische Luftthermometer zeigt eben so wohl die Wärme und Kälte der Luft überhaupt, als diejenige insbesondere an, welche der elektrische Funken hervorbringt.

Siebzehnter Versuch.

Schießpulver anzuzünden.

Man fülle eine kleine Patrone von Papier oder ein Röhrchen von Federkiel mit Schießpulver; stecke darein an jedes Ende einen Drath, daß die Enden beyder Dräthe in der Patrone oder dem Federkiele etwa um ein Fünftel eines Zolles von einander abstehen. Nun lasse man den Schlag einer geladenen Flasche durch die Dräthe gehen; so wird der zwischen ihren Enden in der Patrone oder dem Federkiele entstehende Funken das Schießpulver entzünden. Ist das Pulver mit Stahlfeile vermischt, so wird es sich leichter und bey einem sehr geringen Schlage entzünden **).

---

*) Daß jene Ausdehnung der Luft durch Wärme hervorgebracht werde, ist wahrscheinlich, doch nicht zuverläßig, da sie leicht auch ohne dieselbe, z. B. durch Zersetzung der Luft, oder Veränderung ihrer Mischung bewirkt werden könnte. B.

**) So leicht sich Schießpulver auf diese Art entzündet, so schwer läßt sich dieß bewirken, wenn es uneingeschlossen ist. Doch wird auch hierzu ein nicht sehr starker Schlag erfordert, wenn man die metallische Verbindung beym Entladen der Flasche durch Wasser unterbricht. S. Gothaisch. Mag. für das Neueste aus der Phys. B. II. St. 2. S. 70. u. f. B.

Achtzehnter Versuch.
Ein Licht durch das Entladen einer Flasche anzuzünden.

Man nehme einen Drath, von der Größe einer gewöhnlichen Stricknadel, und verbinde das eine Ende desselben, mittelst eines Stückchen dünnen Draths oder einer Kette, mit der äußern Seite einer Flasche, die wenigstens zehen Quadratzoll Belegung enthält. An das andere Ende des dicken Draths befestige man rund um etwas Baumwolle, ganz locker, so, daß das Ende des Draths ganz damit bedecket ist. Dieses Bündelchen Baumwolle wälze man in Hexenmeel, oder noch besser, in gepülvertem Colophonium herum, so daß eine ziemliche Menge davon an der Baumwolle hängen bleibe. Hierauf lade man die Flasche, und bringe das Bündelchen Baumwolle geschwind an den Knopf, als wollte man die Flasche durch die Baumwolle entladen. Auf diese Art wird sich die Baumwolle sogleich entzünden, und lange genug brennen, um ein Licht damit anzünden zu können. — Dieser artige Versuch ist eine Erfindung des Dr. Ingenhouß.

Neunzehnter Versuch.
Metall ins Glas zu schlagen.

Man nehme zwey kleine Stückchen gemeines Fensterglas, die etwa drey Zoll lang, und einen halben Zoll breit sind, lege ein kleines Gold- Silber- oder Metallblättchen dazwischen, und drücke sie zusammen, oder presse sie vielmehr zwischen den Bretern der Presse H, welche zu dem allgemeinen Auslader (Taf. I. Fig. 5.) gehört. Ein wenig von dem Metallblättchen lasse man an jedem Ende zwischen den Gläsern herausgehen, und lade alsdann durch dieses Blättchen eine elektrische

Flasche

Flasche aus, so wird die Gewalt des Schlages einen
Theil des Metalls so tief und innig mit dem Glase verbinden, daß er davon weder abgeschabt, noch auch
durch die gewöhnlichen Auflösungsmittel herausgebracht
werden kann.

Oft bricht bey diesem Versuche das Glas in Stük-
ken; aber es zerbreche nun oder nicht, so wird man
doch allezeit an verschiedenen Stellen und bisweilen die
ganze Länge beyder Gläser hindurch diese unauslöschliche
Metalltinctur antreffen.

Zwanzigster Versuch.
**Befleckung des Papiers oder Glases durch den elektri-
schen Schlag.**

Man lege eine Kette, welche einen Theil der Verbindung zwischen den beyden Seiten einer geladenen Flasche ausmacht, auf einen Bogen weiß Papier.
Läßt man nun den Schlag durch die Kette gehen, so
wird man das Papier an jeder Stelle, wo ein Gelenke
der Kette gelegen hat, mit einer schwärzlichen Farbe
befleckt finden. Ist die Ladung sehr stark, so wird das
Papier, anstatt befleckt zu seyn, ganz durchgebrannt
werden. Liegt die Kette auf einer Glasscheibe, so wird
man oft das Glas an verschiedenen Stellen befleckt finden; diese Flecken aber sitzen (wie sich auch schon erwarten läßt,) nicht so tief, als in dem Papiere.

Stellt man den Versuch im Dunkeln an, so wird
man an jedem Gelenke einen Funken sehen; und wenn
die Glieder der Kette klein sind, der Schlag aber sehr
stark ist, so wird die Kette wie eine feurige Linie erleuchtet erscheinen; woraus man sieht, daß die elektrische Materie beym Uebergange aus einem Gliede ins
andere einigen Widerstand finde.

Ein und zwanzigster Versuch.

Der seitwärts gehende Schlag.

Wenn man eine Flasche mit einem Auslader entladet, der keinen Handgriff von einer elektrischen Substanz hat, so fühlt die Hand beym Ausladen eine Art von Schlag, besonders wenn die Ladung beträchtlich ist. — Mit andern Worten läßt sich dieß auch so ausdrücken: Eine Person oder leitende Substanz überhaupt, die mit der einen Seite der Flasche verbunden ist, aber nicht mit in dem eigentlichen Wege des Uebergangs der elektrischen Materie steht, wird dennoch eine Art von Schlag, d. i. eine Wirkung des Ausladens empfinden. Dieß läßt sich auf folgende Art merklich machen. Man verbinde eine Kette mit der äußern Seite einer geladenen Flasche, und lade dann die Flasche durch eine andere Verbindung, z. B. auf die gewöhnliche Art durch den Auslader, aus, so wird die mit der äußern Seite der Flasche verbundene Kette, die doch nicht in der gemachten Verbindung beyder Seiten der Flasche steht, dennoch im Dunkeln leuchten, d. h. Funken zwischen ihren Gliedern zeigen, woraus man sieht, daß die natürliche elektrische Materie dieser Kette dabey auf irgend eine Art in Bewegung gesetzt werden müsse. Die Kette wird auch leuchten, wenn sie sich nicht einmal in Berührung mit der äußern Seite der Flasche, sondern nur nahe dabey befindet; und man wird beym Ausladen einen Funken zwischen der Flasche und dem nächsten Ende der Kette sehen. Diese elektrische Erscheinung außerhalb der Verbindung zwischen den Seiten der entladenen Flasche nennen wir den seitwärts gehenden Schlag, und sie zeigt sich am deutlichsten auf folgende Art, welche eine Erfindung des Dr. Priestley ist.

Wenn

Wenn eine geladene Flasche, wie gewöhnlich, auf dem Tische steht, so isolire man einen starken metallenen Stab, und stelle ihn so, daß er mit einem Ende die äußere Belegung der Flasche berührt. Ohngefähr einen halben Zoll weit von seinem andern Ende stelle man einen Körper, der etwa sechs oder sieben Fuß lang, und wenige Zoll breit ist. Alsdann lege man eine Kette auf den Tisch, so daß das eine Ende derselben etwa anderthalb Zoll von der Belegung der Flasche absteht; an das andere Ende der Kette befestige man den einen Knopf des Ausladers, und bringe den andern Knopf an den Drath der Flasche, um sie auszuladen. Wenn man sie auf diese Art entladet, so wird sich zwischen dem isolirten Stabe, der mit der Belegung der Flasche in Verbindung steht, und dem daneben stehenden Körper ein starker Funken zeigen, der aber den Zustand dieses Körpers in Absicht auf die Elektricität nicht verändert. Man nimmt daher an, daß dieser seitwärts gehende Funken aus der Belegung der Flasche komme, und in demselben Augenblicke wieder in sie zurückkehre, ohne eine merkliche Zwischenzeit übrig zu lassen, in welcher eine Wirkung auf das Elektrometer erfolgen könnte. Dieser seitwärts gehende Schlag mag nun in platte und polirte Flächen, oder in scharfe Spitzen gehen, so ist der Funken allezeit gleich lang und lebhaft.

Die Ursache dieser Erscheinung scheint in der Unterbrechung der Verbindung zu liegen, welche durch die in dieselben eingeführten schlechten Leiter entsteht; denn nachdem diese Unterbrechung stärker oder geringer ist, nachdem ist auch der seitwärts gehende Schlag mehr oder weniger beträchtlich *).

Zwey

*) Herr Cuthbertson (Abhandl. von der Elektricität, 3te Fortf. S. 203. u. f.) hat über den seitwärtsgehenden

236 Versuche mit der Leidner Flasche.

Zwey und zwanzigster Versuch.
Das magische Bild oder Zaubergemälde des Kinnersley.

Dieser Versuch, der unter die berühmtesten elektrischen Spielwerke gehört, wird in Franklin's Briefen *) etwas undeutlich beschrieben. Die leichteste

henden Schlag sehr interessante Versuche angestellet, auch zu Untersuchung desselben eine besondere Vorrichtung angegeben. Er ladete mittelst dieser Vorrichtung durch den beym Entladen einer Flasche seitwärts gehenden Funken eine kleinere Flasche, ein Beweis, daß die Behauptung, als ob jener Funke sogleich wieder in die Belegung zurück gehe, ungegründet ist, und zwar mit positiver Elektricität, wenn die größere Flasche inwendig positiv, mit negativer hingegen, wenn sie negativ geladen war; auch zeigte sich der Schlag stärker, wenn mit der innern Belegung ein Leiter von mehr Oberfläche verbunden wurde, z. B. wenn man die größere Flasche statt des Knopfs, mit einer großen metallenen Kugel versah. Hieraus schließt er, daß der seitwärts gehende Schlag, wenn man die Flasche positiv geladen habe, von dem Ueberschuß der elektrischen Materie herrühre, um welchen mehr Elektricität auf der innern Seite, und den damit verbundenen Leitern angehäuft worden sey, als von der äußern Seite habe abströmen können; sey hingegen die Flasche negativ geladen worden, so bestehe er aus dem Ueberschuß, um welchen mehr elektrische Materie aus der einen Belegung der Flasche und den damit verbundenen Leitern gezogen worden sey, als der äußern Seite habe zuströmen können. Diese Erklärung scheint dem Gegenstande weit angemeßner, als die vom Verfasser gegebene. B.

*) New experiments and observations on Electricity in several lettres to Mr. Collinson by Mr. *Benjamin Franklin.* London 1751. 4., übersetzt von Hrn. J. C. Wilke, unter dem Titel: Benjamin Frank-

teste Art, ihn anzustellen, ist folgende. Man nehme einen Kupferstich, z. B. von einem regierenden Herrn, schneide das Brustbild heraus, vergolde dessen hintere Seite, und klebe es mit dünnem Gummiwasser auf eine Glastafel so, daß die Vergoldung ans Glas kömmt, und eine Belegung desselben abgiebt. Auf die andere Seite der Glastafel klebe man den übrigen Theil des Kupferstichs so auf, daß dessen rechte oder vordere Seite ans Glas kömmt, damit, von vorn gesehen, das ganze Bild in seiner gehörigen Lage erscheine, obgleich das Brustbild vor dem Glase, und der übrige Theil des Kupferstichs hinter demselben ist. Die hintere Seite der Glastafel und des darauf geklebten Papiers überziehe man nun mit Goldblätchen, lasse aber den obern Theil frey. Zuletzt fasse man das ganze Bild am obern nicht vergoldeten Theile an, und setze eine kleine bewegliche, auf beyden Seiten vergoldete Krone auf das Haupt des Königs.

Wird alsdann diese auf beyden Seiten belegte Glastafel mäßig geladen, und einer Person so in die Hand gegeben, daß sie die hintere Vergoldung berührt, so wird diese Person, wenn sie es wagt, die Krone abzunehmen, oder nur anzutasten, einen starken Schlag bekommen, und ihren Endzweck verfehlen. Der Experimentator hingegen, der das Bild jederzeit an dem obern nicht vergoldeten Theile anfasset, wird die Krone ohne Gefahr anrühren, und dieses als einen Beweis seiner Treue angeben können.

Dieser Versuch erhält von Franklin den Namen der Verschwörung, wenn der Schlag durch mehrere

Per-

Franklins Briefe von der Elektricität. Leipzig 1758. 8. (der deutsch. Ueberf. S. 37.). Die obige hoffentlich deutlichere Beschreibung dieses Versuchs ist in der Hauptsache nach den Vorschlägen des Hrn. Wilke (ebend. S. 259.) eingerichtet.

Personen geleitet wird, die einander bey den Händen fassen, und von denen die beyden äußersten, eine die Glastafel, die andere die Krone berühren.

Man muß sich hiebey hüten, die Tafel anders, als sehr schwach, zu laden. Eine solche Tafel äußert, stark geladen, allzuheftige Wirkungen. Man kann damit ein Loch durch ein ganzes Buch Papier schlagen, wenn dasselbe in die Verbindung zwischen beyden Seiten gebracht wird, und so könnte der Versuch für die Verschwornen vielleicht eben so unglücklich ausfallen, als das Verbrechen des Hochverraths selbst.

Andere elektrische Versuche von dieser Art, z. B. den elektrischen Bratenwender, das sich selbst treibende Rad u. d. beschreibt Franklin deutlicher; ich kann daher diejenigen, die sie näher kennen wollen, auf seine Briefe*) verweisen. Zusatz des Uebers.)

Achtes Capitel.
Versuche mit andern geladenen elektrischen Körpern.

Es fällt in die Augen, daß die mit andern geladenen elektrischen Körpern angestellten Versuche denen mit der Leidner Flasche ähnlich sind; denn wir haben oben in dem ersten Theile, wie auch bey den schon beschriebenen Versuchen beobachtet, daß das Vermögen, geladen zu werden, den Schlag zu geben u. s. w. nicht im Glase liege, in so fern es Glas ist, sondern in so fern es sich nicht von der elektrischen Materie durchdringen läßt; es muß folglich allen solchen Substanzen gemein seyn, welche sich, so wie das Glas, nicht von der elektrischen Materie durchdringen lassen. Wenn ich also von Versuchen

---

*) s. Franklins Briefe III. §. 21. 22. der deutschen Uebers. S. 39—44.

elektrischen Körpern.

suchen mit andern elektrischen Körpern rede, so habe ich nicht etwa die Absicht, Versuche von ganz anderer Natur und Beschaffenheit, als die vorigen, zu beschreiben: sondern ich will blos die Methoden der Belegung und des Gebrauchs anderer elektrischer Körper angeben, die sich nicht so bequem, als das Glas, behandeln lassen, dennoch aber besondere Vortheile gewähren. Ich will hievon dreyerley anführen; zuerst die Methode, den so schönen Versuch mit Ladung einer Luftscheibe zu machen; zweytens die Art, wie man harzige Substanzen belege; endlich die Mittel, solche Versuche mit andern elektrischen Körpern anzustellen, welche sich in flüßigem Zustande befinden.

Erster Versuch.
Ladung einer Luftscheibe*).

Man nehme zwey völlig ebne und glatte Breter, welche cirkelrund sind, und etwa drey bis vier Schuh im Durchmesser halten; belege die eine Seite an beyden mit Stanniol, welcher sehr glatt daran gestrichen, polirret, und über den Rand der Breter übergeschlagen werden muß. Diese Breter isolire man in horizontalen und mit einander parallelen Lagen so, daß sie ihre belegten Seiten gegen einander kehren, und daß man sie leicht einander näher bringen, oder weiter von einander entfernen kann. Es wird in dieser Absicht sehr bequem seyn, das eine an ein starkes Stativ von Glas oder gedörr-

---

*) Dieser Versuch ist eine Erfindung der Herren Aepinus und Wilke, durch deren gemeinschaftliche Bemühungen zu Berlin die Lehre von der Elektricität ungemein erweitert, und der richtige Begriff der elektrischen Atmosphären (oder besser: Wirkungskreise) zuerst festgesetzt worden ist. Man s. Priestley Geschichte der Elektricität, X Periode, 5 Abschn. der deutschen Uebers. S. 161 u. f. A. d. Uebers.

dörrtem Holz zu befestigen, das andere aber mit seidnen Schnüren an der Decke des Zimmers aufzuhängen, damit man es vermittelst einer eignen Rolle herablassen oder aufziehen, und in jeden erforderlichen Abstand von dem untern auf dem Tische stehenden Brete bringen könne.

Wenn sich diese Breter in der oben beschriebenen Stellung befinden, und etwa einen Zoll weit von einander stehen, so kann man sie vollkommen so, wie die beyden Belegungen einer Glastafel, gebrauchen. Wird das eine Bret mit dem elektrisirten ersten Leiter verbunden, das andere aber isolirt gelassen, so wird man keine Ladung erhalten, eben wie in dem zweyten Versuche des vorigen Capitels; und wenn man einige Zeit nachher die Breter berührt, so wird man bloß einen Funken aus dem obern Brete erhalten, weil dasselbe mit dem elektrisirten ersten Leiter verbunden ist. Wenn man aber, indem das eine Bret Elektricität erhält, das andere mit der Erde verbindet, so wird die Luftscheibe zwischen beyden, wie eine belegte Glasplatte, geladen werden; denn das mit der Erde verbundene Bret wird die entgegengesetzte Elektricität von der des andern erhalten*); und wenn man beyde berührt, d. h. eine Verbindung zwischen ihnen macht, so wird sich die Luftscheibe gleich einer belegten Flasche mit einem Schlage ausladen.

Man darf von diesem Versuche keinen so starken Schlag, und nicht so viel Gewalt erwarten, als von einer gleichgroßen Oberfläche belegten Glases; denn hier
kann

---

*) Dieß geschieht nämlich, weil es in die Atmosphäre des andern elektrisirten Brets kömmt, dem Grundsatze gemäß, daß Körper, die in den Wirkungskreis eines elektrisirten Körpers kommen, die der seinigen entgegengesetzte Elektricität erhalten. Beyde Breter ziehen einander alsdann stark an, und würden mit Gewalt zusammenfahren, wenn man sie nicht durch die Schnüre aus einander hielte. A. d. U.

elektrischen Körpern.

kann man die Belegungen nicht so nahe an einander bringen, daß sie dadurch einer starken Ladung fähig würden, weil die Luftscheibe nicht so dicht als das Glas ist, und also durch eine starke Ladung bald zerbrochen werden, oder sich selbst entladen kann. Ob nun gleich die Luftscheibe nicht fähig ist, eine sehr starke Ladung anzunehmen, so hat doch dieser Versuch darinnen einen großen Vorzug, daß man sehen kann, was zwischen beyden Belegungen beym Laden und Entladen der Luftscheibe vorgeht, und daß man verschiedene Dinge in die Substanz dieses belegten elektrischen Körpers hineinbringen kann, wobey sich verschiedene merkwürdige Erscheinungen zeigen. Durch diesen Versuch kann man sich den wahren Zustand der Erde, wenn sie mit elektrisirten Wolken bedeckt ist, ungemein deutlich vorstellen; auch andere Meteore, die unter diesen Umständen entstehen, und die man durch die Elektricität erklärt, nachahmen, z. B. die Wasserhosen*) und Wirbelwinde, nebst dem Donner und Blitz, als unbezweifelten elektrischen Phänomenen.

Um eine Wasserhose so, wie man sie oft auf der See wahrnimmt, vorzustellen, bringe man die beyden Breter etwa zwey Zoll weit von einander, lasse einen großen Wassertropfen mitten auf das unterste fallen, und befestige eine metallene Kugel, oder ein anderes Stück

---

*) Man hat noch vor einiger Zeit gezweifelt, ob die Ursache der Wasserhosen der Elektricität zugeschrieben werden könne oder nicht; jetzt aber scheint es ziemlich ausgemacht zu seyn, daß sie eine elektrische Erscheinung sind; man hat (außer noch andern Gründen,) vor kurzem wahrgenommen, daß sich zu der Zeit, da die Wasserhose zersprang und verschwand, ein Wetterstrahl zeigte. Man s. Forsters Reise um die Welt in den Jahren 1772-1775. (Berlin 1778. 4.) B. 1. Cap. 6. S. 144. u. f.

Stück Metall, das einigermaßen sphärisch ist*), an das obere, daß es gerade über das Wasser auf dem untern kömmt, und von der Oberfläche desselben etwa einen halben Zoll weit absteht. Wenn man nach dieser Vorbereitung das obere Bret elektrisiret, indem das untere mit der Erde in Verbindung steht, so wird das Wasser, welches hier die See vorstellet, von der metallenen Kugel, welche ein Bild der Wolken ist, angezogen werden, sich in der Gestalt eines beynahe conischen Körpers erheben, und eine ziemlich genaue Vorstellung der Wasserhose geben**).

Die Erscheinung, welche den Wirbelwind vorstellet, ist nur selten, und entsteht bloß durch den Zufall. Oft nämlich werden Kleyen, die man zwischen die beyden Platten F, P, Taf. I. Fig. 2. streuet, gleich dem Staube bey einem Wirbelwinde herumgedrehet; aber man kennt, so viel ich weiß, keine zuverläßige Methode, diese Erscheinung zu jeder beliebigen Zeit selbst hervorzubringen.

Hr. Becket giebt, um diesen Versuch mit gutem Erfolg anzustellen, die Vorschrift, man solle die oben erwähnten Breter auf vier bis fünf Zoll von einander entfernen, und um den Mittelpunkt des untern Brets etwas

---

*) Die metallenen Bleche einiger Arten von Knöpfen schicken sich hiezu sehr wohl, und können an die Belegung des Brets bequem befestiget werden.

**) Man kann diesen Versuch auch auf eine sehr einfache und schöne Art anstellen, wenn man die Kugel einer geladenen Flasche an das Wasser in einer metallenen Schale, oder einer gemeinen irdenen Schüssel bringt. Wenn man einen großen Wassertropfen auf den Knopf einer isolirten geladenen Flasche bringt, und ihm den Knopf einer andern Flasche nähert, welche mit der entgegengesetzten Elektricität geladen ist, so wird er auf eine sehr seltsame Art weggesprützt werden, besonders wenn man zu gleicher Zeit die Belegung der isolirten Flasche berühret.

elektrischen Körpern.

etwas Kleyen und sehr kleine Papierschnittchen legen. Wenn man alsdann das obere Bret mit dem elektrisirten ersten Leiter, und das untere entweder mit der Erde oder mit dem isolirten Kissen der Maschine verbindet, so werden die Kleyen und das Papier von den Bretern wechselsweise angezogen und zurückgestoßen werden. „Aber" (sagt Hr. Becker*),) „das Sonderbarste bey „diesem Versuche, und was die genaueste Aehnlichkeit „mit dem Wirbelwinde hat, ist dieses, daß bisweilen, „wenn die Elektricität sehr stark ist, sich eine Menge „Papier und Kleyen auf einen Haufen sammelt, eine „Art von Säule zwischen den Bretern bildet, plötzlich „aber eine schnelle horizontale Bewegung annimmt, sich „wie eine beständig herumgedrehte Säule bis an den „Rand der Breter begiebt, von da aus aber auffliegt, „und sich im Zimmer weit umher zerstreuet. Ich ge„stehe, daß ich gänzlich außer Stande bin, diese außer„ordentliche Erscheinung zu erklären. — Ich nenne „sie außerordentlich, weil sie sich nur selten zeigt, und „entweder von einem gewissen Grade der Anziehung, „und der Menge der Kleyen, oder von dem Abstande „der beyden Breter abzuhängen scheint, und weil sie „mir selten vollkommen gelingt, wenn es nicht zufälli„ger Weise geschieht."

Die Erscheinungen des Donners und Blitzes zeigen sich beyde zugleich, bey jeder von selbst erfolgten Entladung der Luftscheibe, welche man leicht veranlassen kann, wenn man die Breter nur etwa einen halben Zoll aus einander stellt, und sie dann sehr stark elektrisiret**).

Q 2

*) S. dessen Essay on Electricity, p. 141.
**) Eine freywillige Entladung dieser Luftscheibe setzt jederzeit eine Erhabenheit oder einen hervorragenden Theil des Stanniols an dem einen oder dem andern Brete voraus, wodurch an diesem Orte die Luftschei-

Zweyter Versuch.

Harzigte elektrische Körper zu belegen.

Die beste Methode, solche elektrische Körper, die sich leicht schmelzen lassen, als Harz, Siegellack u. dgl. zu belegen, ist, daß man zuerst ein cirkelrundes Stück Stanniol, das etwa zwey Zoll weniger im Durchmesser hat, als die Platte, die man zu machen gedenkt, auf eine Marmortafel lege, und dann die geschmolzene Masse darauf gieße. Diese kann man mit einer Glasscheibe, oder einem andern glatten und ebnen Körper darüber verbreiten und glätten; und darauf ein anderes dem vorigen gleiches Stück Stanniol auf dem elektrischen Körper befestigen, welches leicht geschehen kann, wenn man den Stanniol mit einem heißen Eisen gelind andrückt. So wird die Platte, die man sehr leicht von der Marmortafel abnehmen kann, zum Gebrauch fertig seyn.

Dritter Versuch.

Flüßige elektrische Körper zu belegen.

Man nehme eine große irdene Schüssel, die einen flachen Boden hat, und lege in dieselbe ein Stück Stanniol, das rings umher etwa einen Zoll schmäler ist, als der flache Theil des Bodens; durch eine kleine Oeffnung im Boden der Schüssel stecke man einen dünnen Drath, der bis an den Stanniol reicht; dann gieße man den geschmolzenen Talg, oder andern elektrischen Körper, mit dem man den Versuch anstellen will, in die Schüssel. Endlich lasse man eine runde messingene Platte,

be schwächer, als an den übrigen wird: da aber auch bey der genauesten Abglättung des Stanniols kleine Erhabenheiten nicht vermieden werden können, so erfolgt sie unter den oben angezeigten Umständen allemal sehr leicht. A. d. Ueb.

elektrischen Körpern.

Platte*), die mit dem Stück Stanniol einerley Größe hat, und die entweder von einem gläsernen Stativ, oder von dem ersten Leiter herabhängt, in die Schüssel, bis gerade auf die Oberfläche des darinnen enthaltenen elektrischen Körpers, so daß sie gerade über den Stanniol am Boden komme, und mit demselben parallel hänge. Auf diese Art ist der flüßige Körper belegt, und läßt sich leicht zu Versuchen gebrauchen.

Platten von festen elektrischen Körpern, die sich nicht leicht schmelzen lassen, kann man eben so, wie die Glasplatten, belegen; einige davon werden eben so gute, wo nicht noch bessere Dienste, als das Glas selbsten, thun.

Neuntes Capitel.
Versuche über den Einfluß der Spitzen, und die Vorzüge zugespitzter metallener Gewitter= ableiter.

Meine Leser werden bey verschiedenen in diesem Werke bereits beschriebenen Versuchen die merkwürdige Eigenschaft der Spitzen bemerkt haben, daß nämlich dieselben die elektrische Materie allmählig und ohne Geräusch**) von sich geben und annehmen. In gegenwärtigem Capitel will ich einige noch merkwürdigere Versuche von dieser Art beschreiben, welche den Einfluß der

---

*) Die messingene Platte F, Taf. I. Fig. 2. läßt sich zu dieser Absicht sehr bequem gebrauchen.

**) Das Original sagt: *silently*. Die Meynung ist wohl, daß Spitzen die Elektricität ohne Funken und Schlag abgeben und annehmen. Daß bey starker Elektricität einiges Geräusch an den Spitzen entstehe, ist nicht zu läugnen: dieser Umstand ist aber für die Anwendung auf die Blitzableiter sehr gleichgültig. A. d. U.

der Spitzen auf die Elektricität noch deutlicher zeigen, und zu einem vorzüglichen Beweise dienen werden, wie vortrefflich man spitzige metallene Ableiter an den Häusern oder Spitzen der Gebäude gebrauchen könne, um die letztern vor den schädlichen Wirkungen des Wetterstrahls zu bewahren; — eine der größten Wohlthaten, welche die menschliche Gesellschaft der Lehre von der Elektricität zu danken hat.

Erster Versuch.
Eine Flasche ohne Schlag zu entladen.

Wenn eine große Flasche vollkommen geladen ist, so, daß sie bey dem gewöhnlichen Verfahren den fürchterlichsten Schlag geben würde, so halte man die eine Hand an ihre äußere Belegung, fasse mit der andern eine spitzige Nadel, kehre die Spitze derselben gerade gegen den Knopf der Flasche, und bringe sie in dieser Stellung der Flasche allmählig näher, bis die Spitze den Knopf berühret. Man entladet durch dieses Verfahren die Flasche gänzlich, und erhält doch dabey entweder gar keinen, oder doch nur einen so schwachen Schlag, den man kaum zu fühlen im Stande ist. So hat die Spitze der Nadel alle überflüßige elektrische Materie aus der innern Seite der Flasche allmählig und stillschweigend abgeleitet.

Zweyter Versuch.
Die Elektricität durch eine Spitze aus dem ersten Leiter zu ziehen.

Man lasse Jemand den Knopf einer messingenen Stange so weit von dem ersten Leiter halten, daß beym Drehen des Rades an der Maschine die Funken aus dem Leiter sehr leicht auf den Knopf schlagen können. Man drehe

drehe hierauf das Rad wirklich, und indem die Funken einer nach dem andern aus dem Leiter gehen, halte man die Spitze einer scharfzugespitzten Nadel etwa doppelt so weit von dem ersten Leiter, als der Knopf der metallenen Stange davon abstehet, so werden keine Funken mehr in den Knopf schlagen; — man nehme die Nadel hinweg, so werden sich die Funken wieder zeigen; — man halte die Nadel aufs neue gegen den Leiter, so werden die Funken wiederum verschwinden. Man sieht hieraus sehr deutlich, daß die Spitze der Nadel fast alle die elektrische Materie, die der erste Leiter von dem Glascylinder erhält, stillschweigend herausziehe.

Wird die Nadel mit auswärts gekehrter Spitze auf den ersten Leiter befestiget, und man bringt den Knopf eines Ausladers oder den Knöchel des Fingers gegen den ersten Leiter, so wird man, so stark auch immer der Leiter elektrisiret werden mag, dennoch entweder gar keine, oder doch nur außerordentlich schwache Funken aus ihm erhalten.

Dritter Versuch.
Das elektrische Rad.

Man befestige das im dritten Capitel beschriebene Rad auf den ersten Leiter, wie man bey D, Taf. I. Fig. 2. sieht, und drehe das Rad der Maschine, so wird das elektrische Rad sogleich anfangen herumzulaufen, und sich in horizontaler Lage nach der Richtung der Buchstaben a b c d zu drehen, welche der Richtung der umgebogenen Drathspitzen entgegengesetzt ist. Wiederholt man den Versuch mit einem negativ elektrisirten Leiter, so wird sich das Rad nach ebenderselben Richtung, wie vorher, d. i. nach der Ordnung der Buchstaben a b c d, drehen. Der Grund davon liegt darinnen, daß Körper, in welchen sich einerley

Elektricität befindet, einander zurückstoßen; denn es sey das Rad positiv oder negativ elektrisiret, so erhält die an den Drathspitzen befindliche Luft (weil die Spitzen die Elektricität so leicht mittheilen,) eine starke Elektricität von eben der Art, welche sich in den Drathspitzen selbst befindet; daher müssen diese Spitzen und die Luft einander zurückstoßen. Diese Erklärung bestätigt sich dadurch, daß dieses Rad nicht allein im luftleeren Raume gar nicht läuft, sondern sogar, wenn man es nur unter eine Glocke setzt, sich nur eine kurze Zeit drehet, und dann still stehet; denn die unter der Glocke enthaltene Luft wird gar bald durchgehends gleichförmig elektrisiret*).

Vierter Versuch.
Elektrisirte Baumwolle.

Man nehme eine kleine Flocke Baumwolle, ziehe dieselbe nach allen Richtungen, so viel sich thun läßt, aus einander, und hänge sie an einem leinenen Faden von fünf bis sechs Zoll, oder an einem aus der Baumwolle

---

*) Wenn das Rad unter der luftvollen Glocke still stehet, und man den Finger, einer Spitze des Rads gegenüber, an die äußere Seite des Glases bringt, so wird sich dasselbe wieder sehr schnell bewegen; und wenn man die Stellung des Fingers von Zeit zu Zeit verändert, und ihn rings um das Glas herumführet, so kann man die Bewegung eine lange Zeit fortsetzen, bis endlich der größte Theil des Glases geladen ist. Wenn nämlich der Finger die äußere Seite der Glocke berührt, so verliert das Glas auf dieser Seite einen Theil seiner natürlichen elektrischen Materie, (wofern das Rad positiv elektrisirt ist; umgekehrt erhält das Glas mehr, wenn das Rad negativ ist;) und erhält dagegen auf der innern Seite einen Zugang aus der elektrisirten Luft. Dadurch wird die Luft in Stand gesetzt, von der Spitze des Rads wiederum elektrisirt zu werden, wodurch die Bewegung desselben erneuert wird.

Gewitterableiter.

wolle selbst gezogenen Faden an das Ende des ersten Leiters. Hierauf lasse man das Rad der Maschine drehen, so wird die Flocke Baumwolle, sobald als sie elektrisirt wird, weil ihre Fasern einander zurückstoßen, aufschwellen, und sich gegen den nächsten Leiter zu ausstrekken. Während dieser Stellung lasse man das Rad immer fortdrehen, und bringe die Spitze des Fingers, oder den Knopf eines Drathes gegen die Baumwolle; so wird sich dieselbe sogleich gegen den Finger bewegen, und ihn zu berühren streben. Nun aber nehme man mit der andern Hand eine spitzige Nadel, und halte ihre Spitze gegen die Baumwolle, ein wenig über der Spitze des Fingers, so wird sich die Baumwolle sogleich aufwärts zusammenziehen, und gegen den ersten Leiter bewegen. — Man nehme die Nadel hinweg, und die Baumwolle wird wieder auf den Finger zu kommen. — Man bringe die Nadel wieder dagegen, so wird die Baumwolle aufs neue zusammenschrumpfen. Es zeigt sich hieraus deutlich, daß die scharfzugespitzte Nadel die elektrische Materie aus der Baumwolle ziehe, und sie dadurch in den Stand setze, von dem ersten Leiter angezogen zu werden, welches man durch einen stumpfen Drath oder einen Stab mit einem runden Knopfe nicht ausrichten kann*).

---

*) Wenn daher eine Wolke, deren untere Fläche uneben ist, und herabhangende Theile oder Flocken hat, einem zugespitzten Ableiter nahe kömmt, so werden die herabhangenden Theile, welche sonst am leichtesten einen Schlag veranlassen könnten, durch den Ableiter ihrer Elektricität beraubt, und nunmehr von der großen Wolke angezogen: man sieht sie gleichsam vor dem Ableiter fliehen, und sich mit der ganzen Masse der Wolke verbinden. A. d. U.

Fünfter Versuch.

Die elektrisirte Blase.

Man belege eine große wohl aufgeblasene Blase mit Gold- Silber- oder Metallblättchen, die man mit Gummiwasser aufkleben kann; hänge dieselbe an einem seidenen Faden, der wenigstens sechs bis sieben Fuß lang seyn muß, an die Decke des Zimmers, und elektrisire sie durch einen starken Funken aus dem Knopfe einer geladenen Flasche. Hierauf bringe man einen Drath mit einem Knopfe gegen die Blase, wenn sie ganz in Ruhe ist: so wird sich bey Annäherung des Knopfes auch die Blase gegen den Knopf bewegen, und wenn sie ihm nahe genug gekommen ist, ihm den Funken geben, den sie aus der geladenen Flasche erhalten hat, und dadurch ihre Elektricität verlieren. Giebt man ihr einen neuen Funken, und bringt, anstatt des Draths mit dem Knopfe, die Spitze einer Nadel gegen sie, so wird sie davon nicht angezogen, sondern weicht vielmehr von der Spitze zurück, besonders wenn man ihr die Nadel plötzlich entgegenstellt. Dieß ist einer von den Versuchen des Hrn. Henly.

Ehe ich aber auf den Gebrauch der zugespitzten Ableiter zu Beschützung der Gebäude vor dem Wetterstrahle komme, welcher bloß auf einer geschickten Anwendung der vorhergehenden Versuche beruht, muß ich vorher noch etwas zur Erklärung dieser merkwürdigen Eigenschaft der Spitzen sagen, deren Ursache mancherley Streitigkeiten veranlasset hat. In dieser Absicht muß man sich erinnern, daß die elektrische Materie, womit ein isolirter Körper überladen ist, auf der Oberfläche desselben an die, diesen Körper umgebende, Luft stößt; ferner, daß die Elektricität sich beständig auch der Luft mittheilet, welche keinesweges ein vollkommner elektrischer Körper ist, und daß sie sich dadurch nach und nach zerstreu-

zerstreuet. Hieraus folgt der sehr einleuchtende Grundsatz, daß eine Oberfläche von bestimmter Größe ihre Elektricität schneller oder langsamer verliert, je eine größere oder geringere Menge von Luft sich mit ihr in Berührung befindet. Gesetzt z. B. es sey auf den ersten Leiter eine spitzige Nadel befestiget; man bemerke auf irgend einem Theile des Leiters ein Fleckchen, welches der Nadelspitze an Größe gleich kömmt, und elektrisire dann den ersten Leiter. Nun zeigt schon der bloße Augenschein, daß, obgleich die Nadelspitze und der bemerkte Fleck gleiche Oberflächen haben, dennoch die erstere fast gänzlich mit Luft umgeben ist, und an eine weit größere Menge von Luft stößt, als der letztere. Daher zerstreut sich die dem ersten Leiter mitgetheilte Elektricität weit leichter durch die Nadelspitze, als durch den bemerkten Fleck, oder irgend einen andern Theil des ersten Leiters. Ueberdieß kann sich die Luft um die Spitze in Absicht auf das elektrische Zurückstoßen weit leichter und freyer bewegen, als an irgend einer andern Stelle der Oberfläche des ersten Leiters; es geht daher weit öfter frische, d. i. noch unelektrisirte Luft an der Spitze vorüber, welche allezeit einen Theil der Elektricität des Körpers in sich nimmt, und also die Zerstreuung derselben noch mehr befördert.

Auf eben diese Art läßt es sich erklären, warum die Elektricität durch spitzige Winkel und scharfe Schneiden leichter als durch stumpfe zerstreut wird; denn nachdem die Oberflächen der Körper überhaupt mehr oder weniger flach sind, nachdem werden sie auch von einer geringern oder größern Menge Luft berühret, und nehmen an der Natur und den Eigenschaften der Spitzen geringern oder größern Antheil.

Wenn ein zugespitzter Körper negativ elektrisiret wird, so wird er aus eben dem Grunde die elektrische Materie durch seine Spitze leichter, als durch irgend einen

nen andern Theil seiner Oberfläche annehmen. Denn die Spitze berührt mit der kleinsten Fläche die größte Menge freyer Luft, und findet also die größte Menge von Lufttheilchen, aus denen sie die elektrische Materie in sich ziehen kann*).

Sechster Versuch.
Das Donnerhaus.

Das Instrument Taf. II. Fig. 1. stellt die Seite eines Hauses vor, welches mit einem metallenen Ableiter entweder versehen ist oder nicht: wodurch man denn die schädlichen Wirkungen des Wetterstrahls auf ein unbeschütztes Gebäude, und den großen Nutzen der Ableiter deutlich erweisen kann. A ist ein Bret, das etwa drey Viertelzoll dick, und in Gestalt der Giebelseite eines Hauses ausgeschnitten ist. Dieses Bret steht senkrecht auf dem Fußbrete B, auf welchem auch die senkrechtstehende Glassäule CD ohngefähr acht Zoll weit von der Grundfläche des Bretes A befestiget ist. In dem Brete A befindet sich ein viereckigter Einschnitt ILMK, der etwa ⅓ Zoll tief und beynahe einen Zoll breit ist, in welchem ein viereckigtes Holz liegt, das beynahe eben dieselbe Größe hat. — Ich sage mit Fleiß: beynahe ebendieselbe; denn es muß dieses Holz

in

---

*) Eine umständlichere Erklärung der angezeigten Eigenschaft der Spitzen findet sich in des Beccaria Electricismo artificiale. (Sollten sich nicht die Wirkungen der Spitzen weit natürlicher daraus erklären lassen, weil ihre Atmosphären weit kleiner sind, als die Wirkungskreise platter Flächen, in welchen immer jeder Punkt in der Atmosphäre des andern liegt, da hingegen die Spitze nur einen einzigen Punkt darbietet? Bey diesen wegfallenden Wirkungen der Atmosphären müssen nothwendig die Wirkungen der Mittheilung stärker werden. A. d. U.)

Gewitterableiter.

in dem Einschnitte so locker liegen, daß es bey dem geringsten Schütteln des Instruments herausfällt. An dieses viereckigte Holz ist nach der Diagonallinie der Drath LK befestiget. An dem Brete A befindet sich noch ein anderer Drath IH, von einerley Stärke mit dem vorigen, an dessen zugespitztes Ende die meßingene Kugel H angeschraubt wird, so auch der Drath MN, der bey O in einen Ring gebogen ist. Aus dem obern Ende der Glassäule CD geht ein gebogner Drath mit einer Hülse F, in welcher sich ein Drath mit Knöpfen an beyden Enden senkrecht verschieben läßt, dessen unterer Knopf G gerade über die Kugel H trifft. Die Glassäule CD muß in dem Fußbrete nicht ganz fest stehen, sondern sich ganz leicht um ihre Axe drehen lassen; wodurch man denn die meßingene Kugel G der Kugel H näher bringen, oder von ihr entfernen kann, ohne den Theil EFG zu berühren. Wenn nun das viereckigte Holz LMIK (welches einen Fensterladen, oder etwas ähnliches, vorstellen kann,) in dem Einschnitte so gelegt ist, daß der Drath LK in der punktirten Lage IM stehet, so ist von H bis O eine vollständige metallische Verbindung gemacht, und das Instrument stellt nun ein Haus vor, das auf die gehörige Art mit einem metallenen Ableiter versehen ist. Wird aber das Holz LMIK so eingelegt, daß der Drath LK nach der Richtung LK stehet, wie ihn die Figur wirklich vorstellet, so ist der metallische Leiter HO, der von der Spitze des Hauses bis an den Fußboden gehen sollte, bey IM unterbrochen, und das Instrument stellt in diesem Fall ein nicht gehörig beschütztes Gebäude vor.

Wen lege nun das Holz LMIK so ein, daß der Drath die in der Figur vorgestellte Lage hat, wobey der metallische Leiter HO unterbrochen ist. Man stelle die Kugel G etwa einen halben Zoll hoch senkrecht über die Kugel H, drehe alsdann die Glassäule DC, und entferne dadurch die erſtere Kugel von der letztern; verbinde den Drath EF durch eine Kette oder einen andern Drath mit dem Drathe Q der Flaſche P, und führe noch einen andern Drath oder eine Kette von dem Ringe O bis an die äußere Belegung der Flaſche. Man verbinde den Drath Q mit dem erſten Leiter, und lade die Flaſche; drehe dann wiederum die Glasſäule DC, und bringe die Kugel G nach und nach der Kugel H näher. Wenn nun beyde einander nahe genug kommen, ſo wird ſich die Flaſche entladen, und das Stück Holz LMIK wird aus dem Einſchnitte heraus und auf eine beträchtliche Weite von dem Donnerhauſe hinweggeworfen werden. Nun ſtellt die Kugel G bey dieſem Verſuche eine elektriſche Wolke vor, aus welcher, wenn ſie der Spitze des Gebäudes A nahe genug kömmt, die Elektricität in das Gebäude ſchlägt, und da es nicht gehörig durch geſchickte Ableiter beſchützt iſt, durch dieſen Schlag einen Theil davon zerbricht, d. h. das Holz IM abſchlägt.

Man wiederhole den Verſuch mit dieſer einzigen Veränderung, daß man dem Holze IM die andere Lage gebe, in welcher der Drath LK in die Richtung IM kömmt, wobey der Leiter HO nicht unterbrochen wird: ſo wird der Schlag nicht die geringſte Wirkung auf das Holz LM thun, ſondern es wird daſſelbe in dem Einſchnitte unbewegt bleiben; wodurch man den Nutzen metallener Ableiter überhaupt erweiſen kann.

Endlich ſchraube man von dem Drathe HI die meſſingene Kugel H ab, ſo daß die Spitze des Draths bloß bleibe, und wiederhole nach dieſer Veränderung beyde erſtangeführte Verſuche: ſo wird das Holz IM beydemal unbewegt bleiben, auch wird man gar keinen Schlag hören; woraus man ſieht, wie ſehr zugeſpitzte Leiter den ſtumpf geendeten vorzuziehen ſind.

Gewitterableiter.

Um die Vorzüge der zugespitzten Ableiter vor den stumpfen noch weiter zu erweisen, kann man den Versuch mit der elektrisirten Baumwolle (nämlich den vierten dieses Capitels,) sehr leicht mit der hier beschriebenen Geräthschaft wiederholen, und dadurch zeigen, daß ein zugespitzter Ableiter die elektrische Materie aus den kleinen ihm nahe kommenden Wolken (welche durch die Baumwolle vorgestellt werden, die man an den Drath der Kugel G bindet,) stillschweigend ausziehe, diese Wolken zurückstoße, und so vielleicht in manchen Fällen wirklich die Entstehung des Blitzes verhindere, welche ein stumpfer Ableiter würde befördert haben. Man kann auch kleine Pflaumfedern um die Kugel G binden, welche sich unter einander zurückstoßen, und eine noch bessere Vorstellung einer elektrisirten Wolke geben; kurz, man kann die obenbeschriebene Vorrichtung, die man insgemein das Donnerhaus nennt, mit einigen geringen Veränderungen gebrauchen, um alle Hauptphänomene des Wetterstrahls, nebst verschiedenen vorhergehenden oder nachfolgenden Umständen, dadurch zu erklären und vorzustellen.

Zusatz des Uebersetzers.
Neuere Versuche über die zugespitzten Blitzableiter.

Es ist bereits im neunten Capitel des ersten Theils erwähnt worden, daß ein Wetterstrahl, der am 15 May 1777 das mit spitzigen Ableitern versehene Schiffsmagazin zu Purfleet traf, neue Untersuchungen über die Vorzüge oder Nachtheile der zugespitzten und hoch hervorragenden Blitzableiter veranlasset habe. Da der Gegenstand derselben so wichtig, und ihr Resultat entscheidend ist, so will ich hier einen kurzen Auszug der vornehmsten Versuche und der daraus gezognen Folgen mittheilen.

Hr.

Hr. **Edward Nairne**, der die zugespitzten und hohen Ableiter vertheidigte, bediente sich zu seinen Versuchen einer Elektrisirmaschine, deren Glascylinder 18 Zoll im Durchmesser hielt, der erste Leiter aber oder die sogenannte künstliche Wolke aus einem hölzernen, mit Stanniol überzognen, Cylinder von 6 Schuh Länge und 1 Schuh Durchmesser bestand. Er gebrauchte überdieß einen künstlichen Ableiter, d. i. einen meßingnen Stab, der auf einem mit Stanniol belegten und durch einen Drath mit der Erde vollkommen verbundenen Fuße ruhte, und auf den er nach Gefallen andere Stäbe mit Kugeln von verschiedener Größe, oder mit Spitzen von verschiedener Höhe aufschrauben und in verschiedene Entfernungen vom Ende der künstlichen Wolke stellen konnte.

1. **Versuch.** Auf eine Kugel von 4 Zoll Durchmesser schlug die künstliche Wolke bis auf eine Distanz, die über 17 Zoll betrug, Funken.

2. **Versuch.** Auf eine Kugel von 1 Zoll Durchmesser schlug die Wolke in jeder Distanz, die unter 2 Zoll betrug. In Distanzen zwischen 2 und 10 Zoll brach kein Funken aus, es zeigte sich nur Geräusch und Licht. In Distanzen zwischen 10 und 15—16 Zoll erfolgten wieder Funken*).

---

*) Hr. Nairne glaubt, der erste zu seyn, der dieses Außenbleiben der Funken in einer gewissen Distanz, und das Wiederkommen derselben in einer größern Distanz bemerkt habe. Es ist aber dieses sehr merkwürdige Phänomen schon vorher in Deutschland bekannt gewesen, und mit dem Namen der elektrischen Pausen belegt worden. Man f. folgende Schrift: Elektrische Pausen von Joh. Friedr. Groß, Leipzig, 1776. 8., worin sehr genaue Untersuchungen hierüber vorkommen. Vielleicht sind diese Pausen Wirkungen einer zwischen beyden Körpern entstandnen Ladung der Luft. A. d. U.

Gewitterableiter.

3. **Versuch.** Auf eine Kugel von $\frac{1}{10}$ Zoll schlug die Wolke in jeder Distanz, die nicht über $\frac{1}{4}$ Zoll betrug. In Distanzen über $\frac{1}{4}$ Zoll leuchtete die Kugel nur, bis auf eine Entfernung von 33 Zoll.

4. **Versuch.** Auf einen spitzigen Drath schlug die Wolke gar nicht. In der Distanz von $\frac{1}{20}$ Zoll gieng die Elektricität in einem feinen Strome in die Spitze über. In größern Entfernungen, bis auf die von 6 Schuhen, leuchtete die Spitze noch immer.

Also schlägt eine unbewegte Wolke auf desto größere Distanzen, je stumpfer das Ende des Ableiters ist; hingegen ist die Weite, in der die Schläge erfolgen, desto geringer, je mehr sich des Ableiters Ende der spitzigen Gestalt nähert. Ein spitziger Ableiter hingegen erhält gar keinen Schlag, leitet aber doch die Elektricität auch in einer sehr großen Distanz ab.

5. **Versuch.** Auf eine Kugel von 4 Zoll Durchmesser mit einer $\frac{1}{10}$ Zoll hervorragenden und gegen die Wolke gekehrten Spitze schlug die Wolke nicht; die Spitze leuchtete bis auf eine Entfernung von 30 Zoll.

6. **Versuch.** Ragte die Spitze nicht über die Kugel hervor, sondern stand in einem durch die Kugel gebohrten Loche mit der Oberfläche gleich, so erfolgten Funken bis auf eine Distanz von 17 Zoll und drüber.

7. **Versuch.** Ragte die Spitze 1 Zoll weit über die Oberfläche einer Kugel von $3\frac{1}{2}$ Zoll Durchmesser hervor, und stand der Wolke zur Seite, so erhielt die Kugel Funken bis auf eine Distanz von $16\frac{7}{10}$ Zoll.

8. **Versuch.** Ragte diese Spitze 9 Zoll hervor, so reichten die Funken nur bis auf eine Distanz von $6\frac{1}{10}$ Zoll.

Also ist das Vermögen der Spitzen, ein Gebäude vor dem Blitze zu schützen, desto größer, je weiter sie über dasselbe hervorragen.

9. **Versuch.** Ward die Verbindung der Theile des künstlichen Ableiters unterbrochen, (zu welchem Ende eine

eine Stange Siegellack mit Stanniol, in dem sich aber eine Lücke befand, überzogen, und als ein Theil des Ableiters gebraucht wurde,) und die Spitze an die Seite der Wolke gestellt, so leuchtete die Lücke noch in einer Distanz von 7 Zoll. Bey einer Kugel von $\frac{7}{10}$ Zoll Durchmesser war das Licht nur bis auf 4 Schuh 7 Zoll, bey einer von 2 Zoll Durchmesser nur bis auf 2 Schuh weit sichtbar.

Also zieht der spitzige Ableiter die Elektricität auf eine größere Distanz aus der Wolke, als der stumpfe.

10. Versuch. Wurden auf die Siegellackstange mehrere runde Stücken Stanniol von $\frac{1}{2}$ Zoll Durchmesser, $\frac{1}{4}$ Zoll weit aus einander geklebt, und ein messingner Stab aufgelegt, der alle Stücken Stanniol, bis auf zwey, mit einander verband, so schlug ein Funken in die Spitze bis auf eine Distanz von $1\frac{7}{10}$ Zoll: die Spitze leuchtete bis auf eine Distanz von 3 Schuh.

11. Versuch. Verband man die Stanniolstücken gar nicht, so erfolgte eher kein Schlag, als bis die Spitze $4\frac{1}{2}$ Zoll von der Wolke entfernet war. In 4—10 Zoll Entfernung brachen Funken aus: in größern Distanzen aber leuchtete auch die Spitze nicht mehr.

Also veranlaßt die Unterbrechung der metallischen Theile des Ableiters einen Schlag, und dieß in größerer Weite, wenn die Unterbrechungen häufiger sind.

12. Versuch. Ward der mit einer Kugel versehene Ableiter isolirt, und nur durch einen sehr feinen Silberdrath, der nur $\frac{1}{100}$ Zoll Durchmesser hatte, mit der Erde verbunden, so giengen die Funken, die die Kugel erhielt, durch diesen feinen Drath, ohne daß die Finger, mit denen man den Drath faßte, etwas fühlten.

Also ist schon ein sehr feiner Drath im Stande, den Funken abzuleiten.

Bey den bisherigen Versuchen war die Wolke unbeweglich gewesen. Nunmehr überzog Hr. Naime eine

Gewitterableiter.

eine hohle 6 Schuh lange hölzerne Röhre mit Kugeln an beyden Enden mit Stanniol, hieng sie an einer isolirten Axe im Schwerpunkte so auf, daß sie sich, wie ein gleicharmiger Hebel um seinen Ruhepunkt, sehr leicht drehen konnte, hieng an jedes Ende einen leichten, mit Stanniol überzogenen Cylinder, und stellte ihre Axe an das Ende der vorigen Wolke.

13. *Versuch*. Ward nun unter den einen angehangenen Cylinder ein zugespitzter Ableiter, unter den andern einer mit einer Kugel von 3 Zoll Durchmesser, beyde in einer Distanz von 12 Zoll gebracht, und die Wolke elektrisiret, so leuchtete die Spitze, und zog fast alle Elektricität aus, ohne jedoch die Wolke zu bewegen.

14. *Versuch*. Ward der Ableiter mit der Kugel weggenommen, so leuchtete die Spitze immer fort, und die Wolke blieb unbewegt.

15. *Versuch*. Ward der spitzige Ableiter weggenommen, und der mit der Kugel allein unter den einen Cylinder gesetzt, so ward das Ende der Wolke gegen die Kugel gezogen, bis es in die Nähe kam, in welcher der Schlag erfolgte, gieng dann wieder zurück, bis die Wolke wieder geladen war, worauf von neuem Annäherung und Schlag erfolgte. u.s.w.

16. *Versuch*. Setzte man während dieses Hin- und Hergehens den spitzigen Ableiter unter das andere Ende, so hörten die Schläge auf, und die Wolke stellte sich bald wieder horizontal.

17. *Versuch*. Nahm man die Spitze wieder hinweg, so zeigten sich von neuem die Phänomene des 15ten, und wenn man sie aufs neue hinsetzte, die des 16ten Versuchs.

Also ziehen zugespitzte Ableiter die darüber befindlichen Enden der Wolken gar nicht an: Kugeln hingegen ziehen dieselben gegen sich, bis ein Schlag erfolgt.

Spitzen verhindern sogar die von den Kugeln bewirkte Anziehung der Wolken.

Was für Wirkung die Ableiter auf Wolken thun, welche gegen einander schlagen, erhellet aus folgenden Versuchen.

18. Verſuch. Ward die bewegliche Wolke ſo geſtellt, daß ihre Kugel 3 Zoll hoch über dem Ende der erſten künſtlichen Wolke ſtand, und der zugeſpitzte Ableiter 18 Zoll tief unter ſie geſetzt, ſo leuchtete die Spitze, das Ende der beweglichen Wolke ward gegen die elektriſirte unbewegliche Wolke niedergezogen, und erhielt unaufhörlich Funken. Die Spitze aber leitete alle dieſe Elektricität ſtillſchweigend wieder ab.

19. Verſuch. Setzte man ſtatt der Spitze den Ableiter mit der Kugel von 3 Zollen unter, ſo ward das Ende der beweglichen Wolke von der unbeweglichen abgeſtoßen, das andere hingegen zur Kugel gezogen, der es einen Funken gab. Sogleich nach demſelben ward jenes Ende wiederum von der unbeweglichen Wolke angezogen, erhielt von ihr einen Funken, gieng wieder zurück, das andere Ende gab den Funken der Kugel wieder u. ſ. f., woraus ein heftiges Hin- und Hergehen der beweglichen Wolke entſtand.

20. Verſuch. Setzte man während dieſes künſtlichen Gewitters die Spitze an die Stelle der Kugel, ſo hörte die Bewegung auf, und es zeigten ſich die Phänomene des 18ten Verſuchs.

21. Verſuch. Unterbrach man die Verbindung des ſpitzigen Ableiters mit der Erde durch Siegellack mit Stanniolſtücken, wie im 9ten Verſuche, ſo zeigten ſich die Phänomene des 19ten Verſuches, nur daß die Funken ſchwächer waren, als jene auf die Kugel, und die Spitze immerfort ableitete.

22. Ver-

22. Verſuch. Stellte man die Verbindung durch eine angehangene Kette wieder her, ſo erfolgte alles, wie beym 20ſten Verſuche.

Ein zugeſpitzter Ableiter alſo beraubt Wolken, die von andern geladen werden, ihrer Elektricität ſtillſchweigend, ein ſtumpfer aber oder eine Kugel zieht dieſelben gegen ſich, entladet ſie durch einen Schlag, und macht ſie dadurch fähig, von der geladnen Wolke aufs neue angezogen zu werden, neue Funken zu erhalten, und der Kugel wiederzugeben, u. ſ. w.

23. Verſuch. Ward die bewegliche Wolke feſtgemacht, und von der unbeweglichen in einer Entfernung von 3 Zoll mit einem Funken geladen, ſo gab ſie dieſen Funken einem drey Zoll weit unter ihrem andern Ende ſtehenden zugeſpitzten Ableiter wieder.

24. Verſuch. Ward ſie aber wieder freygelaſſen, ſo ſank ihr Ende auf die unbewegliche Wolke nieder, und erhielt keinen Schlag.

Stillſtehende Wolken alſo werden Schläge, die ſie von andern erhalten, den Spitzen wiedergeben. Da aber der 24ſte Verſuch mehr mit der Natur übereinſtimmt, als der 23ſte, indem die Wolken bewegliche Körper ſind, ſo werden dergleichen Wolken ſelten in Spitzen ſchlagen, ſondern vielmehr von denſelben zurückgeſtoßen werden.

Drey folgende Verſuche des Hrn. Mairne beweiſen, daß die Spitzen auch, wenn ſie ſich ſchnell bewegen, Schläge erhalten, aber gleich ſchnell bewegte Kugeln erhalten dieſe Schläge in einer noch größern Diſtanz, je größer ihre Durchmeſſer, oder je ſtumpfer ſie ſind.

Dieſe merkwürdigen Verſuche ſetzen es außer allen Zweifel, daß man weit hervorragende und zugeſpitzte Ableiter den ſtumpfen und niedrigen vorzuziehen habe, obgleich auch aus denſelben erhellet, daß der Blitz unter gewiſſen Umſtänden auch in Spitzen ſchlagen könne, beſonders

sonders wenn die Anhäufung der Elektricität in den Wolken sehr beträchtlich wird. Allein auch in diesem Falle verhüten spitzige Ableiter den Schlag noch bis auf eine größere Weite, als stumpfe; und wenn auch ein Schlag erfolgen sollte, so thun sie am Ende immer noch eben soviel als jene, — sie führen ihn auf einem sichern Wege, und entfernen ihn von allen Theilen, denen er Schaden zufügen könnte. Selbst der Wetterschlag in Purfleet gieng nur 7 Zoll weit durch Stein, um die metallische Ableitung zu erreichen, die ihn hernach ohne weitern Schaden ununterbrochen fortführte.

Zehntes Capitel.
Versuche mit der elektrischen Batterie.

So groß auch immer die Gewalt der verstärkten Elektricität in den Versuchen mit einer einzelnen geladenen Flasche scheinen mag, so ist sie doch nur sehr gering im Vergleich mit derjenigen, welche durch mehrere mit einander verbundene Flaschen hervorgebracht wird; und wenn man schon die Wirkungen einzelner Flaschen bewundert, so muß man über die ungemeine Gewalt einer großen Batterie gewiß in das größte Erstaunen gerathen. Die Metalle, und sogar die reinste Platina*), welche dem heftigsten chymischen Feuer widersteht, wirklich und fast augenblicklich glühend gemacht und geschmolzen, sogar die Thiere getödtet zu sehen, und den lauten Knall einer elektrischen Batterie zu hören, sind Dinge, die bey einem aufmerksamen Beobachter allezeit eine Art von Schrecken erregen müssen.

Versuche

---

*) Nach Cuthbertsons Versuchen, (s. dessen Abhandl. von der Elektr. 3te Fortf. S. 137.) läßt sich dieses sonst so strengflüßige Metall durch die Elektricität ohngefähr eben so leicht, als Eisen, schmelzen. B.

Versuche von dieser Art muß man mit der größten Behutsamkeit behandeln, und der Experimentator muß hier nicht allein auf dasjenige sehen, was er selbst vorhat, sondern auch auf die Umstehenden aufmerksam seyn, und sie abhalten, irgend einen Theil der Geräthschaft zu berühren oder ihm nur nahe zu kommen; denn wenn bey Anstellung anderer Versuche die Versehen blos unangenehm sind, so können sie beym Entladen elektrischer Batterien noch überdieß die verderblichsten Folgen nach sich ziehen.

Beym Laden der Batterien thut ein kleiner erster Leiter weit bessere Dienste, als ein großer; denn ein kleiner zerstreut nicht so viel Elektricität, als der größere. Man kann das Quadrantenelektrometer, das die Stärke der Ladung in der Batterie anzeigt, entweder auf den ersten Leiter, oder auf die Batterie selbst setzen. Im letztern Falle muß es auf einem Stabe stehen, der mit den Dräthen der Flaschen verbunden ist; und wenn die Batterie sehr groß ist, muß es zwey bis drey Fuß über dieselbe erhaben seyn.

Beym Laden einer großen Batterie wird der Zeiger des Elektrometers selten bis auf 90° steigen, weil die Maschine eine Batterie im Verhältniß nicht so stark, als eine einzelne Flasche laden kann. Oft wird der höchste Stand desselben etwa 60° bis 70° seyn; und größer oder geringer, nach dem verschiednen Verhältniß der Größe der Batterie zur Stärke der Maschine.

Erster Versuch.

Drath zu schmelzen.

Man hänge an den Haken, der mit der äußern Belegung einer Batterie von wenigstens dreyßig Quadratfuß belegter Fläche in Verbindung steht, einen Drath, der etwa $\frac{1}{10}$ Zoll dick, und zwey Schuh lang

lang ist; das andere Ende des Draths befestige man an den Auslader. Hierauf lade man die Batterie, bringe den Auslader an ihre Dräthe, und lasse auf diese Art den Schlag durch den dünnen Drath gehen, so wird er dadurch glühend gemacht und geschmolzen werden, und in verschiednen noch glühenden Klümpchen auf den Boden fallen. Wenn ein Drath auf diese Art geschmolzen wird, so sieht man bis auf eine beträchtliche Weite häufige Funken herumfliegen, welches glühende Metalltheilchen sind, die durch die Gewalt des Schlages nach allen Richtungen zerstreuet werden. Ist die Gewalt der Batterie sehr groß, so wird der Drath durch den Schlag gänzlich zerstreut, daß man nach dem Versuche nicht das Geringste davon wiederfinden kann.

Wiederholt man den Versuch mit Dräthen von verschiedenen Metallen, und mit Schlägen von einerley Stärke, so wird man finden, daß einige Metalle leichter, als andere, einige auch gar nicht geschmolzen werden; wodurch sich die Verschiedenheit ihrer leitenden Kräfte an den Tag leget*). Will man solche Metalltheilchen schmelzen, welche sich nicht in Dräthe ziehen lassen, z. B. Erze, Goldkörner u. s. w., so kann man sie mit Wachs in eine Kette zusammenfügen, diese Kette in

---

*) Die Schmelzbarkeit der Metalle durch den elektrischen Schlag kömmt mit ihrer Schmelzbarkeit durch das Feuer keinesweges überein. Nach den genauen Versuchen des Herrn van Marum (Beschreib. einer ungemein großen Elektrisirmaschine, erste Fortf. I. Th. 2ter Abschn. S. 4. u. f.) stehn die Metalle, welche er prüfte, in Ansehung ihrer Schmelzbarkeit, in folgender Ordnung: Bley, Zinn, Eisen, Gold, Messing, Silber, Kupfer. Aus dieser Verschiedenheit schließt er, daß die Elektricität die Metalle auf eine ganz andere Art schmelzen müsse, als das Feuer. — Eine eigne Abhandlung über die Wirkung der Elektricität auf metallische Körper findet sich unten, im zweyten Bande, gegen das Ende des ersten Anhanges. B.

Versuche mit der elektr. Batterie.

in die Verbindung zwischen beyden Seiten der Flasche bringen, und einen Schlag durch sie gehen lassen, der, wenn er stark genug ist, diese Metalltheilchen eben sowohl, als einen Drath, schmelzen wird. Wenn die Menge derselben groß ist, kann man sie in eine dünne Glasröhre füllen.

Wenn man einen sehr langen Drath schmelzt, und die Gewalt des Schlags gerade hinreichend ist, den Drath glühend zu machen, so bemerkt man oft, daß das Glühen an dem einen Ende anfängt, (an demjenigen nämlich, welches mit der positiven Seite der Batterie in Verbindung steht,) und von diesem allmählich bis an das andere Ende fortgehet, — ein neuer augenscheinlicher Beweis für die Theorie einer einzigen elektrischen Materie. Der Drath wird auch nicht deswegen an einer Stelle eher glühend, als an der andern, weil die elektrische Materie erst über die erstere, und dann über die letztere ihren Weg nimmt; denn dieser Unterschied der Zeit ist so klein, daß man ihn nicht wohl bemerken kann; sondern weil die elektrische Materie, indem sie durch den Drath gehet, etwas von ihrer Geschwindigkeit verliert; daher wirkt der Schlag auf den Theil des Draths, wo die elektrische Materie eingedrungen ist, stärker, und dieser wird folglich eher glühend, und in einem höhern Grade.

Wird ein Drath durch Gewichte gespannt, und man läßt einen Schlag durch ihn gehen, der gerade hinreicht, ihn glühend zu machen, so findet man ihn nach dem Versuche beträchtlich verlängert; läßt man ihn hingegen ungespannt, so findet man ihn, nach einem ähnlichen Schlage, kürzer*). Schmelzt man einen Drath auf Glase, so findet man das Glas mit allen Farben des Prisma bezeichnet.

Zwey-

---

*) Dieß ist erst neuerlich von Herrn **Eduard Nairne** bemerkt worden. S. die Philos. Transact. Vol. LXX.

Zweyter Versuch.

Beweis, daß die elektrische Materie einen kurzen Weg durch die Luft einem längeren durch gute Leiter vorziehe.

Man beuge einen etwa fünf Schuhe langen Drath in die Taf. II. Fig. 11. vorgestellte Form, so daß die Theile A, B ohngefähr einen halben Zoll aus einander stehen; dann verbinde man die beyden Enden dieses Draths, wie im vorigen Versuche, mit dem Haken der Batterie und dem Auslader, und lasse den Schlag der Batterie durch ihn gehen. Bey diesem Schlage wird sich zwischen A und B ein Funken zeigen, welcher beweiset, daß die elektrische Materie lieber einen kurzen Weg durch die Luft, als einen langen durch den Drath wähle. Doch geht nicht die ganze Ladung durch A und B, sondern es nimmt auch ein Theil von ihr seinen Weg durch den ganzen Drath. Man kann dieß beweisen, wenn man einen sehr dünnen Drath zwischen A und B stellt. Denn wenn man nun den Versuch ohne weitere Veränderung wiederholet, so wird der dünne Drath kaum glühend gemacht werden. Zerschneidet man aber den großen Drath ADB bey D, daß dadurch die Verbindung ABD unterbrochen wird, so wird der dünne Drath durch eben den Schlag, der ihn vorher kaum glühend machen konnte, jetzt geschmolzen, ja sogar zertrümmert werden. Auf diese Art (sagt Dr. Priestley, der Erfinder dieses Versuchs,) kann man die leitende Kraft verschiedner Metalle untersuchen, wenn man dazu metallene Dräthe von einerley Länge und Stärke gebraucht, und die Verschiedenheit des Uebergangs durch die Luft bey einem jeden beobachtet.

Dritter Versuch.

Metall zu Kügelchen zu schmelzen.

Man stecke einen sehr dünnen Drath in eine Glasröhre, die etwa $\frac{1}{4}$ Zoll im Durchmesser hat, und lasse den Schlag einer Batterie durch denselben gehen, so wird der Drath geschmolzen, und in Kügelchen von verschiedner Größe verwandelt, welche in der innern Fläche der Glasröhre stecken, und sich, wenn man will, davon leicht abnehmen lassen. Man findet diese Kügelchen bey genauer Untersuchung alle hohl, und sie sind nicht viel mehr, als bloße Metallschlacken.

Man muß bey diesem Versuche Sorge tragen, daß die Ladung der Batterie weder zu stark noch zu schwach sey; denn im erstern Falle würde der Drath in außerordentlich kleine Kügelchen zertheilt, oder vielmehr in Dampf aufgelöset, im letztern aber würde er nicht vollkommen geschmolzen werden, und also große und unförmliche Stücken geben.

Vierter Versuch.

Die Zauberringe.

Man befestige an jeden Knopf DD des allgemeinen Ausladers Taf. I. Fig. 5., oder an die Dräthe, welche sonst diese Knöpfe tragen, anstatt derselben, ein plattes und polirtes Stück Metall oder Halbmetall, (Uhrgehäuse sind zu dieser Absicht sehr bequem,) so daß die Oberflächen von beyden einander so nahe kommen, daß man die Batterie durch sie entladen könne. Hierauf verbinde man den einen Drath des allgemeinen Ausladers mit der äußern Seite der Batterie, den andern aber mit Hülfe des gewöhnlichen Ausladers mit der innern Seite, und lasse den Schlag durchgehen. Dieser wird auf den Oberflächen der beyden metallenen Stük-
ken,

ken, die man auf dem Auslader befestiget hat, den Flecken und die Ringe hervorbringen, die ich schon im ersten Theile dieses Werks S. 61. beschrieben habe.

Diese Ringe hat man bisher noch auf keinem andern Körper als auf Metallen hervorbringen können; auch hat man sie auf denjenigen, welche am leichtesten schmelzen, allezeit deutlicher bezeichnet gefunden. Den schönsten Ring erhält man, wenn man eine große Batterie einigemal nach einander entladet, und dabey die Lage und Stellung aller Theile des Apparatus ganz ungeändert läßt. Erhalten die Metalle den Schlag im luftleeren Raume, so hat der Flecken eine sehr irregulaire Gestalt.

Ich habe diesen Flecken den Namen der Zauberringe gegeben, weil sie einige Aehnlichkeit mit den Flecken haben, die man oft auf dem Grase im Felde wahrnimmt, welche man in England Zauberringe oder Hexenringe (Fairy-circles) zu nennen pflegt*). Man hat diese natürlichen Zauberringe, wegen ihrer Aehnlichkeit mit den angeführten elektrischen, für eine Wirkung des Blitzes halten wollen; allein diese Muthmaßung ist sehr unwahrscheinlich**). Denn die Flecken auf dem Grase haben weder den Centralfleck, noch die

---

*) Es sind dieses Ringe auf Weidefeldern, welche eine dunkelgrünere Farbe, als der übrige Rasen haben. Ein solcher Ring, dessen Priestley (Gesch. der Elektr. Th. VIII. Abschn. 9.) gedenkt, war etwa neun Zoll breit, und hatte drey Fuß im Durchmesser. A. d. U.

**) S. Philos. Transact. Vol. XLVII. S. 255. Herr Jessop will es durch die Erfahrung bestätiget gefunden haben, daß sie eine Wirkung des Blitzes wären. Auf einer Wiese fand man nach einem starken Donnerwetter einen Kreis von 12—15 Fuß im Durchmesser, dessen Rand etwa 1 Fuß breit frisch versengt war, und an dieser Stelle kam das Gras das folgende Jahr weit frischer und grüner hervor. B.

Verſuche mit der elektr. Batterie.

die concentriſchen Cirkel der elektriſchen, und ſcheinen, ſo viel mir bekannt iſt, vielmehr von Pilzen oder Erdſchwämmen, als vom Wetterſtrahle herzurühren.

Fünfter Verſuch.
Farbigte Ringe in Metalle zu ſchlagen.

Um die Oberfläche eines Metalls mit farbigten Ringen zu bezeichnen, ſetze man ein plattes Stück Metall auf den einen Drath des allgemeinen Ausladers, auf den andern aber eine ſcharfzugeſpitzte Nadel, ſo daß ihre Spitze gerade der Oberfläche des Metalls gegenüber ſtehe; dann verbinde man den einen Drath des Ausladers mit der äußern Seite einer Batterie, den andern aber mit dem gewöhnlichen Auslader u. ſ. w. Wenn man auf dieſe Weiſe aus der Spitze in das Metall, oder aus dem letztern in die erſtere wiederholte Schläge gehen läßt, ſo werden dieſelben nach und nach die der Spitze gegenüberſtehende Oberfläche des Metalls mit Ringen bezeichnen, welche alle Farben des Priſma enthalten, und augenſcheinlich aus kleinen Metallblättchen beſtehen, die durch die Gewalt des Schlags losgetrennt und erhoben worden ſind.

Dieſe Farben erſcheinen eher, und die Ringe liegen dichter an einander, wenn die Spitze der Oberfläche des Metalls näher ſteht. Die Anzahl der Ringe iſt größer oder geringer, je nachdem die Spitze der Nadel ſchärfer oder ſtumpfer iſt; und ſie erſcheinen auf einem Metalle eben ſo wohl, als auf dem andern.

Auch die Spitze der Nadel wird bis auf eine beträchtliche Weite gefärbt; die Farben auf ihr kommen der Reihe nach wieder, obgleich nicht mit großer Deutlichkeit. Dieß iſt ein Verſuch des Dr. Prieſtley*).

*) S. Geſch. der Elektric. VIII. Th. 13. Abſchnitt. der deutſch. Ueberſ. S. 466.

Sechster Versuch.

Das Erdbeben.

Man kann durch den Schlag aus einer Batterie ein Erdbeben vorstellen, wenn man verschiedene Materien durch einen Schlag, den man über ihre Oberfläche gehen läßt, erschüttert. Um eine Vorstellung von der Wirkung zu geben, die das Erdbeben auf die Gebäude ausübt, kann man kleine Hölzchen, Kartenblätter oder dergleichen auf die Oberfläche des Körpers stellen, über welche der Schlag gehen soll, so daß sie nicht sehr fest stehen. Diese Hölzer u.s.w. werden allezeit erschüttert, oft auch durch den elektrischen Schlag umgeworfen werden.

Es ist merkwürdig, daß der Schlag nicht gleichweit über die Oberflächen aller und jeder Körper geht, wenn sie auch sonst gleichgute Leiter sind. Wasser, Eis, feuchtes Holz, rohes Fleisch dienen am besten zu diesem merkwürdigen Versuche. Um denselben anzustellen, wird nichts weiter erfordert, als daß man einen Theil der Oberfläche besagter Materien in die Verbindung der beyden Seiten einer Batterie bringe. Man kann z.B. eine mit der äußern Seite verbundene Kette so stellen, daß sie beynahe bis an die Oberfläche einer Menge von Wasser reicht, und etwa acht oder neun Zoll*) von einer andern Kette absteht, welche ebenfalls nahe bis an die Oberfläche des Wassers reicht, und mit dem einen Ende des Ausladers in Verbindung steht. Wenn die Enden der Kette das Wasser wirklich berühren, so ist der Erfolg der nämliche.

---

*) Die Weite, bis auf welche ein Schlag über die Oberfläche der benannten Materien geht, ist weit größer, als diejenige, bis auf welche er durch die Luft schlagen kann.

Bey diesem Versuche ist der Schall weit stärker, als wenn der Schlag blos durch die Luft geht. Das Wasser wird durch einen darüber hingehenden Schlag nicht blos auf der Oberfläche, sondern durch seine ganze Masse erschüttert; und hält man bey dem Schlage die Hand unter das Wasser, so wird man die Erschütterung sehr merklich fühlen.

Der Funken, welcher bey diesem Versuche über die Oberfläche des Wassers geht, scheint eine große Aehnlichkeit mit den Feuerballen zu haben, die man bisweilen zur See oder auf dem Lande zur Zeit der Erdbeben gesehen hat. Es ist daher sehr wahrscheinlich, daß man diese Feuerballen für elektrische Erscheinungen zu erklären habe.

Eilftes Capitel.

Vermischte Versuche.

Erster Versuch.

Beweis, daß der Rauch und die Dämpfe des heißen Wassers Leiter sind.

Man hänge ein Elektrometer von Korkkügelchen etwa vier oder fünf Schuhe hoch über den ersten Leiter, und drehe das Rad der Maschine sehr langsam, so wird man finden, daß dabey die Kugeln des Elektrometers gar nicht aus einander gehen. Nun setze man auf den ersten Leiter ein eben ausgeblasenes Wachslicht*), so daß der Rauch an das Elektrometer aufsteige, und drehe das Rad von neuem: so werden die Kugeln des Elektrometers sogleich ein wenig aus einander gehen,

---

*) Ein grüner Wachsstock ist zu diesem Versuche am besten.

gehen, und eben die Stärke der Elektricität zeigen, die der erste Leiter hat, — ein Beweis, daß der Rauch in einigem Grade ein Leiter sey*).

Eben so kann man, wenn man anstatt des Wachslichts ein kleines Gefäß mit heißem Wasser auf den ersten Leiter stellt, beweisen, daß die Dämpfe desselben auch ein Leiter sind, wiewohl ihre leitende Kraft geringer ist, als die des Rauchs. Dieser Versuch ist eine Erfindung des Hrn. Henly.

Zweyter Versuch.

Beweis, daß das Glas und andere elektrische Körper Leiter werden, wenn man sie sehr erhitzet.

Man nehme eine kleine Glasröhre, die etwa $\frac{1}{10}$ Zoll im Durchmesser hat, und ohngefähr einen Schuh lang ist, verschließe sie an dem einen Ende, und stecke einen Drath hinein, der sich durch ihre ganze Länge erstreckt. Von diesem Drathe lasse man zwey bis drey Zoll aus dem offnen Ende der Röhre hervorragen, und befestige ihn darinnen mit einem Korkstöpsel. Um das verschlossene Ende der Röhre lege man einen andern Drath, der von dem Drathe in der Röhre blos durch das dazwischen befindliche Glas geschieden ist. Nach dieser Veranstaltung verfahre man so, als ob man einen Schlag durch beyde Dräthe, (nämlich den in der Glasröhre befindlichen, und den von außen um dieselbe befestigten,) wollte gehen lassen, d. h. man verbinde den einen mit der äußern Seite einer geladenen Flasche, und berühre den andern mit dem Knopfe derselben, so wird man finden, daß sich die Flasche nicht entladen kann,

*) Ein Instrument, womit man die Verschiedenheit der leitenden Kraft des Rauchs von brennenden Körpern untersuchen könne, beschreibt der Verfasser im zweyten Bande, im vierten Theile, gegen das Ende des 7ten Capitels. B.

kann, ohne die Röhre zu zerbrechen; weil die Verbindung beyder Seiten der Flasche durch das Ende der Glasröhre, welches sich zwischen den beyden Dräthen befindet, unterbrochen wird. Nun aber mache man das Ende der Röhre, um welches der Drath befestiget ist, im Feuer glühend, und verfahre wie zuvor, so wird der Schlag sehr leicht von Drath zu Drath übergehen, und durch das Glas bringen, welches durch das Glühen ein Leiter geworden ist.

Um die leitende Kraft erhitzter harziger Substanzen, Oele u. dgl. zu beweisen, beuge man eine Glasröhre in Form eines Bogens CEFD, Taf. II. Fig. 7., und binde daran eine seidene Schnur GCD, an welcher man sie halten kann, wenn sie ans Feuer gebracht werden soll. Man fülle den mittlern Theil der Röhre mit Harz, Siegellack u. s. w. Alsdann stecke man zwey Dräthe AE, BF durch ihre Enden, so daß sie das Harz, u. dgl. berühren, oder auch wohl ein wenig hineingehen. Hierauf lasse man jemand die Röhre über ein starkes Feuer halten, so daß das Harz darinnen schmelze; zugleich verbinde man den Drath A oder B mit dem äußern Ende einer geladenen Flasche, und berühre den andern Drath mit dem Knopfe derselben, als ob man einen Schlag durch das Harz gehen lassen wollte; so wird man bemerken, daß, so lang das Harz kalt ist, kein Schlag durch dasselbe bringen kann; daß es hingegen beym Schmelzen ein Leiter wird, und wenn es gänzlich geschmolzen ist, den Schlag mit völliger Freyheit durchläßt.

Dritter Versuch.

Beweis, daß erhitzte Luft ein Leiter sey.

Man elektrisire eines von den Elektrometern mit Korkkügelchen, welche sich auf dem Stative Taf. I. Fig. 4. befinden, oder man elektrisire den ersten Leiter mit

mit dem Quadrantenelektrometer; dann bringe man ein glühendes Eisen in die gehörige Entfernung von dem Elektrometer oder ersten Leiter: so werden dieselben bald ihre Elektricität verlieren, welche durch nichts anders, als durch die anliegende von dem Eisen erhitzte Luft kann abgeleitet worden seyn. Denn wenn man den Versuch mit dem nämlichen Eisen, wenn es kalt geworden ist, wiederholet, d. h. dasselbe wiederum in eben die vorige Entfernung von dem elektrisirten Elektrometer oder ersten Leiter bringet, so wird die Elektricität nicht mehr wie vorher abgeleitet*).

Die obigen Versuche geben uns ein Recht, zu vermuthen, daß vielleicht verschiedne Materien, die man unter die Leiter zählet, in einer kältern Temperatur elektrische Körper werden mögen; daß hingegen alle elektrische Körper Leiter werden, wenn man sie in einem sehr hohen Grade erhitzet.

Vierter Versuch.

Beweis, daß Seide von verschiedenen Farben verschiedene Elektricität annehme.

Man lege ein weißes Band auf ein anderes schwarzes, von der nämlichen Größe und Feinheit; hierauf fasse man beyde an dem einen Ende mit der Hand an,

---

*) Man hat oft bemerkt, daß man eine Batterie entladen kann, wenn man zwischen zwey in die Verbindung gebrachte und wenig von einander abstehende Knöpfe ein glühendes Eisen bringt; wenn man aber, statt des Eisens, ein Stück glühendes Glas dazwischen stellet, (den Abstand beyder Knöpfe aber unverändert läßt,) so kann man die Batterie nicht entladen. Hieraus läßt sich schließen, daß entweder die erhitzte Luft kein so guter Leiter sey, als man gedacht hat, oder daß die durch Eisen erhitzte Luft (vielleicht wegen der darinnen schwebenden brennbaren Theilchen aus dem Eisen,) eine stärkere leitende Kraft besitze, als die durch glühendes Glas erhitzte Luft.

an, und ziehe sie schnell zwischen den ersten und zweyten Finger der andern Hand hindurch. Durch dieß Reiben werden sie beyde elektrisch. Trennt man sie nun, so wird sich das schwarze Band negativ, das weiße hingegen positiv zeigen.

Fünfter Versuch.
Die Luft in einem Zimmer zu elektrisiren.

Die Luft, welche sich um die Elektrisirmaschine während der Zeit, in welcher man sie gebraucht, oder sonst um einen stark elektrisirten Körper befindet, nimmt zwar allezeit einen Theil der Elektricität in sich, behält denselben eine beträchtliche Zeit lang, und hebt so die Wirkung der Elektricität bey elektrisirten Körpern gewissermaaßen auf.*) Aber eine Methode, die Luft noch weit stärker und geschwinder zu elektrisiren, ist diese, daß man 2 oder 3 Nadeln auf den ersten Leiter befestiget, und denselben etwa zehn Minuten lang immerfort elektrisirt erhält. Wenn man nach diesem Verfahren ein Elektrometer in die um die Maschine herum befindliche Luft bringt, so wird dasselbe deutlich zeigen, daß diese Luft eine beträchtliche Menge von Elektricität erhalten habe, die sie auch noch behalten wird, wenn man gleich die Maschine in ein anderes Zimmer bringt. Um die Luft negativ zu elektrisiren, setze man die spitzigen Nadeln auf das isolirte Kissen, und verbinde den ersten Leiter durch einen Drath oder eine Kette mit dem Tisch oder Boden.

Eine andere Art, die Luft zu elektrisiren, ist diese, daß man eine große Flasche ladet und isoliret, dann aber

---

*) Ein an dem ersten Leiter aufgehangenes Elektrometer wird insgemein, wenn man das Rad nur einige mal herumgedrehet hat, aus einander gehen, so wie aber die Luft um die Geräthschaft elektrisch zu werden anfängt, sich wieder zusammen ziehen.

aber einen zugespitzten Drath, oder mehrere dergleichen auf den Knopf der Flasche setzt, und die äußere Belegung mit dem Boden verbindet. Ist die Flasche positiv geladen, so wird die Luft des Zimmers ebenfalls stark positiv elektrisiret werden; ist es aber die Flasche negativ, so wird auch die Luft negativ elektrisiret werden. Wenn man eine geladene Flasche in der einen Hand hält, und mit der andern die Flamme eines isolirten Lichtes an den Knopf der Flasche bringt, so wird der Erfolg der nämliche seyn.

Sechster Versuch.

Die Rauch-Atmosphäre.

Man nehme eine messingene Kugel, oder sonst ein Stück Metall, das frey von allen Ecken oder Spitzen ist, und etwa drey bis vier Zoll im Durchmesser hat, und isolire es auf einem schmalen elektrischen Stative; dann gebe man ihm einen Funken mit dem Knopfe einer geladenen Flasche, und stelle sogleich ein eben ausgeblasenes und noch rauchendes Wachslicht daran. Der elektrisirte Körper wird nun den Rauch anziehen, der ihn ganz umgeben, und eine Art von Atmosphäre um ihn bilden wird. Diese Atmosphäre bleibt einige Secunden lang stehen, fängt darauf von unten, oder bey der Grundfläche des Körpers an zu verschwinden, und verlieret sich nach und nach, bis sie endlich in Gestalt einer dünnen Säule gänzlich von dem elektrisirten Körper aufsteigt, sich aber bald ausdehnet, und durch einen beträchtlichen Raum verbreitet.

Dieser Versuch wird nur bey sehr trockner Witterung und in einem Zimmer gelingen, wo die Luft vollkommen in Ruhe ist. Man muß also Sorge tragen, daß man beym Ausblasen des Lichts und Anhalten desselben

selben an den elektrisirten Körper die Luft so wenig als möglich in Bewegung setze.

Dieß Phänomen hat einige Naturforscher auf die Gedanken gebracht, als ob sich die Elektricität eines elektrisirten Körpers um ihn herum aufhalte, d. i. gleich einer Atmosphäre über seiner Oberfläche bleibe, welches ihrer Meynung nach der Rauch sehr deutlich zeigen sollte. Wenn man aber diese Erscheinung gehörig betrachtet, so beweist sie keinesweges eine solche elektrische Atmosphäre, und ihre Entstehung läßt sich leicht auf folgende Art erklären. Der Rauch wird von dem elektrisirten Körper auf eben die Art und aus eben dem Grunde, wie andere leichte Körper, angezogen. Er bleibt aber um den Körper schwebend, weil die Elasticität seiner Theilchen hindert, daß er nicht ganz auf einmal in Berührung mit der Oberfläche desselben kommen kann. So schwebt er nun einige Zeit um den Körper, und wird nicht augenblicklich zurückgestoßen, weil er ein schlechter Leiter ist, und die Elektricität des Körpers sehr langsam annimmt; wenn er aber eine hinreichende Menge von derselben angenommen hat, so verläßt er den Körper, steigt in die Luft auf, und verbreitet sich in einen weiten Raum, weil sich seine eignen Theilchen, die nun elektrisch geworden sind, einander zurückstoßen.

Siebenter Versuch.

Beweis, daß die Metalle die elektrische Materie durch ihre Substanz leiten.

Man nehme einen Drath von beliebigem Metalle, und bedecke einen Theil desselben mit irgend einer elektrischen Substanz, als Harz, Siegellack u. s. w., hierauf lasse man den Schlag einer geladenen Flasche durch denselben gehen, so wird er denselben mit der elektrischen Belegung eben sowohl, als ohne dieselbe, leiten.

Dieß beweiset, daß die elektrische Materie durch die Substanz der Metalle, und nicht nur über ihre Oberfläche gehe.

Achter Versuch.
Die elektrisirte Schale und Kette.

Man isolire eine metallene Schale, oder ein anderes ausgehöhltes Stück Metall, und lege in daßelbe eine ziemlich lange metallene Kette, an deren Ende eine seidne Schnur gebunden ist. An den Henkel der Schale, oder an einen Drath, der sich an derselben befindet, hänge man ein Elektrometer mit Korkkügelchen; hierauf elektrisire man die Schale durch einen Funken aus dem Knopfe einer geladenen Flasche: so werden die Kugeln des Elektrometers sogleich aus einander gehen. Wenn nun unter diesen Umständen das eine Ende der Kette mit der seidnen Schnur nach und nach bis über den Rand der Schale erhoben wird, indem das untere Ende der Kette darinnen liegen bleibt, so werden die Kugeln des Elektrometers ein wenig zusammen gehen; und dieß desto stärker, je weiter man die Kette über den Rand der Schale erhebt. Man beweiset hieraus, daß die Elektricität der Schale und Kette zusammen stärker sey, wenn sich diese Körper in einem engern Raume zusammen befinden. Eine noch leichtere Art, diese Eigenschaft der Elektricität zu beweisen, ist folgende, deren sich Herr Thomas Ronayne bedienet. Er erregt die ursprüngliche Elektricität in einem langen Streifen von weißem Flanell, oder seidnem Bande, den er mit der Hand reibet; dann zieht er mit dem Finger so viel Funken heraus, als der elektrische Körper geben will; wenn er aber auf diese Art keine Funken mehr erhalten kann, so legt er den Flanell u. dergl. zusammen, oder rollt ihn auf, wodurch er denn so stark elektrisch wird, daß er nicht allein Funken giebt,

Vermischte Versuche.

wenn man die Hand dagegen hält, sondern auch von selbst ganze Lichtbüschel ausströmt, welche im Dunkeln das schönste Schauspiel zeigen.

Neunter Versuch.

Die Richtung der elektrischen Materie durch die Flamme eines Wachslichts zu zeigen.

Man befestige an das von der Maschine abgekehrte Ende des ersten Leiters einen messingenen Stab, der sechs Zoll lang ist, und an seinem Ende eine messingene Kugel von etwa ½ Zoll im Durchmesser hat, und lasse das Rad der Maschine drehen. Wird nun die Flamme eines Wachslichts gegen die erwähnte messingene Kugel gehalten, so wird sie in eine fast horizontale Lage geblasen, und erhält dabey eine Richtung, die von der Kugel hinweggehet, d. i. die Richtung der elektrischen Materie. Wird aber ein solcher Drath mit einer Kugel an das isolirte Kissen befestiget, so wird die Flamme des Wachslichts, wenn man sie gegen diese Kugel hält, ebenfalls nach der Richtung der elektrischen Materie, d. i. auf die Kugel zu geblasen, und zeigt also die wahre Richtung dieser Materie auf eine sehr einfache und überzeugende Art.

Zehnter Versuch.

Das elektrische Anziehen und Zurückstoßen durch das elektrische Licht zu zeigen.

Man befestige einen zugespitzten Drath auf den ersten Leiter, daß er die Spitze auswärts kehre, und einen ähnlichen Drath an das isolirte Kissen; dann lasse man das Rad der Maschine drehen, so wird man die Spitzen beyder Dräthe, den ersten mit einem Strahlenkegel, den letztern mit einem Punkte erleuchtet sehen.

Hier-

Hierauf nehme man eine geriebene Glasröhre, und
bringe sie seitwärts an die Spitze des Draths, der sich
auf dem ersten Leiter befindet, so wird man sehen, daß
sich der daraus strömende Strahlenbüschel seitwärts kehret, d. i. von der Atmosphäre der Röhre zurückgestoßen
wird; und wenn man die geriebene Röhre der Spitze
gerade entgegen hält, so wird der Strahlenbüschel gänzlich verschwinden, weil die Röhre und die Spitze beyde
positiv elektrisiret sind. Bringt man die geriebene
Röhre an die Drathspitze auf dem Kissen, so wird sich
der Stern an derselben gegen die Röhre kehren; denn
da der Drath negativ elektrisiret ist, so zieht er die elektrische Materie aus der geriebenen Röhre an.

Wiederholt man den Versuch anstatt der Glasröhre
mit einer geriebenen Stange Siegellack, oder einem andern negativ elektrisirten elektrischen Körper, so wird
sich der Strahlenkegel an der Drathspitze auf dem ersten
Leiter gegen das geriebene Siegellack kehren; der Stern
hingegen an der negativ elektrisirten Spitze wird sich davon abwenden, oder gänzlich verschwinden, wenn die
geriebene Stange Siegellack der Spitze gerade entgegengestellt wird.

Eilfter Versuch.

*Eine merkwürdige Methode, die Penetrabilität des
elektrischen Lichts zu zeigen.*

Man lege die Enden von zwey Dräthen, von welchen
der eine mit der äußern Belegung einer Flasche,
der andere aber mit dem einen Arm des Ausladers verbunden ist, etwa $\frac{1}{10}$ eines Zolls von einander, auf einen Tisch, und den flachen Daumen gerade in diesen
Zwischenraum. Hierauf berühre man den Knopf der
Flasche mit dem Auslader. Der Funken, der bey einer solchen Entladung unter dem Daumen weggehet,
erleuch-

erleuchtet ihn so, daß man den Knochen und die vorzüglichsten Blutgefäße deutlich wahrnehmen kann.

Bey diesem Versuche darf man nicht fürchten, einen Schlag zu bekommen; denn der Funken aus der entladenen Flasche gehet von einem Drathe zum andern, und bringt in dem Daumen bloß ein gewisses Zittern hervor, welches gar nicht unangenehm ist.

Zwölfter Versuch.
Wasser durch die Entladung einer Flasche zu erleuchten.

Man lasse alles, wie beym vorigen Versuche, eingerichtet, nur bringe man, statt des Daumens, ein großes, reines, mit Wasser gefülltes Wittrirglas, mit einem flachen Boden, grade an die Stelle, wo die Verbindung unterbrochen ist. Wenn man nun die Flasche entladet, so wird man das Wasser, bis an den Rand des Glases, erleuchtet sehen.

Dreyzehnter Versuch.
Elfenbein, Holz u. dergl. zu erleuchten.

Man lege eine elfenbeinerne Kugel, oder ein dickes Stück Elfenbein zwischen die Enden der Drathe an dem allgemeinen Auslader, und lasse mittelst einer bewirkten Verbindung der Drathe mit der äußern und innern Belegung einer geladenen Flasche, einen Schlag durch die Kugel gehen, so wird sie erleuchtet werden.

Nimmt man, statt des Elfenbeins, Buxbaum, so wird er mit gelber, röther, purpur- oder karmosiner Farbe erleuchtet zu seyn scheinen. — Andere Holzarten geben andere Schattirungen, von roth und gelb, bisweilen auch grün. Diese Verschiedenheit der Farben

ben scheint größtentheils von der Dichtigkeit, einigermaaßen aber auch von der Trockenheit des Holzes abzuhängen.

Vierzehnter Versuch.
Der elektrisirte Heber mit dem Haarröhrchen.

Man hänge ein kleines metallenes Gefäß voll Waffer an den ersten Leiter, und setze in daffelbe einen gläsernen Heber mit einer so engen Oeffnung, daß das Waffer nur tropfenweise aus derselben fallen kann. Dreht man nun nach dieser Veranstaltung das Rad der Maschine, so wird das Waffer, welches im unelektrisirten Zustande bloß aus der Oeffnung des Hebers tröpfelte, nunmehr in einem ununterbrochenen Strome herausrinnen, der sich auch noch in viele andere kleinere Ströme zertheilet; und wenn man den Versuch im Dunkeln anstellt, so wird man den Strom sehr schön erleuchtet finden.

Funfzehnter Versuch.
Das elektrische Glockenspiel.

Taf. II. Fig. 10. stellt ein Werkzeug mit drey Glocken vor, welche durch das elektrische Anziehen und Zurückstoßen läuten sollen. B ist ein messingenes Gehenke, mit welchem man das ganze Instrument an den Stab hängen kann, der aus dem Ende des ersten Leiters A hervorgehet. Die zwey Glocken C und E hängen an messingenen Ketten; die mittlere D aber, und die zwey messingenen Klöppel zwischen CD und DE sind an seidnen Schnüren aufgehangen. Aus der Höhlung der Glocke D geht eine messingene Kette hervor, welche auf den Tisch fällt, und eine seidne Schnur F an ihrem Ende hat. Wenn diese Geräthschaft so eingerichtet ist, wie es die Figur vorstellt, und man das Rad der Maschine

Vermischte Versuche. 283

schine dreht; so werden die Klöppel sehr schnell von einer Glocke zur andern fliegen, und das Glockenspiel wird so lange läuten, als es elektrisirt bleibt.

Die zwey Glocken C und E, welche an messingenen Ketten hängen, werden zuerst elektrisiret, ziehen daher die Klöppel an, theilen ihnen ein wenig Elektricität mit, und stoßen sie an die unelektrisirte Glocke D zurück, an welche sie ihre Elektricität wiederum abgeben, und nun von neuem an die Glocken C, E zurückgehen, von denen sie wieder neue Elektricität erhalten u. s. w. Wenn man mit der seidnen Schnur F die Kette der mittleren Glocke vom Tische aufhebt, so werden die Glocken zwar noch einige Zeit läuten; aber bald stillstehen, weil nun die Glocke D isolirt ist, und daher bald eben so stark, als jede der beyden andern Glocken, elektrisiret wird, daß also die Klöppel ihre von den Glocken C, E erhaltene Elektricität nicht an sie abgeben können, und folglich stillstehen müssen.

Wenn man diesen Versuch im Dunkeln anstellet, so werden sich zwischen den Klöppeln und Glocken Funken zeigen.

Der Versuch wird noch besser gelingen, wenn man, anstatt die Maschine zu drehen, den Knopf einer geladenen Flasche mit dem ersten Leiter verbindet.

Sechszehnter Versuch.

Eine lebendige Spinne durch die Elektricität vorzustellen.

Taf. II. Fig. 9. ist eine elektrische Flasche, an deren äußerer Seite ein Drath CDE befestiget, und so gebogen ist, daß sein Knopf E eben so hoch steht, als der Knopf der Flasche A. B ist eine von Kork gemachte Spinne, mit einigen durchgesteckten Dräthen, welche ihre Füße vorstellen. Diese Spinne ist an einen

seidnen

seidnen Fäden befestiget, der von der Decke des Zimmers oder einer andern Stütze herabhängt, so daß die Spinne mitten zwischen den Knöpfen AE hängt, wenn die Flasche nicht geladen ist. Man bezeichne die Stelle der Flasche auf dem Tische, lade sie alsdann, indem man ihren Knopf A mit dem ersten Leiter in Verbindung bringt, und setze sie wieder auf die bezeichnete Stelle: so wird sich die Spinne von einem Knopfe zum andern bewegen, und diese Bewegung eine beträchtliche Zeit, bisweilen einige Stunden lang, fortsetzen.

Da die innere Seite der Flasche positiv geladen ist, so wird die Spinne von dem Knopfe A angezogen, der ihr etwas Elektricität mittheilet. Dadurch erhält sie einerley Elektricität mit dem Knopfe A, wird also von ihm zurückgestoßen, und an den Knopf E getrieben, der ihre Elektricität an sich nimmt, worauf sie denn wieder von A angezogen wird, u.s.f. Auf diese Art wird die Flasche nach und nach entladen; und wenn die Entladung bald vollendet ist, so hört die Spinne auf, sich zu bewegen.

Siebzehnter Versuch.

Die Spiralröhre.

Taf. II. Fig. 13. stellt ein Instrument vor, das aus zwey Glasröhren CD besteht, die in einander stecken, und mit zwey messingenen Kappen mit Knöpfen A und B verschlossen sind. Die inwendige Röhre ist mit Spiralgängen von kleinen runden Stückchen Stanniol umschlungen, welche auf ihre auswendige Seite geklebt sind, und etwa um $\frac{1}{10}$ Zoll von einander abstehen. Wenn man dieses Instrument bey dem einen Ende hält, und das andere dem ersten Leiter nähert, so wird jeder Funken, den es aus demselben erhält, kleine Funken zwischen den Stanniolstücken auf der inwendigen Röhre erzeu-

erzeugen, welches im Dunkeln ein sehr angenehmes
Schauspiel darstellet, wobey das Instrument mit einer
feurigen Spirallinie umschlungen scheint.

Bisweilen werden die kleinen runden Stanniol-
scheibchen auf ein flaches Stück Glas ABCD Fig. 12.
geklebt, so, daß sie krumme Linien, Blumen, Buchstaben u. dgl. vorstellen. Man erleuchtet sie hernach auf
eben die Art, wie die Spiralröhre, d. i. man hält das
eine Ende C oder B in der Hand, und stellt das andere
gegen den ersten Leiter, indem die Maschine in Bewegung ist.

Achtzehnter Versuch.

**Eine Glasröhre, mittelst elektrischer Funken zu durch-
löchern.**

Man nehme eine Glasröhre, von beliebigem Durchmesser, und etwa fünf oder sechs Zoll lang, ver-
siegle sie, an dem einen Ende, hermetisch, oder mit
Siegellack, und fülle sie etwa halb voll Baumöl. Hierauf verstopfe man ihre Oeffnung mit einem Kork, und
stecke einen Drath durch den Kork, so weit in die Röhre
hinein, daß sein Ende etwas in das Oel reicht. Dieses Ende des Draths muß auch die Seite des Glases
berühren; daher biegt man ihn fast rechtwinklicht,
welches sich sehr leicht thun läßt, ehe man den Kork in
die Röhre steckt. Wenn dieß geschehen ist, biege man
das andere Ende des Draths in einen Ring zusammen,
und hänge es, mit der daran befindlichen Röhre, an
den Drath am Ende des Leiters. Hierauf drehe man
die Maschine, und bringe den Knöchel eines Fingers,
oder den Knopf eines Draths an die äußere Seite der
Röhre, dem Ende des Draths grade gegenüber. Dadurch wird zwischen dem Drathe und dem Knöchel ein
Funken entstehen, und dieser das Glas durchbohren.

ren. — Drehet man den Drath herum, oder ziehet ihn herauf und herunter, so kann man auf die eben beschriebene Art mehrere Löcher in die Glasröhre schlagen.

Bey diesem Versuche ist merkwürdig, daß die geringe Kraft eines bloßen elektrischen Funkens ein Loch durch eine so harte Substanz, als das Glas ist, schlagen kann; da man doch hierzu bisweilen Glasbeynahe ⅛ Zoll dick, genommen hat.

Neunzehnter Versuch.
Das Steigen des Quecksilbers in einem Thermometer mittelst der Elektricität zu bewirken.

Man befestige eine hölzerne Kugel an den Drath, der von dem Ende des ersten Leiters ausgehet, und stecke eine andere ähnliche hölzerne Kugel an einen Drath, oder andern Leiter, der mit der Erde in Verbindung stehet, etwa einen halben Zoll weit von jener Kugel. Bey einer solchen Vorrichtung muß nothwendig, wenn die Maschine gedrehet wird, ein Strom elektrischer Materie von einer Kugel zu der andern gehen. Bringt man nun das Kölbchen eines Quecksilberthermometers in diesen Strom, d. i. zwischen die zwey Kugeln, so wird das Quecksilber durch die Wirkung des Stroms zum Steigen gebracht werden, und wenn man die Maschine einige Zeit fort drehet, einige Grade über seinen vorigen Stand kommen.

Bey diesem Versuche muß das Kölbchen des Thermometers wenigstens drey Zoll von dem Anfange der Skale entfernt seyn. Der Versuch gelingt am besten, wenn die Kugeln von weichem Holze sind.

Vermischte Versuche.

Zwanzigster Versuch.

Siegellack durch die Elektricität in feine Fäden zu spinnen.

Man befestige ein kleines Stück Siegellack an das Ende eines Draths und mache es bis zum Herabtröpfeln heiß. Zu gleicher Zeit drehe man die Maschine. Hierauf höre man auf zu drehen, nähere das heiße Siegellack dem ersten Leiter etwa bis auf vier oder fünf Zoll, und drehe es zwischen den Fingern herum. Hierbey wird man sehr feine Fäden Siegellack nach dem ersten Leiter zu gehen sehen, welche der rothen Wolle gleichen.

Dieser Versuch gelingt am besten, wenn der Leiter mit Firniß überzogen ist.

Ein und zwanzigster Versuch.

Die tanzenden Kugeln.

Man befestige einen zugespitzten Drath auf den ersten Leiter, daß er die Spitze auswärts kehre, fasse einen kleinen gläsernen Becher mit beyden Händen, und halte seine innere Seite gegen die Spitze des Draths, indem die Maschine gedreht wird. Das Glas wird auf diese Art bald geladen werden; denn seine innere Seite nimmt die Elektricität aus der Spitze an, und die äußere verliert von ihrer natürlichen Menge elektrischer Materie durch die Hände, welche statt der Belegung dienen. — Hierauf lege man einige wenige Kügelchen von Holundermark auf den Tisch, und bedecke sie mit diesem geladenen gläsernen Becher, so werden die Kugeln sogleich anfangen, längst den Seiten des Glases herumzuhüpfen, (Taf. II. Fig. 15.) und diese Bewegung wird eine beträchtliche Zeit lang fortdauern.

Bey

Bey diesem Versuche werden die Kügelchen von Holundermark von der auf der innern Seite des Glases im Ueberfluß vorhandenen elektrischen Materie angezogen und zurückgestoßen, und führen dieselbe nach und nach in den Tisch oder einen andern leitenden Körper, auf welchen man das Glas gesetzt hat; indem zugleich die äußere Seite des Glases die elektrische Materie aus der anliegenden Luft annimmt.

Zwey und zwanzigster Versuch.
Die Ausdünstung flüßiger Materien durch Elektricität zu befördern.

Man nehme zwey zinnerne Schüsseln, von gleicher Größe, gieße in jede etwas Wasser, in eine grade so viel, als in die andere, so daß ihre Böden eben bedeckt sind, und mache sie mit Hülfe einer Wage dem Gewichte nach einander völlig gleich. Ist dieß geschehen, so setze man eine von ihnen auf ein isolirtes Stativ, das mit dem ersten Leiter in Verbindung stehet, und die andere an einen andern Ort des Zimmers, der sich mit jenem, wo das Stativ stehet, in gleichem Grade der Wärme befindet, auch der Luft eben so ausgesetzt ist, wie jener, auf den jedoch die Elektricität keinen Einfluß haben kann. Man drehe sodann die Maschine, so daß der erste Leiter und die damit verbundene Schüssel etwa eine halbe Stunde, oder auch noch länger, stark elektrisiret bleiben. Hierauf höre man auf, die Maschine zu drehen, und wäge beyde Schüsseln. Hier wird man nun die elektrisirte Schüssel leichter finden; ein Beweis, daß das Elektrisiren die Ausdünstung des Wassers befördert habe.

Der nämliche Versuch läßt sich auch mit Früchten, Thieren, Pflanzen, kurz, mit jedem ausdünstenden Körper, anstellen. In einigen Fällen muß man jedoch

mit

mit dem Elektrisiren länger anhalten; auch muß man dabey noch andere Umstände in Acht nehmen, wenn die Wirkung der Elektricität merklich und zuverläßig seyn soll. Dieser Versuch hat auch die nämliche Wirkung, man mag positiv oder negativ elektrisiret haben. Daher läßt sich auch hierinnen ein Grund finden, anzunehmen, daß die negative Elektricität mit der positiven auf den menschlichen Körper einerley Wirkungen äußere. Herr Röstlin, Verfasser einer ohnlängst erschienenen Abhandlung über die Wirkungen der Elektricität auf einige organische Körper, will gefunden haben, daß das negative Elektrisiren dem Leben der Thiere und Pflanzen nachtheilig sey; allein ich weiß nicht, ob seine darüber angestellten Versuche von andern wiederholet worden sind. Die Wirkungen, welche dem Anscheine nach gleiche Versuche veranlassen, sind oft so sonderbar und verschieden, daß man, bey einiger Bekanntschaft mit der Experimentalphysik, nie ein neues Naturgesetz für zuverläßig ausgeben sollte, das nur auf wenigen, insgemein sehr zweifelhaften, Thatsachen beruhet, besonders wenn eine solche Behauptung aus mehrern andern Gründen nicht wahrscheinlich zu seyn scheint.

Drey und zwanzigster Versuch.

Zu zeigen, daß die Säfte des menschlichen Körpers bessere Leiter der Elektricität, als das Wasser, sind.

Man nehme eine Glasröhre, etwa $\frac{7}{10}$ Zoll im Durchmesser, und beynahe sechs Zoll lang, oder lieber zwey solcher Röhren, von gleicher Länge und Durchmesser, und halte die eine davon mit dem einen Ende in Wasser, so, daß sie sich damit anfülle. Dieß wird sehr bald geschehen, vermöge der Anziehungskraft der Haarröhrchen, besonders, wenn man die Röhre etwas gegen die Oberfläche des Wassers neiget. Auf die nämliche Art fülle man die andere Röhre mit Blut, oder mit einer andern Flüßigkeit des menschlichen Körpers. Nun lade man eine Flasche, und bringe eine von den gefüllten Röhren in die Verbindung, durch welche die Flasche entladen werden soll. Man stecke nämlich in ihre beyden Enden dünne Dräthe, daß sie gerade bis an die in der Röhre enthaltene Flüßigkeit reichen, und auch von dem, welcher den Versuch anstellen will, berühret werden können. Wenn man nun auf diese Art die Flasche mehrmals entladet, dabey aber mit den Röhren abwechselt, d. h. sich bald der mit Wasser, bald wiederum der mit Blut gefüllten Röhre bedienet, so wird man den Schlag stärker fühlen, wenn man die Verbindung durch die mit einer Flüßigkeit des menschlichen Körpers gefüllete Glasröhre gemacht hat, als wenn die andere mit Wasser gebraucht worden ist.

Man darf sich bey Anstellung dieses Versuchs nicht für den Schlägen fürchten, weil sie durch die in den Glasröhren enthaltene Flüßigkeit sehr geschwächet werden. Ueberdieß müssen die Schläge auch nur so stark seyn, daß man sie so eben fühlt. Man muß die Flasche immer gleich stark laden, welches sich mittelst des bereits beschriebenen Ausladeelektrometers des Hrn. Lane sehr leicht bewirken läßt.

Auf die nämliche Art kann man den Grad der leitenden Kraft bey mehrern andern Substanzen bestimmen. So kann man wahrnehmen, daß Seewasser besser als frisches Wasser, und dieses wiederum besser, als das destillirte leite. Auch die leitende Kraft einiger pulverisirten Körper läßt sich auf diese Weise untersuchen.

Vier

Vermischte Versuche.

Vier und zwanzigster Versuch.

Kleine Glasröhren durch den elektrischen Schlag zu zerbrechen.

Man lasse sich einige Glasröhrchen, mit Hülfe des Blasrohrs, ziehen, etwa von der Größe und Gestalt wie A B, Fig. 9. Taf. V. in der Mitten enge, und an den beyden Enden etwas weiter. Der Durchmesser in der Mitte darf nicht über $\frac{1}{20}$ Zoll betragen. Eine von diesen Röhrchen nun fülle man, auf die vorhin beschriebene Art, mit Wasser, und stecke in beyde Oeffnungen zwey dünne Dräthe, deren Enden innerhalb der Röhre etwa $\frac{1}{10}$ Zoll von einander abstehen müssen. — Hierauf entlade man eine Flasche durch das Röhrchen, man verbinde nämlich den Ring des Draths A mit der äußern, und den Ring des Draths B mit der innern Seite einer geladenen Flasche, und das Röhrchen wird mit einer beträchtlichen Gewalt zerbrochen werden. Eben dieß erfolgt, wenn man das Röhrchen, statt des Wassers, mit einer andern Flüßigkeit angefüllet hat.

Stehen die Dräthe in dem Röhrchen so weit von einander, daß die Entladung der Flasche nicht durch einen Funken bewirkt werden kann, so werden die Röhrchen nicht zerbrechen.

Aus diesem Versuche können wir schwerlich einen Schluß auf die Empfindung des Schlages machen, welchen eine Person fühlt, die bey der Entladung einer elektrischen Flasche einen Theil der Verbindung ausmacht. Wir sehen daraus, daß, wenn kein Funken in dem Waſſer entstehet, auch die feinsten und zerbrechlichsten Röhren nicht zerbrochen werden, und müssen daher schließen, daß die der Röhre durch den Schlag mitgetheilte Erschütterung sehr gering, ja vielleicht nicht einmal merklich ist, wenn die Enden der Dräthe weit genug von einander abstehen. — Ferner siehet man auch, daß die Gewalt des Schlages verhältnißmäßig schwächer werden würde, wenn man die Flasche durch hundert oder tausend Röhrchen entladete, und man kann sich in diesem Falle die geringe Kraft des Schlages kaum denken. Woher kömmt es aber, daß man einen durch beyde Arme geleiteten Schlag, welcher wahrscheinlich in den Gefäßen des Körpers keinen Funken verursachet, sehr merklich fühlet, und davon unwillkührlich erschüttert wird, da er doch durch eine Menge mit Flüßigkeiten angefüllter Gefäße gehet, welche Flüßigkeiten bessere Leiter sind, als Wasser?

Die Substanz der Gefäße beym Menschen ist gewiß ein schlechterer Leiter, als die darinnen enthaltenen Säfte; es läßt sich daher schwerlich annehmen, daß die elektrische Materie das unwillkührliche Zucken 2c. dadurch bewirke, daß sie eher durch die Substanz der Gefäße selbst, als durch die Säfte, welche weit bessere Leiter sind, gehe. Vielleicht ist diese plötzliche, unwillkührliche Erschütterung eine Wirkung der Elektricität auf die Nerven. Aber es scheint auch bey einem lebendigen Thiere, außer den bereits bekannten Bestandtheilen des Körpers, noch ein Stoff da zu seyn, welcher gewissermaaßen ein Leiter der Elektricität ist, dessen Wirkungen aber nach dem Tode des Thieres aufhören. Man hat in verschiedenen Fällen bemerkt, daß der elektrische Schlag, der bey einem lebendigen Thiere durch irgend einen Theil desselben durchgieng, nach dem Tode desselben sichtbar über die Oberfläche jenes Theils hinweg, nicht aber hindurchgehe.

Vermischte Versuche.

Fünf und zwanzigster Versuch.
Weinsteinöl mittelst des elektrischen Funkens zu crystallisiren.

Man nehme eine an beyden Enden offene Glasröhre, etwa vier Zoll lang und $\frac{1}{4}$ Zoll im Durchmesser, und befeuchte sie inwendig mit Weinsteinöl (Oleum Tartari per deliquium). Dann verstopfe man beyde Enden mit einem Kork, und stecke durch jeden einen Drath. Die Enden der Dräthe müssen etwa $\frac{1}{4}$ Zoll von einander abstehen. Hierauf verbinde man den einen Drath mit der äußern Belegung einer ziemlich großen Flasche, und den andern Drath mit dem Auslader, und entlade die Flasche mehrmals durch die Röhre. Hier wird man oft an dem Weinsteinöl an der innern Seite der Röhre deutliche Merkmale einer Crystallisation wahrnehmen. Durch diesen und ähnliche Versuche haben einige beweisen wollen, daß die elektrische Materie eine Säure enthalte, welche in Verbindung mit dem Weinsteinöl ein Mittelsalz bilde, und so die Crystallisation bewirke. — Auch hat man gesagt, daß die elektrischen Erscheinungen von zwey Stoffen herrührten, nämlich, von einer Säure, welche die positive, und einem Laugensalz, das die negative Elektricität hervorbrächte.

Eine solche Hypothese zu widerlegen, dürfte in der That unnütz seyn, da nur eine geringe Bekanntschaft mit diesem Gegenstande ihre Abgeschmacktheit hinlänglich zeigt. Mit mehrerem Rechte hat man die Crystallisation einer gewissen Menge fixer Luft zugeschrieben, welche durch den Durchgang des Schlages durch die gemeine Luft in der Röhre erzeuget wird*).

*) Noch ist unsere chemische Kenntniß von der elektrischen Materie bey weitem zu unvollkommen, als daß man hierüber mit einiger Zuverläßigkeit entscheiden könnte. D.

(Sechs und zwanzigster Versuch).

Eine künstliche Vegetation durch die Elektricität hervorzubringen *).

Man lege ein großes Stück Kampfer auf den positiv oder negativ elektrisirten ersten Leiter einer Elektrisirmaschine, zünde es an, blase, wenn es einige Zeit gebrannt hat, die Flamme wieder aus, und drehe die Elektrisirmaschine. Hier wird man die Oberfläche mit einer Gattung Mooß bedeckt sehen; dieß nimmt einige Zeit zu, wird aber bald aufgelöst, und verfliegt, wofern die Maschine in Bewegung bleibt, in die Luft. Will man diese künstliche Pflanze aufheben, so muß man mit Drehen aufhören, und den Kampfer, nachdem man ihn fünf oder sechs Minuten abkühlen lassen, unter eine gläserne Glocke stellen. Zusatz des Uebers. der neuen Ausgabe.)

Zwölftes Capitel.

Fernere Eigenschaften der Leidner Flasche, oder geladener elektrischer Körper.

So deutlich und verständlich auch die Eigenschaften geladener elektrischer Körper dem ersten Anblicke nach scheinen, und so bequem sie sich mit der insgemein angenommenen Theorie der Elektricität vereinigen lassen, so verstatten sie doch, wenn man sie aufmerksamer betrachtet, bey weitem noch nicht so vollkommene Erklärungen, daß alle fernere Versuche überflüßig wären, oder daß dem nachdenkenden Naturforscher gar kein Zweifel zurückbliebe. Die erste Frage, die sich natürlicher

---

*) Dieser Versuch ist aus Cuthbertsons Abhandl. von der Elektr. 3te Fortf. entlehnt, wo ihn der Uebersetzer S. 306. beschrieben hat.

licher Weise darbietet, wenn man eine geladene Flasche betrachtet, ist diese, wo sich die überflüßige elektrische Materie aufhalte? — Befindet sie sich vielleicht in der Masse des Glases, oder ist sie vielmehr in der an die Oberfläche desselben anstoßenden Luft enthalten? Im erstern Falle, wofern die elektrische Materie eine gewisse Menge von der Substanz des Glases durchdringt, folgt, daß sich endlich so dünne Glasplatten müssen angeben lassen, daß die elektrische Materie ungehindert durch ihre ganze Substanz zu bringen im Stande ist*). Könnte man so dünne Glasplatten machen, so würde man dadurch leicht bestimmen können, wie weit die Elektricität in die Substanz des Glases, wenn es auf die gewöhnliche Art geladen wird, eindringen könne. Im zweyten Falle, wofern sich die elektrische Materie in der am Glase liegenden Luft aufhält, so muß sie die Luft aus der Stelle treiben, d. i. eine gläserne Flasche sollte, wenn sie geladen wäre, weniger Luft enthalten, als im natürlichen Zustande, welches aber der Erfahrung widerspricht.

Der verstorbene Hr. Canton ladete einige dünne Glaskugeln von etwa $1\frac{1}{4}$ Zoll im Durchmesser, welche ohngefähr neun Zoll lange Röhren hatten, und versiegelte sie nach dem Laden hermetisch. Wenn man an diese Kugeln, wenn sie kalt waren, ein Elektrometer brachte, so zeigten sie keine Elektricität; wenn man sie aber ein wenig ans Feuer hielt, so fand man sie stark elektrisch, und sie zeigten diejenige Art der Elektricität, mit welcher ihre innere Seite geladen war. Hr. Canton entdeckte ferner, daß diese Kugeln, wenn man sie unter dem Wasser aufbewahrte, ihre Kraft sehr lange Zeit, ja sogar einige Jahre behielten; wenn man sie aber oft gebrau-

---

*) Ich habe oft Glaskugeln geblasen, die kaum $\frac{1}{250}$ Zoll dick waren, und doch allezeit bemerkt, daß sie sich laden ließen, auch die Ladung lange Zeit hielten, wenn man sie nicht sehr erhitzte.

gebrauchte, dieselbe bald verlören. Es fällt in die Augen, daß die Elektricität, die sich auf der äußern Seite dieser Kugeln zeigt, wenn sie erhitzet werden, d. i. wenn das Glas durch die Hitze in einen Leiter verwandelt wird, nicht diejenige sey, welche eigentlich die Ladung ausmacht, sondern die überflüßige Elektricität der innern Seite*).

Was diejenige Elektricität anlanget, welche die Ladung ausmacht, so ist sie allezeit gerade zureichend, der entgegengesetzten Elektricität auf der andern Seite des Glases das Gleichgewicht zu halten, und muß also ihre Kraft verlieren, sobald sie auf die entgegengesetzte Oberfläche kömmt, welche Oberfläche sie bey den oben erwähnten Kugeln wirklich erreichen muß, ehe sie auf das Elektrometer wirken kann.

Die allermerkwürdigsten Erscheinungen, die man an geladenen elektrischen Körpern wahrnehmen kann, zeigen sich, wenn man ebne Glasplatten ladet, indem sie, wie eine einzige, an einander liegen. Wenn zwey recht ebne Glasplatten über einander gelegt, und die beyden auswärts gekehrten Oberflächen mit Stanniol belegt werden, vollkommen so, wie man eine einzelne Platte zum Leidner Versuche belegt, und man sie dann ladet,

---

*) Wenn man eine geladene Flasche isolirt, und mit einem isolirten Auslader entladet, so wird man nach dem Ausladen in beyden Seiten der Flasche sowohl als in dem Auslader die Elektricität finden, welche derjenigen entgegengesetzt ist, die sich in der Seite der Flasche befand, welche man vor dem Ausladen zuletzt berührt hat; woraus man sieht, daß eine Seite eines geladenen elektrischen Körpers mehr Elektricität enthalten könne, als nöthig seyn würde, um der entgegengesetzten Elektricität der andern Seite das Gleichgewicht zu halten. Man muß auf diese überflüßige Elektricität bey Versuchen, die einige Feinheit erfordern, sorgfältig Achtung geben.

ladet, indem man die eine Belegung gegen den ersten Leiter hält, die andere aber mit dem Boden verbindet: so werden die Platten (die wir A und B nennen wollen,) nach dem Laden sehr fest an einander hangen; trennt man sie aber von einander, so wird A, d. i. diejenige, deren Belegung gegen den ersten Leiter gehalten ward, auf beyden Seiten positiv, und B auf beyden Seiten negativ befunden werden. Wenn man diese Platten, wie vorher, über einander leget und ladet, dann aber durch eine gemachte Verbindung zwischen beyden Belegungen wieder entladet, so werden sie auch nach dem Entladen immer noch an einander hangen, und wenn man sie trennt, immer noch elektrisiret gefunden werden, jedoch mit diesem merkwürdigen Unterschiede, daß nun A auf beyden Seiten negativ, B aber auf beyden Seiten positiv ist. Trennt man die Platten nach geschehener Entladung im Dunkeln von einander, so zeigen sich Lichtstrahlen zwischen ihren innern Oberflächen. Legt man die Platten zusammen, berührt ihre Belegungen, und nimmt sie wieder von einander, und dieß zu mehrerenmalen, so wird man zu vielen wiederholtenmalen immer die Lichtstrahlen wiedersehen, jedoch nehmen sie von jedem male zum andern ab, bis sie endlich ganz verschwinden.

Der P. Beccaria erklärt diese und andere ähnliche Phänomene geladener sowohl als geriebener elektrischer Körper durch folgenden Grundsatz, dem er den Namen der sich selbst wiederherstellenden Elektricität (Electricitas vindex) beyleget. Wenn zwey Körper, entweder ein Leiter und ein elektrisirter elektrischer, oder zwey auf entgegengesetzte Art, aber gleich stark elektrisirte elektrische, mit einander verbunden werden, so hängen sie beyde an einander an, und ihre Elektricitäten verschwinden; sobald man sie aber trennt, so erhalten die

elek=

elektrischen ihre Elektricitäten wieder*). Ich nehme es nicht auf mich, zu bestimmen, in wiefern dieser Grundsatz zur Erklärung der Erscheinungen des geladenen Glases u. s. f. könne gebraucht werden. Ich würde die Grenzen, die ich meiner Abhandlung vorgeschrieben habe, zu weit überschreiten, wenn ich alle Umstände anführen und erklären wollte. Der Grundsatz ist angegeben, und der scharfsinnige Leser wird ihn leicht selbst auf die Erklärung der elektrischen Wirkungen anwenden können. Nur eine einzige Bemerkung des Hrn. Henly über diese Materie, welche nicht mit der Theorie des P. Beccaria übereinstimmen scheint, kann ich nicht übergehen, und will mit derselben diesen Theil meines Werks beschließen. In einer der Schriften, welche Hr. Henly der königlichen Societät übergeben hat, und worinnen er die erwähnten Versuche mit den beyden Glasplatten beschreibt, sagt er: „Crown„glas, d. i. das Glas, das wir gemeiniglich zu den gro„ßen Tafelscheiben in den Fenstern gebrauchen, thut bey „diesen Versuchen, ob es gleich viel dünner ist, eben so „gute Dienste, als die stärkeren Glasscheiben. Was „aber das Merkwürdigste ist, so haben die holländischen „Glasscheiben, wenn sie auf eben diese Art behandelt „werden, jede eine positive und eine negative Seite, und „beym Ausladen verwandelt sich die Elektricität beyder „Seiten in beyden Scheiben in die entgegengesetzte. „Legt man eine reine, trockne, unbelegte Platte Spie„gelglas zwischen zwey belegte Spiegelglas- oder Crown„glasplatten, so findet man die erstere nach dem Laden „auf beyden Seiten negativ elektrisiret; legt man sie „aber zwischen zwey holländische Glasscheiben, so er„hält

---

*) *Beccaria* Elettricismo artificiale Part. II. Sect. VI. desgl. Experimenta atque observationes, quibus electricitas vindex late constituitur, atque explicatur. Aug. Taurin. 1769. 4.

„hält sie, wie diese, auf der einen Seite eine positive,
„auf der andern eine negative Elektricität."

In einer andern Schrift bemerkt Hr. Henly ferner, daß die holländischen Glasscheiben, wenn man sie
nach dem Laden sogleich aus einander nimmt, eben so wie
die Platten von Spiegelglas, die eine auf beyden Seiten positiv, die andere auf beyden negativ sind; wenn
man aber einige Zeit vorbeygehen lasse, ehe man sie von
einander trenne, so sey alsdann der Erfolg allezeit so,
wie er es oben angezeigt habe*).

Zusätze des Uebersetzers.

I.
Von den elektrischen Wirkungskreisen.

Die Namen, elektrische Atmosphäre, elektrischer
Dunstkreis u. dgl. kommen sowohl hier, als auch
in andern Schriften über die Elektricität so häufig vor,
und die Lehre von dem, was diese Namen eigentlich bezeichnen, ist zur Erklärung vieler Erscheinungen so wichtig, daß ich es für nöthig halte, den eigentlichen Begriff, den man sich hievon zu machen hat, genauer anzugeben.

Als man die elektrischen Erscheinungen noch durch
ölichte Ausflüsse aus den elektrisirten Körpern erklärte,
so war es natürlich, sich diese Ausflüsse um den Körper
herum in Gestalt eines Dunstkreises versammlet zu
gedenken, und dieser an sich falsche Begriff hat unstreitig

*) Eine eigne Abhandlung über die sich selbst wiederherstellende Elektricität findet sich in dieser neuen
Ausgabe unten, im zweyten Bande, im ersten Anhange. In dieser wird jene bewundernswürdige Eigenschaft des Glases durch mehrere Versuche gezeigt
werden. Dieß Capitel ist indeß hier unverändert
wieder abgedruckt worden.

tig zu der Benennung elektrischer Atmosphären zuerst Anlaß gegeben. Als man nachher fand, daß die Elektricität in etwas ganz anderm, als dergleichen Ausflüssen bestehe, so blieb man doch noch immer der Meynung, daß sich die Elektricität eines elektrisirten Körpers um den Körper herum in Gestalt einer Atmosphäre aufhalte. Franklin selbst äußert noch diese Gedanken an mehreren Stellen seiner Briefe, ob gleich die Umstände, daß eine solche Atmosphäre weder durch die Bewegung der Luft, noch durch die Bewegung des elektrisirten Körpers selbst gestört wird, ihn leicht auf andere Gedanken hätten bringen können.

Erst die Herren Wilke und Aepinus haben richtiger angegeben, was man eigentlich unter dem Namen elektrische Atmosphäre verstehen müsse. Wilke bewieß den allgemeinen Grundsatz, daß Körper, oder Theile von Körpern, welche in die Atmosphäre elektrischer Körper kommen, die entgegengesetzte Elektricität erhalten.*) Aepinus fand, daß elektrisirte Glasröhren und Siegellackstangen abwechselnde Zonen von positiver und negativer Elektricität zeigen, läugnete das Daseyn eigentlicher, aus elektrischer Materie bestehender Dunstkreise, und substituirte dafür die richtigere Benennung elektrischer Wirkungskreise, wiewohl er auch das Wort Atmosphäre unter der Bedingung zuläßt, wenn man darunter die Luft verstehen wolle, welche den elektrischen Körper umgiebt, und auf welche seine Elektricität wirkt.

Nach

---

*) Schon Otto Guericke machte Versuche bekannt, welche auf diesen Grundsatz führen. Er bemerkt (Experimenta Magdeburg. de vacuo spatio, Lib. IV. Cap. 15.), daß Fäden, welche in einer geringen Distanz von seiner geriebenen Schwefelkugel hiengen, oft von seinem nahe daran gehaltenen Finger zurückgestoßen wurden, u. dgl. Man. s. Priestley Geschichte der Elektricität, I. Th. 1 Periode, der deutsch. Ueberf. S. 7.

Wirkungskreisen.

Nach dieser richtigern Theorie heißt elektrischer Wirkungskreis nichts anders, als der Raum, innerhalb dessen die Elektricität eines elektrisirten Körpers Wirkungen hervorbringt, und die in diesem Raume befindliche Luft macht des Körpers Atmosphäre aus. Die Elektricität selbst hat ihren Sitz blos im Körper selbst und auf dessen Fläche; nur die Wirkungen ihres Anziehens und Zurückstoßens sind es, die sich bis auf eine gewisse Weite äußern, und dadurch die Grenzen des elektrischen Wirkungskreises bestimmen*).

Verbindet man diesen Begriff von elektrischen Wirkungskreisen mit dem Satze, daß die Theile der elektrischen Materie einander zurückstoßen, von den Theilen der Körper aber angezogen werden, so lassen sich hieraus die Phänomene der elektrischen Atmosphären, das Anziehen, Zurückstoßen, die Ladung u. s. f. auf eine sehr einfache Art erklären, die ich hier so, wie ich mir sie denke, mittheilen will, ohne sie jedoch für etwas mehr, als für eine muthmaßliche Vorstellungsart auszugeben,

die

---

*) Nach der von Herrn Lichtenberg angenommenen Vorstellungsart und Bezeichnung, wird die in den Körpern enthaltene positive Elektricität $+$ E, die negative $-$ E genannt. Nähere ich den positiv elektrisirten Körper A an B, so zieht sein $+$ E das $-$ E des Körpers B an, und stößt das $+$ E desselben zurück. Die Weite, bis auf welche sich diese Wirkungen äußern, bestimmt die Größe der Atmosphäre oder des Wirkungskreises. Hiebey ist noch kein Uebergang, sondern nur Vertheilung der Elektricität. Bringe ich aber beyde Körper zu nahe an einander, so geschieht ein Uebergang, und A giebt von seinem $+$ E an B ab. Die Entfernung, worin dieses geschieht, heißt die Schlagweite. Das $+$ E oder $-$ E, welches eine Vertheilung bewirkt, kann außer derselben nicht zu gleicher Zeit noch etwas anders bewirken. Man sagt daher, es sey gebunden (unwirksam in Absicht auf Uebergang, oder fernere Vertheilung). Wirkt es nicht mehr auf Vertheilung, so heißt es frey.

die eigentlich einen Zusatz zum hypothetischen Theile dieses Werks ausmacht.

Wird in einem geriebenen elektrischen Körper die positive Elektricität erreget, so stößt die in ihm überflüßig vorhandene elektrische Materie die um ihn her befindliche elektrische Materie stärker zurück, als die Theile der Körper sie anziehen. Also muß sich die elektrische Materie aus Körpern, die in seinen Wirkungskreis gebracht werden, entfernen, oder diese Körper müssen negativ werden.

Wird hingegen im elektrischen Körper eine negative Elektricität erregt, so wird, wegen des in ihm entstandenen Mangels, die umher befindliche elektrische Materie von der Masse des Körpers stärker angezogen, oder auch von den anliegenden Theilen der elektrischen Materie stärker gegen den Körper getrieben, als sie von der im Körper befindlichen Elektricität zurückgestoßen wird. Sie sucht sich daher um den negativen Körper herum anzuhäufen, und andere Körper, die man in diesen Wirkungskreis bringt, werden positiv.

Zwey leichte positiv elektrisirte Körper stoßen einander zurück, weil die in beyden angehäufte elektrische Materie sich gegenseitig weit stärker zurückstößt, als die elektrische Materie eines jeden Körpers von der Masse des andern angezogen wird.

Zwey leichte negativ elektrisirte Körper stoßen einander darum zurück, weil sie beyde, wegen des in ihnen entstandenen Mangels, die elektrische Materie der sie umgebenden Luft stärker anziehen, als dieselbe von der wenigen in ihnen noch befindlichen elektrischen Materie zurückgestoßen wird. Daher wird die eben so leicht bewegliche Luft veranlasset, zwischen beyde Körper einzubringen, und sie von einander zu entfernen. Oder die in der Luft enthaltene elektrische Materie sucht sich dahin auszubreiten, wo sie den wenigsten Widerstand findet,

Wirkungskreisen. 303

det, d. i. zwischen die mit allzuwenig elektrischer Materie versehenen Körper, die sie daher so weit aus einander treibt, bis sich ihre beyden Wirkungskreise berühren, und das Gleichgewicht wieder hergestellt ist.

Wenn aber zwey Körper auf entgegengesetzte Art elektrisiret sind, so ziehen sie einander darum an, weil die zu wenig geladene Materie des einen die überflüßige Elektricität des andern, und die zu wenig geladene Luft um den andern die überflüßige Elektricität in der Atmosphäre des ersten stark anziehen, da hingegen das Zurückstoßen beyder Elektricitäten sehr schwach ist, indem jeder Körper die Eigenschaft bereits hat, die er vermöge dieses Zurückstoßens in der Atmosphäre des andern erlangen sollte. Z. E. Eines positiven Körpers Elektricität stößt die in seinem Wirkungskreise befindliche elektrische Materie zurück. Kömmt also ein Körper, der schon vorher negativ ist, in diesen Wirkungskreis, so beträgt dessen elektrische Materie schon so wenig, als sie zufolge dieses Zurückstoßens betragen sollte, folglich ist schon ein Gleichgewicht da, und es erfolgt gar kein Zurückstoßen; wohl aber ein starkes Anziehen zwischen den Massen und Elektricitäten der Körper und ihrer Atmosphären.

Die Art, wie eine Flasche geladen wird, läßt sich hieraus ebenfalls erklären. Wird nämlich des Glases inwendige Seite positiv elektrisirt, so muß die äußere darum negativ werden, weil sie sich im Wirkungskreise der positiven befindet*). Dieß setzt nur voraus, daß die

---

*) Folgendes ist Herrn Lichtenbergs Erklärung der geladenen Flasche.

Das der innern Seite zugeführte + E stößt das + E der äußern Seite ab, und zieht oder bindet eben soviel — E in derselben. Ist also die äußere Seite mit Leitern verbunden, so wird sie denselben soviel + E abgeben, oder aus ihnen soviel — E annehmen,

die zurückstoßende und anziehende Kraft der elektrischen Materie durch das Glas wirken könne, obgleich die elektrische Materie selbst nicht durch dasselbe dringen kann.

Wichtiger vielleicht, als diese immer nur hypothetische Erklärungen, sind folgende Versuche über die elektrischen Wirkungskreise, die ich aus des Hrn. Socins Anfangsgründen der Elektricität (zweyte Auflage, Hanau 1778. 8.) entlehne.

Erster

men, als die innere Seite $+$ E erhält. Dieses $-$ E bindet zugleich das $+$ E, das die innere Seite erhalten hat, und macht es unwirksam; daher zeigen die Belegungen einer geladenen Flasche, einzeln berührt, keine Elektricität; auch kann jede von ihnen mehr E annehmen, wenn nur die andere eben soviel entgegengesetztes E erhalten kann, damit jede die andere vollkommen binde. Und eben darin besteht die Ladung der Flasche. Ist aber die äußere Seite isolirt, und kann also kein $+$ E abgeben, oder kein $-$ E annehmen, so kann auch die innere weiter kein $+$ E erhalten. Denn der geringste Zusatz von $+$ E, den sie erhält, bleibt ungebunden oder frey, und stößt daher alles fernere $+$ E zurück.

Herr Volta, der in dieser Materie sehr hell gesehen hat, nennt die Fähigkeit eines Körpers, mehr Elektricität anzunehmen, Capacität; hingegen das Bestreben der Elektricität eines Körpers nach Mittheilung oder Uebergang, Intensität. In einer geladenen Flasche ist die Capacität der Seiten ungemein groß, die Intensität ihrer Elektricitäten $=$ o, oder doch ungemein schwach.

Werden aber beyde Seiten durch einen Leiter verbunden, so wird alles $+$ E und $-$ E in beyden frey. Aus der innern Seite geht eben das $+$ E heraus, welches das $-$ E der äußern band, die äußere entläßt das $-$ E, welches das $+$ E der innern band. Beyde Belegungen befreyen also einander selbst von ihren Elektricitäten.

Wirkungskreisen.

Erster Versuch.

Beweis, daß sich die elektrischen Wirkungskreise nicht mit einander vermischen.

Man lasse aus einer geriebenen Glasröhre oder Siegellackstange Funken auf ein isolirtes Metallstäbchen schlagen, an dessen Ende eine Quaste von 6 bis 8 Fäden herabhängt; oder man hänge auch eine solche Quaste an den ersten Leiter einer Maschine, und drehe das Rad: so werden alle Fäden der Quaste einander abstoßen, und sich aus einander breiten. Jeder Faden hat also seinen eignen Wirkungskreis; sonst würden alle Fäden beysammen bleiben, und im Mittel einer gemeinschaftlichen Atmosphäre seyn.

Zweyter Versuch.

Elektrische Atmosphären wirken sowohl auf unelektrisirte als auf elektrisirte Körper.

Man halte das Taf. I. Fig. 3. vorgestellte Elektrometer mit zwey Korkkugeln und leinenen Fäden in der einen Hand, und nähere ihm mit der andern eine geriebene Glasröhre, so werden die Fäden aus einander gehen, und, wenn man die Röhre wegnimmt, wieder zusammenfallen. Man sieht hieraus, daß auch unisolirte Körper in elektrischen Atmosphären elektrisirt werden, und wenigstens an dem Theile elektrisirt bleiben, der sich in dem Wirkungskreise befindet.

Nunmehr aber elektrisire man das Elektrometer, indem man es an den ersten Leiter der Maschine hängt, und das Rad drehet, wobey die Fäden sogleich aus einander gehen. Nähert man ihm in diesem Zustande eine geriebene Glasröhre, so fallen die Fäden etwas mehr zusammen, und gehen erst alsdann wieder mehr von einander, wenn man die Röhre wegnimmt. Hieraus zeigt

zeigt sich, daß die Atmosphäre der Glasröhre auch auf bereits elektrisirte Körper wirke. Sie verursacht hier, daß die positiv elektrisirten Kugeln und Fäden des Elektrometers, welche in ihr eigentlich negativ werden sollten, wenigstens schwächer positiv werden, als sie es vorher waren.

Man kann den Beweis hievon auch auf folgende Art führen. Man nähere den mit positiver Elektricität aus einander gehenden Fäden des Elektrometers eine geriebene Siegellackstange, oder den mit negativer Elektricität aus einander gehenden Fäden eine geriebene Glasröhre, so werden in beyden Fällen die Fäden noch weiter aus einander gehen, weil die positiven in der Atmosphäre des negativ elektrischen Körpers noch mehr positiv, die negativen in der Atmosphäre des positiven noch mehr negativ werden.

Hält man eine isolirte Quaste von Fäden und den Finger zugleich nahe an eine geriebene Glasröhre oder Siegellackstange, so stößt der Finger die Quaste zurück, weil beyde negativ, oder im letztern Falle beyde positiv elektrisirt sind.

Dritter Versuch.

Das durch eine Atmosphäre elektrisirte Metallstäbchen.

Man hänge das Elektrometer Taf. I. Fig. 3. an das eine Ende eines isolirten Metallstäbchens, und halte eine stark geriebene Glasröhre 5—6 Zoll weit von dem andern Ende ab, so gehen die Kugeln des Elektrometers mit positiver Elektricität aus einander. Nimmt man die Röhre hinweg, so fallen die Kugeln wieder zusammen. Berührt man aber, indem die Glasröhre noch daran gehalten wird, das andere Ende des Stäbchens, an dem das Elektrometer hängt, mit dem Finger,

ger, so fallen die Kugeln sogleich zusammen. Nimmt man alsdann die Röhre hinweg, so gehen sie aufs neue mit negativer Elektricität aus einander, und das Stäbchen bleibt negativ elektrisirt.

Die positive Elektricität der Glasröhre treibt aus dem Ende des Stäbchens, das sich in ihrem Wirkungskreise befindet, die elektrische Materie aus. Da dieß Stäbchen isolirt ist, so kann diese ausgetriebene Materie nicht herausgehen, bleibt also in dem andern Ende, und macht dasselbe positiv. Nimmt man die Röhre weg, so entfernt sich auch ihr Wirkungskreis, und die elektrische Materie vertheilt sich wiederum gleichförmig durch das ganze Stäbchen, daher alle elektrische Erscheinungen aufhören. Berührt man aber das Ende der Röhre, indem es noch positiv ist, mit dem Finger, so giebt es seinen Ueberfluß an denselben ab. Hiedurch verliert das Stäbchen einen Theil des ihm natürlichen Maaßes von elektrischer Materie, und bleibt daher, wenn man die Röhre entfernet, negativ.

Durch die Wirkungen der Atmosphäre verliert der Körper, dem diese Atmosphäre zugehört, nichts von der Stärke seiner Elektricität; auch dauern diese Wirkungen so lang fort, als sich die Elektricität erhält. So, wie nun stumpf oder kugelförmig geendete Körper durch einen Funken, spitzige hingegen durch eine stillschweigende Entladung die Elektricität sehr leicht ausziehen oder abgeben; so ist im Gegentheil die platte oder ebne Gestalt der Oberfläche gerade diejenige, bey welcher am schwersten eine Entladung erfolgt; und hieraus lassen sich die starken und lang anhaltenden Wirkungen der Atmosphären geriebener Glastafeln, Harzkuchen u. s. w. erklären.

II.
Verſuche über die durch Reiben erregte Elektricität dünner Körper.

Die Herren Symmer*), Cigna**) und Beccaria***) haben über die durch das Reiben erregte Elektricität dünner elektriſcher Körper, z. B. ſeidner Bänder, ſeidner Strümpfe ꝛc. merkwürdige Verſuche angeſtellt. Ich will hier die vornehmſten derſelben ſo erzählen, wie ſie Herr Socin in der ſechſten und ſiebenten Vorleſung ſeiner Anfangsgründe der Elektricität geordnet hat.

1. Verſuch. Alle ſeidene wohl ausgetrocknete und gewärmte Bänder, die man in der Luft zwiſchen zwey Fingern reibt, erhalten die negative Elektricität.

2. Verſuch. Eben dieſe Elektricität erhalten ſie, wiewohl in einem geringern Grade, wenn ſie von einer Perſon gehalten, und von der andern nur auf einer Seite gerieben werden.

3. 4. Verſuch. Dünne ſeidne Bänder auf Eiſen gelegt, und mit Eiſen gerieben, erhalten die negative Elektricität.

Hieraus ſcheint die ziemlich allgemeine Regel zu folgen: Bänder, zwiſchen zwey Leitern gerieben, werden negativ; die Leiter ſcheinen ihnen etwas von ihrer elektriſchen Materie zu nehmen. Folgender Verſuch des Beccaria macht jedoch hievon eine Ausnahme.

5. Verſuch. Ein weißes Band in der Luft mit Goldpapier gerieben, ohne daß es die Finger berühren, wird poſitiv.

6. 7. 8.

---

*) Philof. Transact. Vol. LI. Part. I. no. 36.
**) Miſcellanea ſocietatis Taurinenſis ann. 1765 S. 31. u. f.
***) Elettricifmo artificiale. S. 197. u. f.

dünner Körper.

n. №. 7. 8. Verſuch. Weiße, ſchwarze, blaue Bänder auf eine glatte Fläche von trocknem, warmen Nußbaumholz gelegt, und mit warmen Holz gerieben, werden poſitiv.

Hieraus ſcheint zu folgen, daß Bänder zwiſchen zwey elektriſchen Körpern, die durch Reiben negativ elektriſirt werden, gerieben, die poſitive Elektricität erhalten. Die elektriſchen Körper ſcheinen das, was ſie an elektriſcher Materie verlieren, dem Bande abzugeben.

9. Verſuch. Ein weißes Band auf einer warmen Glastafel mit Meſſing ganz ſchwach und ohne Drücken gerieben, wird poſitiv, ſtark gerieben, negativ.

Alſo iſt der Ausgang ungewiß, wenn man Bänder auf elektriſchen Flächen mit Leitern, oder auf Leitern mit elektriſchen Körpern reibt, und es kömmt hierbey auf die Stärke des Reibens an.

10—13. Verſuch. Zwey weiße Bänder auf glattem Holz oder Siegellack mit Elfenbein, Glas, oder Meſſing gerieben, werden, wenn man ſie aufhebt, das obere negativ, das untere poſitiv ſeyn. Auf Glas oder Meſſing gelegt, und mit Siegellack gerieben, wird das obere poſitiv, das untere negativ. Auf Glas gelegt, und mit Elfenbein, Eiſen oder Meſſing gerieben, werden beyde negativ. Auf Siegellack oder Schwefel gelegt, und mit Siegellack, Schwefel, oder einem ſchwarzen ſeidnen Strumpf gerieben, werden beyde poſitiv.

Hiebey ſcheint jedes Band die entgegengeſetzte Elektricität von der Fläche, die es berührt hat, zu erhalten. Hat es Glas, oder leitende Körper berührt, ſo wird es negativ, hat es Siegellack, Schwefel, ſchwarze Seide, Holz ꝛc. berührt, ſo wird es poſitiv gefunden.

14. Verſuch. Ein ſchwarzes ſeidenes Band und ein weißes werden zwiſchen den Fingern gerieben. Das ſchwarze wird negativ, das weiße poſitiv. Es ſcheint

nicht

nicht auf die Farbe, sondern mehr auf die färbende Materie anzukommen. Denn weiße Bänder in Galläpfeltinktur getaucht, und wieder getrocknet und gewärmt, verhalten sich hiebey völlig, wie schwarze.

15. Versuch. Ein weißes Band auf einen schwarzen seidnen Strumpf gelegt, und mit einem schwarzen Strumpf gerieben, wird positiv.

16. 17. Versuch. Ein weißes Band mit schwarzem warmen Sammet gerieben, wird positiv: ein schwarzes mit weißem Sammet gerieben, negativ.

Andere mit Bändern, besonders von Herrn Cigna angestellte Versuche lassen sich leicht aus den im vorigen angegebenen Gesetzen der elektrischen Wirkungskreise erklären. Dahin gehören folgende.

18. Versuch. Wenn man zwey weiße negativ elektrisirte Bänder auf einander hält, und über das eine der Länge nach mit einer Nadelspitze fährt, so wird das letztere positiv, und beyde ziehen nun einander an.

19. Versuch. Ein nicht elektrisirtes Band wird parallel nahe an ein elektrisirtes gehalten, und mit einer Nadelspitze überfahren. Es erhält dadurch die Elektricität, welche der des elektrisirten Bandes entgegengesetzt ist.

Jedes Band befindet sich nämlich in dem Wirkungskreise des andern, und muß daher, sobald es von einem Leiter, zumal von einer Spitze, berührt wird, die ihm leicht elektrische Materie zuführen oder ableiten kann, die entgegengesetzte Elektricität von der des andern Bandes erhalten.

Rauhe Flächen, z. B. wollene Stuhlkissen, feuchter Hanf, bieten viele zarte Fäden dar, die die Stelle der Spitzen vertreten. Hieraus erklären sich folgende Versuche.

20. Versuch. Legt man zwey weiße negativ elektrisirte Bänder auf eine rauhe Fläche über einander,
so

dünner Körper.

so wird das untere positiv, und beyde ziehen nun einander an.

21. Versuch. Legt man ein nicht elektrisirtes Band auf eine rauhe Fläche, und ein elektrisirtes darauf, so wird jenes positiv, wenn dieses negativ, hingegen negativ, wenn dieses positiv elektrisirt war.

Legt man mehr als zwey Bänder über einander, und erregt ihre Elektricität durch Reiben, so zeigen sich folgende Phänomene.

22. Versuch. Legt man mehrere Bänder von einerley Farbe auf eine glatte Fläche, reibt sie mit dem Falzbein, und hebt eines nach dem andern auf, so findet man die obern negativ, die zwey untern hingegen, oder bisweilen auch nur das unterste allein, positiv.

23. Versuch. Mit einander aufgehoben, kleben alle diese Bänder an einander, und das ganze Bündel ist meistens oben und unten negativ.

24. Versuch. Legt man diese vereint aufgehobenen Bänder alsdann auf eine rauhe Fläche, und nimmt eines nach dem andern hinweg, indem man mit dem untersten zuerst anfängt, so werden sie alle positiv, das oberste ausgenommen, welches negativ bleibt.

Hieben scheint die negative Elektricität der obern Bänder, in deren Wirkungskreise sich das unterste befindet, dieses unterste an der rauhen Fläche (welche die Wirkung einer Spitze thut) positiv zu machen. Das letzte oberste Band hingegen, welches sich nicht mehr in dem Wirkungskreise eines andern befindet, behält seine negative Elektricität.

25. Versuch. Legt man mehrere Bänder von einerley Farbe auf eine rauhe Fläche, reibt sie mit dem Falzbein, und hebt sie mit einander auf, so ist das oberste negativ, das unterste positiv. Sondert man nun das positive zuerst ab, und fährt mit einer Nadelspitze über das folgende zweyte, so werden alle folgende positiv.

tiv. Sondert man das negative zuerst ab, und fährt mit der Nadelspitze über das nächstfolgende, so werden alle folgende negativ.

Hiebey scheint die Elektricität des äußersten Bandes ihren Wirkungskreis auf alle übrigen Bänder so zu erstrecken, daß jedes derselben, sobald es mit der Spitze eines Leiters überfahren wird, in diesem Wirkungskreise die entgegengesetzte Elektricität annimmt.

26. Versuch. Legt man ein schwarzes Band zwischen ein weißes und ein buntes, und reibt alle drey auf einer Fläche, so klebt das weiße an dem schwarzen, und das bunte wird abgestoßen.

Nichts in diesem Fache ist unterhaltender, als die Versuche, welche Symmer mit schwarzen und weißen seidnen Strümpfen angestellt, und in dem oben angeführten Bande der philosophischen Transactionen vom Jahre 1759 beschrieben hat. Er bemerkte, daß seine Strümpfe, als er sie des Abends auszog, einen knisternden Laut und Funken von sich gaben, und fand nachher, daß diese Elektricität von der Verbindung weißer und schwarzer Strümpfe herrühre, obgleich die Farbe selbst nichts zur Sache thut, sondern nach Nollet ein Strumpf, den man in ein Decoct von Galläpfeln getaucht hat, alle Dienste eines schwarzen thut. Die hieher gehörigen Versuche sind folgende.

1. Bey kaltem trocknen Wetter ziehe man einen weißen und einen schwarzen seidnen Strumpf, (die vorher etliche Tage lang auf dem warmen Ofen getrocknet worden,) an einen Fuß über einander, und trage sie einige Stunden lang. Ziehet man sie dann aus einander, ohne sie anders, als den schwarzen am untern, den weißen am obern Ende zu berühren, so ist der weiße positiv, der schwarze negativ elektrisirt.

2. Hält man beyde Strümpfe in einiger Entfernung aus einander, so blasen sie sich dergestalt auf, daß

sie

sie die ganze Gestalt des Beins zeigen. Sie ziehen sich oft auf einen Schuh weit an, und fahren, wenn man es zuläßt, mit Gewalt gegen einander. Während ihrer Annäherung verschwindet das Aufblasen, und wenn sie zusammenkommen, liegen sie platt und dicht an einander.

3. Wenn beyde Strümpfe an einander liegen, so geben sie nicht das geringste Merkmal einer Elektricität. Selbst die schärfste Spitze ist nicht im Stande, ihnen etwas davon zu entziehen, und sie behalten in diesem Zustande ihre Kraft sehr lang. Trennt man sie aber von einander, so verliert jeder seine Kraft in kurzer Zeit.

4. Einen weißen und schwarzen Strumpf aus einander zu reißen, sind 12 bis 17 Unzen Gewicht, ja, wenn die rauhen oder innern Seiten gegen einander gekehrt waren, auf 15 Pfund erfordert worden.

5. Zwey weiße geriebene Strümpfe stoßen einander ab, auch zwey schwarze. Stelle man zwey Personen mit einem schwarzen Strumpf in der einen, und einem weißen in der andern Hand einander gegenüber, so stoßen sich die Strümpfe von gleicher Farbe zurück, und die von verschiedener Farbe ergreifen einander.

6. Ein stark elektrisirter Strumpf bleibt an der Wand, wenn man ihn dagegen wirft, und noch fester an glatten Flächen, z. B. an dem Spiegel, hangen.

Alle diese Versuche mit den Bändern und Strümpfen erklärt der P. Beccaria aus dem angeführten Grundsatze der sich selbst wiederherstellenden Elektricität, verbunden mit den bekannten Gesetzen des elektrischen Anziehens und Zurückstoßens. Er ist dabey der Meynung, daß zwey zusammenhängende elektrisirte Körper ihre Elektricitäten in einander ablegen, bey ihrer Trennung aber jeder die seinige wieder annehme, welches ihm auch zu der Benennung Electricitas vindex

vindex (quaſi quae ſibi vindicat locum ſuum) Anlaß gegeben hat. Er führt als einen Beweisgrund an, daß man bey der Trennung allezeit an dem Orte, wo die Körper einander verlaſſen, Funken ſehe, durch welche der poſitive Körper ſeine in die Fläche des negativen abgelegte Elektricität wieder erhalte*).

Inzwiſchen glaubt Herr Socin, es laſſe ſich alles beſſer aus der Lehre von den Wirkungskreiſen erklären, und führt zum Beweiſe hievon folgende Verſuche an.

1. Verſuch. Man reibe ein Band ſo, daß es z. B. negativ wird, und laſſe nach dem Reiben das eine Ende deſſelben, das ich A nennen will, an den Finger oder die Kleider fahren, ſo rollt oder wälzt ſich der übrige Theil des Bandes, welcher B heißen mag, über das klebende Ende. Man trenne beyde Theile zuſammen vom Finger, ſo kleben ſie an einander. Trennt man ſie, ſo bleibt B negativ, A aber iſt poſitiv geworden.

Erklärung. Das am Finger klebende Stück A verliert von ſeiner Elektricität, weil es im Wirkungskreiſe des Stücks B iſt, und von einem Leiter berührt wird. Daher wird B von ihm angezogen. B ſelbſt aber iſt auf A iſolirt, und kann daher ſeine Elektricität nicht ändern.

2. Ver-

*) Man kann dieſen Grundſatz des P. Beccaria ganz entbehren, wenn man die oben im Zuſatze von den elektriſchen Wirkungskreiſen erklärten Begriffe von der Wirkung der elektriſchen Atmoſphären und von gebundener und freyer Elektricität richtig gefaßt hat. Nämlich zwey zuſammengebrachte elektriſirte Körper legen ihre Elektricitäten nicht in einander ab, ſondern die Elektricität des einen bindet die des andern, und bey der Trennung werden beyde wieder frey. Der hierüber zwiſchen Beccaria und Volta entſtandene Streit hat dem letztern zur Erfindung des Elektrophors Anlaß gegeben.

dünner Körper.

2. Versuch. Man reibe ein Band so, daß es negativ wird, lasse es an eine Glastafel fahren, und halte den Finger hinter die Glastafel dem Bande gegenüber. Nun trenne man das Band vom Glase, und bringe den Ort der Tafel, hinter welchem der Finger ist, gegen ein positiv elektrisirtes Elektrometer, so wird er dasselbe zurückstoßen.

Erklärung. Die negative Elektricität des Bandes lockt die elektrische Materie der Glastafel gegen den Ort, der sich in ihrem Wirkungskreise befindet. Dieser Ort wird daher positiv, und muß das negative Band anziehen. Zugleich giebt die andere Seite der Glastafel etwas elektrische Materie an den Finger ab; diese Stelle des Glases wird geladen, und die positive Seite muß ein positives Elektrometerkügelchen zurückstoßen.

Also klebt ein geriebenes Band darum an einer Wand, weil der Theil der Wand, den es berührt, im Wirkungskreise des Bandes die entgegengesetzte Elektricität erhält, und also das Band anzieht. Trennt man beyde von einander, so stellet sich in der Wand, welche gemeiniglich nicht isolirt ist, das Gleichgewicht sogleich wieder her. Um dieß noch deutlicher zu bemerken, brauche man statt der Wand ein isolirtes Bretchen, wie in folgenden Versuchen.

3. Versuch. Man lasse ein positiv elektrisirtes Band gegen ein auf einer Glasstange isolirtes Bretchen fahren, und berühre das Bretchen mit einem Finger, so wird es dadurch negativ elektrisirt, und stößt die negativ elektrisirten Kugeln des Elektrometers ab.

Erklärung. Die positive Elektricität des Bandes treibt aus dem Theile des Bretchens, der sich in ihrem Wirkungskreise befindet, die elektrische Materie zurück. Diese geht in die andern Theile des Bretchens über, weil es isolirt ist, daher diese Theile positiv werden.

den. Berührt man es nun mit dem Finger, so nimmt dieser aus den positiven Theilen etwas hinweg, und das ganze Bretchen wird, weil es einen Theil seiner natürlichen elektrischen Materie verlohren hat, negativ.

4. **Versuch.** Läßt man das positiv elektrisirte Band so an das Bretchen fliegen, daß ein Stück von dem Bande, welches man in der Hand behält, oben hervorschießt, und zieht nach einiger Zeit das Band von dem Bretchen ab, ohne es mit dem Finger berührt zu haben, so ist das Bretchen auch positiv.

Erklärung. Dieß ist eine Folge der wirklichen Mittheilung der Elektricität, so wie die vorigen Versuche nur Wirkungen der Atmosphären waren.

Man sieht hieraus deutlich, daß elektrischer Körper Wirkungskreise selbst bey der Berührung noch wirken, und daß also unelektrisirte Körper, die von elektrisirten berührt werden, nicht allezeit durch Mittheilung die gleiche Elektricität, sondern weit öfter, und besonders, wenn sie mit Leitern berührt werden, die entgegengesetzte Elektricität bekommen, und diese auch bey der Trennung behalten, und daß sich dieses sehr wohl aus den Gesetzen der elektrischen Wirkungskreise erklären läßt.

Vierter Theil.
Neue elektrische Versuche.

Ich habe bisher die Geſetze der Elektricität nebſt den Verſuchen, welche nöthig ſind, um dieſelben zu erweiſen, ſo kurz, als es ohne Undeutlichkeit geſchehen könnte, zu erklären geſucht. In dem vierten Theile dieſes Werks will ich nun noch einige neue Verſuche und Beobachtungen mittheilen, welche ich ſelbſt zu verſchiedenen Zeiten gemacht habe; vornehmlich in der Abſicht, wo möglich, die unbekannte Urſache einiger elektriſchen Erſcheinungen zu entdecken, beſonders ſolcher, welche ſich bey der Elektricität der Atmoſphäre zeigen.

Das erſte Werkzeug, wovon ich bey der Beobachtung der atmoſphäriſchen Elektricität Gebrauch machte, war ein elektriſcher Drache, den ich gar nicht in der Abſicht verfertiget hatte, um die Elektricität der Luft damit zu beobachten; denn dieſe war, meiner Meynung nach, nur ſehr ſchwach, und ſelten wahrzunehmen; ſondern den ich vielmehr als ein Werkzeug anſahe, mit welchem ich gelegentlich bey einem Gewitter die Elektricität der Wolken unterſuchen könnte*). Inzwiſchen ließ ich

*) Eines ſolchen Drachen hat ſich zur Unterſuchung der Elektricität bey Gewittern zuerſt Franklin im Brachmonat 1752 bedient. ſ. Prieſtley Geſch. der Elektr. I. Th. 9 Period. 2 Abſchn. der deutſch. Ueberſ. S. 116. Jetzt möchten wohl die ſeitdem erfundenen aeroſtatiſchen Maſchinen, beſonders kleine Aeroſtaten mit brennbarer Luft gefüllt, noch beſſere Dienſte, als ein ſolcher Drache, thun, da man nicht ſo viel Mühe hat, ſie zum Steigen zu bringen, und ſie auch bey
ganz

ich doch diesen Drachen, da er eben fertig war, mit der dazu gehörigen Schnur, durch deren ganze länge ein meßingener Drath gezogen war, am 31 August 1775 um sieben Uhr des Abends steigen. Der Himmel war ein wenig trübe, und der Wind gerade zu meiner Absicht hinreichend. Das Ende der Schnur war isolirt, und als ich meine Finger daran brachte, so gab es ganz wider meine Erwartung sehr lebhafte und stechende Funken; auch konnte ich mit dieser Schnur eine Flasche einigemal laden; aber ich beobachtete damals die Art der Elektricität noch nicht. Dieser glückliche Erfolg ermunterte mich, den Drachen sehr oft steigen zu lassen, und ihn einige Stunden nach einander in der Höhe zu erhalten; weil ich glaubte, daß, wofern eine periodische Elektricität oder eine Veränderung ihrer Beschaffenheit in der Atmosphäre statt fände, ich dieselbe sehr wahrscheinlich durch dieses Werkzeug entdecken würde. Ich will nun in den folgenden zwey Capiteln die Verfertigung des elektrischen Drachens und der dazu gehörigen Stücke beschreiben, und dann das Merkwürdigste aus meinem darüber gehaltenen Tagebuche mittheilen, wobey ich mich aber nur auf solche Versuche einschränken werde, welche unter die merkwürdigern und seltenern gehören. Denn ob ich gleich meinen Drachen bisweilen zehn- und mehrmal in einer Woche, und zu jeder Tages- und Nachtstunde gebraucht habe, so dient doch der größte Theil dieser Versuche blos dazu, einige wenige Gesetze der atmosphärischen Elektricität zu bestätigen. Ich will daher die umständlichere

Beschrei-

ganz windstillem Wetter steigen. Sie sind auch bald nach den ersten aerostatischen Versuchen, vom Abbé *Bertholon* in Montpellier, Herrn *Lichtenberg* in Göttingen, und andern, mit Vortheil zu Untersuchung der atmosphärischen Elektricität gebraucht worden. A. d. Uebers.

Beschreibung dieser Versuche übergehen, und blos die dadurch bestätigten Gesetze selbst am Ende des zweyten Capitels beyfügen.

Erstes Capitel.

Zubereitung des elektrischen Drachens, und anderer dazu gehörigen Werkzeuge.

Der erste elektrische Drache, den ich mir zubereitete, war sieben Schuh lang, und von Papier mit einem Stabe oder Spannholz und Bogen gemacht, wie die gemeinen Drachen, welche die Knaben fliegen lassen. An das Vordertheil des Spannholzes setzte ich eine eiserne Spitze, die etwa einen Schuh weit hervorragte, und welche ich damals für unentbehrlich nöthig hielt, um die Elektricität einzusammlen. Endlich bestrich ich das Papier an dem Drachen mit Terpentin, um es vor dem Regen zu beschützen. So vollkommen meiner Meynung nach, und so geschickt zu ihrer Absicht die Einrichtung dieses Drachens war, so zeigten sich doch bald die Mängel desselben, und nachdem ich ihn einigemal hatte steigen lassen, ward er zu fernerem Gebrauche gänzlich untüchtig. Er war so groß, und folglich so schwer, daß ich ihn nur bey starkem Winde gebrauchen konnte, und dabey nahm er öfters Schaden, verursachte auch viele Arbeit beym Steigen und Zurückziehen. Dieß veranlassete mich, andere Drachen nach verschiedenen Methoden zu bereiten, um zu bestimmen, welche zu meiner Absicht die geschicktesten seyn würden. Ich machte sie nach und nach kleiner, und veränderte ihre Gestalt, bis ich endlich durch diese Proben fand, daß die gemeinen Drachen der Knaben eben so gut, als die meinigen, elektrische Drachen abgeben konnten. Ich verfertigte also nunmehr die meinigen so einfach,

als

als möglich, und eben so, wie die Drachen, die den Knaben zum Spielwerke dienen, nur daß ich sie mit Firniß überzog, oder mit gesottenem Leinöl tränkte, um sie vor dem Regen zu schützen. Auch belegte ich die Rückseite des Spannholzes mit Stanniol, welches aber im geringsten nichts zur Verstärkung ihrer Elektricität beyträgt. In das vordere Ende des Spannholzes steckte ich einen dünnen zugespitzten Drath, der vielleicht bey einem Gewitter etwas dazu beytragen kann, mehr Elektricität aus den Wolken zu ziehen; der Regel nach aber, wie sich bey der Erzählung meiner Versuche zeigen wird, nicht das Geringste beyträgt, die Elektricität in der Schnur zu verstärken. Die Drachen, die ich gemeiniglich gebraucht habe, sind etwa vier Schuh lang, und wenig über zwey Schuh breit. In dieser Größe habe ich sie am bequemsten gefunden, weil sie sich dabey leicht behandeln lassen, und doch zugleich eine genugsame Länge von Schnur in der Höhe erhalten können. Was die seidenen und leinenen Drachen anlanget, so erfordern sie starken Wind, wenn sie steigen sollen, und dann sind sie weder so wohlfeil, noch so leicht zu machen, als die papiernen. Und da die Schnur doch bisweilen reisset, und die Drachen verloren gehen oder zerrissen werden, so muß man sie so einfach und wohlfeil als möglich einrichten.

Die Schnur aber ist eigentlich der wesentliche Theil der ganzen Zubereitung; denn man erhält dabey mehr oder weniger Elektricität, nachdem diese ein besserer oder schlechterer Leiter ist. Die Schnur, die ich zu meinem großen Drachen gebrauchte, bestand aus zwey Bindfaden, welche mit einem dazwischen liegenden messingenen Drathe zusammengedrehet waren. Diese Schnur that ein- oder zweymal gute Dienste; da ich sie aber hernach untersuchte, so fand ich bald, daß der darinnen befindliche Drath an vielen Stellen zerbrochen

war,

war, und noch an mehreren brechen wollte. Weil also die metallische Verbindung so häufig unterbrochen ward, so wurde die Schnur bald so untauglich, daß sie nichts mehr leistete, als was bloßer Bindfaden ohne Drath würde gethan haben. Ich unternahm es, sie auszubessern, verband die zerbrochenen Drathstücken, und setzte zwischen die Bindfaden neuen Drath ein, welches eine sehr mühsame Arbeit war; aber das Mittel that sehr wenig Wirkung, und der Drath brach bey dem ersten Versuche aufs neue. Dieß bewog mich, andere Methoden zu versuchen, und nach verschiedenen Proben fand ich, daß man die beste Schnur erhalte, wenn man einen Kupferfaden *) mit zwey sehr dünnen Bindfaden zusammendrehet. Diese Art Schnuren habe ich zu den meisten meiner Versuche mit dem elektrischen Drachen gebraucht, und zu dieser Absicht ungemein geschickt befunden. Silber- oder Goldfaden würden, wenn man sie mit den Bindfaden zusammenflöchte, noch bessere Dienste thun; sie sind weit dünner als die Kupferfaden, und würden also eine weit leichtere Schnur geben; aber man muß dabey in Betrachtung ziehen, daß sie weit theurer als Kupferfaden sind.

Ich habe auch versucht, den Bindfaden selbst zu einem guten Leiter der Elektricität zu machen, und ihn deswegen mit leitenden Materien, z. B. mit Lampenruß, Kohlenstaub, sehr feinem Schmergel u. dgl. überzogen, die ich mit dünnem Gummiwasser einmachte; aber diese Methode verbessert die Schnur sehr wenig, und auf sehr kurze Zeit; denn diese leitenden Materien reiben sich gar bald von dem Bindfaden ab. Herr Nairne

―――――――――
*) Ich meyne hier solche Kupferfaden, wie man zu undächten Stickereyen u. dgl. gebraucht, um die Goldfaden nachzuahmen. Es sind seidene oder leinene Faden, mit einem dünnen Kupferblättchen überzogen.

Nairne sagte mir, er pflege die Schnur seines elektrischen Drachens in gesättigtes Salzwasser zu legen, wodurch sie ein guter Leiter würde, indem sie nachher die Feuchtigkeit aus der Luft an sich zöge. Dieser Nachricht zufolge weichte ich ein langes Stück Bindfaden in Salzwasser ein, ließ den Drachen an demselben steigen, und fand, daß es die Elektricität ziemlich gut, jedoch meiner Meynung nach weit weniger, als die oben beschriebene Schnur mit dem Kupferfaden, leitete. Ueberdieß macht die mit Salzwasser angefeuchtete Schnur bey feuchtem Wetter die Hände des Experimentators salzig, und setzt ihn daher außer Stand, den übrigen Theil der Geräthschaft gehörig zu behandeln; auch macht sie, wenn sie an die Kleider trifft, Flecke in dieselben.

Wenn ich den Drachen bey sehr trübem und regnerichtem Wetter steigen lasse, so daß ich besorgen muß, die Elektricität in allzu großer Menge anzutreffen, so pflege ich gemeiniglich an die Schnur AB Taf. II. Fig. 8. den Haken einer Kette C zu hängen, deren Ende auf den Boden herabfällt. Bisweilen gebrauche ich auch noch außerdem die Vorsicht, mich auf einen isolirenden Stuhl zu stellen. In dieser Stellung würde, wie ich glaube, die Elektricität meiner Person nicht viel Schaden zufügen können, wenn sie sich auch plötzlich und in großer Menge aus den Wolken entladen und in den Drachen schlagen sollte. Was die isolirten Knäuel und andere ähnliche Vorrichtungen anbetrifft, welche einige Gelehrte gebraucht haben, um sich bey dem Steigen des Drachens für der Gefahr des Schlags zu schützen, so können sie zwar in der Theorie zu ihrer Absicht sehr geschickt scheinen, sind aber doch allezeit sehr beschwerlich zu behandeln. Den Fall ausgenommen, da man den Drachen bey einem Gewitter steigen läßt, ist der Experimentator eben nicht sehr in Gefahr, einen Schlag zu bekommen. Ich habe meinen Drachen viele hunderthertmal ohne irgend eine Beschützung meiner Person steigen laſſen, und doch nur ſehr ſelten einige wenige außerordentlich ſchwache Schläge in den Armen empfunden. Bey einem Gewitter aber, wenn man den Drachen nicht ſchon vorher hat ſteigen laſſen, möchte ich es niemanden rathen, dieſes zu der Zeit zu thun, wenn die Gewitterwolken eben über dem Scheitel ſtehen: denn zu dieſer Zeit iſt die Gefahr, auch beym Gebrauch der möglichſten Vorſicht, ſehr groß. Man kann alsdann, ohne den Drachen ſteigen zu laſſen, die Elektricität der Wolken mit einem Elektrometer von Korkkügelchen, das man unter freyem Himmel in der Hand hält, oder wenn es regnet, mit meinem Regenelektrometer beobachten, das ich in der Folge beſchreiben werde.

Wenn der Drache geſtiegen iſt, pflege ich gemeiniglich die Schnur durchs Fenſter in ein Zimmer zu ziehen, und eine ſtarke ſeidne Schnur daran zu binden, die ich an einen ſchweren Stuhl oder Tiſch in dem Zimmer befeſtige. Taf. III. Fig. 8. iſt AB ein Theil der Schnur an dem Drachen, welchen man in das Zimmer gezogen hat; C die daran gebundene ſeidne Schnur; DE ein kleiner erſter Leiter, den man durch einen dünnen Drath mit der Schnur an dem Drachen verbindet; F das Quadrantenelektrometer auf einem gläſernen, mit Siegellack überzogenen Stative, das ich lieber neben den erſten Leiter ſetze, als auf ihn ſelbſt befeſtige, weil die Schnur AB bisweilen durch ihr Schwanken und Ziehen den erſten Leiter umwirft, wobey denn das Quadrantenelektrometer ſicher ſtehen bleibt, da es ſonſt zerbrechen könnte, wie mir dieß oft begegnet iſt, ehe ich darauf dachte, es zu iſoliren und daneben zu ſtellen. G iſt eine ohngefähr achtzehn Zoll lange Glasröhre mit einem an ihr Ende angekütteten Drathe, der einen Knopf hat. Dieſer Röhre bediene ich mich, um die Beſchaffenheit der Elektricität zu unterſuchen, wenn der Drache ſo so stark elektrisirt ist, daß ich mich nicht sicher nahe an die Schnur wagen kann. Die Art, dieß zu untersuchen, ist folgende. Ich fasse die Röhre bey dem Ende an, das von dem Drathe entfernt ist, und berühre die Schnur an dem Drachen mit dem Knopfe des Draths. Dieser nimmt, weil der Drath isolirt ist, ein wenig Elektricität von der Schnur an, welche schon zureicht, die Beschaffenheit dieser Elektricität zu bestimmen, wenn man den Knopf des Draths an ein elektrisirtes Elektrometer bringt. Zuweilen, wenn ich den Drachen bey Nachtzeit außer dem Hause steigen lasse, und keine Gelegenheit habe, die Beschaffenheit seiner Elektricität durch das Anziehen und Zurückstoßen, oder auch durch die Erscheinungen des elektrischen Lichts zu bestimmen, so bediene ich mich einer belegten Flasche, welche ich durch die Schnur laden, und zu mir stecken kann, weil sie die Ladung einige Stunden lang behält*).

Wenn

*) Die Einrichtung dieser Flasche ist folgende. Außer der innern und äußern Belegung, welche diese Flasche mit allen ähnlichen gemein hat, ist eine an beyden Enden offene Glasröhre in ihren Hals eingeküttet, und geht ein wenig in die Flasche hinein. An das untere Ende dieser Glasröhre ist ein kleiner Drath befestiget, der die innere leitende Belegung berührt. Der Drath mit dem Knopfe ist in eine andere Glasröhre gelüttet, welche beynahe doppelt so lang, aber enger ist, als die in den Hals der Flasche gekittete Röhre. In diese wird der Drath so eingekittet, daß an dem einen Ende derselben blos der Knopf, an dem andern aber nur etwas weniges von dem Drathe hervorraget. Wenn man dieses Stück mit dem Drathe bey der Mitte der Glasröhre anfasset, so kann man es in die andere im Halse der Flasche befindliche Röhre stecken, daß es den Drath an dem untern Ende derselben berührt, oder es auch wieder herausnehmen, ohne dadurch die Flasche zu entladen, wenn sie einmal geladen ist. Ich habe solche Flaschen auf

sechs

des elektrischen Drachens.

Wenn ich diese Flasche gebrauche, so habe ich nicht nöthig, den Drachen länger in der Höhe zu erhalten, als bis die Flasche geladen ist, wenn ich nichts weiter als die Beschaffenheit der Elektricität in der Atmosphäre beobachten will. Denn wenn ich nun den Drachen einziehe und nach Hause bringe, so kann ich alsdann die Elektricität der innern Seite der Flasche untersuchen, welche mit der Elektricität des Drachens einerley ist.

Wenn die Elektricität des Drachens sehr stark ist, so befestige ich etwa sechs Zoll weit von der Schnur eine Kette, die mit dem Boden in Verbindung steht, welche seine Elektricität ableiten kann, im Fall sie so stark werden sollte, daß die Umstehenden dadurch in Gefahr gesetzt würden*).

Außer sechs Wochen lang geladen erhalten, und sie würden sich ohne Zweifel noch länger halten, wenn man den Versuch machen wollte. Der erfinderische Liebhaber der Elektricität wird eine solche Flasche zu vielen sehr unterhaltenden Versuchen zu gebrauchen wissen. — Die Glasröhre, welche zum Anfassen des Draths dient, kann man lieber über, als unter der Kugel befestigen. In diesem Falle bohret man die Kugel ganz durch, läßt den Drath etwas weniges darüber herausstecken, und kittet dann die Glasröhre daran.

*) Eine eigne Vorrichtung, den Drachen mit Bequemlichkeit und Sicherheit steigen zu lassen beschreibt Cuthbertson in seiner Abhandlung von der Elektr. S. 28. — Merkwürdig ist auch sein Verfahren, den Drachen auf eine ungewöhnliche Höhe zu bringen. Er bedient sich dazu mehrerer Drachen, von denen immer einer größer, als der andere, ist. Den kleinern läßt er zuerst steigen. Hat dieser seine größte Höhe erreicht, dieß ereignet sich nämlich, wenn er so viel Schnur nach sich gezogen hat, als er tragen kann, befestiget er an das Ende dieser Schnur einen zweyten etwas größern, und wenn dieser wieder so viel

Schnur

Außer der bereits angeführten Geräthschaft habe ich bey Gelegenheit auch noch einige andere Instrumente gebraucht, die ich auch oft verändert habe, nachdem es die besondern Umstände bey den Versuchen erforderten; da sie aber nicht eben von großer Wichtigkeit sind, so will ich hier ihre Beschreibung mit Stillschweigen übergehen. Nur muß ich noch, ehe ich zu der Erzählung der vornehmsten mit dem Drachen angestellten Versuche fortgehe, dem Leser einen Begriff von dem Maaße meines Quadrantenelektrometers geben, welches aller Wahrscheinlichkeit nach einerley Stärke der Elektricität mit ganz andern Zahlen der Grade anzeigt, als ein anderes ähnliches Instrument. Wenn der Drache fliegt, und die Geräthschaft so eingerichtet ist, wie sie Taf. III. Fig. 8. vorgestellt wird, so halte ich auf einem zinnernen Teller ein wenig Kleyen unter das Ende E des ersten Leiters. Ich finde, daß, wenn der Zeiger des Elektrometers auf zehn Grad stehet, der erste Leiter die Kleyen in einer Entfernung von $\frac{1}{2}$ Zoll anzuziehen anfängt. Steht der Zeiger auf zwanzig Grad, so fängt das Anziehen schon in der Entfernung von etwa $1\frac{1}{2}$ Zoll an; steht der Zeiger auf dreyßig Grad, schon in der Entfernung von $2\frac{1}{2}$ Zoll. Diese Entfernungen verändern sich zwar mit dem Grade der Trockenheit der Luft; bey kalter Witterung aber sind sie beständig die angezeigten.

Schnur nach sich gezogen hat, als möglich ist, ohne daß sie in einem Bogen hängt, knüpft er an ihr Ende wieder einen dritten noch größern. So fährt er mit mehrern Drachen fort, bis der erste auf die verlangte Höhe gekommen ist. B.

Zweytes Capitel.

Angestellte Versuche mit dem elektrischen Drachen.

Am 2. Sept. 1775. Das Wetter war sehr trübe, und eben regnete es. Um acht Uhr des Abends ließ ich den Drachen steigen, an einer Schnur von 200 Yards*), durch welche ein messingener Drath geflochten war. Der Wind gieng sehr stark, und kam aus Süden. Die Elektricität der Schnur war negativ, und gerade hinreichend, eine Flasche von einer halben Pinte so zu laden, daß man den Schlag in den Ellenbogen fühlte. Nachdem der Drache etwa eine Stunde lang in der Höhe gestanden hatte, fiel er herab, weil das Papier nicht gut überzogen, und also durch Wind und Regen fast gänzlich zerrissen worden war.

Am 14. Sept. Ich ließ den Drachen um halb vier Uhr Nachmittags bey einem starken Nordwinde steigen. Die Elektricität war positiv und ziemlich stark; der Zeiger des Elektrometers stand mehrentheils auf 20°**). Das Wetter war kalt, und es näherten sich dem Zenith sehr dicke Wolken. Um halb fünf Uhr fiel der Drache herab.

---

*) Diese Länge beträgt ohngefähr 323½ Dresdner Elle. Die Yard hält 3 Londner Fuß. Es verhält sich aber der Londner Fuß zum Pariser wie 1 zu 1,06575, und der Pariser Fuß zur halben Dresdner Elle wie 14400 zu 12529. A. d. U.

**) Gemeiniglich steigt der Zeiger des Elektrometers höher, oder fällt tiefer, je nachdem der Drache dem Zenith näher kömmt, oder sich davon entfernet, wenn indeß die Länge der Schnur unverändert bleibt. (Der Drache steigt nämlich in diesem Falle wirklich höher, auch wenn man die Schnur nicht verlängert. B.)

Anm. Die Nacht darauf zeigte sich ein sehr starkes Nordlicht, und man sahe es an dem Horizont gegen Norden verschiedenemal wetterleuchten.

Am 23. Sept. Vormittags um halb eilf Uhr ließ ich einen kleinen Drachen steigen, und erhielt ihn ilf Stunden lang, nämlich bis halb zehn Uhr Abends in der Höhe. Die Schnur, welche blos aus gemeinem Bindfaden ohne Drath bestand, war beständig positiv elektrisiret, obgleich nur in einem sehr geringen Grade. Um neun Uhr schien die Elektricität stärker, so daß eine kleine an der Schnur geladene Flasche einen merklichen Schlag gab. Die Witterung war sehr hell und warm; doch zeigte sich die Nacht darauf weder ein Nordlicht, noch eine andere elektrische Erscheinung. Der Wind gieng aus Südost, und war so schwach, daß man Mühe hatte, den Drachen in der Höhe zu erhalten.

Am 10. Oct. 1775. Ich ließ den Drachen bey hellem Wetter und starkem Südwestwinde um 11 Uhr Vormittags steigen, an einer Schnur von 90 Yards, in welche ein Kupferfaden geflochten war*). Der Wind nahm während des Versuchs verschiedenemal zu und ab; auch nahm die Elektricität, welche positiv war, zu und ab, wie das Elektrometer zeigte. Um zwölf Uhr fiel der Drache wegen des heftigen Windes herab. Um halb fünf Uhr, da der Sturm ein wenig nachgelassen hatte, ließ ich ihn aufs neue steigen. Die Eletricität war wiederum positiv, und schien stärker, als sie den Vormittag gewesen war. Der Himmel war um diese Zeit trüb geworden; um den Horizont schienen die Wolken dichter, als um das Zenith. Der Drache fiel um halb sechs Uhr herunter; um halb acht Uhr ließ ich
ihn

---

*) Solche Schnuren habe ich nachher bey allen folgenden Versuchen gebraucht.

ihn aufs neue steigen; alle Erscheinungen waren, wie vorher. Um acht Uhr, da ich den Drachen einzog, isolirte ich die Schnur, als nur noch 35 Yards von ihr in der Luft waren, und fand mit Verwunderung die Elektricität noch immer so stark, als sie gewesen war, da ich die ganze Schnur von 90 Yards ausgelassen hatte. Inzwischen muß ich bemerken, daß man es um diese Zeit einigemal zwischen den Wolken blitzen sahe, welche um den Horizont ziemlich dicht waren. Ein Viertel auf zwölf Uhr ließ ich den Drachen noch einmal steigen, welches für diesen Tag das viertemal war; der Himmel war sehr hell, und der Wind eben so, wie den Nachmittag. Die Elektricität war sehr schwach, aber noch immer positiv. Der Drache ward nach wenigen Minuten wieder eingezogen.

Am 16. Oct. Etwa um zwey Uhr Nachmittags hatte sich eben ein dicker Nebel aufgeklaret, der Himmel ward hell, und der Wind fieng an aus Südsüdwest zu wehen. Ich ließ den Drachen mit 120 Yards Schnure steigen, und hielt ihn nur eine Viertelstunde lang in der Höhe. Die Elektricität war positiv und ziemlich stark, der Zeiger des Elektrometers stand um 15°. Um halb vier Uhr ließ ich den Drachen wieder steigen, da der Himmel ein wenig gewölkt war. Um halb fünf Uhr wurden die Wolken sehr dicht, und bald darauf fieng es an zu regnen, wodurch die Elektricität des Drachens stärker ward, ohne ihre Beschaffenheit zu ändern, so daß der Zeiger des Elektrometers bis 20° kam. Um fünf Uhr ward der Drache eingezogen.

Am 18. Oct. Es hatte die vergangene Nacht und einen guten Theil des Morgens hindurch geregnet; Nachmittags aber ward das Wetter ein wenig heller, die Wolken trennten sich, und waren ziemlich scharf begrenzt. Der Wind gieng stark aus Westen, und die Atmosphäre hatte eine gemäßigte Wärme. Unter diesen Umständen ließ ich um drey Uhr des Nachmittags meinen elektrischen Drachen mit 360 Fuß Schnure steigen. Ich isolirte das Ende der Schnur, hieng einen mit Stanniol überzogenen ledernen Ball daran, und untersuchte die Stärke und Beschaffenheit der Elektricität, die ich positiv und ziemlich stark fand. Bald darauf gieng eine kleine Wolke vorüber, wobey die Elektricität ein wenig zunahm; da aber die Wolke vorbey war, nahm sie wieder bis auf den vorigen Grad ab. Die Schnur an dem Drachen war mit einer seidnen Schnure an einem Balken in dem Hofe meiner Wohnung (nahe bey Islington) befestiget, und ich beschäfftigte mich eben damit, zwey belegte Flaschen einmal nach dem andern zu laden, und Schläge damit zu geben. Mitten unter dieser meiner Beschäftigung fieng die Elektricität, welche immer noch positiv war, an abzunehmen, und ward in zwey bis drey Minuten so schwach, daß ich sie kaum noch mit einem sehr empfindlichen Korkelektrometer wahrnehmen konnte. Da ich nun zugleich an das Zenith eine große schwarze Wolke anrücken sahe, (welche ohne Zweifel die Abnahme der Elektricität verursachte,) und also Regen besorgte, so zog ich das Ende der Schnur durch ein Fenster in ein Zimmer des ersten Stockwerks, wo ich es mit einer seidnen Schnur an einen Lehnstuhl befestigte. Das Quadrantenelektrometer stand auf eben diesem Fenster, und war durch einen Drath mit der Schnur an dem Drachen verbunden. Um drey Viertel auf vier Uhr war die Elektricität völlig unmerklich; aber nach etwa drey Minuten ward sie wieder merklich, fand sich aber nunmehr bey der Untersuchung negativ. Man sieht hieraus sehr deutlich, daß ihr Stillstand nichts anders als ein Uebergang vom positiven ins negative war, welcher augenscheinlich durch die Annäherung der Wolke verursacht wurde, von welcher zu dieser Zeit ein Theil

mit dem elektrischen Drachen.

in das Zenith des Drachen gekommen war, daher auch der Regen in großen Tropfen zu fallen anfieng. — Die Wolke kam weiter heran. — Der Regen nahm zu, und die Elektricität, die in gleichem Schritt mit ihm fortgieng, trieb das Elektrometer bald auf 15°. Da ich nun sahe, daß die Elektricität ziemlich stark war, so fieng ich wiederum an, die zwey belegten Flaschen zu laden, und Schläge damit zu geben; ich hatte aber dieselben kaum drey- oder viermal geladen, als ich bemerkte, daß der Zeiger des Elektrometers bis auf 35° gekommen war, und noch immer zu steigen fortfuhr. Da nun die Schläge sehr stark waren, so hörte ich auf, die Flaschen weiter zu laden, und dachte wegen des so schnellen Zunehmens der Elektricität, die Isolirung der Schnur aufzuheben, damit die Elektricität, im Fall sie noch mehr zunähme, stillschweigend in die Erde möchte abgeleitet werden, ohne durch ihre Anhäufung in der isolirten Schnur irgend einen übeln Zufall veranlassen zu können. Da ich nun kein dazu schickliches Geräthe in der Nähe hatte, so wollte ich die seidne Schnur abbinden, und die Bindfaden selbst an den Stuhl befestigen. In dieser Absicht nahm ich den Drath ab, der das Elektrometer mit der Schnur verband, fassete die Schnur an, band sie von der seidenen ab, und befestigte sie an den Stuhl; aber während dieser Beschäfftigungen, die doch kaum eine halbe Minute lang dauerten, bekam ich zwölf bis funfzehn sehr starke Schläge, die ich alle in den Armen, der Brust und den Schenkeln fühlte, und die mich so stark erschütterten, daß mir kaum Kraft genug übrig blieb, meine Absicht auszuführen, und die im Zimmer befindlichen Personen zu warnen, daß sie in der gehörigen Entfernung von der Schnur bleiben möchten. Sobald ich die Hand von der Schnur wegnahm, fieng die Elektricität (weil der Stuhl ein schlechter Leiter war,) an, zwischen der

Schnur

Schnur und dem Fensterrahmen, welches der nächste Körper um dieselbe war, Funken zu schlagen. Man konnte den Schall dieser Funken bis auf eine beträchtliche Weite außer dem Zimmer hören, und sie blieben zuerst in eben demselben Tacte, in welchem die Schläge, die ich bekommen hatte, fortgegangen waren; nach einer Minute aber folgten sie weit geschwinder aufeinander, so daß die Leute im Hause ihren Schall mit dem Rasseln eines Bratenwenders verglichen. Die Wolke war nun gerade über dem Drachen; sie war schwarz, und wohl begrenzt, in der Gestalt eines Kreises, dessen scheinbarer Durchmesser etwa 40° betrug; der Regen fiel häufig, aber nicht sonderlich schwer. Sobald die Wolke vorüber war, wurde der Schall der elektrischen Funken schwächer, und in kurzer Zeit konnte man ihn nicht mehr hören. Nunmehr gieng ich wieder an die Schnur, und da ich ihre Elektricität schwach, aber noch immer negativ fand, isolirte ich sie von neuem, und dachte, den Drachen noch etwas länger in der Höhe zu halten; da ich aber eine noch größere und dichtere Wolke, als die vorige, sehr schnell gegen das Zenith anrücken sahe, und das gehörige Geräthe, um allen übeln Zufällen vorzubeugen, nicht bey der Hand hatte, so entschloß ich mich, den Drachen einzuziehen. Ein Freund also, der bey mir im Zimmer war, zog ihn wirklich ein, indem ich die Schnur aufwand. Die Wolke war indessen ziemlich nahe über den Drachen gekommen, und mein Freund, der an der Schnur zog, klagte mir, er habe zwey kleine Schläge in die Arme bekommen, und wofern er noch einen fühlen sollte, so werde er die Schnur fahren lassen; worauf ich denn selbst die Schnur anfassete, und den Drachen ohne weitere Beobachtung, so geschwind als ich konnte, einzog, da es eben zehn Minuten nach vier Uhr war.

Anm.

mit dem elektrischen Drachen.

Anm. Man hat weder diesen, noch einige Tage vorher oder hernach, etwas von einem Gewitter wahrgenommen.

Am 8. Nov. 1775. Der Wind kam aus Nordwest, und war gerade hinreichend. Ich ließ den Drachen Mittags um drey Viertel auf zwölf Uhr mit 120 Yards Schnure steigen. Der Himmel war trübe; die Elektricität positiv und schwach. Um zwölf Uhr wurden die Wolken dichter, und die Elektricität verschwand gänzlich; jedoch kam sie nach wenigen Secunden wieder, und nahm von dieser Zeit an augenscheinlich eben so zu und ab, wie die Wolken dünner oder dichter wurden. Vierzig Minuten nach ein Uhr verschwand die Elektricität aufs neue, weil eine dicke Wolke fast den ganzen Himmel bedeckte; als es aber anfieng ein wenig zu regnen, kam die Elektricität zurück, und war noch immer positiv. Um drey Viertel auf vier Uhr fieng das Gewölk an, dünner zu werden, und die Elektricität stieg ein wenig; allein meine Geschäffte nöthigten mich, den Drachen einzuziehen. Bey diesem Versuche kam der Zeiger des Elektrometers selten bis 6°.

Am 16. Nov. Bey sehr hellem und kaltem Wetter ließ ich den Drachen um ein Viertel auf eilf Uhr Vormittags mit 120 Yards Schnure steigen. Die Elektricität war positiv und ziemlich stark; der Zeiger des Elektrometers gieng von 9° bis 15°, stieg allezeit, wenn der Wind stärker blies, und den Drachen höher erhob, und fiel, wenn das Gegentheil geschahe. Um ein Viertel auf vier Uhr hörte der Wind, der aus Nordnordwest gekommen war, gänzlich auf, und der Drache fiel herab.

Am 17. Nov. Das Wetter war so neblicht, daß man auf eine Viertelmeile weit keine Gebäude mehr erkennen konnte. Ich ließ den Drachen Nachmittags um zwey Uhr mit 110 Yards Schnure steigen, indem es ein wenig regnete. Die Elektricität war positiv, aber so schwach, daß die Kugeln eines Korkelektrometers nur ¼ Zoll aus einander standen. Weil der Wind sehr heftig war, mußte ich den Drachen einziehen, nachdem er etwa fünf Minuten lang in der Höhe gestanden hatte.

Am 5. Dec. 1775. Das Wetter war trübe; der Wind kam aus West gen Norden, und war kaum zureichend, den Drachen zu heben, den ich um ein Viertel auf vier Uhr Nachmittags mit 120 Yards Schnure steigen ließ. Die Elektricität war positiv, und so schwach, daß die Korkkugeln eines Elektrometers etwa um einen Zoll aus einander standen. Gleich nach vier Uhr ward der Drache eingezogen, und um 8 Uhr des Abends ließ ich ihn wieder steigen. Zu dieser Zeit war die Elektricität weit stärker, als des Nachmittags, blieb aber immer positiv. Das Wetter klärte sich auf, und der Wind, der auch ein wenig stärker als des Nachmittags war, trieb die Wolken aus einander. Um vierzig Minuten auf neun Uhr war der Himmel hell, und man sahe Mond und Sterne sehr deutlich; nur zeigte sich um den Horizont ein wenig dünnes Gewölke. Der Zeiger des Elektrometers gieng nun von 15° bis 20°. Zehn Minuten nach neun Uhr ward der Drache eingezogen.

Anm. Man sahe diesen Abend kein Nordlicht.

Am 20. Dec. Bey trübem und neblichtem Wetter ließ ich den Drachen Vormittags um drey Viertel auf 11 Uhr mit 140 Yards Schnure steigen. Die Elektricität war positiv und ziemlich stark, indem der Zeiger des Elektrometers von 16° bis 21° gieng. Um halb zwey Uhr Nachmittags ward der Himmel ein wenig heller. Ich zog den Drachen ein, isolirte ihn durch ein seidenes Band, das ich zwischen seinen Ring und das Ende der Schnur knüpfte, ließ ihn aufs neue

mit

mit eben so viel Schnur als vorher steigen, und isolirte nun auch das untere Ende der Schnur. Ich fand bey dieser Veranstaltung durch den Zeiger des Elektrometers, daß die Stärke der Elektricität, so viel sich bestimmen ließ, eben so groß war als vorher, da der Drache, in Absicht auf die Schnur, nicht isolirt gewesen war.

Um zwey Uhr Nachmittags zog ich den Drachen wieder ein, und fand, daß das seidene Band gar keine Feuchtigkeit an sich gezogen hatte, daß also der Drache dadurch vollkommen isolirt worden war. Diesen Versuch mit dem isolirten Drachen habe ich auch zu andern Zeiten noch oftmals, und allezeit mit gleichem Erfolg wiederholt; man sieht hieraus, daß in den meisten Fällen nicht der Drache, sondern die Schnur die Elektricität aus der Luft sammle. Der Drache dient also der Regel nach blos dazu, daß er die Schnur hoch in der Luft erhält.

Am 4. Jan. 1776. Den vorigen Tag und die Nacht hindurch war die Kälte sehr streng gewesen; um zwey Uhr des Morgens aber erhob sich ein starker Südwind, der ein plötzliches Thauwetter und häufigen Regen veranlassete. Früh um acht Uhr, als ich den Drachen steigen ließ, sahe der ganze Himmel wie eine gleichförmig schwarze Decke aus, unter welcher viele kleine irregulär gestaltete und noch schwärzere Wolken mit großer Geschwindigkeit fortliefen. Der Regen war anhaltend, aber nicht von beträchtlicher Stärke. Sobald ich die Schnur des Drachens isolirt hatte, so fieng die Elektricität, welche negativ war, an, gegen den Fensterrahmen, und andere nahe stehende Körper Funken zu schlagen; der Zeiger des Elektrometers kam bis 40°, und würde gewiß noch weiter gegangen seyn, wenn das Geräthe trockner gewesen wäre; allein die Luft war so feucht, daß es fast unmöglich war, irgend einen

einen Theil des Apparatus gehörig vor der Näſſe zu bewahren. Inzwiſchen nahm die Elektricität nach und nach, ab, ſo daß um 10 Uhr, da ich den Drachen einzog, der Zeiger des Elektrometers ein wenig über 12° ſtand. Bey dieſem Verſuche ladeten ſich die belegten Flaſchen ungemein ſchnell; drey bis vier Secunden Zeit waren hinreichend, um zwey Flaſchen, die eine halbe Pinte faſſeten, völlig zu laden.

Am 11. Jan. Der Boden war mit Eis und Schnee bedeckt, und die Atmoſphäre ſo nebliche, daß man die Gebäude auf eine engliſche Meile weit nicht mehr ſehen konnte. Der Wind kam aus Südoſt gen Süden, und war gerade hinreichend, den Drachen zu heben, den ich um drey Uhr Nachmittags mit 124 Yards Schnur ſteigen ließ, und bis in die Nacht um halb ein Uhr in der Höhe erhielt. Zuerſt als der Drache geſtiegen war, fieng es an zu thauen; ſobald es aber dunkel ward, fror es aufs neue ſehr ſtark. Die Elektricität war poſitiv und ziemlich ſtark; der Zeiger des Elektrometers ſtand um 13°. Um halb fünf Uhr ließ ich die Schnur um 34 Yards weiter aus, ſo daß die ganze Länge der ausgelaſſenen Schnur 158 Yards betrug. Bey dieſer Verlängerung der Schnur nahm die Elektricität zu, ſo daß der Zeiger des Elektrometers bis auf 17° kam. Um halb ſechs Uhr fieng der Wind an ſtärker zu werden, und die Elektricität nahm ab, ſo daß der Zeiger des Elektrometers bis auf 6° fiel. Um drey Viertel auf ſieben Uhr ſtand er auf 13°, und um ſieben Uhr auf 20°; der Wind kam nun völlig aus Oſten. Um ein Viertel auf acht Uhr ſtand der Zeiger auf 25°. Von dieſer Zeit an nahmen der Wind und die Elektricität zugleich ab, ſo daß um neun Uhr der Zeiger des Elektrometers auf 10° ſtand. Um eilf Uhr ward der Wind wieder ſtärker. Um zwölf Uhr ward er ſehr ſtark, und der Zeiger des Elektrometers ſtand

um

mit dem elektrischen Drachen.   337

um 6°. Um halb ein Uhr stand der Zeiger zwischen 3° und 4°; aber da der Wind sehr heftig ward, so riß die Schnur nahe beym Fenster, und flog mit dem Drachen davon.

Anm. Wenige Minuten nach diesem Zufalle fieng es an zu schneyen.

Am 26. Jan. Die Kälte war sehr streng, wie sie es seit ohngefähr drey Wochen anhaltend gewesen war, und es schneyete. Ich ließ den Drachen mit 70 Yards Schnure steigen; aber noch ehe ich die Schnur isoliren konnte, hörte es auf zu schneyen, das Wetter klärte sich auf, und ward bald sehr heiter. Die Elektricität war positiv und sehr stark; der Zeiger des Elektrometers stand um 32°. Um eilf Uhr riß die Schnur, und der Drache fiel herab, nachdem er etwa drey Viertelstunden in der Höhe gestanden hatte.

Am 17. Febr. 1776. Das Wetter war trübe, regnericht, und so neblicht, daß man auf eine halbe Meile weit keine Gebäude mehr unterscheiden konnte. Ich ließ den Drachen um drey Viertel auf zwölf Uhr Vormittags mit 175 Yards Schnure steigen. Der Wind war ziemlich stark; die Elektricität negativ und ebenfalls stark; der Zeiger des Elektrometers stand um 20°. In etwa fünf Minuten Zeit hörte der Regen auf, der Wind ward schwächer, und wendete sich ein wenig gegen Süden; die Elektricität gieng von der negativen zur positiven über. Der Zeiger stand nunmehr um 15°. Nach zwey bis drey Minuten fieng es wiederum an zu regnen, und hielt damit den größten Theil des Tages an; der Wind ward sehr schwach; die Elektricität gieng aufs neue von der positiven zur negativen über, und blieb negativ bis um halb zehn Uhr, da der Wind so schwach wurde, daß ich den Drachen einziehen mußte.

Am 19. Febr. Der Himmel war voller Wolken, welche sehr scharf begrenzt waren, und der Wind kam aus Westnordwest. Um halb vier Uhr Nachmittags ließ ich den Drachen mit 175 Yards Schnure steigen. Die Elektricität war positiv und stark; der Zeiger des Elektrometers gieng von 10° bis 20°. Um drey Viertel auf vier Uhr gieng eine dichte Wolke über den Drachen, welche verursachte, daß der Zeiger bis auf 4° fiel. Als die Wolke vorüber war, erhob sich der Zeiger wieder. Um vier Uhr zog ich den Drachen herab.

Am 8. April 1776. Das Wetter war hell, und man sahe ein sehr starkes Nordlicht. Ich ließ den Drachen wenige Minuten vor 9 Uhr des Abends mit 175 Yards Schnure steigen. Der Wind kam aus Nordnordwest, und war ziemlich stark. Die Elektricität war positiv, und so viel ich urtheilen konnte, würde das Elektrometer auf 15° gestiegen seyn.

Am 15. May 1776. Bey trübem Wetter und Nordwinde ließ ich um drey Uhr Nachmittags den Drachen mit 170 Yards Schnure steigen. Die Elektricität war im Anfange außerordentlich schwach, und, wie ich dafür halte, (denn ich hatte keine Zeit sie zu untersuchen,) positiv. Da aber bald darauf eine dichte Wolke über den Drachen gieng, so verschwand die Elektricität; und als einige wenige Regentropfen herabfielen, zeigte sich eine sehr schwache negative, welche bald so stark anwuchs, daß der Zeiger des Elektrometers bis 15° kam. Inzwischen hörte der Regen nach wenigen Minuten auf, und die Elektricität nahm nach und nach ab, und verschwand endlich gänzlich. Gleich darauf kam eine sehr schwache positive zum Vorschein; als aber eine andere dichte Wolke vorübergieng, und einige sehr kleine Regentropfen herabfielen, verschwand die positive Elektricität, und es fand sich wieder eine negative ein.

Die

Die Wolke und der Regen giengen bald vorüber: die Elektricität ward wiederum positiv, und blieb dieß auch, bis der Drache eingezogen ward. Nachdem die Wolken, welche beständig über den Drachen hinweggiengen, dünner oder dichter waren, nachdem war auch die Elektricität stärker oder schwächer, so daß sie bisweilen den Zeiger des Elektrometers bis auf 5° erhob, bisweilen aber auch kaum mit dem Korkelektrometer zu bemerken war. Um fünf Uhr zog ich den Drachen ein, da das Wetter ziemlich hell war, und der Zeiger des Elektrometers auf 3° stand. Der Wind war während dieses Versuches stärker oder schwächer, nachdem die übergehenden Wolken dichter oder dünner waren. Um halb acht Uhr Abends ließ ich den Drachen mit eben so viel Schnur wieder steigen. Der Wind gieng etwas stärker, und das Wetter war ziemlich hell. Die Elektricität war positiv, und der Zeiger des Elektrometers stand auf 10°; als aber einige Wolken von Norden her kamen, so fieng die Elektricität an abzunehmen, und um acht Uhr war sie gerade noch hinreichend, die Kugeln eines Korkelektrometers von einander zu trennen, indem der ganze Himmel mit Wolken bedeckt war. Um halb neun Uhr zog ich den Drachen herein, da die Wolken über ihm sehr dünn waren, und der Zeiger des Elektrometers auf 5° stand.

Am 4. Jun. 1776. Bey trübem Wetter und Südsüdwestwinde ließ ich den Drachen um ein Uhr Nachmittags mit 170 Yards Schnure steigen. Die Elektricität war positiv, und der Zeiger gieng von 1° bis 7°. Um drey Viertel auf 2 Uhr fiengen die Wolken an, sich zu zerstreuen, und die Elektricität nahm ein wenig zu. Um zwey Uhr zog ich den Drachen herunter.

Am 17. Jun. Bey trübem Wetter und Südwestwinde ließ ich den Drachen um fünf Uhr Nachmittags mit 170 Yards Schnure steigen. Die Elektricität war positiv, und der Zeiger des Elektrometers gieng von 10° bis 16°. Bey diesem Versuche schienen die Wolken, sie mochten dicht oder dünn seyn, keinen Einfluß auf die Elektricität des Drachens zu haben. Um ein Viertel auf sieben Uhr zog ich den Drachen ein.

Am 20. Jun. Bey trübem Wetter und einem gerade zureichenden Ostwinde, ließ ich den Drachen um drey Viertel auf vier Uhr Nachmittags mit 170 Yards Schnure steigen. Die Elektricität war positiv, und der Zeiger des Elektrometers stand ohngefähr auf 8°. Um fünf Uhr fieng das Wetter an sich aufzuklären, und die Elektricität ward stärker, so daß in einer halben Stunde der Zeiger des Elektrometers auf 17° kam, und um sechs Uhr auf 25° stand. Da sich aber um diese Zeit der Wind auf einmal legte, so fiel der Drache herab.

Am 8. Jan. 1777. Bey kaltem und hellem Wetter und einem ziemlich starken Nordwinde ließ ich den Drachen um vier Uhr Nachmittags mit 170 Yards Schnure steigen. Die Elektricität war positiv und stark, der Zeiger des Elektrometers wies auf 36°. Bey diesem Versuche waren die Funken aus dem ersten Leiter merklich stechend, ob sie gleich kaum $\frac{1}{8}$ Zoll lang waren. Um ein Viertel auf sechs Uhr zog ich den Drachen ein.

Allgemeine Gesetze, welche sich aus den Versuchen mit dem elektrischen Drachen ziehen lassen.

I. Die Luft scheint jederzeit elektrisiret zu seyn; ihre Elektricität ist allezeit positiv, und weit stärker bey kaltem mit dem elektrischen Drachen. 341

tem als bey warmem Wetter*); auch ist sie keinesweges in der Nacht geringer, als am Tage **).

II. Die Annäherung der Wolken vermindert gemeiniglich die Elektricität des Drachens; zuweilen hat sie
gar keinen Einfluß auf dieselbe; und sehr selten verstärkt
sie sie ein wenig.

III. Wenn es regnet, ist die Elektricität des Drachens mehrentheils negativ, und sehr selten positiv.

IV. Das Nordlicht scheint auf die Elektricität des
Drachens keinen Einfluß zu haben ***).

V. Der elektrische Funken, den man aus der
Schnur des Drachens, oder aus einem damit verbundenen isolirten ersten Leiter zieht, ist, besonders
wenn es nicht regnet, sehr selten länger als $\frac{1}{4}$ Zoll, aber
außerordentlich stechend. Wenn der Zeiger des Elektrometers auch nicht höher als 20° steht, so wird die
Person, die den Funken ziehet, denselben bis in die

Y 3 Schen-

*) Ich habe fast bey jedem Grade der Temperatur von
15° bis 80° des Fahrenheitischen Thermometers
Beobachtungen über die Elektricität der Atmosphäre
angestellet.

**) Bey allen meinen Versuchen hat es sich nur ein
einzigesmal getroffen, daß die Schnur an dem Drachen gar keine Elektricität zeigte. Dieß war an
einem Mittage, da das Wetter warm, und der Wind
so schwach war, daß der Drache kaum steigen, und
man ihn kaum einige Minuten lang in der Höhe erhalten konnte. Am Abend aber wendete sich der
Wind, der den Tag über aus Nordwest gekommen
war, nach Nordost, und ward ein wenig stärker.
Ich ließ den Drachen um halb eilf Uhr wiederum
steigen, und erhielt, wie gewöhnlich, eine ziemlich
starke positive Elektricität.

***) Dennoch hat Volta mit Beyhülfe des Condensa-
tors, in der Nacht zwischen dem 28sten und 29sten
Jul. 1780 bey einem Nordlichte die Elektricität der
Atmosphäre weit stärker, als gewöhnlich, gefunden.
A. d. Ueb.

Schenkel fühlen; er ist also mehr dem Schlage aus einer geladenen Flasche, als dem Funken aus dem ersten Leiter einer Elektrisirmaschine ähnlich *).

VI. Die Elektricität des Drachens ist überhaupt stärker oder schwächer, je nachdem die Schnur länger oder kürzer ist, doch bleibt sie nicht in Proportion mit der Länge der Schnur. Wenn z. B. die durch eine Schnur von 100 Yards erhaltene Elektricität den Zeiger des Elektrometers bis 20° erhebt, so wird ihn die durch eine doppelt so lange Schnur herabgeleitete nicht höher als auf 25° erheben.

VII. Wenn das Wetter feucht, und die Elektricität stark ist, so steigt der Zeiger des Elektrometers, wenn man einen Funken aus der Schnur gezogen, oder den Knopf einer belegten Flasche gegen dieselbe gehalten hat, mit großer Geschwindigkeit wieder an seine gewöhnliche Stelle: aber bey trocknem und warmem Wetter steigt er außerordentlich langsam.

Diese wenigen Gesetze sind das kurze Resultat aller meiner Versuche, die ich seit ohngefähr zwey Jahren mit dem elektrischen Drachen angestellt habe. Ich maße mir nicht an, zu bestimmen, in wiefern sie brauchbar seyn, oder mit den Beobachtungen anderer Naturforscher übereinstimmen mögen. Sie sind zu Isslington gemacht, und vielleicht möchte das Resultat ähnlicher Versuche an andern Orten, besonders unter andern Himmelsstrichen, ein wenig anders ausfallen: ich wünsche daher, daß man sie anderwärts genau wiederho-

---

*) Dieß rührt offenbar von der Länge der Schnur her. Um sich davon zu überzeugen, darf man sie nur auf dem Felde horizontal ausspannen, und mit dem ersten Leiter einer Elektrisirmaschine verbinden. Man erhält hier kurze, aber eben so stechende Funken. S. Cuthbertson's Abhandl. von der Elektricität. S. 247. D.

derholen, und das Resultat mit dem meinigen vergleichen möge, damit sich, wofern es möglich ist, etwas befriedigendes über die Ursache der beständigen Elektricität bestimmen lasse, welche sich in der Atmosphäre befindet, und aller Wahrscheinlichkeit nach die Elektricität der Wolken veranlasset.

Drittes Capitel.
Versuche mit dem atmosphärischen Elektrometer und dem Regenelektrometer.

Taf. III. Fig. 1. wird ein sehr einfaches Werkzeug vorgestellt, welches ich erfunden habe, um die Elektricität der Atmosphäre zu beobachten, und das ich aus verschiedenen Ursachen für das bequemste zu dieser Absicht halte. A B ist eine gemeine aus verschiednen Gliedern zusammengesetzte Angelruthe, von der jedoch das letzte dünnste Glied abgenommen ist. Aus dem Ende dieser Stange geht eine dünne Glasröhre C hervor, welche mit Siegellack überzogen ist. An ihr befindet sich ein Stück Kork D, von welchem ein Elektrometer mit Hollundermarkkügelchen herabhängt. H G I ist ein Stück Bindfaden, welches an das andere Ende der Röhre befestiget ist, und bey G von einem Schnürchen F G gehalten wird. Am Ende des Bindfadens bey I ist eine Stecknadel befestiget. Wenn man diese in den Kork D steckt, so ist das Elektrometer E unisolirt.

Wenn ich nun mit diesem Instrumente die Elektricität der Atmosphäre beobachten will, so stoße ich die Stecknadel I in den Kork D, halte den Stab bey dem untern Ende A, stecke ihn zu einem Fenster in dem obersten Stockwerke des Hauses heraus in die Luft, und halte das andere Ende der Röhre mit dem Elektrometrometer so hoch, daß der Stab mit dem Horizont einen Winkel von 50° bis 60° macht. In dieser Stellung halte ich das Instrument einige Secunden, ziehe dann an dem Bindfaden bey H, und mache dadurch die Stecknadel von dem Korke D los, wobey der Bindfaden in die punktirte Lage K L fällt, das Elektrometer aber isolirt, und auf die der Elektricität der Atmosphäre entgegengesetzte Art elektrisirt bleibt. — Hierauf ziehe ich den Stab ins Zimmer zurück, und untersuche die Beschaffenheit der Elektricität, ohne durch Wind oder die Dunkelheit gehindert zu werden *).

Mit diesem Instrumente habe ich einige Monate lang täglich einigemal die Elektricität der Atmosphäre beobachtet, und daraus folgende allgemeine Bemerkungen gezogen, welche mit dem Resultat meiner Versuche mit dem elektrischen Drachen übereinzustimmen scheinen.

I. Daß es in der Atmosphäre allezeit einige Elektricität gebe. Denn so oft ich das beschriebene Instrument gebraucht habe, hat es auch allezeit einige Elektricität erhalten.

II. Daß die Elektricität der Atmosphäre oder der Dünste allezeit von einerley Art, nämlich positiv sey. Denn das Elektrometer ist allezeit negativ, die Fälle ausgenommen, in welchen es augenscheinlich durch den Einfluß schwerer Wolken am Zenith geändert wird; wie man aus den Beobachtungen siehet, welche sich in der folgenden Tabelle für den 19 October 1776 finden.

Folgen-

*) Ein ähnliches Werkzeug ist der sogenannte Sicherungsstock, mit dessen Hülfe man nicht nur die atmosphärische Elektricität untersuchen, sondern auch, wenn man sich bey herannahenden Donnerwettern unterwegs befindet, die größere oder mindere Gefahr wahrnehmen, und sich gegen diese schützen kann. Eine Beschreibung und Abbildung davon findet man in Cuthbertson's Abhandl. von der Elektr. S. 124. und 259. B.

Zu Seite

Folgendes ist das dem atmosphärischen Elektrometer, wo¿e von der Elektricität

Zeit der Be-	Oeffnung des ektrometers in Zollen	Beschaffenheit der Elektricität.
d. 19. Oct. 1776.	$\frac{1}{10}$	negativ
, , ,	$\frac{3}{4}$	positiv
, , ,	1	
, , ,	$\frac{1}{2}$	negativ
d. 6. Nov. ,	1	
d. 8. Nov. ,	$\frac{1}{4}$	
, , ,		
d. 13. Nov. ,	sehr wenig	
, , ,	$\frac{1}{4}$	
d. 17. Nov. ,		
, , ,		
d. 28. Nov. ,	$\frac{3}{4}$	
, , ,		
d. 20. Dec. ,	$\frac{1}{2}$	
d. 6. Febr. 1777.	$\frac{3}{4}$	
d. 7. Febr. ,	$\frac{1}{4}$	
, , ,		
d. 27. Febr. ,	sehr wenig	
d. 26. März ,	$\frac{1}{10}$	

III. Daß

III. Daß sich der Regel nach die stärkste Elektricität bey dickem Nebel und bey kaltem Wetter findet; die schwächste hingegen bey trüber, warmer und zum Regen geneigter Witterung. Doch scheint sie in der Nacht nicht geringer als am Tage zu seyn.

IV. Daß die Elektricität an höhern Orten stärker ist als an niedrigern. Ich habe das atmosphärische Elektrometer auf der Kuppel der St. Paulskirche, sowohl auf der steinernen als auf der eisernen Gallerie, untersucht, und gefunden, daß die Kugeln auf der letztern weit mehr aus einander giengen, als auf der erstern, welche nicht so hoch liegt. Wenn diese Regel in einiger Entfernung von der Erde noch statt findet, so muß die Elektricität in den obern Gegenden der Atmosphäre außerordentlich stark seyn.

Das Regenelektrometer ist in der Theorie nichts anders, als ein isolirtes Gefäß, das den Regen auffängt, und durch ein Korkelektrometer die Stärke und Beschaffenheit seiner Elektricität anzeigt.

Taf. III. Fig. 2. wird ein Werkzeug von dieser Art vorgestellet, welches ich sehr häufig gebraucht, und nach verschiedenen Versuchen sehr dienlich gefunden habe. ABCI ist eine starke Glasröhre, ohngefähr zwey und einen halben Schuh lang, an deren Ende ein zinnerner Trichter DE angekittet ist, welcher einen Theil der Röhre vor dem Regen beschützet. Die äußere Oberfläche der Röhre von A bis B ist mit Siegellack überzogen, so wie auch der Theil von ihr, der von dem Trichter bedeckt wird. FD ist ein Stück Rohr, um welches einige meßingene Dräthe in verschiednen Richtungen geflochten sind, so daß sie leicht etwas Regen auffangen, und doch dem Winde nicht Widerstand thun. Dieses Stück Rohr ist an die Röhre befestiget; aus ihm geht ein dünner Drath durch die Röhre hindurch, und ist mit dem stärkern Drathe AG verbunden,

bunden, der in einem Stücke Kork steckt, welches in das Ende der Röhre A befestiget ist. Das Ende G des Drathes AG ist in einen Ring gebogen, an welchen ich nach Befinden der Umstände ein mehr oder weniger empfindliches Korkelektrometer hängen kann.

Ich befestige dieses Instrument an die Seite des Fensterrahmens, wo es von starken messingenen Haken getragen wird. In dieser Absicht umwinde ich die Röhre bey CB mit einer seidnen Schnur, damit die Haken sie besser fassen können. Der Theil FC ragt zu dem Fenster heraus, und das Ende F ist ein wenig über die Horizontallinie erhöhet. Der übrige Theil des Instruments geht durch ein Loch in dem Fensterrahmen in das Zimmer hinein, und innerhalb des Rahmens selbst befindet sich blos der Theil CB.

Wenn es regnet, und vorzüglich bey vorübergehenden Platzregen, wird dieses Instrument in der oben beschriebenen Stellung öfters elektrisiret, und man kann durch das Auseinandergehen der Kügelchen des Elektrometers die Stärke und Beschaffenheit der Elektricität des Regens beobachten, ohne dabey einem Irrthum ausgesetzt zu seyn. Durch dieses Instrument habe ich wahrgenommen, daß der Regen mehrentheils, obgleich nicht allemal, negativ elektrisiret sey, und dieß zuweilen so stark, daß ich im Stande gewesen bin, eine kleine belegte Flasche an dem Drathe AG zu laden.

Man muß dieses Instrument so befestigen, daß man es leicht von dem Fenster abnehmen, und wieder darauf stellen kann, wenn es erforderlich ist; denn man muß es sehr oft abwischen und trocknen, besonders wenn sich ein Platzregen nähert.

Ich will dieses Capitel mit der Beschreibung eines Taschenelektrometers, Taf. III. Fig. 4. 5 und 6. beschließen, welches ich erst kürzlich verfertiget habe, und
das

und dem Regenelektrometer. 347

das mir den Vorzug vor allen jetzt gewöhnlichen, auch den allerempfindlichsten, zu verdienen scheint. Das Gehäuse und zugleich der Handgriff dieses Elektrometers ist eine Glasröhre, die etwa drey Zoll lang ist, ⅓ Zoll im Durchmesser hat, und bis auf die Hälfte mit Siegellack überzogen ist. An demjenigen Ende der Röhre, woran sich kein Siegellack befindet, ist eine Schleife von einem dünnen seidnen Schnürchen, womit man das Elektrometer gelegentlich an eine Stecknadel hängen kann. In das andere Ende der Röhre paßt ein Kork, welcher an beyden Enden conisch zugespitzt ist, und mit jedem gerade die Oeffnung der Röhre verstopfen kann. Von dem einen Ende dieses Korks hängen zwey leinene Fäden herab, die ein wenig kürzer sind, als die Länge der Glasröhre; und an jedem befindet sich ein kegelförmiges Stückchen Holundermark. Will man dieses Elektrometer gebrauchen, so steckt man das Ende des Korks, das den Fäden entgegengesetzt ist, in die Oeffnung der Röhre; alsdann giebt die Röhre einen isolirten Handgriff des Korkelektrometers ab, wie Taf. III. Fig. 6. vorgestellt wird. Will man aber das Elektrometer in die Tasche stecken, so steckt man die Fäden in die Röhre, welche zugleich durch den Kork verstopft wird, wie man Fig. 5. sehen kann. Die besondern Vorzüge dieses Elektrometers bestehen in seiner bequemen und geringen Größe, seiner großen Empfindlichkeit, und darinnen, daß es sich länger in gutem Stande erhält, als irgend ein anderes, das ich gesehen habe.

Taf. III. Fig. 4. stellt ein Futteral vor, worinnen man das beschriebene Elektrometer bey sich führen kann. Dieses Futteral gleicht einem gemeinen Zahnstocheretui, nur daß es an dem Ende A ein Stück Bernstein hat, welches bey Gelegenheit dienen kann, das Elektrometer negativ zu elektrisiren. An dem andern Ende befindet

findet sich ein Stück Elfenbein, das auf ein Stück Bernstein BC gesetzt ist. Das letztere Stück Bernstein dient blos dazu, das darauf befindliche Elfenbein zu isoliren, welches, wenn man es an einem Tuchkleide reibt, eine positive Elektricität erhält, und daher gebraucht werden kann, um das Elektrometer positiv zu elektrisiren.

Viertes Capitel.

Versuche mit dem Elektrophor, oder der Maschine zu Erhaltung einer beständigen Elektricität.

Taf. III. Fig. 9. werden die Platten vorgestellt, welche man insgemein die Maschine zur beständigen Elektricität, oder den Elektrophor nennet. Diese Maschine besteht aus zwey Platten, deren eine B eine cirkelrunde Glasscheibe ist, die man auf der einen Seite mit einem schweflichten oder harzigen elektrischen Körper, gemeiniglich mit einer Composition aus gleichen Theilen von Harz, Siegellack und Schwefel überzieht; die andere A ist eine messingene Platte oder ein Bret, mit Stanniol belegt, fast eben so groß, als die elektrische Platte, und mit einem gläsernen Handgriff I versehen, der in eine messingene oder hölzerne Schraubenmutter in den Mittelpunkt derselben eingeschraubt ist. Diese Maschine ist die Erfindung eines italiänischen Naturforschers, (des Hrn. Volta von Como,) und ihr Gebrauch ist folgender.

Man erregt zuerst die ursprüngliche Elektricität in der Platte B, indem man ihre überzogene Seite mit einem Stück reinem weißen Flanell reibet, und wenn diese so stark als möglich erregt ist, setzt man die Platte auf den Tisch, daß sie die überzogne Seite aufwärts kehret; zweytens setzt man die Metallplatte auf den geriebenen elektrischen Körper, wie die Figur zeigt; drittens

tens berührt man die Metallplatte mit dem Finger, oder einem andern Leiter, der, wenn er die Platte berührt, einen Funken von ihr erhält. Endlich fasset man die Metallplatte bey dem Ende des gläsernen Handgriffs I und nimmt sie von der elektrischen Platte ab. Wenn man sie nun ein ewig in die Höhe gehoben hat, so wird man sie stark elektrisiret finden, und zwar mit der entgegengesetzten Elektricität von derjenigen, die sich in der elektrischen Platte befindet; und sie wird auf einen jeden Leiter, den man ihr nähert, einen sehr starken Funken schlagen. Setzt man die Metallplatte zu wiederholtenmalen auf die elektrische, berührt sie mit dem Finger, und nimmt sie wieder davon ab, so wird man eine beträchtliche Anzahl von Funken daraus ziehen können, die, so viel sich bemerken läßt, von gleicher Stärke sind; ohne daß man die Elektricität der elektrischen Platte aufs neue erregen darf. Läßt man diese Funken zu wiederholtenmalen auf den Knopf einer belegten Flasche schlagen, so wird dieselbe dadurch bald geladen werden.

Die Wirkungen dieser Platten hängen von einem längst entdeckten Grundsatze ab, nämlich von der Kraft elektrischer Körper, in andern, die sich innerhalb ihres Wirkungskreises befinden, die entgegengesetzte Elektricität von derjenigen hervorzubringen, die in ihnen selbst erregt worden ist. Wenn daher die Metallplatte auf den geriebenen elektrischen Körper gesetzt wird, so erhält sie die entgegengesetzte Elektricität von der seinigen. Sie giebt ihre elektrische Materie an die Hand oder an den Leiter ab, womit man sie berühret, wenn sie auf einer positiv elektrisirten Platte steht; oder erhält einen Zusatz von elektrischer Materie aus der Hand u. s. w., wenn man sie auf eine negativ elektrisirte Platte gesetzt hat.

Was die lange Dauer der Kraft dieser elektrischen Platte betrifft, welche, wenn sie einmal erregt ist, ohne einige neue Erregung fortdauert, so hat man, meiner Meynung nach, nicht den geringsten Grund, dieselbe für immerwährend auszugeben, wie dieß einige haben annehmen wollen. Diese Platte ist doch nichts mehr, als ein elektrischer Körper, in welchem ursprüngliche Elektricität erregt ist; sie muß also nach und nach ihre Kraft verlieren, indem sie immer etwas von ihrer Elektricität an die Luft, oder andere angrenzende Materien abgiebt. Diese Elektricität aber dauert in der That sehr lange Zeit, obgleich die Versuche keinesweges beweisen, daß sie immerwährend sey. Man hat sie oft viele Tage, ja viele Wochen nach ihrer Erregung noch ziemlich stark gefunden. Meiner Meynung nach hängt diese lange Dauer von zwey Ursachen ab: die erste ist; daß die elektrische Platte bey dem Aufsetzen der Metallplatte, und überhaupt bey der ganzen Operation keine Elektricität verliert; die zweyte liegt in ihrer platten Gestalt, vermöge welcher sie in Proportion eine weit geringere Menge Luft berührt, als etwa eine Stange Siegellack, oder ein ähnlicher cylindrischer Körper, dessen Oberfläche weit mehr der Luft ausgesetzt ist, welche die elektrische Kraft elektrisirter Körper beständig schwächet.

Die ersten Versuche, welche ich mit dieser Maschine anstellte, hatten die Absicht, zu entdecken, welche Substanz man zum Ueberziehen der Glasplatte gebrauchen müsse, um damit die stärksten Wirkungen hervorzubringen. Ich versuchte verschiedene einfache und zusammengesetzte Substanzen, und fand endlich, daß die wirksamste und bey der Verfertigung am leichtesten zu behandelnde Materie, die zweyte Sorte unsers Siegellacks sey *), die ich auf eine starke Glasplatte
strich.

*) Es ist zu merken, daß dieses Siegellack zuweilen nicht so gute Wirkung, als vorher, thun will. Man kann
es

strich*). Eine auf diese Art von mir verfertigte Platte, die nur sechs Zoll im Durchmesser hatte, konnte, wenn die Elektricität einmal erregt war, eine belegte Flasche verschiedenemal nach einander so stark laden, daß ich damit ein Loch durch ein Kartenblatt schlagen konnte. Bisweilen war die Metallplatte, wenn ich sie von ihr aufhob, so stark elektrisiret, daß daraus starke Strahlen nach dem Tische, auf dem die elektrische Platte lag, ja auch in die Luft schossen, und sie auf dem Gesichte eben die Empfindung von darüber gezogenen Spinnweben verursachte, die man bey stark erregter Elektricität in elektrischen Körpern wahrnimmt. Einige meiner Platten haben so viel Kraft, daß sie sich zuweilen an die Metallplatten anhängen, wenn man diese aufheben will, und sie nicht loslassen wollen, wenn man gleich die Metallplatten mit dem Finger oder einem andern Leiter berührt.

Wenn ich, nachdem das Siegellack gerieben worden ist, die Platte so auf den Tisch lege, daß sich das Siegellack gegen den Tisch, und das Glas aufwärts kehret, d. i. auf die der gewöhnlichen gerade entgegengesetzte Art, und dann, wie sonst, die Metallplatte aufsetze,

es aber bald verbessern, wenn man das Glatte oder den Glanz von der Oberfläche mit einem Messer abschabet. Dieß scheint viel ähnliches mit der bekannten Eigenschaft des Glases zu haben, daß nämlich neue Cylinder oder Kugeln oftmals bey der Elektricität schlechte Dienste thun, sich aber hernach durch den Gebrauch verbessern, wenn ihre Oberfläche ein wenig abgenützt ist. Auch das Papier hat diese Eigenschaft.

*) Ich habe vor kurzem Platten von Hrn. Adams gesehen, welche ungemein gute Wirkung thaten. Sie waren von zwey Theilen Siegellack und einem Theile venetianischen Terpentin gemacht, und ganz ohne Glasplatte.

setze, den Funken ziehe u. s. w., so finde ich in der Metallplatte die entgegengesetzte Elektricität; d. i. wenn ich die Metallplatte auf die elektrische lege, und in dieser Lage sie mit einem isolirten Körper berühre, so wird dieser Körper positiv elektrisiret, die Metallplatte aber, wenn ich sie von der elektrischen abhebe, findet sich negativ, da sie doch positiv würde geworden seyn, wenn das Siegellack oben gelegen hätte. Der Versuch fällt eben so aus, wenn man eine elektrische Platte, die auf beyden Seiten mit Siegellack überzogen ist, oder eine von Hrn. Adams dazu nimmt, in welcher sich gar keine Glasplatte befindet.

Wenn man die messingene Platte abgehoben hat, sie dann mit dem Rande gegen das Siegellack bringt, und sie ganz leicht über die Oberfläche desselben hinwegführet, so nimmt das Siegellack die Elektricität des Metalls an sich, und die elektrische Platte verliert dadurch etwas von ihrer Kraft. Wird dieses Verfahren fünf- oder sechsmal wiederholet, so verliert die elektrische Platte ihre Kraft gänzlich, und es ist eine neue Erregung nöthig, um sie wieder zu beleben.

Wenn man die elektrische Platte, anstatt sie auf den Tisch zu legen, auf ein elektrisches Stativ setzet, so daß sie vollkommen isolirt ist, und so die Metallplatte darauf bringet, so erhält die letztere so wenig Elektricität, daß man dieselbe nur mit einem Elektrometer entdecken kann. Man sieht hieraus, daß sich die Elektricität dieser Platte auf keiner Seite derselben zeigen könne, wofern die entgegengesetzte Seite nicht die Freyheit hat, ihre elektrische Materie entweder abzugeben, oder mehrere anzunehmen. Diesem Versuche zu Folge, und um zu bestimmen, wie sich die entgegengesetzten Seiten der elektrischen Platte unter verschiedenen Umständen verhalten würden, habe ich folgende Versuche angestellet.

Auf

Auf ein elektrisches Stativ E, Taf. III. Fig. 9. setzte ich eine runde zinnerne Scheibe, die beynahe sechs Zoll im Durchmesser hatte, und durch einen dünnen Drath H mit einem Elektrometer von Korkkügelchen verbunden ward, welches ebenfalls auf dem elektrischen Stative F isolirt war. Hierauf legte ich die geriebene elektrische Platte D von 6¼ Zoll Durchmesser auf die zinnerne Platte, mit aufwärts gekehrtem Siegellack. Sobald ich die Hand von ihr hinweg nahm, so gieng das Elektrometer G, welches mit der Zinnplatte, d. i. mit der untern Seite der elektrischen Platte verbunden war, sogleich mit negativer Elektricität aus einander. Wenn ich das Elektrometer berührte, und also die Elektricität wegnahm, so giengen die Kugeln nicht wieder aus einander. Wenn ich aber nunmehr die flache Hand, oder einen andern unisolirten Leiter, etwa einen oder zwey Zoll hoch über die elektrische Platte hielt, ohne sie zu berühren, so giengen die Kugeln mit positiver Elektricität aus einander. That ich eben dieses, wenn die Kugeln noch mit negativer Elektricität divergirten, so kamen sie erst zusammen, und giengen dann wieder mit positiver aus einander; — nahm ich die Hand hinweg, so kamen die Kugeln zusammen; — hielt ich sie wieder darüber, so giengen sie wieder aus einander u. s. f.

Wenn ich, während daß die Kugeln mit negativer Elektricität divergirten, die Metallplatte bey dem Ende des gläsernen Handgriffs K anfassete, und auf das Siegellack legte, so näherten sich die Kugeln eine kurze Zeitlang gegen einander, giengen aber bald wiederum mit der vorigen, d. i. mit negativer Elektricität aus einander.

Wenn ich, während daß die Metallplatte auf der elektrischen lag, die erstere berührte, so gieng das Elektrometer sogleich mit positiver Elektricität aus einander.

Berührte ich das Elektrometer, und nahm also die Elektricität hinweg, so blieb es ohne Divergenz. — Berührte ich wieder die Metallplatte, so gieng es von neuem aus einander; und dieß ließ sich sehr vielmal wiederholen, bis endlich die Metallplatte ihre völlige Ladung bekommen hatte. Sobald man alsdann dieselbe abhob, gieng das Elektrometer G augenblicklich mit starker negativer Elektricität aus einander.

Nunmehr wiederholte ich die beschriebenen Versuche mit dieser Veränderung, daß ich die elektrische Platte D mit dem geriebenen Siegellack unterwärts, und dem Glase aufwärts, auf die zinnerne Scheibe legte. Der Unterschied in dem Erfolge war, daß, wo sich bey der vorigen Einrichtung positive Elektricität gezeigt hatte, ich nunmehr negative fand, und umgekehrt. Nur das erstemal, wenn ich die elektrische Platte auf das Zinn legte, gieng das Elektrometer G, sowohl bey der jetzigen, als bey der vorigen Einrichtung, mit negativer Elektricität aus einander.

Auch wiederholte ich alle beschriebene Versuche mit einer elektrischen Platte, welche außer dem Ueberzuge von Siegellack auf der einen Seite, noch einen starken Anstrich von Firniß auf der andern hatte; der Erfolg aber war mit dem vorigen völlig einerley.

Was die Erklärung dieser Versuche betrifft, so scheinen sie von folgenden sehr bekannten Grundsätzen abzuhängen: daß ein Körper, der in den Wirkungskreis eines elektrisirten kömmt, die entgegengesetzte Elektricität von der in dem letztern befindlichen erhält; und daß die Gegenwart einer Art von Elektricität auf der Oberfläche irgend eines Körpers, eine entgegengesetzte Elektricität auf der Oberfläche der ihm nahe kommenden Körper hervorbringt.

Zusätze

Zusätze des Uebersetzers.

I.
Vom Elektrophor.

Durch die Erfindung des **Elektrophors** hat der elektrische Apparatus einen höchst merkwürdigen Zusatz erhalten. Dieses Werkzeug ist ungemein einfach, läßt sich sehr leicht verfertigen, und thut dabey doch so starke Wirkung, daß es in sehr vielen Fällen die Stelle einer ziemlich kostbaren großen Elektrisirmaschine vertreten kann. Ueberdieß ist es sehr beliebt worden, und hat den Eifer der Naturforscher für die Lehre von der Elektricität aufs neue so lebhaft erregt, daß es wohl der Mühe werth ist, hier noch etwas davon hinzu zu setzen, zumal da Herr Cavallo den Elektrophor nur kurz behandelt, und unter einer andern Gestalt beschreibt, als man ihm hier zu Lande gewöhnlicher Weise zu geben pflegt.

Nach Herrn Lichtenberg *) ist die erste Erfindung des Elektrophors eigentlich Herrn Wilke zuzuschreiben, welcher bereits im Jahre 1762 in den Abhandlungen der königlich schwedischen Akademie der Wissenschaften Untersuchungen über die entgegengesetzten Elektricitäten bey der Ladung mitgetheilt, und dabey eine Vorrichtung beschrieben hat, durch welche man die Belegungen einer Glastafel nach geschehener Ladung von der Tafel selbst trennen, und alle Theile besonders untersuchen kann. Auch trifft man schon in den Schriften des Herrn Aepinus hieher gehörige ebenfalls auf den Begriff des Elektrophors führende Versuche an.

---

*) G. C. Lichtenberg, de nova methodo, naturam ac motum fluidi electrici investigandi. Commentatio prior, in Nov. Comm. Soc. Reg. Scient. Getting. Tom. VIII. ad ann. 1777. p. 168.

Da inzwischen **Volta** allein Ansehen nach die **Wilki**schen Versuche nicht gekannt, statt der Glastafeln die weit bequemern Harzkuchen eingeführt, das ganze Werkzeug zuerst bekannter gemacht, und ihm den Namen des beständigen **Elektrophors** (Elettroforo perpetuo) beygelegt hat, so ist es billig, ihm an der Ehre der Erfindung den gebührenden Antheil nehmen zu lassen.

Die im Jahre 1775 gemachte Erfindung des **Volta** wurde theils durch Privatbriefe, theils durch einige gedruckte Abhandlungen*) bald bekannt, und mit großem Beyfall aufgenommen. Nach den ersten Beschreibungen bestand der Elektrophor des **Volta** aus einem metallenen Teller, mit einer harzigten Composition in der Dicke von ohngefähr 1 Linie überzogen, und aus einem andern metallenen Teller mit einem wohl abgerundeten Rande und einem gläsernen Handgriffe, mit welchem man ihn isolirt von der Harzplatte abheben konnte. Man hat sie nachher auf verschiedene Arten verfertigt, unter welchen ich diejenige beschreiben will, welche unter uns die gewöhnlichste und Taf. IV. Fig. 9. vorgestellt ist.

Der

---

*) 1. **Volta's** Brief an **Priestley** in der mayländischen Scelta di opuscoli interessanti. To. IX. p. 91. und To. X. p. 73.

2. Lettre de Mr. *Alexandre Volta* sur l'électrophore perpetuel de son invention; traduite de l'italien par M. l'Abbé M···, Observ. sur la physique etc. Tom. VII. Juillet. 1776. p. 21.

3. Lettre de Mr. *Rouland* in *Rozier* Observations sur la physique etc. Tom. VI. May 1776. p. 438.

4. Lettre de Mr. l'Abbé I··· (*Iacquet*) de Vienne en Autriche in *Rozier* Observ. sur la physique etc. Tom. VI. Juin. 1776. p. 501.

5. Schreiben eines Geistlichen zu Wien (Hrn. Jacquet) an einen seiner Freunde zu Preßburg von dem immerwährenden Elektrophor, aus dem Französischen mit Anmerkungen übersetzt von A. H. (Hildebrand) Wien. 1776. 8.

mit dem Elektrophor.

Der gewöhnliche Elektrophor besteht aus zwey Stücken, dem Harzkuchen, und der Trommel. Zur Composition des Harzkuchens kann man reines Harz, Siegellack, Schwefel, und überhaupt jede schmelzbare Materie gebrauchen, welche durch das Reiben mit Flanell oder trocknem warmen Hasen- oder Katzenpelz die negative Elektricität erhält. Die von Herrn Jacquet angegebene Mischung enthält halb Colophonium, halb weißes Pech, etwas Terpentin, um das Springen zu verhüten, und etwas Zinnober zum Färben*). Diese Masse läßt man in einem kupfernen oder messingenen Gefäß über dem Feuer völlig zergehen, schöpft, soviel möglich, alle Unreinigkeiten heraus, und gießt sie hierauf langsam auf den dazu bestimmten Teller, der sonst auch die Form genannt wird.

Dieser Teller besteht aus einer platten zinnernen Scheibe mit einem aufwärts gebogenen 1 bis 2 Linien hohen Rande, welcher das Abfließen der hineingegossenen Harzmasse verhindert. Es muß so viel Harz aufgegossen werden, daß dessen Oberfläche mit dem höchsten Theile des Randes vollkommen gleich steht, und man von dem Teller nichts, als den äußern Theil des Randes sieht. Weil aber beym Aufgießen gemeiniglich noch viele Blasen im Harze bleiben, welche vor dem Erkalten vernichtet werden müssen, so ist es rathsam, einige glühende Platteisen bereit zu halten, und diese nahe an die Blasen zu halten, jedoch so, daß die Eisen das Harz nicht berühren, damit die Blasen von

---

*) Der Abt Robert hat eine Masse angegeben, die nicht nur bessere Wirkung thun, sondern auch die Elektricität weit länger erhalten soll, als die gewöhnlichen. Sie besteht aus 1 Theil Pech, 2 Theilen Jungfernwachs, 2 Theilen Venedischen Terpentin, 3 Theilen Harz, und 10 Theilen Gummilack. S. Espr. de Journ. Oct. 1790. und Gothaisch. Magaz. für das Neueste ꝛc. VII. B. 3tes St. S. 87. u. f. B.

der Hitze zerspringen. Fährt man damit fort, bis sich keine Blasen mehr zeigen, so kann man eine Harzplatte erhalten, welche so eben und glatt, als ein Spiegel ist.*) Bekömmt auch ein solcher Harzkuchen nachher Risse, so kann man diese ebenfalls durch Ueberfahren mit einem glühenden Eisen wieder zerschmelzen, und dem Ganzen seine vorige Schönheit wieder geben; in welcher Absicht Harzkuchen weit bequemer, als Glastafeln sind.

Noch wohlfeiler und leichter zu tragen ist der Teller, wenn man ihn von Holz macht, und mit Stanniol überzieht. Nur muß das Holz wohl ausgetrocknet seyn, damit es sich nicht werfe, und dadurch den Ueberzug und Kuchen beschädige.

Harzkuchen und Teller zusammen werden die Basis des Elektrophors genannt.

Das andere Stück des Elektrophors, die Trommel, (clypeus, der Schild, Deckel, Conductor,) besteht aus einem Reif von steif geleimtem Pappendeckel, über welchen oben und unten Papier oder dünne Leinwand gespannt, dann aber alles, oben, unten und am Rande, mit Stanniol oder Silberpapier überklebt wird, so daß das Ganze einen Cylinder oder eine Trommel bildet, deren äußere Fläche ein vollkommener metallischer Leiter ist. Man kann aber auch anstatt dieser Trommel eine dicke metallene, am Rande abgerundete Scheibe nehmen, nur daß diese nicht so leicht zu heben ist,

---

*) Um das Entstehen der Blasen zu verhindern, darf man, nach Hrn. Prof. Voigts Vorschlage, nur etwas mehr Masse schmelzen, als erforderlich ist, und den schaumichten Theil zuvor abgießen; oder man gießt auch diesen Schaum erst besonders in die Form, läßt ihn ein wenig hart werden, und gießt dann den blasenlosen Ueberrest noch darüber. S. Gothaisch Magaz. a. a. O. S. 89. B.

ist, als die hohle aus bloßem Papier zusammengesetzte Trommel.

An drey oder vier gleichweit von einander entfernten Orten des obern Umkreises der Trommel werden oben durch den Stanniol oder das Papier, und schief durch den Reif Löcher gebohrt, und seidene Schnüre durchgezogen, die man in der Höhe von etwa 10 Zollen zusammenknüpft. An diesen Schnüren kann man die Trommel isolirt von dem Harzkuchen abheben. Sie vertreten die Stelle des von Volta angegebenen und von Cavallo beybehaltenen gläsernen Handgriffs; sind aber in aller Absicht weit bequemer, als dieser. Auf diese Art erhält der Elektrophor die Taf. IV. Fig. 9. abgebildete Gestalt, wobey sich auch zeigt, daß der Harzkuchen rings herum etwas breiter seyn müsse, als die darauf gestellte Trommel, damit diese nie mit dem äußern Rande des Tellers in Berührung komme. Man macht daher den Durchmesser der Trommel um einige Zolle kleiner, als den Durchmesser des Harzkuchens.

Der Gebrauch und die Wirkungen dieses Instruments werden nun aus folgenden Versuchen erhellen, die ich zu desto bequemerer Uebersicht einzeln vortragen, und nach den bisherigen Theorien erklären will. Ich werde hiebey den Herren Socin*) und Ingenhouß**) folgen,

*) Socins Anfangsgründe der Elektricität. Hanau 1778. 8. Achte Vorlesung, über den Elektrophor des Hrn. Volta.

**) Ingenhouß elektrische Versuche zur Erklärung des Elektrophors nach der Theorie des D. Franklins, aus Philos. Transact. Vol. LXVIII. P. II. no. 48. übersetzt in den Sammlungen zur Physik und Naturgeschichte. II. Band 5. St. Leipz. 1781. 8. auch in seinen vermischten Schriften, Wien, 1784. B. I. S. 1—94.

folgen, deren Erklärungen mich am meisten befriediget haben. *)

Erster Versuch.

Man errege die Elektricität des Harzkuchens durch Reiben mit trocknem und warmem Hasen- oder Katzenpelz, Flanell oder auch nur mit einer recht trocknen Hand, **) stelle die Trommel, die man an den seidnen Schnüren hält, mitten darauf, und nähere ihr den Finger, so wird zwischen diesem und der Trommel ein kleiner Funken entstehen. Hebt man hierauf die Trommel an den seidnen Schnüren isolirt ab, und entfernt sie von dem Kuchen, so wird man sie positiv elektrisirt finden, und sie wird gegen jeden ihr genäherten Leiter einen Funken schlagen.

Erklärung. Nach der oben vorgetragnen Lehre von den elektrischen Wirkungskreisen, muß in der aufgesetzten Trommel eine Störung des Gleichgewichts ihrer natürlichen elektrischen Materie entstehen. Denn da

---

*) Man s. auch die vortreffliche Erklärung der Phänomene und der Theorie des Elektrophors, welche Herr Prof. Lichtenberg seinen neuern Ausgaben der Erxlebenschen Anfangsgründe der Naturlehre bey §. 538 und 549. beygefügt hat. (Dann Minkelers Theorie des Elektrophors, im Gothaisch. Mag. für das Neueste ꝛc. V. B. 3tes St. S. 110. u. f. Auch Herr de Luc hat die merkwürdigsten Phänomene des Elektrophors nach seiner Theorie der Elektricität zu erklären gesucht. S. dessen neue Ideen über die Meteorologie, Th. I. Abth. II. Cap. 3. §. 300—308. der deutsch. Uebers. S. 215. u. f. B.)

**) Mir gelingt die Erregung der Elektricität am besten, wenn ich mit einem doppelt zusammengelegten warmen und trockenen Stück Flanell, das ich mit beyden Händen halte, auf den Kuchen schlage, und bey jedem Schlage den Flanell über den ganzen Kuchen hinweg gegen mich ziehe.

mit dem Elektrophor.

da der Kuchen durch das Reiben die negative Elektricität erhalten hat, so wird der in seinem Wirkungskreise befindliche Theil der Trommel positiv, oder erhält einen Ueberschuß von elektrischer Materie.

Da aber die ganze Trommel isolirt ist, so kann dieser Ueberschuß nirgend anders, als aus den andern Theilen der Trommel herkommen, daher die übrigen den Kuchen nicht berührenden Theile etwas verlieren, oder negativ werden müssen. Nähert man also einem solchen negativen Theile den Finger, so geht die elektrische Materie aus dem Finger in die Trommel über, und die negativen Theile der Trommel nehmen so viel wieder, als ihnen vorher fehlte, indem die im Wirkungskreise des Kuchens befindlichen noch immer positiv bleiben. Hebt man nun die Trommel ab, so vertheilt sich der am untern Theile zurückgebliebene Ueberschuß durch ihren ganzen metallischen Ueberzug, der daher positiv elektrisirt seyn, und gegen jeden genäherten Leiter einen Funken schlagen muß

Zweyter Versuch.

Setzt man die Trommel auf den Kuchen, und hebt sie wieder ab, ohne sie vorher berührt zu haben, so ist sie gar nicht elektrisirt, und giebt bey der Berührung keinen Funken.

Erklärung. Hier erhalten beym Abheben die negativen Theile nur gerade eben das wieder, was sie beym Aufsetzen hergegeben hatten, und die ganze Trommel hat nichts weiter, als ihre vorige natürliche Menge elektrischen Materie. Es hat hieby keine Mittheilung, sondern nur Vertheilung der Elektricität statt gefunden, welche sich wieder aufhebt, sobald die Trommel aus dem Wirkungskreise des Harzkuchens entfernt wird. Daß der Kuchen der Trommel, ob sie ihn gleich berührt hat, dennoch nichts von seiner negativen Elektricitricität mittheilt, kömmt theils von der platten Gestalt (bey welcher die Wirkungen der Atmosphäre weit stärker sind, als die Wirkungen der Mittheilung), theils daher, weil harzige Körper überhaupt ihre Elektricität sehr fest an sich halten.

Dritter Versuch.

Man setze die Trommel auf, und berühre mit dem Zeigefinger den metallenen Rand des Tellers, und zugleich mit dem Daumen die Trommel, so fühlt man einen erschütternden Schlag in beyden Fingern, und der Funke, den die hernach aufgezogene Trommel giebt, ist weit stärker, als wenn man, wie im ersten Versuche, die Trommel nur allein, und nicht zugleich den Rand des Tellers berührt hat. Auch ist die Trommel weit stärker positiv, als beym ersten Versuche, und treibt die Fäden eines Elektrometers weit stärker aus einander.

Erklärung. Bey diesem Versuche hat man den Harzkuchen als eine auf beyden Seiten belegte geladene Tafel anzusehen. Die untere Seite der Trommel macht seine obere, die obere Seite des Tellers seine untere Belegung aus. Mithin sind die äußern Theile der Trommel und der äußere Rand des Tellers, den Gesetzen der Ladung und der Wirkungskreise zufolge, auf entgegengesetzte Art elektrisirt, und das Anhalten der Finger an beyde zugleich veranlasset eine wahre Entladung; daher der dabey entstehende Schlag das Erschütternde des Schlags einer geladenen Flasche erhält.

Es findet also zwischen dem Elektrophor und einer belegten und geladenen Glastafel gar kein Unterschied statt, und wenn man die Glastafel so einrichtet, daß man beyde Belegungen oder nur eine davon mit seidnen Schnüren, einer Stange Siegellack, oder sonst einer isolirenden Substanz abnehmen kann, so müssen sich dabey

mit dem Elektrophor. 363

dabey alle Phänomene des Elektrophors zeigen, welches auch Herr Wilke in der oben angeführten Schrift längst durch Versuche bewiesen hat, noch ehe an den Namen Elektrophor gedacht worden ist. Nimmt man die Belegung, welche vorher positiv war, nach der Entladung isolirt vom Glase ab, so zeigt sie sich negativ; die andere vorher negative zeigt sich abgenommen positiv, beyde ziehen einander an, und geben sich einen starken Funken. Legt man sie wieder an das Glas, so erhält man einen positiven Funken aus der einen, und einen negativen aus der andern: so kann man aufs neue entladen, und diese Abwechselung immerfort eine lange Zeit wiederholen*). Es erhellet hieraus, daß jede losgeschlagene Kleistische Flasche ein geladner Elektrophor ist.

Man sieht leicht, daß nach geschehener Entladung die aufgehobne Trommel positiv seyn müsse. Aber warum ist sie stärker positiv, als beym ersten Versuche, da man nur die Trommel allein berührte? Herr Socin meint, in dem Augenblicke, in welchem die Trommel den Funken erhalte, und also völlig positiv werde, komme zugleich der Kuchen in den Wirkungskreis der nun positiven Trommel; dadurch werde seine negative Elektricität, mit dieser folglich auch die positive Elektricität der andern Seite verstärkt; dieser Seite Wirkungskreis treibe also bey der Entladung mehr elektrische Materie aus dem Rande, welche durch die leitende Verbindung in die Trommel gehe und diese stärker lade u. s. w. Er wagt es zwar selbst nicht, dieß für mehr als Muthmaßung auszugeben; es gewinnt aber doch, wenn

man

*) Man f. Wilkens Abhandlung von den entgegengesetzten Elektricitäten, in Hrn. Hofr. Kästners deutscher Ueberf. der schwedischen Abhandl. 23ster Band, besonders den zwanzigsten Versuch. S. 271.

man es mit andern, seitdem deutlicher dargestellten Gesetzen der Elektricität vergleicht, eine große Wahrscheinlichkeit*).

Vierter Versuch.

Man isolire den Teller mit dem Harzkuchen, indem man ihn auf eine Glastafel, auf einen Spiegel, oder auf ein gewöhnliches, jedoch trocknes, Trinkglas setzt. Man wiederhole nun den dritten Versuch, so wird nach aufgehobner Trommel, diese positiv, der äußere Rand des Tellers aber negativ seyn. Beyde werden gegen genäherte Leiter einen starken, gegen einander selbst genähert aber, einen noch stärkern Funken schlagen.

Erklärung. Ist der Teller, wie hier, isolirt, so muß seine äußere Seite negativ seyn, weil die innere mit der untern, d. i. mit der positiven Seite des Kuchens in Berührung steht, deren Wirkungskreis einen Theil ihrer natürlichen elektrischen Materie in den Finger, der sie berührte, getrieben hat. Wenn aber der Teller nicht isolirt ist, so wird das, was er bey der Berührung an den Finger abgab, durch seine Verbindung mit der Erde sogleich wieder ersetzt, und sein Rand zeigt nach aufgehobner Trommel gar keine Elektricität.

Fünfter

---

*) Mir scheint die Socinische Erklärung nicht ganz befriedigend. Die Trommel kann nur dann nach der Berührung wie ein positivelektrischer Körper wirken, wenn sie vom Kuchen entfernt wird. So lange sie ihn berührt, ist ihr elektrischer Zustand, wie man aus dem vorhergehenden siehet, gleich Null; mithin kann sie auch nicht die negative Elektricität des Kuchens verstärken. Ich muß überhaupt gestehen, daß ich mich von der Wahrheit jener Behauptung, als ob die Trommel, wenn man nebst ihr den Teller berührt, unter übrigens gleichen Umständen, nach dem Aufheben, jederzeit stärker wirke, noch nicht hinlänglich habe überzeugen können. B.

mit dem Elektrophor.

Fünfter Verſuch.

Iſolirt man den Teller mit dem Kuchen, und berührt nur die Trommel allein, ohne zugleich den Teller zu berühren, ſo wird der Funken, den man erhält, äußerſt ſchwach, und die aufgehobne Trommel nur wenig elektriſirt ſeyn.

Erklärung. Es ſcheinen die entgegengeſetzten Elektricitäten der Trommel und des Tellers, eben ſo, wie die Elektricitäten beyder Seiten eines geladenen Glaſes, ſtets mit einander in Proportion zu ſtehen: und wenn der Teller wenig oder gar nichts verlieren kann, ſo kann auch die Trommel nur wenig annehmen. Die Elektricität bleibt alſo hier aus eben dem Grunde ſchwach, aus welchem eine iſolirte Flaſche nicht geladen werden kann. Daß übrigens hieben noch nicht alles vollkommen einleuchtend erhelle, erinnert unter andern auch Herr Karſten, Anfangsgründe der Naturlehre. XXII. Abſchnitt. §. 501.

Daß aber der nicht iſolirte Teller allemal elektriſche Materie abgiebt, wenn die Trommel dergleichen erhält, ſieht man deutlich, wenn man die Verſuche im Dunkeln anſtellt. Denn ſobald man der Trommel den Funken giebt, leuchten die um den Teller herum befindlichen Leiter, z. B. die goldnen Leiſten des Tiſches ꝛc.

Man kann dieſe Verſuche ſehr vielmal wiederholen, ohne daß es nöthig wäre, den Harzkuchen von neuem zu reiben. In einem trocknen mäßig warmen Zimmer dauret die Elektricität des Kuchens viele Tage, ja oft Wochen lang. Dieß hat die Benennung: beſtändiger Elektrophor (electrophore perpetuel) veranlaſſet. Die vom Kuchen aufgehobne Trommel thut alle Dienſte eines elektriſirten Leiters, und läßt man ihren Funken einigemal nach einander in den Knopf einer leidner Flaſche ſchlagen, ſo wird dieſelbe bald geladen, daß

Erſter Band.   Aa   man

man also den Elektrophor sehr bequem zu den meisten elektrischen Versuchen gebrauchen kann.

Niemand hat die Versuche mit dem Elektrophor so sehr ins Große getrieben, als Herr Professor Lichtenberg zu Göttingen. Sein Elektrophor bestand aus einer Harzscheibe von sechs, und einer aus Zinn gegossenen leitenden Scheibe*) von fünf Pariser Schuhen im Durchschnitt, aus welcher letztern er 14—15 Zoll lange völlig dem Blitze ähnliche Funken erhielt. Einen noch größern, dessen Harzscheibe sieben, die leitende Scheibe sechs pariser Fuß im Durchschnitt hielt, hatte Hr. Klindworth in Göttingen verfertiget.**). Die leitende Scheibe wog 76 Pfund, und wurde durch einen Flaschenzug auf- und niedergelassen. Am äußern mit Stanniol belegten Rande der Tafel, in welche der Harzkuchen eingegossen war, befand sich ein Haken mit einer Kette, an deren Ende eine Kugel hieng. Wenn der Harzkuchen gerieben, und die leitende Scheibe niedergelassen worden war, so ward diese mit der Kugel berührt, und dadurch die Verbindung zwischen ihr und der untern Belegung bewirkt: alsdann wurde sie aufgezogen. Wollte man die erwähnte Verbindung durch beyde Hände verrichten, so zog man einen Funken aus dem Teller, der zwar sehr klein, aber dessen Wirkung auf den Körper weit empfindlicher war, als der Funken aus der stärksten geladenen Flasche, und hierinn sehr viel ähnliches mit dem erschütternden Funken hatte, welchen man aus dem Drathe eines elektrischen Drachens bey mäßig elektrischer Luft ziehet.

*) Diese leitende Scheibe ist eben das, was sonst die Trommel heißt, nur daß sie hier massiv ist, und also den Namen der Trommel nicht wohl behalten kann.

**) Lichtenberg Magazin für das Neueste aus der Physik und Naturgeschichte, Ersten Bandes Zweytes Stück, S. 35. u. f.

mit dem Elektrophor.

Vermittelst geladener Flaschen kann man die Kraft eines Elektrophors beträchtlich verstärken. Man ladet nämlich eine Flasche an einer Elektrisirmaschine oder auch an der Trommel des Elektrophors selbst positiv, stellt dieselbe auf den Harzkuchen, und entladet sie mit der Kugel, welche an der Kette des äußern Randes am untern Teller befestiget ist, oder durch eine andere Verbindung zwischen dem Rande des Tellers und dem Knopfe der Flasche. Da sie sich hiebey nicht auf einmal ganz entladet, so schiebt man sie mit einer gläsernen Röhre auf eine andere Stelle des Kuchens, und ziehet wieder Funken aus, und dieß so lange, bis sie ganz entladen ist. Man ladet sie hierauf wieder, und verfährt, wie zuvor, bis man mit der Flasche auf dem ganzen Harzkuchen herum ist.

Diese Verstärkungsart läßt sich so erklären. Der Flasche innere Belegung ist positiv; ihre äußere Belegung hingegen stärker negativ, als die Stelle des Harzkuchens, auf der sie steht. Verbindet man also den äußern Rand des Tellers mit dem Knopfe der Flasche, so giebt dieser den Ueberschuß seiner positiven Elektricität zum Theil an den Rand des Tellers ab, hingegen die äußere Belegung der Flasche giebt den Ueberschuß ihrer negativen Elektricität zum Theil an die obere Seite des Harzkuchens ab, und macht also die Stelle, welche sie berührt, stärker negativ, als es dieselbe vorher war. Die Verstärkung dauert aber nur so lange, bis die Ladung der Flasche mit der Ladung der Harzscheibe im Gleichgewichte steht: denn alsdann kann die negative Seite der Flasche nichts mehr von ihrer negativen Elektricität an den Kuchen abgeben. Deswegen ist es vortheilhafter, sich mehrerer mit einander verbundener Flaschen zu bedienen. Nach Herrn Lichtenbergs Angabe a. a. O. kann man die Verstärkung durch Batterien von 16—64 Flaschen so hoch treiben, daß aus der

Trommel oder leitenden Scheibe, wenn sie aufgezogen wird, öfters starke Blitze von der Dicke eines Gänsekiels auf das Harz schlagen, und solches gleichsam durchbohren.

Eine andere Art, die Kraft des Elektrophors zu verstärken, ist diese, daß sich diejenige Person, welche das Reiben verrichtet, während des Reibens auf einem isolirten Stative durch eine Maschine positiv elektrisiren läßt.

Der doppelte Elektrophor (Taf. IV. Fig. 10.), eine Erfindung des Herrn Professor Lichtenberg, dient dazu, beyde Elektricitäten, die positive und negative, auf eine sehr bequeme Art gleich neben einander zu haben. Man nimmt ein Bret von Lindenholz, ohngefähr 2 Fuß lang, einen Fuß breit und einen Zoll dick, in der Form, welche die Figur zeigt, überzieht dasselbe ganz mit Stanniol oder Goldpapier so, daß auch der äußere Rand belegt wird, befestiget darum mit metallenen Nägeln, welche bis in die Belegung hineingehen, einen Rand von dünnem Holzspan, der $2\frac{1}{2}$ Linie über das Bretchen hervorragt. Dieses Bret, das nun die Gestalt einer Schüssel hat, gießt man mit einer Harzcomposition aus. Die leitende Scheibe oder Trommel hält etwa 10 Zoll im Durchmesser. Man reibt nun die Stelle A mit einem Hasen- oder Katzenfell, oder mit Flanell, so wird sie negativ, hingegen die darauf gelegte und berührte Trommel oder Zinnplatte nach dem Aufheben positiv. Alsdann stellt man auf B einen messingenen Ring, etwa einen Zoll hoch, und eben so weit im Durchmesser, und läßt aus der von A aufgehobnen Trommel Funken darauf schlagen, wodurch die Stelle des Harzkuchens, die der Ring berührt, positiv wird. Nach jeder Operation verschiebt man den Ring ein wenig mit einem Federkiel, einer Stange Siegellack, oder einem andern idioelektrischen Körper so, daß er etwa in

acht

acht Operationen größtentheils über den ganzen Raum B geführt worden ist, und nimmt ihn alsdann ab. Hierdurch wird nun B positiv, und die darauf gelegte, berührte, und wieder abgenommene Trommel negativ. Also hat man hiedurch beyde Elektricitäten in A und B neben einander. A macht die Trommel positiv, und B negativ. Mit dieser negativen Elektricität kann man nun A noch stärker negativ machen, indem man den messingenen Ring auf A setzt, und mit der von B aufgehobenen Trommel einen Funken daraus ziehet. So kann man immerfort abwechseln, und dadurch beyde Elektricitäten bis zu einem beträchtlichen Grade verstärken.

Wenn man elektrischen Scheiben, vermittelst aufgesetzter metallener Ringe, die positive oder negative Elektricität mittheilet, und dann diese Scheiben mit Harzstaub, Bärlapp (Semen Lycopodii) oder einem andern idioelektrischen Pulver dünn bestreut, so bildet dieses Pulver Sterne, Sonnen, und andere Figuren, welche bey positiver Elektricität ganz anders, als bey negativer ausfallen, auch einige Abänderungen erleiden, je nachdem man die metallenen Ringe beym Abnehmen von der Scheibe mit einem Leiter oder mit einem elektrischen Körper berührt hat. Durch dieses Mittel kann man auch mit einer geladenen Flasche auf den Harzkuchen des Elektrophors oder auf eine andere elektrische Scheibe schreiben und jede beliebige Züge und Figuren hervorbringen, wenn man eine mit der äußern Belegung der Flasche verbundene Kette an den äußern Rand des Tellers anhängt, und mit dem Knopfe der Flasche auf den Kuchen schreibt oder zeichnet, hernach aber diesen Kuchen mit Harzstaub bestreuet. Herr Prof. Lichtenberg, der diese Entdeckungen gemacht, und dergleichen Figuren sowohl für die positive, als auch für die negative Elektricität hat abbilden lassen, schlägt weitere Verſuche hierüber als ein neues Mittel vor, die Natur und Bewegung der elektriſchen Materie zu unterſuchen. Man ſehe davon die Abhandlungen: *G. C. Lichtenberg* de nova methodo naturam ac motum fluidi electrici inveſtigandi, Commentatio prior in Novis Comment. Soc. Reg. Sc. Gotting. Tom. VIII. ad a. 1777. p. 168. und Commentatio poſterior in Comment. Soc. R. Sc. Got. Claſſ. Mathem. Tom. I. ad a. 1778. *)

Nicht lange nach der Bekanntmachung des Elektrophors in Deutſchland behauptete Herr Rath Schäffer in Regenſpurg mit dieſem Werkzeuge viele ganz neue und in der That ſonderbare Verſuche angeſtellt zu haben **). Eine über dem Mittelpunkt des geriebenen Harzkuchens hängende Glocke ſollte in eine Schwungbewegung von Norden nach Süden gerathen. Hange die Glocke, oder ein anderer Körper dem Elektrophor zur Seite, ſo ſollte die Schwungbewegung nach dem Mittelpunkte des Elektrophors zu gerichtet ſeyn. In beyden Fällen müſſe aber die Schnur, woran der ſchwingende Körper hange, von einer dazu geſchickten Perſon gehalten oder wenigſtens berührt werden. Nicht allen Per-

---

*) Ueber dieſe Figuren findet man unten im zweyten Bande, im ſiebenden Capitel des vierten Theils zwey Abhandlungen des Verfaſſers. B.

**) D. Jac. Chriſt. Schäffers Abbildung und Beſchreibung des beſtändigen Elektricitätträgers, wobey einige neue Verſuche und deren ſonderbare Erfolge zu genauerer Prüfung empfohlen werden. Regenſp. 1776. 4.

Ebend. Kräfte, Wirkungen und Bewegungsgeſetze des beſtändigen Elektricitätträgers. Regenſ. 1776. 4.

Ebend. Fernere Verſuche mit dem beſtändigen Elektricitätträger, nebſt Beantwortung einiger Einwürfe. Regenſp. 1777. 4.

Perſonen gelinge dieſer Verſuch, ihm aber jederzeit, auch allen denen, die er berühre, oder denen er die Hand auf die Schulter lege. Alles, was man auf den Harzkuchen lege, nehme dadurch dieſe Eigenſchaft deſſelben an, und bringe darüber gehaltene Körper zum Schwingen. Ein Buch auf den Harzkuchen gelegt, und dann wieder unter die übrigen geſtellt, mache nach einigen Minuten alle andere Bücher der Bibliothek zu Elektrophoren, über welchen die Pendul ſchwängen, u. ſ. w. Den meiſten übrigen Naturforſchern haben dieſe Verſuche nicht gelingen wollen, und die von Herrn Schäffer daraus gemuthmaßte Verbindung der Elektricität und des Magnetiſmus iſt längſt durch entſcheidende Verſuche ungegründet befunden worden.

Obgleich die Harzkuchen die bequemſten Elektrophore abgeben, ſo laſſen ſich doch außer denſelben auch andere und faſt alle elektriſche Körper dazu gebrauchen. Eine Glastafel auf Blech gelegt und mit Wolle gerieben, giebt einen Elektrophor, der die aufgeſetzte berührte und wieder abgehobne Trommel negativ elektriſiret, weil es die Glastafel poſitiv iſt. Reibt man einen ſchwarzen ſeidnen Strumpf, in welchem ein weißer ſteckt, zwiſchen den Fingern oder mit Pelz, und zieht beyde aus einander, ſo iſt, wie ſchon im dritten Theile dieſes Werks bemerkt worden, der weiße Strumpf poſitiv, der ſchwarze negativ. Legt man den weißen Strumpf auf die iſolirte Trommel, und berührt ſie nachher, ſo giebt ſie einen poſitiven, und wenn man den Strumpf hierauf wieder weggenommen hat, einen negativen Funken. Wenn man hingegen den ſchwarzen Strumpf darauf legt, ſo erhält man bey der erſten Berührung einen negativen, und bey der zweyten nach Wegnehmung des Strumpfs einen poſitiven Funken, und kann in beyden Fällen das Verfahren vielemale nach einander wiederholt werden, bis die Strümpfe endlich ihre Elektricität verlohren haben.*)

Zusatz des Uebersetzers der neuen Ausgabe.

Einen schönen Versuch, der sich sehr leicht mit Hülfe des Elektrophors anstellen läßt, hat Herr Probsteyrath Donndorff angegeben**). Eine kurze Beschreibung desselben wird, wie ich glaube, den Freunden der Elektricität hier nicht unwillkommen seyn.

Man verfertige eine runde hölzerne Scheibe, von beliebiger Größe, und überziehe die eine Seite derselben mit Leder. Hierauf ziehe man aus ihrem Mittelpunkte 6, 8, 10 oder mehrere concentrische Kreise, die etwa einen Zoll weit von einander abstehen. Auf diese Kreise nun lasse man von einem Buchbinder, mittelst untergelegter Goldblättchen, einen Stempel drucken, deren sie sich zur Zierde der Bücher auf den Kanten der Bände zu bedienen pflegen, so, daß alle Kreise aus solchen Kanten bestehen. Diese Kreise verbinde man mit ein-

*) Man f. Socins Anfangsgründe der Elektricität. Achte Vorlesung, 18. 19. 20. Versuch. (Mehrere hierhergehörende lehrreiche Versuche mit seidenen, wollenen, leinenen und papiernen sogenannten Halbelektrophoren hat Herr Aubert, Professor der Physik zu Autun, im Journ. de physique, Sept. 1791. bekannt gemacht. Unter Halbelektrophoren versteht er halbleitende Substanzen, die auf beyden Seiten mit Belegungen versehen sind, welche man nach Gefallen abnehmen, und so das Werkzeug wie einen Elektrophor gebrauchen kann. Eine Nachricht von jenen Versuchen findet man im Gothaisch. Magaz. für das Neueste ꝛc. VIII. B. 2tes St. S. 36. u. f. S. auch VII. B. 3tes St. S. 89. B.)

**) S. die Lehre von der Elektricität theoretisch und praktisch auseinander gesetzt ꝛc. von Johann August Donndorff, Erfurt, 1784. 8. II B. 19tes Cap. Vers. 6j. S. 930.

einander durch eine ähnliche Kante, wie man dieß auf der fünften Tafel, Fig. 10. sehen kann.

Will man nun den Versuch anstellen, so lege man die so zugerichtete Scheibe auf die Trommel des Elektrophors, setze diese mittelst der seidenen Schnüre auf den geriebnen Kuchen, und berühre dann einen Kreis der Scheibe. Nun hebe man die Trommel in die Höhe, und berühre gleichfalls einen Kreis von jener Scheibe. Bey beyden Berührungen werden alle Kreise erleuchtet erscheinen, so daß die Augen den Versuch, den man natürlich im Dunkeln anstellen muß, zum vierten- oder fünftenmal kaum mehr ertragen können.

II.

Von des Herrn Volta Condensator der Elektricität.

Ein anderer wichtiger Zusatz, mit welchem Hr. Volta den elektrischen Apparatus vermehrt hat, ist sein Condensator der Elektricität*), eine sehr einfache Vor-

---

*) Man f. über dieses Werkzeug folgende Schriften:

Mémoire sur les grands avantages d'une espèce d'Isolement très-imparfait par Mr. *de Volta*, traduit de l'Italien, in des Abbé *Rozier* Journal de Physique, Mai, Juillet, Aout 1782.

An Essay on Electricity, in which the theory and practice of that useful science are illustrated by a variety of experiments, by *George Adams*, Lond. 1784. 8. p. 181. etc. ins Deutsche übersetzt unter dem Titel: Ge. Adams Versuch über die Elektricität, Leipz. 1785. 8. worinn sich der Hauptinhalt einer der königl. Societät in London von Herrn Volta übergebenen Abhandlung befindet.

Herrn Prof. Lichtenbergs neue Auflage von Erxlebens Naturlehre, Göttingen 1794. 8. S. 505—509.

Ueber des Volta Condensator der Elektricität; in den Leipziger Sammlungen zur Physik und Naturgeschichte, III. Band 2tes Stück, woraus das oben beygebrachte ein Auszug ist.

Philof.

Vorrichtung, wodurch man die allerschwächsten Grade der natürlichen und künstlichen Elektricität merklich machen, und überhaupt ganz neue und unerwartete Phänomene darstellen kann, welche über die Theorie der elektrischen Wirkungskreise ungemein viel Licht verbreiten.

Dieser Condensator besteht aus zwey Haupttheilen:

1) einer **Platte** von einer **halb-leitenden** oder schlecht-leitenden Materie,
2) einem Deckel oder Teller, den man, wie die Trommel des Elektrophors, mit seidenen Schnüren, oder mit einem isolirenden Handgrif aufheben und niederlassen kann.

Zu der Platte des Condensators dienen nach Herrn Volta am besten die unvollkommenen Leiter, welche sich der Natur der elektrischen Körper nähern, ohne doch völlig elektrische Körper zu seyn. Vorzüglich gehören dahin trockne und reine Marmor- und Alabasterplatten, Achat, Chalcedon, Elfenbein, Schildpatt, mit Leinöl imbibirtes oder überkalchtes Holz, trocknes Leder, Pergamen, Papier ꝛc. Diese Platte darf nicht isolirt werden, sondern muß mit der Erde in Verbindung stehen. Man kann sogar vollkommen elektrische Körper dazu gebrauchen, wofern sie nur dünn sind, und mit der Erde in Verbindung stehen. Daher thut eine dünne Luftschicht, oder ein geringer Abstand des isolirten Deckels von einer leitenden ebnen Fläche eben dieselben Dienste; auch läßt sich statt der untern Platte ein mit Siegellack dünn überzogenes Blech, ja sogar der Harzkuchen eines Elektrophors gebrauchen, wofern er nur nicht allzudick ist, ingleichen mit Siegellack, Firniß oder Wachsleinwand überzognes Holz, Oelfarbengemälde, Sammet und

---

Philos. Transact. Vol. LXXII. P. I.
De Luc Neue Ideen über die Meteorologie, Th. I. Abth. II. Cap. 3. §. 309—319. Uebers. S. 224. u. f.

und seidne Stoffe über Mauern, Tische u. d. gl. gezogen, cameelhärene und sehr trockne wollene Zeuge. Nur müssen die meisten der genannten Substanzen bey feuchter Witterung erwärmt werden.

Der Deckel oder Teller des Condensators ist dem beym Elektrophor gebräuchlichen vollkommen gleich, und kann also auch in der Gestalt einer Trommel verfertiget werden. Nur sind alle Ecken und Schärfen sorgfältig zu vermeiden; auch muß dafür gesorgt werden, daß der Deckel so vollkommen, als möglich, an die untere Platte anpasse, in welcher Absicht es bequem ist, zwey an einander geschliffene Metallplatten zu gebrauchen, wovon die eine überfirnißt ist.

Noch einfacher wird der ganze Apparat, wenn man die halb-leitende oder dünne nicht-leitende Schicht an den Deckel selbst anbringt, z. B. eine einzelne auf der untern Seite mit Seide überzogene Metallplatte, die mit seidenen Schnüren aufgezogen wird, oder eine Marmorplatte, welche oben mit Stanniol belegt ist, gebraucht. Hiebey wird die untere Platte ganz unnöthig, und man kann sich statt ihrer einer jeden andern Fläche, z. B. eines Tisches, Stuhles, Buchs u. d. gl. bedienen.

Die Eigenschaften des Condensators sind, daß der auf der nicht-isolirten halbleitenden Basis stehende Deckel

1) alle ihm vorher mitgetheilte Elektricität weit fester an sich hält, als wenn er völlig isolirt wäre;
2) daß er in diesem Zustande weit mehr neue Elektricität, und dieß mit weit größerer Leichtigkeit, anzunehmen, fähig wird;

kurz, daß sowohl seine Tenacität, als seine Capacität ungemein verstärkt wird.

In Absicht auf die Tenacität bemerkt Hr. Volta, daß die Elektricität des Deckels, die sich, wenn er vollkommen isolirt wäre, in wenig Minuten zerstreuen würde, de, auf der Platte des Condensators sich wohl mehrere Stunden lang erhielte, ja sogar der Berührung mit leitern widerstehe. Er konnte an den elektrisirten Teller seines Condensators den Finger oder ein Metallstäbchen 30 Sekunden lang anhalten, oder mit einem Schlüsel 50—60 mal darauf schlagen, ohne ihm dadurch die ganze Elektricität zu entziehen; der Deckel gab vielmehr nach dem Aufziehen noch einen beträchtlichen Funken. Da man insgemein das Isoliren als das einzige Mittel zu Erhaltung der mitgetheilten Elektricität anzusehen gewohnt ist, so scheint es freylich paradox, daß man hier durch ein höchst unvollkommenes Isoliren weit mehr, als durch das vollkommenste selbst, ausrichtet, daß man sogar desto mehr ausrichtet, je unvollkommener die Isolirung ist, d. h. je mehr Berührungspunkte des Deckels und der Platte vorhanden sind, je genauer die Berührung selbst, und je besser der berührte Körper mit der Erde verbunden ist. Dieses anscheinende Paradoxon aber hebt sich durch die nachfolgenden Erklärungen völlig auf.

Was die Capacität betrifft, so kann der aufgesetzte Deckel, wenn er durch den Conductor einer Maschine, durch eine geladene Flasche u. s. w. elektrisirt wird, eine bey weitem größere Menge von Elektricität, als sonst, in sich nehmen. Er zeigt zwar, so lang er auf der untern Platte aufsteht, wenig oder gar nichts von dieser Elektricität; hebt man ihn aber ab, so zeigt sie sich sogleich in ihrer ganzen Stärke. Man kann hieraus den wichtigen Vortheil ziehen, sehr geringe Grade der Elektricität merklich zu machen, weil der Deckel vermögend gemacht wird, sich durch eine sehr schwache Kraft dennoch sehr stark elektrisiren zu lassen. Berühret man ihn z. B. mit dem Knopfe einer Flasche, welche höchstens einen Funken von 2—3 Linien geben, oder das Elektrometer 10 Grad erheben kann, so wird er zwar, so

lang

der Elektricität. 377

lang er auf der Platte liegen bleibt, sehr wenig Elektricität zeigen; sobald man ihn aber aufhebt, wird er das Elektrometer auf den höchsten Grad erheben, Funken von mehreren Zollen geben, und vielleicht freywillig Ströme von Elektricität in die Luft aussenden. Da diese Verstärkung, besonders bey geringern Graden von Elektricität, sehr hoch getrieben werden kann, so hat dieß Herrn Volta veranlasset, diesem Werkzeuge den Namen des Condensators der Elektricität beyzulegen.

Zur Erklärung der angegebenen Eigenschaften des Condensators dienen folgende Versuche.

Erster Versuch.

Man elektrisire zwey isolirte platte Leiter mit daranhängenden Elektrometern, beyde entweder positiv, oder negativ, und nähere sie einander allmählich, so werden die Elektrometer zeigen, daß ihre Elektricitäten immer stärker werden, je näher sie einander kommen.

Zweyter Versuch.

Man elektrisire den einen dieser isolirten platten Leiter positiv, und den andern negativ, so werden die Wirkungen gerade die entgegengesetzten seyn, d. i. die Elektricitäten werden schwächer werden, je näher die Leiter an einander kommen.

Erklärung. Was hiebey stärker und schwächer wird, kann nicht die Menge von Elektricität selbst seyn, die in den Leitern enthalten ist; in Absicht auf diese gewinnen und verlieren beyde Leiter nichts, und man findet sie noch eben so stark, als vorher, elektrisiret, wenn man sie wieder von einander entfernet. Es ist daher nur die Intensität oder Spannung der Elektricität, d. i. ihr Bestreben, wirksam zu seyn, aus den Leitern

heraus-

herauszugehen, ihren Wirkungskreis zu bilden, und überhaupt elektrische Erscheinungen hervorzubringen, welches sich bey diesen Versuchen bald stärker bald schwächer zeigt. Heißt nun Capacität das Vermögen, mehr Elektricität an sich zu nehmen, so ist dieß der Intensität gerade so entgegengesetzt, daß, wenn eines abnimmt, das andere wachsen muß, und umgekehrt. Daher lehren die angeführten Versuche eigentlich folgende Sätze:

„Einsenkung in den Wirkungskreis einer gleichartigen Elektricität vermehrt die Intensität, und vermindert die Capacität eines elektrisirten Körpers.

„Einsenkung in den Wirkungskreis einer entgegengesetzten Elektricität hingegen vermindert die Intensität und vermehrt die Capacität desselben."

Diese Sätze aber sind nichts weiter, als Folgen aus den schon sonst bekannten Gesetzen der elektrischen Wirkungskreise. Vermöge dieser Gesetze suchen alle Körper im Wirkungskreise einer positiven Elektricität eine negative anzunehmen. Sind sie also selbst positiv und isolirt, so werden sie sich wenigstens dem negativen Zustande mehr zu nähern suchen, d. h. ihre positive Elektricität wird stärker, als vorher, herauszugehen streben, oder ihre Intensität wird wachsen, die Capacität aber, oder die Fähigkeit, noch mehr positive Elektricität anzunehmen und zu halten, wird geringer werden. Sind sie negativ, so wird ihre negative Elektricität noch stärker zu werden streben, daher wird ihre Intensität abnehmen, und ihre Capacität wachsen. Eben dieß läßt sich leicht auf Körper anwenden, die in den Wirkungskreis einer negativen Elektricität eingesenkt werden.

Oder nach Hrn. Lichtenbergs Art, sich auszudrücken: Kömmt ein Körper, der mehr $+E$ als $-E$ hat, in den Wirkungskreis eines $+E$, so bindet dieses $+E$ einen

der Elektricität.

einen Theil seines — E; und es wird also mehr von seinem + E frey oder sensibel, woraus eine natürliche Folge ist, daß er nun weniger, als vorher, im Stande ist, noch mehr + E anzunehmen. Kömmt er hingegen in den Wirkungskreis eines — E, so wird mehr von seinem + E gebunden und unwirksam gemacht; dadurch wird also die Intensität seines + E vermindert, woraus wieder natürlich folgt, daß er mehr + E anzunehmen fähig werden muß.

Dritter Versuch.

Man nehme die Metallplatte oder Trommel eines Elektrophors, halte sie isolirt in der Luft, und elektrisire sie so stark, daß der Zeiger eines damit verbundenen Elektrometers auf 60 Grad steigt. Hierauf lasse man diese elektrisirte Trommel nach und nach gegen den Tisch oder eine andere ebne leitende Fläche zu sinken, so wird der Zeiger des Elektrometers nach und nach von 60° auf 50°, 40°, 30° u. s. w. fallen. Wenn man aber die Trommel wieder vom Tische entfernet, so steigt das Elektrometer wieder auf den vorigen Grad, den Verlust von Elektricität abgerechnet, den indeß die Feuchtigkeit der Luft u. dgl. kann veranlasset haben.

Erklärung. Sobald die Trommel dem Tische nahe genug kömmt, um ihn mit ihrem Wirkungskreise zu berühren, so wird in demselben eine der ihrigen entgegengesetzte Elektricität hervorgebracht.

Beyde Körper befinden sich also in den Umständen des zweyten Versuchs; es ist daher klar, daß die Wirkung hier eben so, wie dort, erfolgen müsse.

Man sieht leicht, daß hiebey die Capacität der Trommel desto größer werden müsse, je mehr sie dem Tische genähert wird. Diese Vermehrung der Capacität muß also im Augenblicke der Berührung selbst am allerstärksten werden, wofern nur sorgfältig verhütet wird, daß

keine

keine wirkliche Mittheilung oder Uebergang der Elektricität erfolge. Um diesen Uebergang zu verhüten, *muß man* 1) *beyde Körper so glatt als möglich machen, weil* aus hervorragenden Theilen, Spitzen oder scharfen Ecken ein Ausströmen der Elektricität entstehen würde. 2) Muß der Tisch oder die untere Platte ein sehr unvollkommener oder schlechter Leiter seyn, damit sie dem Uebergange der Elektricität bey der Berührung einen starken Widerstand entgegensetze; doch darf sie auch kein dicker vollkommen elektrischer Körper, oder völlig isolirt seyn, weil sie sonst auch der Vertheilung, oder den Wirkungen der Atmosphäre allzuviel Widerstand entgegensetzen würde. Giebt man nun dem Apparat alle diese Eigenschaften, so hat man einen Condensator, völlig so, wie wir ihn im vorigen beschrieben haben, dessen Wirkungen also aus diesen Erklärungen leicht begreiflich werden.

Die Wirkungen dieses Condensators sind, zumal bey schwachen Graden von Elektricität, unglaublich groß. Wenn man eine leidner Flasche entladen, und durch eine zweyte, auch wohl dritte Berührung allen Ueberrest von Ladung herausgezogen hat, so ist nicht daran zu gedenken, daß man aus ihr noch einen Funken erhalten werde. Wenn sie aber nur noch einen leichten Faden anzieht (welches eine gut geladene Flasche nach der Entladung und zweymaligen Berührung oft noch ganze Stunden und Tage lang thut), so giebt sie dem Deckel des Condensators noch genug Elektricität, um nach Aufhebung desselben einen merklichen Funken zu erhalten. Berührt man den Deckel zum zweytenmale mit dem Knopfe der Flasche, so wird er aufgezogen einen zweyten Funken geben; und wird endlich die Elektricität der Flasche so sehr geschwächt, daß sie nicht einmal mehr leichte Fäden anzieht, so kann man sie doch noch durch den Condensator bemerken, dessen Deckel alsdann zwar keine Funken mehr geben, aber doch noch Fäden anziehen wird.

Bey

der Elektricität.

Bey starken Graden von Elektricität vergrößern sich die Wirkungen des Condensators nicht verhältnißmäßig. Denn sobald die dem Deckel mitgetheilte Elektricität so stark wird, daß sie den schwachen Widerstand der untern Platte überwinden kann, so zerstreut sie sich durch dieselbe in die Erde. Bey einem guten Condensator ist diejenige Kraft einer Flasche gerade die vortheilhafteste, welche nur mit Mühe noch hinreicht, um beym Berühren einen kleinen Funken zu geben. Bey sehr geringer Kraft thun gute und schlechte Platten fast gleiche Dienste.

Der Gebrauch, den man von diesem Werkzeuge machen kann, betrifft nun vorzüglich die Bemerkung sehr schwacher Grade der natürlichen und künstlichen Elektricität, aus welchem Grunde es auch ein Mikroelektrometer genennt zu werden pflegt. Es dient daher sehr vortheilhaft zu Beobachtung der atmosphärischen Elektricität, wenn man von dem dazu aufgestellten Conductor einen Drath bis an den aufgesetzten Deckel des Condensators führt, und einige Minuten mit demselben in Verbindung läßt. So hat Volta fast täglich und stündlich Elektricität in der Atmosphäre gefunden, wenn sie auch so schwach war, daß sie ohne Condensator gar nicht hätte bemerkt werden können. Man kann sich auch des Condensators bedienen, um aus einer sehr schwach geladnen Flasche noch merkliche Funken zu erhalten. So giebt die von Cavallo oben S. 324 beschriebene Flasche, mit dem Condensator verbunden, ein Magazin von Elektricität, aus welchem man lange Zeit schöpfen, und Funken zu mancherley elektrischen Versuchen ziehen kann. Ladet man aus der größern Flasche erst eine kleinere, und aus dieser letztern den Deckel des Condensators, so wird die Elektricität der größern Flasche noch mehr gesparet. Volta bedient sich statt der kleinern Flasche eines gläsernen Fingerhuts, auswendig mit Stanniol belegt, den er auf den Finger steckt, und damit zuerst den Knopf der größern Flasche, dann den Deckel des Condensators berührt.

rührt. Ingleichen kann man den Condensator brauchen, um aus einer schlechten Elektrisirmaschine dennoch starke Funken zu erhalten, aus einer großen schwach geladnen Flasche eine kleinere stark zu laden u. s. w.

Mit Beyhülfe dieser Verstärkung hat man schon einige durch andere Mittel nicht zu entdeckende Elektricitäten merklich gemacht. So ist durch Versuche in Paris und London gefunden worden, daß Verbrennung der Kohlen, Entbindung brennbarer, fixer, salpeterartiger Luft ꝛc. selbst Ausdünstung des Wassers negative Elektricität errege (ein Zeichen, daß der dabey aufsteigende Dampf positiv elektrisirt sey), woraus sich die Elektricität der Wolken erklärt. Auf diesem Wege wird man untersuchen können, ob Verdichtung und Verdünnung, heftige Bewegung, Erwärmung und Erkältung der Luft u. dgl. einige Elektricität hervorbringe, und von welcher Art dieselbe sey. Herr de Saussure in Genf hat an dem menschlichen Körper, wenn er durch Bewegung erhitzt wird, Elektricität gefunden, welche nach seiner Meynung von dem Reiben des Körpers an der Kleidung entsteht*).

Es kann auch die Elektricität des Condensators selbst durch Mittheilung an den Teller eines zweyten Condensators noch mehr verstärkt werden. Diese Verdoppelung des Condensators ist Cavallo's Erfindung. Er gebraucht zum zweyten Condensator eine Metallplatte von der Größe eines Schillings. Adams versichert, daß mit Hülfe dieses doppelten Condensators die Intensität der Elektricität bis auf tausendmal verstärkt werden könne.

Endlich sind die Eigenschaften des Condensators höchst merkwürdig für die Theorie der elektrischen Wirkungskreise, von welcher alle seine Phänomene abhängen,
und

---

*) Man s. dessen Schreiben im Journal de Paris vom 10 Apr. 1784. übersetzt in den Leipziger Sammlungen zur Physik und Naturgeschichte III. Band. 5. Stück.

und die durch ihn einen ganz neuen Glanz gewinnt. Volta trägt unter dem Namen elektrischer Paradoxen folgende Aufgaben vor, die sich durch den Condensator auflösen lassen, ob sie gleich den sonst bekannten Gesetzen der Elektricität, d. i. denjenigen, welche blos die Mittheilung betreffen, ganz zu widersprechen scheinen.

1) Zu machen, daß ein schlecht-isolirter Leiter die mitgetheilte Elektricität länger behalte, als ein vollkommen isolirter.

2) In einem schlecht-isolirten Leiter mehr Elektricität anzuhäufen, als er im Zustande der vollkommnen Isolirung anzunehmen fähig ist.

3) Zu machen, daß ein elektrisirter Leiter seine Elektricität nicht ganz verliere, wenn man ihn gleich zu wiederholtenmalen mit dem Finger oder mit einem Metalle berührt.

4) Zu machen, daß sich die Elektricität eines Leiters nicht ganz zerstreue, wenn man gleich den Finger 30 Secunden lang daran läßt.

5) Bey einer Elektrisirmaschine, deren Conductor schlecht isolirt ist, die Elektricität in einem zweyten schlecht-isolirten Leiter anzuhäufen.

6) Eben dieß zu bewirken, wenn die Schwäche der Elektricität von der schlechten Beschaffenheit der Maschine herrührt.

7) Aus einer bereits entladnen Flasche in einen schlecht-isolirten Conductor so viel Elektricität zu bringen, daß er hundert und mehr starke Funken gebe.

8) Durch Reiben der Metalle an Leitern Elektricität zu erregen.

Endlich glaubt Volta, hieraus erhelle deutlich, daß die Elektricität eine Wirkung in die Ferne (*actionem in distans*) ausübe, weil sie von dem elektrisirten Körper aus auf einen andern unelektrisirten auf eine ziemlich große Entfernung wirke, ohne daß von jenem Körper in diesen etwas reelles übergehe, indem jenes Elektricität unvermindert und ganz in ihm zurückbleibe, und nur ihre Spannung oder Intensität ändere.

III.
Von dem Luftelektrophor des Herrn Weber.

Den Gesetzen der Elektricität zufolge können alle für sich elektrische Körper durch Reiben elektrisirt, und zur Mittheilung der Elektricität an andere gebraucht werden. Wenn daher trockne Glanzleinwand, wollen Zeug u. dgl. in einem Rahmen ausgespannt, erwärmt, und mit warmen Hasen- oder Katzenpelz gerieben wird, so kann man diese Vorrichtung fast zu allen elektrischen Versuchen statt einer Elektrisirmaschine gebrauchen, und ihre Wirkungen sind stärker, als man dem ersten Anscheine nach vermuthen sollte. Herr Joseph Weber, der diese Vorrichtung im ersten Bande der neuen philosophischen Abhandlungen der bayer. Akad. der Wissensch. 1778. zuerst beschrieben hat*), giebt ihr den sehr uneigentlichen Namen des Luftelektrophors. Ich habe sie Taf. IV. Fig. 11. aus Herrn Webers angeführter Schrift so vorgestellt, wie sie als Elektrisirmaschine gebraucht werden kann. m m c d ist ein hölzerner, 3 Schuh langer, und 2 Schuh breiter Rahmen, über welchen eine Glanzleinwand, Wollenzeug, Tuch, Papier, Leder ꝛc. gespannt wird. Dieser Rahmen passet in ein senkrecht stehendes Gestell a e h f g, in welchem er sich befestigen läßt. Das Gestell wird mit dem Rahmen und der darauf gespannten Leinwand wie ein Hitzschirm an den warmen Ofen gestellt, oder im Sommer der Sonne ausgesetzt. Alsdann wird die Leinwand mit einem in Form eines Handschuhs zusammengenähten Katzenbalge, oder noch besser mit dem Felle einer lebendigen Katze gerieben,

---

*) Eben diese Abhandlung ist auch besonders mit einigen Vermehrungen gedruckt unter dem Titel: Joseph Webers Abhandlung von dem Luftelektrophor. Zweyte Auflage. Ulm, 1779. 8.

rieben, wodurch sie eine beträchtliche Elektricität erhält. Man setzt alsdann an das Gestelle ein kleines Tischchen C mit einem in eine gläserne Flasche eingekütteten und umgebognen metallenen Rohre, an dessen Ende sich eine gegen die Leinwand gekehrte Quaste von Metallfäden D befindet. Dieses metallene Rohr thut alle Dienste eines ersten Leiters, und man darf nur die Körper, denen man Elektricität mittheilen will, durch einen isolirten Drath mit diesem Rohre verbinden. Da die Elektricität der geriebenen Glanzleinwand die negative ist, so erhellt, daß man auf diese Art die Körper negativ elektrisire. Besonders aber zeigt sich an dieser Maschine im Dunkeln das elektrische Licht sehr lebhaft, und man kann damit alle dieses Licht betreffende Erscheinungen mit vorzüglicher Schönheit wahrnehmen.

Außerdem aber läßt sich die in den Rahmen eingespannte Leinwand auch als Elektrophor gebrauchen. Man bringt alsdann den Rahmen in eine horizontale Stellung, wozu am Gestelle (Taf. IV. Fig. 11.) die Charniere e e und die Stützen fg, fg dienen sollen: man kann ihn aber lieber ganz aus dem Gestelle nehmen, und so unterstützen, daß die Leinwand blos von der Luft berührt wird. Alsdann ist eine darauf gesetzte, berührte und wieder abgenommene Trommel positiv elektrisirt. Man kann sich also leicht vorstellen, daß sich mit dieser Vorrichtung vielerley und fast alle elektrische Versuche anstellen lassen.

Bey allen diesen Versuchen aber muß blos der Rahmen unterstützt seyn, die Leinwand oder das wollene Tuch hingegen frey liegen, und blos die Luft berühren. Die Ursache hievon erhellet aus dem, was oben von der Elektricität der geriebenen dünnen Körper, z. B. der seidnen Bänder und Strümpfe angeführt worden ist. Ein geriebnes Band klebt leicht an jeder Fläche, an die es angelegt wird, und zeigt in diesem Zustande gar keine elektrischen Erscheinungen. Eben so klebt die geriebene Glanzleinwand an den Flächen, auf welche man sie auflegt,

legt, und kann also keine elektrischen Erscheinungen zeigen, wenn sie nicht ganz frey bleibt, und nur von Luft berührt wird. Dieser Umstand hat Herrn Weber veranlasset, dieser Maschine den Namen des Luftelektrophors zu geben.

Außer der Glanzleinwand dienen zum Luftelektrophor auch gemeine weiße oder ungebleichte Leinwand, Wollenzeug, Tuch, Papier, abgetragenes Leder und Plüsch.

Fünftes Capitel.
Versuche über die Farben.

Ich hatte zufälliger Weise bemerkt, daß ein elektrischer Schlag, der über die Oberfläche eines Kartenblatts gegangen war, die rothen Flecke desselben mit schwarzen Strichen bezeichnet hatte. Dieß veranlassete mich zu untersuchen, was die elektrischen Schläge für Wirkungen auf die Kartenblätter thun würden, wenn sie mit verschiedenen Wasserfarben gemahlt wären. Ich überstrich daher Kartenblätter fast mit allen Farben, die ich bey der Hand hatte, und ließ, als sie recht trocken waren, Schläge darüber gehen*), wozu ich den Taf. I. Fig. 5. beschriebenen allgemeinen Auslader gebrauchte. Die Wirkungen waren folgende.

Zinnober ward mit einem starken schwarzen Striche bezeichnet, der ohngefähr $\frac{1}{10}$ Zoll breit war. Der Strich ist mehrentheils einfach, wie AB, Taf. III. Fig. 7. bisweilen theilt er sich um die Mitte in zwey, wie EF, bisweilen, besonders wenn die Dräthe weit von einander gestanden haben, geht er nicht in einem fort, sondern ist in der Mitte unterbrochen, wie GH. Oft, obgleich nicht allezeit, bemerkt man, daß der Eindruck an dem Ende des Draths, von welchem die elektrische Materie aus-

*) Die Gewalt, die ich mehrentheils gebrauchte, war die völlige Ladung von 1½ Quadratfuß belegten Glases.

Versuche über die Farben. 387

ausgeht, stärker ist, wie bey E, wobey C den Drath vorstellt, der mit der positiven Seite der Flasche in Verbindung steht; da hingegen das andere Ende des Strichs an dem Drathe D weder so stark ausgezeichnet ist, noch den Drath so weit umgiebt, als das andere Ende E.

Carmin erhielt einen schwachen blassen Eindruck von Purpurfarbe.

Grünspan ward von dem Kartenblatte abgeschlagen, außer wenn er mit starkem Gummiwasser eingemacht war, in welchem Falle er einen sehr schwachen Eindruck erhielt.

Bleyweiß ward mit einem starken schwarzen Striche, jedoch nicht so breit, als der Zinnober, bezeichnet.

Mennige ward mit einem blassen carminrothen Flekke bezeichnet.

Die andern Farben, welche ich versuchte, waren Operment, Gummigut, Saftgrün, rothe Dinte, Ultramarin, Berlinerblau, und wenige andere aus den vorigen zusammengesetzte; diese aber bekamen gar keinen Eindruck.

Es fiel mir ein, daß der starke schwarze Fleck, den der Zinnober von dem elektrischen Schlage bekömmt, vielleicht von der großen Menge des Schwefels herrühre, welche in diesem Mineral enthalten ist. Dieß bewog mich, folgenden Versuch anzustellen. Ich vermischte Operment und Schwefelblumen zu gleichen Theilen, und bestrich mit dieser Mischung, mit Hülfe eines sehr verdünnten Gummiwassers, ein Kartenblatt; aber der elektrische Schlag ließ darauf nicht die geringste Spur zurück.

Da ich begierig war, diese Untersuchung ein wenig weiter zu treiben, und besonders etwas über die Eigenschaften des Ofenrußes und Oels*) zu bestimmen, so bestrich

*) Man hat oft bemerkt, daß der Blitz, wenn er in die Masten der Schiffe geschlagen hat, über solche Theile, die mit Ofenruß und Theer bestrichen, oder mit Ofenruß

strich ich einige Blätter Papier auf beyden Seiten mit Oelfarben, und ließ einen Schlag aus zwey Quadratschuhen belegten Glases über jedes von denselben gehen, indem ich die Verbindung beyder Seiten der Flasche an ihrer Oberfläche unterbrach. Ich fand, daß die mit Ofenruß, Berlinerblau, Zinnober und Purpurbraun bestrichenen Blätter durch den Schlag zerrissen wurden, die mit Bleyweiß, Neapolitanischem Gelb, Englischem Ocker und Grünspan gemahlten aber unbeschädigt blieben.

Ein eben so starker Schlag ließ auf einem Blatte Papier, das sehr dick mit Ofenruß und Oel bestrichen war, nicht die mindeste Spur zurück. Ich ließ auch den Schlag über ein Papier gehen, das sehr ungleich mit Purpurbraun übermahlt war, und fand, daß das Papier zerrissen war, wo die Farbe sehr dünn gelegen hatte, an denjenigen Stellen aber, wo sie stärker aufgetragen war, keine Beschädigung erlitten hatte. Diese Versuche wiederholte ich verschiednemal, und mit einigen kleinen Veränderungen, welche natürlicher Weise auch die Wirkungen ein wenig abänderten. Aus allen zusammengenommen aber scheinen sich folgende Sätze zu ergeben.

I. Ein Ueberzug von Oelfarbe beschützt den Körper vor den Wirkungen solcher elektrischen Schläge, die ihm sonst Schaden zufügen würden; aber er kann ihn keinesweges vor jedem Schlage beschützen. II. Keine Farbe hat hieben einen Vorzug vor den andern, wenn sie gleichstark aufgetragen, und in gleichem Grade mit Oel versetzt sind; stark aufgetragene Farben aber geben gewiß eine bessere Beschützung als dünnere.

Wenn

ruß und Oel gemahlt waren, ohne die geringste Beschädigung gegangen ist, die unbestrichenen Theile aber so zersplittert hat, daß die Masten dadurch unbrauchbar geworden sind. Mehr Umständliches hievon s. in den Philos. Transact. Vol. XLVIII und LXVII.

Vermischte Versuche.

Wenn ich die erwähnten Papierblätter reibe, so finde ich, daß sich die Elektricität am leichtesten in dem mit Ofenruß und Oel bestrichenen Papiere erregen läßt, auch in demselben stärker wird, als in den andern; vielleicht kann aus dieser Ursache der Ofenruß und das Oel dem Schlage etwas besser, als die andern Farben, widerstehen.

Es ist zu bemerken, daß der Zinnober, wenn er mit Leinöl aufgetragen wird, den schwarzen Streif fast eben sowohl erhält, als wenn er mit Wasser aufgemahlt worden ist. Auch das mit Bleyweiß und Oel gemahlte Papier erhält einen schwarzen Fleck, der aber von besonderer Natur ist. Im Anfange nämlich ist er fast eben so schwarz, als er in dem mit Wasser aufgetragenen Bleyweiß erscheint; aber nach und nach verliert er seine Farbe, und in Zeit von einer Stunde (oder etwas später, wenn die Mahlerey alt ist,) kann man an ihm gar keine Schwärze mehr wahrnehmen. Er erscheint alsdann nur, wenn man das Papier in das gehörige Licht stellt, ganz ohne Farbe, und wie ein Eindruck, den man mit dem Fingernagel gemacht hat. Ich ließ den Schlag auch über ein Stück Bret gehen, welches vor vier Jahren mit Bleyweiß und Oel war angestrichen worden, und auch hier zeigte sich der schwarze Streif; er war aber nicht so schwarz, und vergieng nicht so bald, als der auf dem Papiere; doch war er in zwey Tagen ebenfalls gänzlich verschwunden.

Sechstes Capitel.
Vermischte Versuche.

Da man bey dem Elektrophor des Hrn. Volta, den ich im vierten Capitel dieses Theils beschrieben habe, aus der Metallplatte einen starken Funken erhalten kann, da sich indessen nicht der geringste aus der elektrischen Platte selbst ziehen läßt, so brachte mich dieß ganz natürlich auf den Einfall, diese Metallplatte zu ge-
brau-

brauchen, um dadurch die Elektricität einiger sehr schwachen elektrischen Körper zu untersuchen, die man sonst entweder gar nicht, oder doch nur so schwach wahrnimmt, daß man dabey nicht im Stande ist, ihre Beschaffenheit zu bestimmen. Ich verfertigte mir daher dergleichen Platten von verschiedener Größe, unter welchen die kleinste ein gemeiner metallener Knopf war, den ich auf eine Stange Siegellack geklebt hatte. Durch dieselben erhielt ich eine sehr merkliche Elektricität aus den Haaren meiner Schenkel, wenn ich sie gestrichen hatte, meines Kopfes, und eines jeden Theiles von meinem Körper, mit dem ich den Versuch anstellete; auch aus dem Haupthaare fast jeder andern Person *).

Ich erhalte auf diese Art aus dem Rücken einer Katze, einem Hasen- und Kaninchenfell, einem Stück Flanell oder Papier so starke Funken, daß ich jetzt eine belegte Flasche damit laden, und mit dieser ein Loch in ein Kartenblatt schlagen kann.

Ich habe oft beobachtet, wenn ich eine Katze mit der einen Hand gehalten, und mit der andern gestrichen habe, daß ich an verschiedenen Stellen der Hand, mit welcher ich sie hielt, ein starkes Kitzeln fühlte. Unter diesen Umständen kann man aus den Spitzen der Ohren einer solchen Katze sehr empfindliche Funken ziehen.

Wenn man glattes Glas mit einem trocknen und warmen Kaninchenfelle reibet, so erhält es, wie ich gefunden habe, eine negative Elektricität; ist aber das Fell kalt, eine positive. Man kann auch bisweilen das Glas

---

*) Noch vortheilhafter können dergleichen schwache Elektricitäten entdeckt werden, wenn man mit den zu untersuchenden Körpern den aufgesetzten Deckel des Condensators reibt, und dann abhebt. Seine Elektricität ist alsdann die entgegengesetzte von der des geriebenen Körpers. So hat Volta sogar durch Schlagen mit der bloßen Hand den Deckel elektrisiret, welches zeigt, daß die Haut oder wenigstens die Epidermis kein vollkommner Leiter sey. Anm. d. Ueb.

Vermischte Versuche.

Glas mit neuem weißen Flanell, der recht rein und trocken ist, auch mit einem Hasenfell, negativ elektrisch machen.

Da ich die starke elektrische Kraft des neuen weißen Flanells wahrnahm, so fiel mir ein, ob nicht vielleicht ein Stück davon, um die Kugel der Elektrisirmaschine gerollt, den ersten Leiter stärker, als das Glas selbst, elektrisiren würde. Um nun die Wahrheit dieser Vermuthung zu prüfen, band ich ein großes Stück trocknen und warmen Flanell um die Kugel der Maschine, legte statt des Kissens die Hand an, und ließ das Rad erst langsam, dann sehr schnell drehen; wider Vermuthen aber war die Elektricität des ersten Leiters zwar positiv, aber so schwach, daß der Zeiger des Quadrantenelektrometers gar nicht aus seiner lothrechten Lage kam. Ich verwunderte mich darüber, und wollte die gemachten Anstalten wiederum wegnehmen; hiebey aber fand ich zu meiner noch größern Verwunderung den Flanell, da ich ihn von der Kugel wegnahm, so stark positiv, daß er einige Funken gegen meinen Arm und andere nahe Körper schlug, die Kugel aber so stark negativ, daß der Zeiger des Elektrometers auf dem ersten Leiter augenblicklich bis auf 45° stieg. Ich habe diesen Versuch einigemal mit gleichem Erfolg wiederholet.

Ich hatte Veranlassung gehabt, eine Flasche von zehn Unzen zum Leidner Versuche zu belegen, und hatte, den Anweisungen einiger Schriftsteller zufolge, die Messingspäne an die innere Seite mit Firniß befestiget. Diese Flasche blieb ohngefähr eine Woche lang ungebraucht; da ich sie aber bey einigen Versuchen laden und entladen mußte, so fügte sichs einmal beym Ausladen, daß der Schall des Schlags weit stärker, als gewöhnlich, war, und der Kork mit dem Drathe aus dem Halse der Flasche herausgeworfen wurde. Ich war damals zu aufmerksam auf die Versuche, die ich unter der Hand hatte, und untersuchte dieses Phänomen nicht weiter. — Ich steckte den Kork wieder in die Flasche, und

labete fie von neuem; aber kaum hatte ich dieß drey- oder
viermal gethan, als beym Ausladen der Firniß, womit
die Meßingspäne befestiget waren, in eine Flamme aus-
brach, welche den untern Theil des Korks anbrannte, und
eine große Menge Feuer und Rauch aus der Flasche
trieb. Einige Tage darauf wiederholte ich diesen Versuch in Gegenwart dreyer Freunde, welche Kenner der
Elektricität sind. Auch dießmal ward der Kork mit dem
Drathe aus dem Halse der Flasche gestoßen: aber der
Firniß hatte so stark gebrannt, daß die Feilspäne fast
alle auf den Boden der Flasche geflossen waren, und
durch das Feuer ihre Farbe verändert hatten.

Bey einigen Versuchen, die gar nicht zur Elektricität gehörten, bemerkte ich zufälliger Weise, daß eine hermetisch versiegelte Röhre mit Quecksilber, in der die Luft
stark verdünnet war, wenn ich das Quecksilber darinnen
schüttelte, auf der äußern Seite stark elektrisiret ward;
doch war diese Elektricität nicht immer gleich stark, stand
auch nicht, wie ich zuerst vermuthete, im Verhältniß
mit der Bewegung des Quecksilbers. Weil ich aber doch
gern die Eigenschaften solcher Röhren bestimmen wollte,
so verfertigte ich deren verschiedene, und beobachtete ihre
Elektricität mit zwey Korkelektrometern: da sie aber in
der Hauptsache alle mit einander übereinstimmen, so will
ich nur eine einzige davon beschreiben, welche unter allen
die beste ist. Diese wird Taf. III. Fig. 3. vorgestellt.
Ihre Länge ist 31 Zoll, und ihr Durchmesser wenig über
$\frac{1}{2}$ Zoll. Es befinden sich ohngefähr $\frac{7}{8}$ Unzen Quecksilber
darinnen, und, um die Luft heraus zu treiben, blies ich
sie an einem Ende zu, indem das Quecksilber am andern
Ende kochte.

Ehe ich diese Röhre gebrauche, erwärme ich sie ein
wenig und wische sie rein ab; dann halte ich sie fast horizontal, erhebe allmählig ein Ende um das andere, und
lasse so das Quecksilber immer von einem zum andern
laufen Dadurch wird ihre äußere Seite sogleich elektrisiret,

Vermischte Versuche.

ſiret, aber mit dieſer merkwürdigen Eigenſchaft, daß das Ende, in welchem ſich das Queckſilber befindet, poſitiv, der ganze übrige Theil der Röhre aber negativ iſt. Wenn ich dieß poſitive Ende ein wenig erhebe, daß das Queckſilber an das andere herabrinnet, ſo wird ſogleich das erſtere Ende negativ, und das andere poſitiv. Das poſitive Ende hat allezeit eine ſtärkere Elektricität, als das negative. Iſt ein Ende der Röhre, z. B. A poſitiv, d. i. befindet ſich das Queckſilber in A, und nehme ich dieſe Elektricität nicht durch Berührung mit dem Finger hinweg, erhebe aber dieß Ende A, daß das Queckſilber nach B läuft, ſo wird A in einem ſehr geringen Grade negativ elektriſiret. Bringe ich A wieder in eine niedrigere Stelle, ſo wird es zum zweytenmale poſitiv; nehme ich dieſe poſitive Elektricität nicht hinweg, und erhöhe das Ende A wiederum, ſo zeigt es ſich in einem geringen Grade poſitiv: wenn ich aber, indem es poſitiv iſt, ſeine Elektricität hinwegnehme, und es hernach erhebe, ſo wird es in einem hohen Grade negativ.

Wenn man etwa zwey Zolle an jedem Ende der Röhre mit Stanniol belegt, wie die Figur zeigt, ſo macht dieſe Belegung die Elektricität beyder Enden merklicher, ſo daß ſie bisweilen auf einen dagegengehaltenen Leiter Funken ſchlagen.

Man wird bey Verfertigung ſolcher Röhren (die ich in verſchiedenen Längen von 9 bis zu 31 Zollen gemacht habe,) bemerken, daß einige davon ſehr gute Wirkung thun, da indeſſen andere, auch wenn ſie ſehr heiß gemacht werden, kaum irgend einige Elektricität erhalten. Ich kann von der Urſache dieſes Unterſchieds noch nicht gehörige Rechenſchaft ablegen, vermuthe aber, daß das meiſte auf die Dicke des Glaſes ankomme, weil ich bemerkt habe, daß Glasröhren, die etwa $\frac{1}{10}$ Zoll ſtark ſind, beſſere Dienſte leiſten, als ſtärkere oder dünnere.

Zuſatz

Vermischte Versuche.

Zusatz des Uebersetzers.

Von den elektrischen Pistolen.

Da der elektrische Funken und Schlag brennbare Körper entzündet, so hat man sich desselben bedienet, um dadurch Explosionen der entzündbaren Luft zu bewirken, und einen in eine Röhre mit entzündbarer Luft gesteckten Pfropf mit Gewalt und einem ziemlichen Knalle herauszutreiben. Eine hiezu eingerichtete Vorrichtung führt den Namen einer *elektrischen Pistole*, und nur dieses Namens wegen führe ich sie hier an, da sonst der Versuch selbst mehr dient, die explodirende Kraft der entzündbaren Luft zu beweisen, und also eher zu der Lehre von den Luftgattungen, als hieher, gehört. Die erste elektrische Pistole hat *Volta* erfunden: brennbare Luft aber hat schon *Nollet* mit dem elektrischen Funken entzündet. Abbildungen und Beschreibungen verschiedener elektrischer Pistolen finden sich in Tib. Cavallo Abhandlung von den verschiedenen Gattungen der Luft und anderer beständig elastischen Materien (aus dem Engl. übers. Leipzig 1783. 8.), S. 274. u. f.*).

*) Eine solche Pistole, die man nicht nur in einer Minute mehrmals abschießen kann, sondern in der sich auch verschiedene Luftarten in genau gegebenen Quantitäten entzünden lassen, hat Hr. Pickel erfunden. Eine Beschreibung davon stehet in Ingenhouß Verm. Schr. B. I. S. 285. u. f. B.

Ende des ersten Bandes.

Nachträge

Zu S. 115. Als dieser Band bereits abgedruckt war, wurden mir noch zwey Hypothesen über die Natur der elektrischen Materie bekannt, welche ich hier kürzlich anzugeben mich für verbunden achte, nämlich des Herrn Jos. Gardini und J. G. F. Schraders des Jüngern. Ersterer äußert in seiner Schrift, de electrici ignis natura diff. a *Iosiph Gardinio*, phil. et med. doct. Domo alba Pompeja reg. sc. et lit. acad. Mantuanae exhibita anno CIƆIƆCCLXXXVIII. ab eademque probata. Mantuae 1792. 4. c. tab. aen. die Vermuthung, daß die elektrische Materie aus zwey einfachen Grundstoffen bestehe, nämlich dem reinern und verdünnten Phlogiston und dem reinsten Elementarfeuer, welcher das erste verdünnt zurückhalte, daß es unter der Gestalt des Lichts erscheine; letzterer hingegen nimmt drey Bestandtheile der elektrischen Materie an, nämlich Sauerstoff, Lichtstoff und Wärmestoff; und zwar sey der Sauerstoff ihre eigentliche Basis; der Lichtstoff das Vehikel ihrer freyen Wirksamkeit, oder ihr fortleitendes Fluidum, und durch die Verbindung mit dem Wärmestoff werde sie zum stralenden elektrischen Lichte. S. dessen Versuch einer neuen Theorie der Elektricität; welche auf Grundsätzen des neuen Systems der Chemie beruhet. Altona, 1796. 8. Beyde Gelehrte nehmen nur ein elektrisches Fluidum an, und halten die positive und negative Elektricität für verschiedene Modificationen desselben.

Zu S. 137. — Das Cuthbertsonsche Verfahren, die Kraft der Leydner Flaschen zu verstärken, welches ich in einer Anmerkung angegeben habe, ist eigentlich eine Entdeckung, welche der Englische Naturforscher Brook bereits 1786. gemacht hat. S. dessen Vermischte Bemerkungen über die Elektricität ꝛc. übers. Leipzig 1790. 8. S. 73.

Zu S. 169. — Nach Brook (S. d. angez. Schr. S. 70.) kann man elektrische Flaschen vor dem Zerspringen sichern, wenn man sie mit einer doppelten Belegung von gewöhnlichem Schreibpapier und Stanniol versiehet. Die Ursache hiervon liegt, nach der Vermuthung des Herrn D. Kühns (S. dessen Neueste Entdeckungen in der physikalischen und medicinischen Elektricität. Erster Theil. Leipzig, 1796. 8. S. 204.) vielleicht in der dadurch bewirkten gleichförmigern Vertheilung der elektrischen Materie über die Glasfläche, wodurch das ungewöhnlich starke Anhäufen der Elektricität an einer einzelnen Stelle verhindert werde. Flaschen, die auf diese Art belegt sind, lassen sich auch weit stärker laden, als gewöhnliche, vielleicht, weil das Glas durch die halbleitende Eigenschaft des Papiers eine größere Capacität erhält. S. Kühn a. a. O. S. 206.

B.

Verbesserungen.

S. 6. Z. 34. Par. 8. ließ Per. 8.
S. 33. Z. 32. Habg. l. Hauy
S. 54. Z. 29. frigidis nur. l. frigidis und
S. 79. Z. 13. Uhrzeigern l. Uhrzeiger
S. 90. Z. 1. Pulselektricität l. Pluselektricität
S. 110. Z. 23. Dieß l. Diese
S. 114. Z. 22 incontestibly l. incontestably
S. 117. Z. 10, un l. um
S. 255. Z. 3. Versnch l. Versuch
S. 275. Z. 21 etns l. eine
S. 320. Z. 33. Denste l. Dienste

www.ingramcontent.com/pod-product-compliance
Lightning Source LLC
Chambersburg PA
CBHW032011300426

44117CB00008B/986